RAVAZ

LES VIGNES AMÉRICAINES

PORTE-GREFFES
ET
PRODUCTEURS-DIRECTS

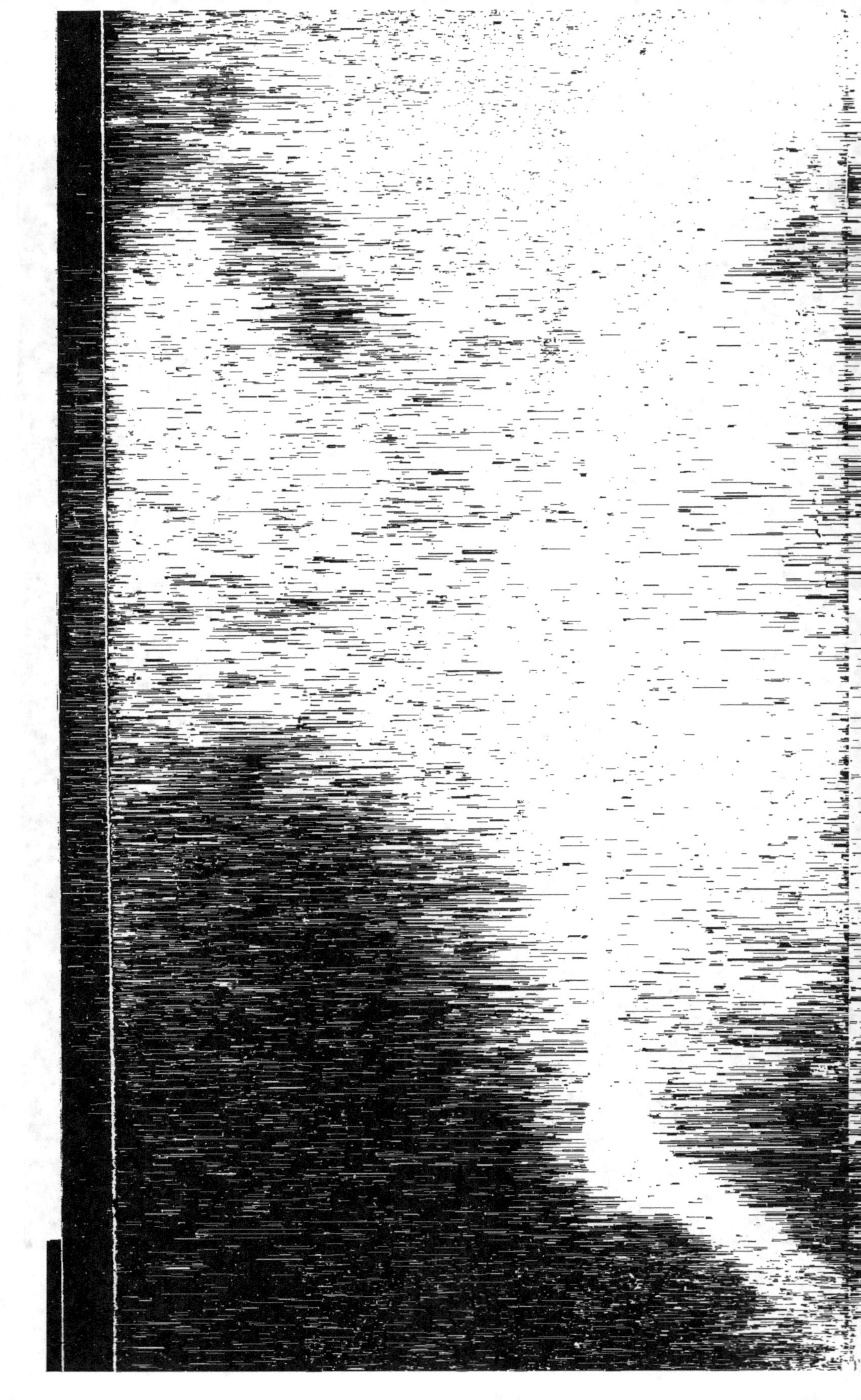

L. RAVAZ

LES VIGNES AMÉRICAINES

PORTE-GREFFES

ET

PRODUCTEURS-DIRECTS

COULET ET FILS, Éditeurs

LES VIGNES AMÉRICAINES

PORTE-GREFFES ET PRODUCTEURS-DIRECTS

CARACTÈRES — APTITUDES

LES VIGNES AMÉRICAINES

PORTE-GREFFES

ET

PRODUCTEURS-DIRECTS

CARACTÈRES — APTITUDES

PAR

L. RAVAZ

PROFESSEUR DE VITICULTURE A L'ÉCOLE NATIONALE D'AGRICULTURE DE MONTPELLIER

ANCIEN DIRECTEUR DE LA STATION VITICOLE DE COGNAC

Avec 433 reproductions photographiques

<table>
<tr><td>MONTPELLIER
COULET ET FILS, ÉDITEURS
GRAND'RUE, 5</td><td>PARIS
MASSON ET Cie, ÉDITEURS
BOULEVARD SAINT-GERMAIN, 120</td></tr>
</table>

1902

PRÉFACE

Ce livre est une partie, un peu développée par endroits, du Cours de Viticulture que je professe à l'École Nationale d'Agriculture de Montpellier.

Dans les descriptions des cépages, je n'ai utilisé, comme mes devanciers, que les caractères macroscopiques. Ce sont les plus facilement saisissables et ce sont aussi les plus sûrs. Mais j'ai dû faire un choix parmi eux. J'ai mis au premier plan les caractères de qualité, qui sont les plus importants et dont la notation est facile. Je leur ai subordonné les caractères de quantité. Ceux-ci, si l'on veut que les descriptions servent à quelque chose, doivent être exprimés avec la plus grande précision, et, pour cela, il faut d'abord préciser la signification de tous ces adjectifs et adverbes de quantité : petit, moyen, gros, court, long...., peu, assez, beaucoup, etc...., qui les expriment ; cela n'est pas bien difficile. Ce qui l'est davantage, c'est de déterminer la constance et, par suite, la valeur des caractères ; c'est aussi d'éviter les doubles, triples, quadruples....... emplois, c'est-à-dire l'énumération de caractères qui ont la même signification que d'autres, ou qui en sont la conséquence. Les descriptions les plus longues ne sont pas forcément les plus complètes, ce sont sûrement les plus confuses.

Si j'ai dû éliminer beaucoup de caractères, j'ai pu tirer parti de quelques-uns dont l'importance a été jusqu'ici méconnue. C'est ainsi que j'ai mis presque au premier plan la *direction* et les *grandeurs relatives* des nervures, d'où dépendent, au premier chef, la forme et l'aspect de la feuille, des dents, etc.

Les illustrations qui accompagnent les descriptions n'en sont pas le complément ; elles n'en sont qu'un résumé, une condensation ; ou, si l'on veut, une vue d'ensemble de l'organe décrit, qui donne, au premier examen, une idée exacte de ses caractères principaux et même de sa physionomie. Elles ne sont pas indispensables, mais elles facilitent les recherches. Leur utilité n'a d'ailleurs jamais été contestée : témoin, les vastes planches coloriées ou non qui accompagnent d'ordinaire toute « Ampélographie ». Les dessins coloriés ne m'ont pas paru applicables dans un livre qui vise à l'utilité. La couleur est un caractère de nulle importance ; pourquoi la mettre au premier plan ? D'ailleurs, de même que la forme, l'aspect, elle ne peut être rendue avec exactitude par le peintre ; le chromiste la modifie à son tour, et, dans les livres *qu'on ouvre*, la lumière en change le ton et même la nuance. La photogravure ne présente aucun de ces inconvénients ; elle conserve à l'organe toutes ses particularités.

Les descriptions ampélographiques doivent permettre de reconnaître en tout lieu les variétés auxquelles elles s'appliquent; c'est là d'ailleurs leur seule raison d'être. S'il en est ainsi, les caractères qu'elles renferment doivent conserver toute leur signification, quel que soit l'ordre de leur numération, qu'ils soient isolés comme dans une description, ou groupés en série, mis en quelque sorte en facteur commun, comme dans une classification ou dans une clef analytique. On a toujours admis que les classifications et les clefs analytiques n'étaient pas applicables à l'ampélographie. L'opinion du comte Odart est très nette sur ce point:

« Comme j'ai été devancé par beaucoup d'auteurs ampélographes, à la vérité de pays étrangers, on n'attendra sûrement pas de moi plus que je ne pourrai donner, un système de classification au moyen duquel on pourra reconnaître facilement l'espèce de vigne qu'on a sous les yeux. Car on peut dire de la monographie des vignes, ou ampélologie, ce que le célèbre Cuvier a dit de l'histoire naturelle : elle doit ou devrait avoir pour base un système dans lequel tous les cépages, portant des noms convenus et acceptés, puissent être reconnus par des caractères distinctifs et soient distribués en divisions et subdivisions, elles-mêmes nommées et caractérisées. Ce n'est pas l'envie de faire mieux que mes prédécesseurs qui m'a manqué ; mais quand j'ai voulu m'occuper de l'ordre que j'adopterais pour le classement des cépages, je ne suis parvenu, malgré la connaissance que j'avais acquise de la plupart des systèmes nouveaux, qu'à me convaincre davantage des difficultés que présentait le choix de l'un d'eux ou l'invention d'un autre......».

Mais le comte Odart ne décrit presque aucune des nombreuses variétés qu'il a si bien étudiées au point de vue cultural ; dans son Ampélographie universelle, il ne nous renseigne guère que sur leurs qualités et leurs défauts, ce qui est peut-être l'essentiel.

Les ampélographes venus après lui sont généralement beaucoup plus brefs sur les aptitudes des variétés de vignes; par contre, ils les décrivent avec un grand luxe de détails. Ils n'en ont pas moins adopté ses idées, sans s'apercevoir qu'elles étaient la négation de l'utilité de leurs descriptions.

Je pense donc qu'une classification ou une clef analytique est applicable aux variétés de vignes aussi bien qu'à toutes les plantes. Elle est justifiée par les mêmes raisons que les descriptions. Elle est bonne si les descriptions sont bonnes, mauvaise si elles sont mauvaises.

Celle que j'ai adoptée n'a pas été poussée très loin dans ce livre. Les groupes principaux y sont fort nombreux et ils ne renferment qu'un nombre très limité de variétés, qu'il sera facile de retrouver en suivant les variations de la *direction* des nervures. Mais pour les variétés du V. Vinifera, il faudra bien établir un plus grand nombre de subdivisions.

** **

J'insiste nécessairement beaucoup sur la culture des cépages. Ce que je dis de leurs aptitudes est le résultat de l'*expérience* et de l'*expérimentation*, et plus spécialement des recherches que j'ai instituées soit dans les Charentes, à la Station viticole de Cognac, actuellement dirigée par M. Guillon, soit à l'École de Montpellier et en divers endroits. J'ai toutefois rattaché le plus possible les propriétés de la plante à ses caractères, à sa constitution.

*
* *

Cet ouvrage aurait pu être fait sur le plan d'un dictionnaire, où chaque cépage serait à sa place alphabétique. Ce serait peut-être plus commode pour le lecteur, mais aussi bien peu instructif. Quoi qu'on en ait dit, les variétés de vignes, les hybrides, ont, en même temps que les caractères généraux, les propriétés (qualités et défauts) de l'espèce ou des espèces dont ils dérivent. Si bien que la connaissance des espèces entraîne forcément celle de leurs variétés et de leurs hybrides « passés, présents et futurs ». C'est ce plan d'exposition que j'ai adopté. Je l'ai conçu et suivi dès 1889 dans différentes publications, et plus spécialement dans l'*Adaptation* et la *Reconstitution des Vignobles*. Et je ne vois pas qu'il y ait lieu d'y renoncer.

Tel est, en raccourci, l'ouvrage que je présente aujourd'hui aux viticulteurs. Si j'ai pu le mener à bonne fin, c'est grâce au concours actif et éclairé de mes collaborateurs habituels : MM. A. Bonnet, préparateur de viticulture, et P. Rey, attaché à mon laboratoire ; je leur exprime ici mes sincères remerciements.

Je dois également remercier mes éditeurs, MM. Coulet et fils, qui ont bien voulu lui donner tous leurs soins, et enfin l'excellent artiste, M. Soleilland, auquel sont dues les illustrations qui en constituent tout l'agrément.

Montpellier, le 2 janvier 1902.

L. RAVAZ.

LES VIGNES AMÉRICAINES

PORTE-GREFFES ET PRODUCTEURS-DIRECTS

CARACTÈRES. — APTITUDES

INTRODUCTION

I. — LES CARACTÈRES

Tout organe de la vigne, aussi réduit qu'on l'imagine, peut donner des caractères distinctifs suffisants pour la différenciation des variétés. Il n'y a pas, en effet, deux variétés de vignes qui aient les mêmes dents, les mêmes sinus, les mêmes lobes, etc..., et les différences qu'elles présentent en un point quelconque peuvent être aussi nombreuses qu'on le voudra. Il est donc possible de distinguer les vignes d'après leur structure interne comme d'après leur forme extérieure. Seulement, les différences deviennent de plus en plus faibles et, conséquemment, plus difficilement saisissables à mesure qu'on s'adresse à des régions tissulaires de plus en plus réduites. Elles sont aussi plus influencées par le milieu, par des circonstances diverses ; et leur constance diminue à mesure qu'elles deviennent plus ténues. L'analyse de la plante poussée trop loin, au lieu de nous éclairer, n'engendre que confusion.

Je laisserai donc de côté les caractères *anatomiques:* ils m'ont paru sans valeur diagnostique. Au point de vue cultural, ils sont plus importants, en ce sens qu'ils renseignent déjà sur les aptitudes de la plante ; c'est à ce titre que je les mentionnerai quand il y aura lieu.

Il me paraît préférable de s'adresser à plusieurs organes simultanément ; non pas à tous, mais aux plus importants. Leurs caractères *macroscopiques* sont la *résultante* d'une foule de caractères en quelque sorte insaisissables, ils sont, par conséquent, plus nettement perceptibles que chacun de leurs *composants.* On peut, en outre, faire

facilement un choix parmi eux : retenir les meilleurs — ceux qui ne varient pas — et
éliminer les autres, ou, du moins, ne les utiliser que lorsqu'il s'agit de différencier
deux variétés très voisines, et où des *nuances*, c'est-à-dire des caractères très secondaires peuvent suffire. Mais encore faut-il connaître la valeur de chacun d'eux ; et
c'est pour la préciser et, conséquemment, pour mettre chaque caractère à son rang,
que je vais examiner successivement ceux que présentent les principaux organes de
la vigne.

LES RACINES

Les racines peuvent être petites ou grosses, dures ou charnues, plus ou moins nombreuses, à chevelu rare ou abondant, plongeantes ou traçantes, de couleur jaune,
rouge, grise, etc... Mais la plupart de leurs caractères sont sous la dépendance de l'état
du sol, de sa composition physique et chimique, de l'aridité, etc..., et, quand il s'agit de
vignes greffées, de la variété-greffon. La *couleur* varïe sensiblement suivant le terrain ;
il en est de même de la *direction* des racines. Telle plante «plonge» ici et «trace» ailleurs.
Et c'est seulement dans une même région, dans un même sol que le système radiculaire fournit des caractères précis. Ailleurs, il ne peut donner que des indications erronées ou tout au moins incertaines, surtout quand il s'agit de distinguer entre les
variétés d'une même espèce, ou les hybrides d'un même groupe.

Toutefois, les caractères *spécifiques* sont plus nets que les caractères des variétés ;
ils sont par suite moins influencés par le sol, etc..., et ils peuvent être précisés partout.
Une racine de **V.** *Riparia* ne ressemble nulle part à une racine de **V.** *Æstivalis* ou
de **V.** *Rupestris*. Il conviendra néanmoins d'apporter beaucoup de circonspection dans
le diagnostic du système radiculaire.

D'ailleurs, au point de vue purement descriptif, le système radiculaire a plutôt peu
d'importance ; il n'est pas d'un examen facile, et, *dans la pratique*, il ne peut que fort
rarement, à lui seul, permettre la détermination d'un cépage. S'il importe néanmoins
de noter ses caractères, c'est que quelques-uns d'entre eux font prévoir les aptitudes,
les qualités ou les défauts de la plante. Par exemple, les racines charnues, telles
que celles du **V.** *Coriacea*, des *Simpsonii*, sont l'indice d'une grande résistance à la
sécheresse ; des racines grêles indiquent une plante exigeant des terrains meubles et
fertiles....

LA TIGE

La tige est la région de la plante la plus importante en Ampélographie. Les organes
qu'elle porte ne sont que de ses dépendances. C'est elle, par suite, qui doit nous fournir
les caractères primordiaux, spécifiques ou de groupes spécifiques. Encore toutes ses
parties n'ont-elles pas, au point de vue descriptif, la même importance. Il est clair que
seuls les organes *vivants* peuvent nous donner des caractères de valeur ; ceux qui sont
morts ou dont les parties visibles sont mortes doivent être négligés, on verra plus
loin pour quelles raisons.

Le Tronc. — La *puissance* de la tige est variable avec les espèces et, dans chaque espèce, avec les variétés. Si elle n'était trop subordonnée à l'âge de la plante et à la fertilité du terrain, etc..., elle pourrait constituer un caractère dont la notation serait assez facile. Mais les études d'ampélographie portent d'ordinaire simultanément dans les sols et dans les milieux les plus divers, ainsi que dans des vignes d'âge très inégal. La grosseur de la tige ne peut donc guère fournir une indication utile, encore qu'incertaine, que dans une collection ou dans un même vignoble. Il est bon de la mentionner non pas au point de vue descriptif, mais parce qu'elle nous renseigne déjà en partie sur la vigueur et la rigidité de la plante.

L'écorce. — Simon Roxas (1) est le premier qui ait attribué une valeur descriptive aux caractères de l'écorce de la tige. D'après lui, «l'écorce varie selon les espèces (lisez les variétés) :

«1° Par son épaisseur ; c'est pourquoi elle s'appelle épaisse ou mince ;

»2° Par son plus ou moins d'adhérence à son bois ; écorce très adhérente, peu »adhérente; par le nombre et la largeur des crevasses qui se dirigent toujours dans »le sens des fibres longitudinales qui la composent; écorce très crevassée, peu cre- »vassée ; avec les crevasses très larges, étroites ».

Mais Roxas n'a guère utilisé ces caractères; il ne les mentionne que chez quelques-uns des cépages qu'il décrit.

Les ampélographes modernes paraissent leur attribuer plus d'importance, et ils n'oublient point de les énumérer dans chacune de leurs descriptions. C'est évidemment à tort, car la lecture de ces descriptions mêmes prouve que les variétés de vignes d'une même espèce ou d'espèces différentes ont toutes «une écorce épaisse, peu adhérente et se détachant en lanières étroites et irrégulières». Qu'est-ce que ces caractères qui sont communs à toutes les vignes? Et puis, comment des organes morts peuvent-ils servir à distinguer sûrement des êtres vivants? Ils sont trop sous la dépendance du milieu, de l'humidité ou de la sécheresse, des parasites ou plutôt des saprophytes qui les envahissent toujours. Et le degré d'adhérence est-il le même à toute époque de l'année ?...

Les différences qui peuvent être observées dans les écorces du tronc tiennent à peu près exclusivement à la puissance de développement de la plante. Les couches d'écorce qui se forment chaque année sont épaisses et se détachent en larges bandes quand la plante croît vigoureusement; elles sont minces et étroites quand la plante est faible. Et comme une même variété peut être vigoureuse ici et faible là, on voit que l'écorce ne peut guère donner que des indications erronées. Il n'y a donc pas lieu de l'examiner.

---

(1) *Essai sur les variétés de vignes qui végètent en Andalousie.*

LES SARMENTS. — **Sarments aoûtés.**— La détermination des cépages à l'aide des caractères des *sarments aoûtés* a une importance pratique considérable. Elle ne présente pas de grandes difficultés quand il s'agit de distinguer entre les espèces de vignes. Un sarment de *V. Riparia* ne peut guère être confondu avec un sarment de *V. Rupestris*, de *V. Labrusca*, etc... C'est qu'on a affaire à des caractères de *qualité* toujours très nets et qui persistent encore après la mort de l'écorce. Elle est beaucoup plus délicate quand il s'agit de distinguer entre les variétés d'une même espèce. On ne peut guère, ici, utiliser que des différences de *quantité;* et comme les variétés d'une même espèce peuvent être en nombre infini, leurs sarments ne doivent guère différer les uns des autres que par des *nuances* toujours difficiles à préciser et d'autant moins constantes même qu'elles sont moins accusées. Entre un sarment fort et un sarment grêle, il y a évidemment une foule d'intermédiaires. Comment préciser chacun d'eux? Dans une même teinte, il y a aussi une foule de tons. Comment les noter tous avec précision?

Fig. 1. — Feuille réniforme.

Sarments herbacés.—D'ailleurs, les caractères les plus saillants des sarments aoûtés sont encore plus accusés sur les sarments en voie de développement pendant la végétation. Il est donc inutile d'insister plus longtemps sur eux.

Les sarments peuvent être *grêles* ou *forts*, courts ou longs, dressés ou traînants, à mérithalles plus ou moins longs, cylindriques ou aplatis; unis, anguleux, côtelés; lisses ou rugueux; glabres ou tomenteux ou pubescents et même épineux; de couleur grise, brune, acajou, rouge, violette, fauve, etc..., sur fond vert.

Dimensions. — Une variété à sarments grêles ou courts peut en porter de forts et de longs dans un terrain riche et dans telles autres conditions faciles à concevoir. La longueur et la grosseur des sarments n'ont donc pas une constance suffisante pour être exprimées en valeur absolue; elles fournissent des caractères valables seulement quand elles sont exprimées en valeur relative. Lorsque des sarments grêles grossissent davantage, ils deviennent aussi plus longs; et la *gracilité* peut être exprimée par le rapport de la longueur totale du sarment (mesurée lorsque la végétation est terminée) à sa grosseur prise en un point quelconque, mais toujours le même. J'ai choisi, on verra pourquoi plus loin, la région comprise entre les 9ᵉ et 12ᵉ nœuds, dont l'épaisseur est mesurée au milieu des mérithalles et sur leur plus grand diamètre.

La longueur des mérithalles est inconstante ; elle est subordonnée à la croissance, et surtout aux variations des conditions météoriques. Mais elle peut être exprimée néanmoins par une « *moyenne* », qui sera utilisée plus loin.

Direction. — Les sarments restent *dressés* quand ils sont gros ou courts ; ils *s'étalent* plus ou moins quand ils sont longs ou grêles. Leur direction est donc subordonnée à la puissance de la végétation et, conséquemment, à la culture, à la composition du sol. Elle n'est d'ailleurs facile à observer que dans les vignes non palissées, elle ne peut guère être notée avec précision dans les vignes conduites sur échalas ou sur fil de fer, ou soumises au pincement.

On doit néanmoins l'indiquer, bien qu'elle fasse souvent double emploi avec les caractères précédents ; elle n'a qu'une valeur descriptive très secondaire, elle est plus importante au point de vue cultural.

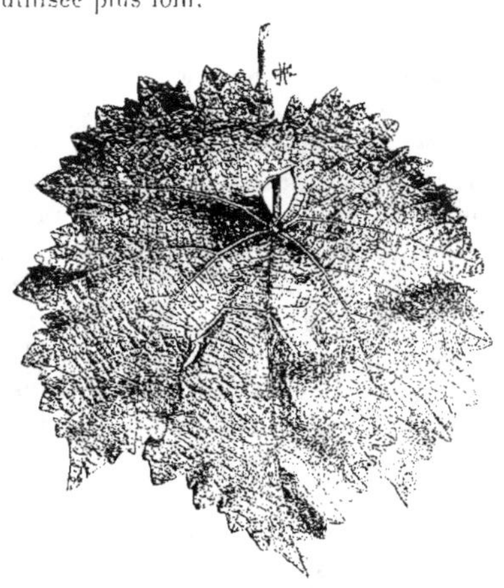

Fig. 2. — Feuille orbiculaire.

Diaphragme, bois, moelle. — Le diaphragme a été utilisé par M. Millardet pour caractériser quelques espèces et variétés de vignes. Il fait défaut chez le *V. Rotundi-folia* ; chez les autres espèces, il est plus ou moins épais, mais son épaisseur et sa dureté dépendent beaucoup de l'allure de la croissance : elles sont donc plutôt inconstantes.

Il en est de même de la dureté du bois, de l'épaisseur et de la couleur de la moelle, qu'il n'est d'ailleurs possible d'apprécier qu'à la fin de la végétation.

Forme. — La *forme* ou contour du sarment est constante ; elle donne des caractères spécifiques de premier ordre. Elle est surtout saisissable sur les parties encore herbacées ; elle est moins visible sur les parties déjà aoûtées. On la notera sur les mérithalles qui *viennent* d'arriver à l'*état adulte*, c'est-à-dire dont l'allongement est terminé et dont l'écorce n'a encore subi aucun

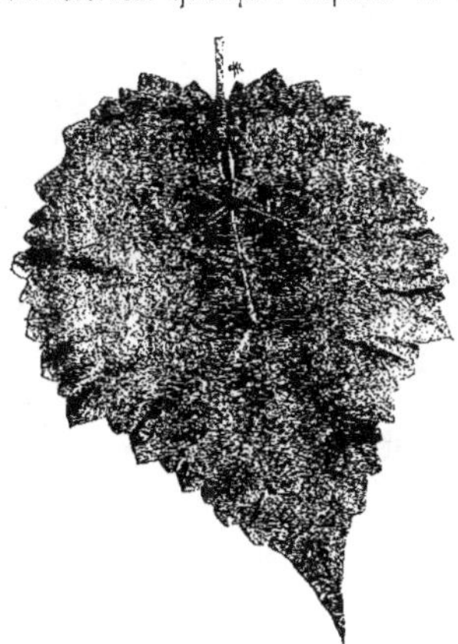

Fig. 3. — Feuille cordée.

changement important. D'après le contour de leur section transversale, pratiquée sur le milieu du mérithalle, les sarments peuvent être rangés dans 3 groupes :

1. Sarments unis.
2.   —   anguleux.
3.   —   côtelés.

Couleur. — La *couleur* est un caractère de l'écorce, c'est-à-dire d'un tissu mort chez les sarments aoûtés. Elle varie avec les espèces, et dans chaque espèce avec les variétés. Le *V. Æstivalis*, par exemple, se distingue toujours facilement du *V. Berlandieri*, du *V. Rupestris*, etc..., à la couleur des sarments. Elle peut même fournir des caractères propres à distinguer les cépages les uns des autres. Les vignerons reconnaissent bien à la couleur du bois le Grenache, le Carignan, etc... Mais, ici, ses indications sont moins précises. Les différences de coloration qui existent chez les sarments des variétés d'une même espèce sont si faibles qu'il est impossible de les indiquer avec précision. D'autre part, elles ne sont constantes que dans un même milieu, et encore pas toujours. La couleur de l'écorce n'est pas la même à l'automne qu'au printemps, dans un terrain frais que dans un terrain sec. Elle peut même varier sur un même sarment, et cela se voit fréquemment.

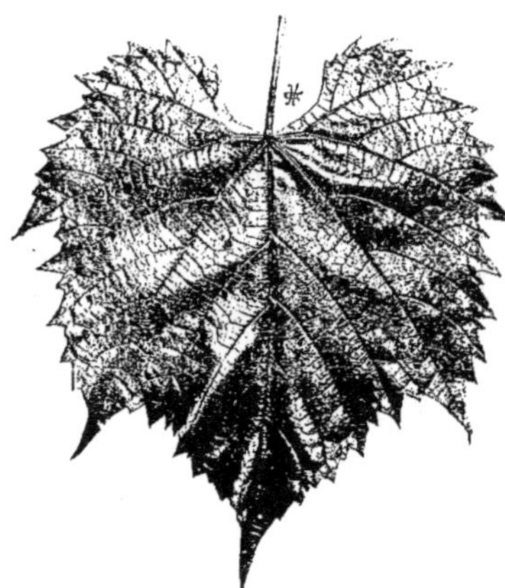

Fig. 4. — Feuille cunéiforme.

Quand il s'agira de *variétés* de vignes, la couleur des sarments ne devra être indiquée qu'avec beaucoup de réserves.

Avant l'aoûtement, la couleur des rameaux est d'ordinaire d'un vert plus ou moins foncé, terne ou luisant, ou cireux. Les extrémités en voie de croissance sont toujours vertes. A mesure que les tissus vieillissent, la couleur verte se mélange, uniformément ou par places, sur les mérithalles ou aux nœuds, de rouge, de rouge-brun, de rouge-violet ; ou, au contraire, elle pâlit et devient plus jaune.

Sauf quelques exceptions, elle ne peut être appréciée que par comparaison, c'est-à-dire sur des variétés plantées dans un même milieu et côte à côte. C'est qu'en effet elle est subordonnée aux circonstances extérieures et même à l'état de la végétation : les caractères qu'elle peut fournir n'ont donc en général qu'une valeur relative, d'ailleurs ils sont difficiles à exprimer avec précision.

Villosité. — Les sarments herbacés, comme les sarments aoûtés, peuvent être glabres, duveteux, pubescents ; ils portent aussi quelquefois soit des poils en massue (*V. Labrusca, V. Amurensis*, etc...), soit des aiguillons.

La *glabrescence* est toujours facile à constater.

La *pubescence* est due à l'existence, à la surface de l'écorce, d'un nombre variable de poils *raides*. Issus de l'épiderme, ces poils sont peu résistants, ils tombent ou disparaissent en partie sous l'action des vents, des chocs, des pluies, etc... L'intensité de la villosité est en apparence variable. Mais des poils raides, il en reste toujours un nombre suffisant, visibles à l'œil ou à la loupe. Dans les cas douteux, leurs *empreintes* sont faciles à observer au microscope.

Ce qui précède s'applique aussi aux poils laineux et aux aiguillons.

La glabrescence ou la villosité peuvent donc toujours être observées, et, en conséquence, elles fournissent des caractères de *qualité* importants.

Les caractères de *quantité* qu'elles fournissent sont plus délicats à apprécier. Les poils raides ou laineux disparaissent souvent de bonne heure, si bien qu'ils manquent fréquemment sur les parties du rameau dont la croissance est terminée, alors qu'ils sont abondants sur l'extrémité en voie d'allongement. Si l'on ne veut avoir recours au microscope pour la recherche des empreintes des poils, l'*intensité* de la villosité ne doit être notée que sur les parties jeunes et en voie d'accroissement ; elle peut être appréciée par le nombre de mérithalles qu'elle recouvre (1).

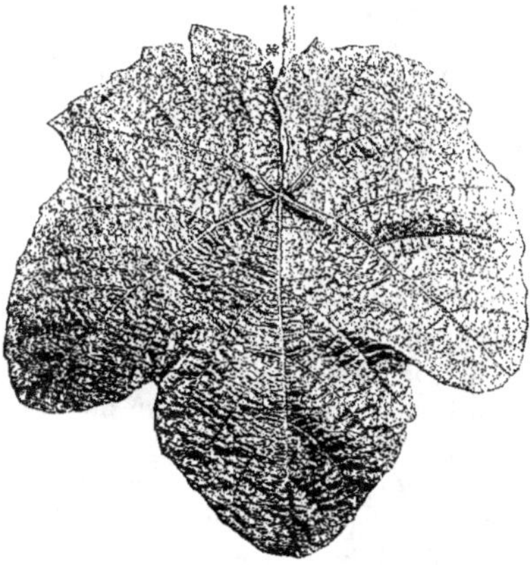

En conséquence, les sarments herbacés sont :

1° Aranéeux ou peu pubescents quand la villosité recouvre seulement les 5 premiers mérithalles comptés à partir du sommet ;

2° Duveteux ou assez pubescents quand elle recouvre les 10 premiers mérithalles ;

3° Cotonneux ou très pubescents quand elle s'étend sur plus de 10 mérithalles.

Fig. 5. — Feuille tronquée.

La *glaucescence* est un caractère qui a seulement une valeur spécifique ; les poils en massue et les aiguillons ne caractérisent que des subdivisions d'espèces.

LES ŒILS. — Les *œils*, sauf chez quelques espèces, n'offrent aucun caractère constant. Ils sont plus ou moins complexes, c'est-à-dire qu'ils renferment un nombre plus ou moins grand de bourgeons, mais leur complexité est subordonnée à la puissance de la végétation. La couleur des écailles est essentiellement variable, de même que le duvet, la «*bourre*». L'examen microscopique des jeunes feuilles pourrait nous renseigner sur le degré de glabrescence ou de villosité de la plante. Est-ce bien utile ?

(1) Au fond, la notation de la villosité des rameaux fait souvent double emploi avec celle de la villosité des feuilles. La feuille, en effet, est une dépendance des rameaux, elle est recouverte par le même épiderme ; rien d'étonnant par suite que les feuilles cotonneuses soient portées par des rameaux cotonneux, les feuilles glabres par des rameaux glabres ; et il en est ainsi pour les *variétés* d'une *même* espèce. Ici, il n'y a pas de doute, la notation de l'intensité de la villosité des rameaux fait double emploi. Il n'en est pas toujours de même : Certaines *espèces* ont des rameaux très duveteux et des feuilles glabres (*V. Monticola, V. Berlandieri,* etc...).

LA FEUILLE. — La feuille donne de très bons caractères ampélographiques ; et peut-être serait-il possible de reconnaître chaque cépage d'après les seuls caractères de son feuillage.

Bourgeonnement. — Les extrémités des rameaux, quels que soient leur âge ou leur développement, sont constituées par une agglomération de petites feuilles pressées les unes contre les autres, et qui entourent le sommet végétatif. Ce sont, en somme, des bourgeons en voie de développement. Elles présentent des caractères qui ont été utilisés par tous les ampélographes : c'est dire combien on leur attache de l'importance.

Ces caractères ont la plus grande netteté au départ de la végétation, et sont moins accusés plus tard, surtout lorsque le développement est arrêté.

Villosité. — La *glabrescence* ou la *villosité* peuvent être déterminées ; mais leur notation fait souvent double emploi avec celle de la glabrescence ou de la villosité des feuilles adultes. Une variété à bourgeons glabres a forcément des feuilles adultes glabres, etc..., inversement, des bourgeons cotonneux correspondent presque toujours à des feuilles duveteuses ou cotonneuses.

La couleur des jeunes feuilles non encore épanouies a peut-être plus d'importance, au moins tant que la végétation de la vigne est très active. Les teintes les plus constantes sont le vert et ses nuances diverses, le rouge, le rose, le bronzé. Elle peut occuper une étendue plus ou moins considérable de la feuille. Tantôt elle couvre un étroit liséré sur les bords de la feuille ou bien, également sur le pourtour, une zone de largeur variable ; tantôt elle est limitée aux nervures, ou s'étend à toute la feuille.

Enfin ces colorations peuvent intéresser seulement le duvet qui recouvre le bourgeon, ou seulement le parenchyme, ou encore les deux à la fois. Par exemple, les variétés du V. Æstivalis, dont les extrémités sont très carminées, ne le sont justement que sur les poils ; le limbe est d'un beau vert au-dessous.

En conséquence, le bourgeonnement sera :

1° *Unicolore* : vert ou blanc.

2° *Coloré* : rouge, rose, bronzé, fauve, et chacune de ces teintes sera exprimée ainsi :

Tomentum ou limbe { à liséré, ou zone, ou nervure, ou surface : rouge, rosé, bronzé, fauve....

Si ces caractères étaient plus durables, ils pourraient servir à distinguer dans chaque espèce des groupes de variétés ; ils ne peuvent guère, dans la pratique, être utilisés que pour la détermination de variétés très voisines les unes des autres.

Stipules. — Les dimensions surtout et la couleur des stipules sont de bons caractères spécifiques. On doit en tenir compte.

Jeunes feuilles. — Les jeunes feuilles, c'est-à-dire celles qui sont détachées du bourgeon, mais encore en voie de croissance, se modifient constamment ; elles sont donc difficilement comparables, et leur forme ne fournit aucun caractère constant. Leur couleur, la manière dont elles se séparent du bourgeon terminal donnent d'utiles indications qui peuvent servir à caractériser soit des espèces, soit des variétés.

Feuilles adultes. — Il en est autrement des *feuilles adultes*. Ces dernières, qui ont atteint tout leur développement, ne modifient leur forme en rien: elles restent telles quelles indéfiniment. Seulement, comme elles se sont développées successivement et, par suite, dans des conditions de végétation très diverses, *elles ne se ressemblent pas*. Les feuilles adultes de la base ou du milieu du rameau diffèrent souvent des feuilles adultes de rang plus élevé. Les premières sont souvent entières, tandis que les dernières sont découpées.

Pour qu'elles puissent être comparées, il m'a paru qu'il convenait de ne pas tenir compte des feuilles de la base qui se sont développées dans des conditions très diverses et qui sont toujours déformées, non plus que de celles de l'extrémité ; et que *seules* pourraient être utilisées *celles qui correspondent à la période du plus grand accroissement de la vigne : ce sont les feuilles de rangs 9 à 12 comptés à partir de la base.*

Pétiole. — D'après M. Petit (1), le pétiole fournit d'excellents caractères spécifiques ; chaque espèce pourrait même être distinguée d'après une section transversale faite près du limbe. M. Millardet a utilisé la forme du pétiole pour la détermination de différentes espèces de vignes (2). Mais, dans une espèce donnée, sa forme varie peu, ou elle varie irrégulièrement. On ne doit en faire usage qu'avec beaucoup de prudence.

Intermédiaire à la tige et au limbe, le pétiole présente aussi des caractères communs à ces deux organes. Il est, comme les rameaux ou les nervures, diversement coloré, et la coloration se modifie à mesure qu'il vieillit. Il est aussi plus ou moins pileux ou glabre. Ces caractères se superposent donc à ceux de la feuille ou du rameau.

Sa longueur et sa grosseur varient aussi beaucoup, mais fort irrégulièrement. Enfin, il fait avec le plan du limbe un angle variable suivant la position de la feuille.

Ainsi, ou bien ses caractères font double emploi avec ceux de la feuille ou du rameau, ou bien ils sont trop inconstants pour qu'on puisse les utiliser autrement que pour la distinction de deux variétés très voisines l'une de l'autre ; quelques-uns seulement ont une valeur spécifique.

Forme. — La forme générale de la feuille dépend de sa charpente ; elle est donc fonction des longueurs relatives des nervures primaires données par les rapports: $\dfrac{n\mathrm{I}'}{n\mathrm{I}}$ et $\dfrac{n\mathrm{I}^2}{n\mathrm{I}'}$ ainsi que des angles α et β que les nervures latérales $\mathbf{1}'$ et $\mathbf{1}^2$ font avec la nervure médiane $\mathbf{1}$ (fig. 6). Je vais le montrer.

Soit une feuille *réniforme* (fig. 1 et fig. 7), c'est le type de la feuille du *V. Rupestris* elle est limitée par un trait plein. Comme on voit, elle a des nervures latérales très longues par rapport à la nervure médiane, et les angles α et β sont très aigus.

Augmentons l'ampleur des angles α et β, tout en laissant aux nervures latérales la même longueur : la feuille s'arrondit, elle devient *orbiculaire* (fig. 2).

---

(1) Louis Petit. — *Le pétiole des Dicotylédones.* Bordeaux, 1887.
(2) A. Millardet. — *Histoire des principales espèces de vignes américaines,* etc.
    Ravaz; *Vignes américaines.*

Raccourcissons : 1° la nervure latérale **1'** seulement, la feuille devient *cordiforme* ou *cordée* (fig. 3) ; 2° les deux nervures latérales proportionnellement à leur longueur,

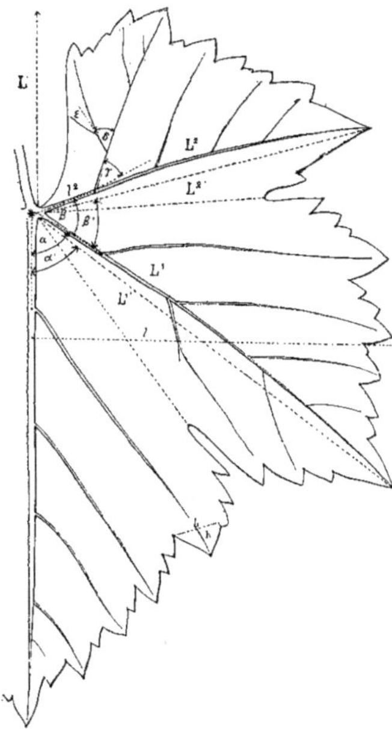

la feuille devient *cunéiforme* (fig. 4) (*V. Riparia*) ; 3° la nervure latérale **1²**, la feuille est *tronquée* (*V. Æstivalis*), c'est-à-dire rétrécie à sa partie postérieure (fig. 5).

Il y a donc 5 formes de feuilles types, qui sont les suivantes :

1. Réniforme (fig. 1 et fig. 7).
2. Orbiculaire (fig. 8 contour 2 et fig. 2).
3. Cordiforme (fig. 8 contour 3 et fig. 3).
4. Cunéiforme (fig. 8 contour 4 et fig. 4).
5. Tronquée (fig. 8 contours 5 et 6 et fig. 5).

Tous ces types, qui caractérisent des espèces ou des groupes spécifiques, sont

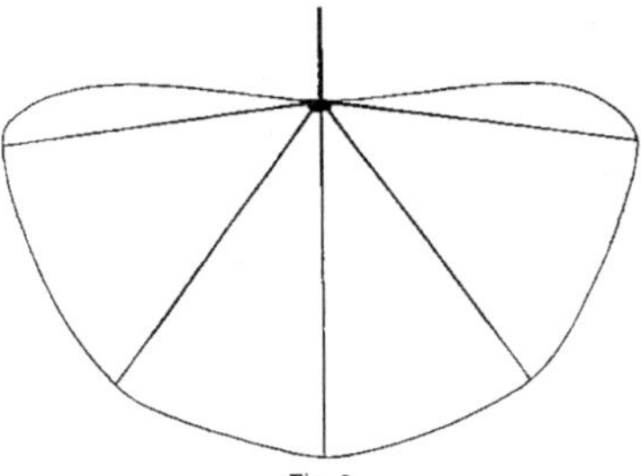

Fig. 6.   Fig. 7.

réunis par de nombreux intermédiaires qui peuvent être utilisés pour la distinction des variétés et surtout des hybrides. Seulement, leur notation exige une précision, que seuls les chiffres peuvent donner.

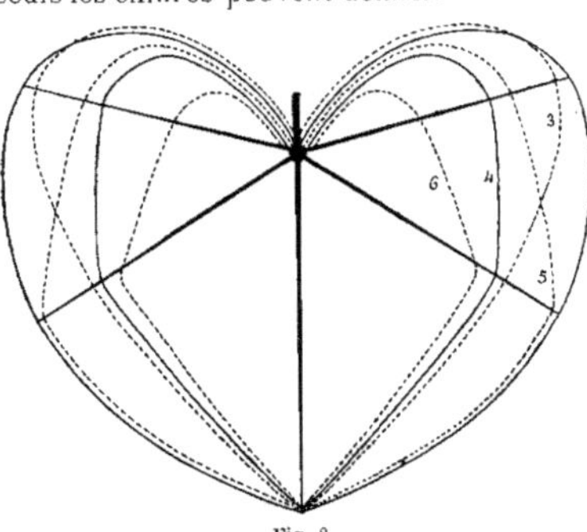

Les découpures ne modifient en rien la forme générale des feuilles.

Les feuilles sont les unes *entières* ou presque entières, les autres plus ou moins profondément découpées en 3-5-7 lobes ; chez quelques variétés, elles sont même *laciniées*. Les dents sont arrondies ou aiguës, plus ou moins courtes.....

Ces différences sont-elles constantes ? Il est évident que le *contour* de la feuille varie considérablement chez une même variété. Les feuilles du sommet,

Fig. 8.

même adultes, ne ressemblent pas d'ordinaire aux feuilles de la base ; mais prises au même endroit du sarment, c'est-à-dire sur les 9° à 12° nœuds, leur contour est assez constant pour constituer un des meilleurs caractères ampélographiques.

Asymétrie. — Toutes les feuilles sont *asymétriques* (fig. 9), et irrégulièrement asymétriques suivant, m'a-t-il semblé, que le prompt bourgeon placé à leur aisselle s'est développé ou non.

Il s'ensuit que les deux côtés de la feuille n'ont ni la même forme, ni la même largeur, et que le rapport de leurs largeurs est inconstant. La partie qui est toujours semblable à elle-même est celle qui correspond à l'*œil* normal et latent placé à l'aisselle du pétiole ; c'est aussi la plus développée, et *c'est sur elle seule que les caractères ampélographiques doivent être observés*. C'est elle que j'ai tenu à reproduire dans les dessins que cet ouvrage renferme.

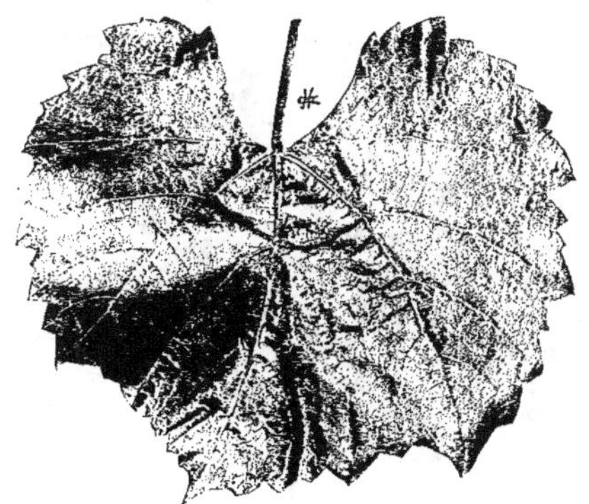

Fig. 9. — Feuille asymétrique.

Longueur de la feuille. — La longueur L de la feuille est mesurée de l'extrémité des dents des lobes pétiolaires les plus éloignées à l'extrémité de la dent qui termine le lobe médian.

Largeur de la feuille. — La largeur *l* est égale au double de la largeur du côté qui correspond à l'œil normal.

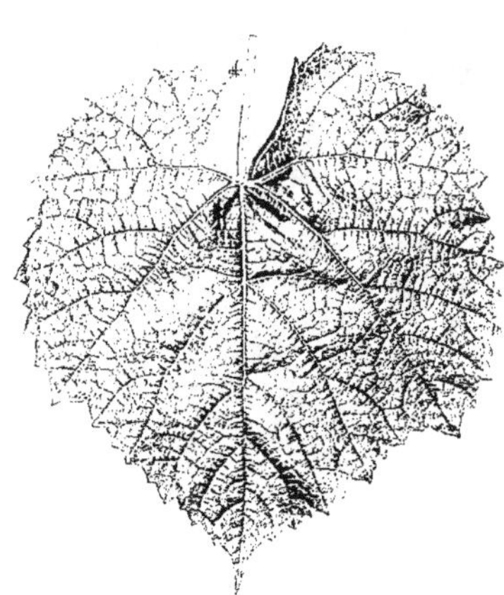

Fig. 10. — Feuille entière.

Dimensions relatives. — Le rapport $\dfrac{L}{l}$ exprime les dimensions relatives de la feuille ; il donne un caractère spécifique important, et il peut même être utilisé pour différencier des variétés d'un même groupe.

Étendue de la feuille. — Il y a évidemment des variétés à petites feuilles et des variétés à grandes feuilles, et l'on a raison d'attacher quelque importance aux caractères tirés de l'étendue de la feuille. Mais l'étendue de la feuille est subordonnée à la vigueur de la plante et, conséquemment, à l'âge de la souche, à la fertilité et à l'aridité du terrain. Tel cépage qui a de grandes feuilles ici peut en avoir de petites ailleurs.

Il s'ensuit que ce caractère n'a qu'une valeur relative ; il ne peut être utilisé que par comparaison, dans un même sol et pour des vignes de même âge.

Mais, chez un même cépage, l'étendue de la feuille est liée à l'accroissement des sarments qui la portent, puisque le développement de ces deux organes est sous la dépen-dance des mêmes circonstances. On pourrait peut-être l'exprimer en fonction de la longueur des sarments, ou plutôt des parties du sarment dont l'accroissement est ter-miné, par le rapport de la *longueur* de la feuille à la longueur moyenne d'un méri-thalle calculée sur les 4 mérithalles de rangs 9 à 12

Fig. 11. — Feuille trilobée.

En conséquence, la feuille serait :

Grande quand elle égale 1 fois 1,2 un mérithalle moyen ;

Moyenne quand elle égale un mérithalle moyen ;

Petite quand elle est plus courte qu'un mérithalle. Mais j'ai peu utilisé ce carac-tère.

Lobes. — La forme des lobes est liée à la forme des sinus et des dents. Les lobes sont aigus ou obtus, bien détachés ou à peine marqués, suivant que les sinus et les dents sont plus ou moins développés.

Découpures des feuilles. — Les sinus. —
Les découpures principales des feuilles, les sinus latéraux, sont plus ou moins nom-breuses et profondes. La feuille est *entière* (fig. 10) quand le sinus supérieur est nul, c'est-à-dire quand il a pour valeur la longueur de la dent terminale du lobe correspondant. Elle est *trilobée* (fig. 11, 12, 13) quand le sinus supérieur a au moins la valeur de deux dents ; elle est *quinquelobée* (fig. 21, 22, 23, 24) quand le sinus inférieur est nettement marqué.

La profondeur des sinus est exprimée par le rapport de leur pénétration dans le limbe à la longueur des nervures pri-maires correspondantes ; en conséquence, ils sont dits :

Profonds lorsque leur pénétration est égale à la moitié des nervures ; *très pro-fonds* quand leur valeur atteint 75 o/o.

Leur profondeur et leur forme sont sous la dépendance de la *puissance* et de l'écar-tement des nervures qui les bordent. Ces nervures tendent à s'éloigner l'une de l'au-

Fig. 12. — Feuille trilobée à sinus latéraux assez profonds.

tre, et, en même temps, elles s'amincissent. Il s'ensuit qu'à mesure qu'elles s'allongent, elles alimentent de moins en moins le parenchyme qui les sépare : d'où la division de celui-ci. On conçoit, dès lors, que la profondeur des sinus puisse varier chez les feuilles d'un même sarment avec les conditions dans lesquelles elles se sont formées.

Les sinus se resserrent d'ordinaire près de l'ouverture ; cela tient à la présence de nervures tertiaires latérales.

En conséquence, la forme des sinus est variable, et elle est surtout difficile à préciser.

Peu profonds ou presque nuls, ils ont fréquemment la forme d'un V ; profonds, leur forme dépend des conditions dans lesquelles la feuille s'est développée et aussi de l'accroissement des nervures qui les bordent. On ne peut donc leur demander des caractères distinctifs que lorsqu'il s'agit de différencier quelques variétés très semblables.

Sinus pétiolaire. — Le sinus pétiolaire, auquel on attache une importance ampélographique considérable, est limité et déterminé par les lobes pétiolaires. Or, la forme et l'ampleur de ceux-ci sont subordonnées :

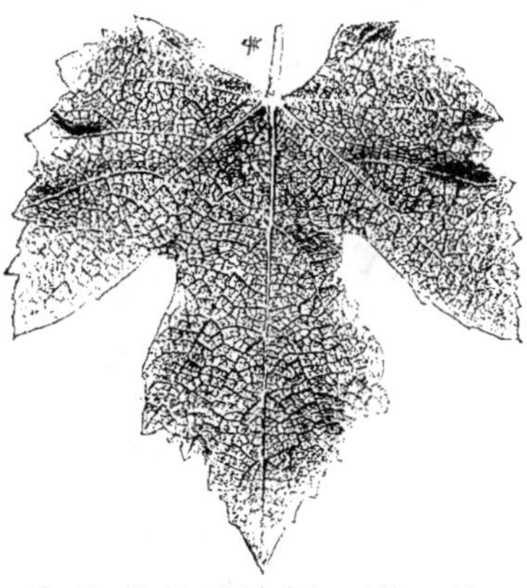

Fig. 13.— Feuille trilobée à sinus latéraux très profonds.

1° A la direction des nervures *principales* qui constituent leur charpente ;

2° A la direction et à l'importance de quelques nervures tertiaires ou quaternaires ;

3° A la longueur de la première partie des nervures pétiolaires ;

4° A la puissance d'accroissement de la feuille.

Voici, par exemple, le sinus représenté par la figure 14. Les nervures primaires laté-

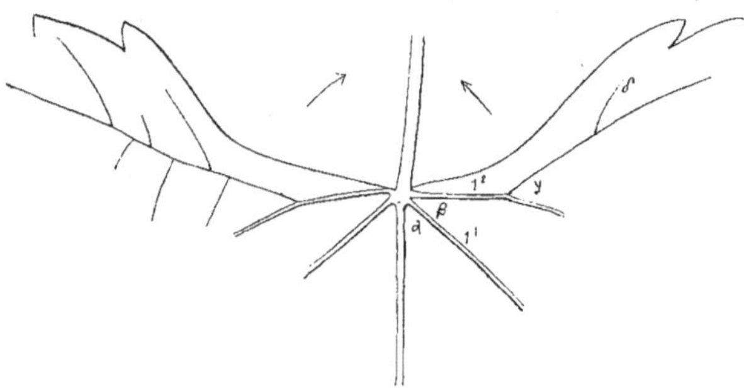

Fig. 14.

rales font avec la nervure médiane deux angles α et β, dont la somme est environ de 90°. La nervure pétiolaire secondaire 2 fait elle-même avec la nervure 1^2 un angle γ de 40°; soit au total 130° ; et, comme on voit, le sinus est nettement ouvert.

Augmentons la valeur des angles α et β, ou, ce qui revient au même, faisons tourner autour du point *pétiolaire*, comme charnière et dans le sens des flèches, les nervures 1^1 et 1^2 : Nous voyons les deux lobes pétiolaires se rapprocher de plus en plus l'un de l'autre, le sinus se fermer davantage et prendre successivement la forme de la figure 15, puis de la figure 16. de la figure 17, qui représente un sinus pétiolaire nette-

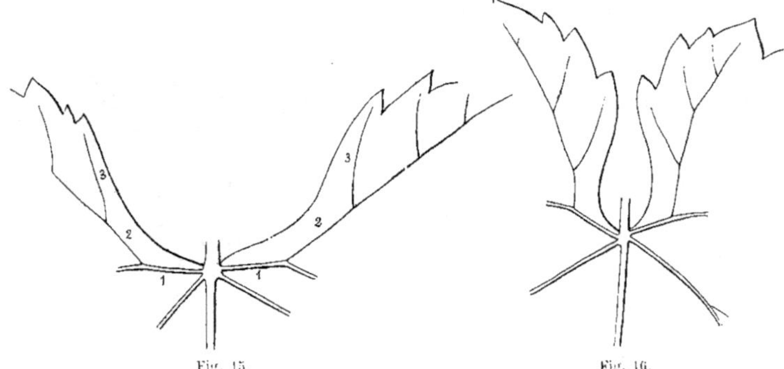

Fig. 15.   Fig. 16.

ment fermé. *La forme du sinus pétiolaire est donc liée à la valeur des angles α et β.*

Le sinus peut se fermer d'une autre manière. Laissons aux nervures **1¹** et **1²** leurs

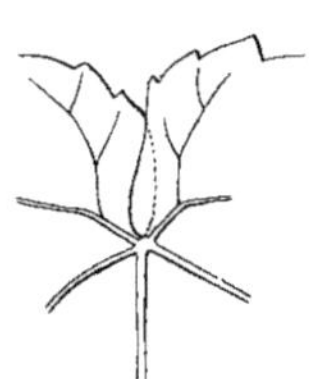

directions primitives de la figure 14 et augmentons la valeur de l'angle γ. Ici encore les bords de lobes tendent à se rapprocher l'un de l'autre, c'est-à-dire à fermer le sinus (fig. 18).

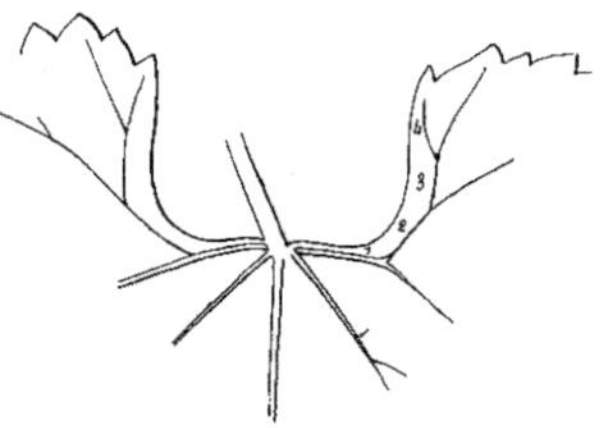

Fig. 17.   Fig. 18.

D'autres nervures, d'ordre tertiaire **3** et quaternaire **4**, peuvent entrer dans la constitution de la charpente des lobes pétio-

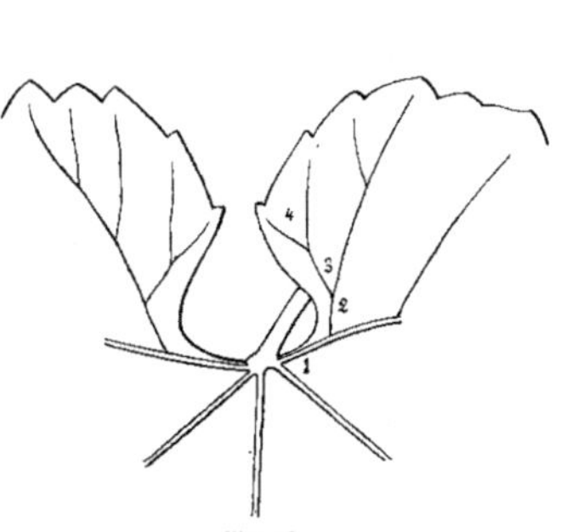

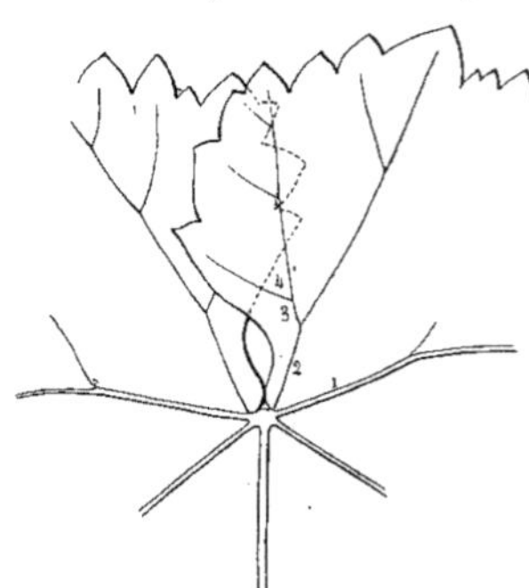

Fig. 19.   Fig. 20.

laires et, conséquemment, en augmenter l'ampleur suivant qu'elles font entre elles des angles γ, δ, ε plus ou moins grands et qu'elles sont elles-mêmes plus ou moins longues. Dans la figure 19, il suffit en effet, pour que les lobes se touchent, que les angles γ et δ soient plus grands ou, encore, que les nervures **3** et **4** soient plus longues.

Seulement la valeur de ces angles, la longueur de ces nervures dépendent de l'accroissement de la feuille, qui lui-même est fonction du climat, du sol, de la fertilité, etc.... Elles doivent donc varier avec ces conditions essentiellement variables, et tel sinus fermé ici peut très bien être ouvert ailleurs. Il en est si bien ainsi que la Commission internationale d'ampélographie a créé une subdivision spéciale pour les variétés à *sinus pétiolaire variable,* c'est-à-dire tantôt fermé, tantôt ouvert. Groupe bien singulier que celui qui, suivant les circonstances, peut exister ou non.

Enfin la forme du sinus pétiolaire est liée à la longueur de la partie basilaire de la nervure **1²**. Si, en effet, cette partie est très longue, les lobes pétio

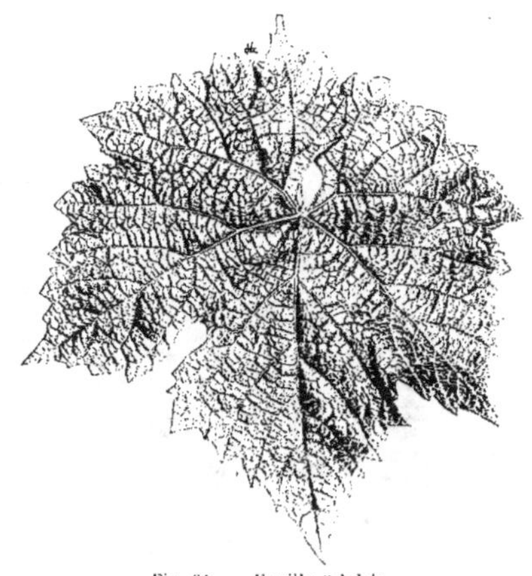

Fig. 21. — Feuille 5-lobée.

laires ne peuvent guère se toucher qu'à une grande distance du centre de la feuille, et par l'intervention d'une large bande de parenchyme ou de quelques nervures d'ordre tertiaire, quaternaire, etc... : si, au contraire, elle est très courte, les lobes se touchent aussitôt, sans que les angles des nervures augmentent de valeur (fig. 20).

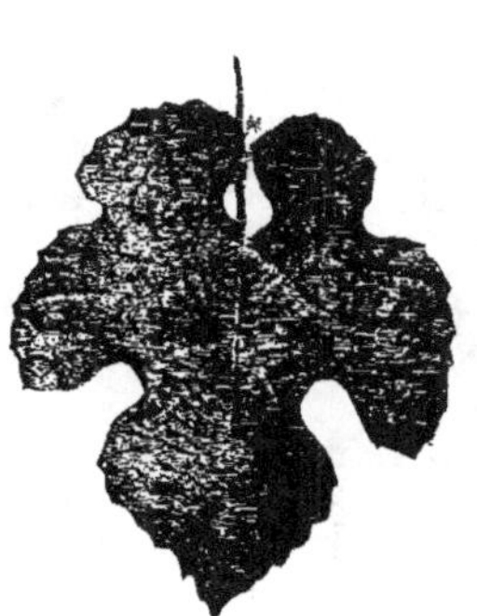

Fig. 22. — Feuille 5-lobée à sinus profonds.

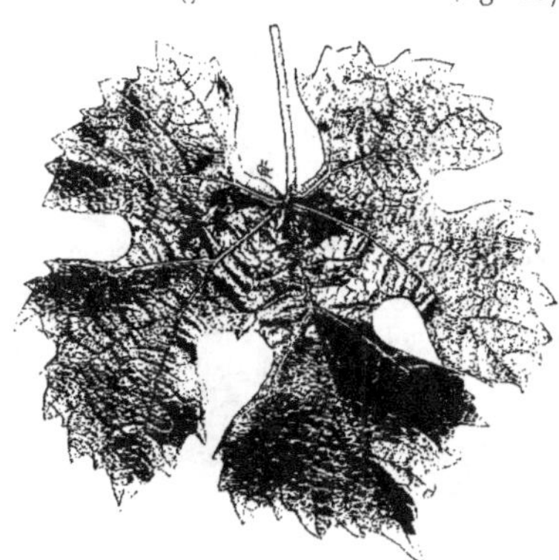

Fig. 23. — Feuille 5-lobée à sinus latéraux profonds.

Si la forme du sinus pétiolaire dépendait seulement de la direction des nervures principales **1¹**, **1²** et **2**, ou encore de la longueur de la base de la nervure **1²**, c'est-à-dire de caractères constants chez une même variété, on pourrait encore l'utiliser pour distinguer les vignes les unes des autres. Mais elle est aussi subordonnée à des conditions variables : climat, sol, etc... ; elle est donc essentiellement contingente, et, conséquemment, sans valeur ampélographique.

Je renonce donc à utiliser les caractères tirés de l'ampleur et de la forme du *sinus pétiolaire*, et je leur substitue les valeurs des angles α, β et γ que font entre elles les nervures **1'**, **1**, **1²**, et **2¹** la longueur relative de la base de la nervure **1²** ; on sait pourquoi.

Le tablier. — La largeur (ou la hauteur) des lobes pétiolaires — le tablier — n'est pas la même chez toutes les variétés. Gœthe, puis MM. Portes et Ruyssen ont trouvé que pour le V. Vinifera elle variait entre 24 et 40 o/o de la longueur de la feuille. Mais elle est elle-même subordonnée à la valeur des angles α, β, γ. Il est clair que plus ces angles sont grands plus les lobes sont reportés en arrière ou en bas ; et inversement.... Dès lors, elle n'a plus aucune signification ou elle fait double emploi.

Dents. — Les dents se présentent sous

Fig. 24. — Feuille 5-lobée à sinus latéraux très profonds.

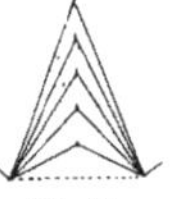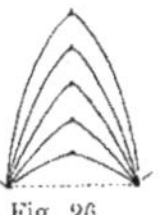

Fig. 25.   Fig. 26.

deux formes : elles sont anguleuses ou arrondies : anguleuses quand leurs côtés sont sensiblement rectilignes (fig. 25 et 27), arrondies quand leurs côtés sont curvilignes (fig. 26 et 28). Les côtés sont fréquemment inégaux ; ce caractère n'a rien de constant. Il n'y a donc que deux types de dents. Mais, dans chacun d'eux, les dents font plus ou moins saillie au dehors. Comme leurs dimensions sont proportionnelles à l'accroissement de la feuille, elles ne peuvent être données en valeur absolue, mais seulement en valeur relative, qui sera exprimée par le rapport de la hauteur à la base. En conséquence, les dents seront :

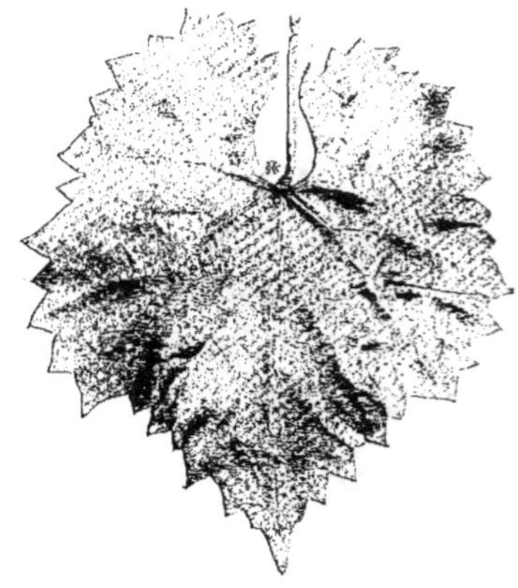

Fig. 27. — Feuille à dents anguleuses.

Très étroites quand le rapport sera	$\geqslant$ à	1.
Étroites — —	$\geqslant$ à	0.75.
Larges — —	$\geqslant$ à	0.50.
Très larges — —	$\geqslant$ à	0.25.
Presque nulles — —	$\geqslant$	0.25.

Nervures. — *Direction.* — Les nervures primaires dérivent directement du pétiole. Elles sont au nombre de 5 : la médiane **1** est la plus importante. Deux autres **1¹**, **1²** se dirigent de chaque côté de la feuille. Toutes se séparent du pétiole au même point, qui peut être appelé *point pétiolaire.*

Chacune de ces nervures se divise et se subdivise en nervures secondaires **2**, tertiaires **3**, quaternaires **4**, quinaires **5**, etc...

Les nervures primaires **1**, **1¹**, **1²** font entre elles des angles qui varient avec les cépages, mais qui sont constants pour chaque variété sur les feuilles de même rang. Et il ne peut guère en être autrement. Ces nervures constituent la grosse charpente de la feuille ; elles existent avant son épanouissement, et ce sont elles qui doivent être le moins influencées par l'accroissement de la feuille.

La nervure pétiolaire **2** fait avec la direction de la nervure **1²** un angle qui est aussi constant pour chaque variété. Quant aux nervures pétiolaires **3** et **4**, quand elles existent, elles font, on le sait, avec les nervures **2** et **3** des angles variables (fig. 1).

Les valeurs des angles que font entre elles les nervures principales peuvent donc constituer des caractères

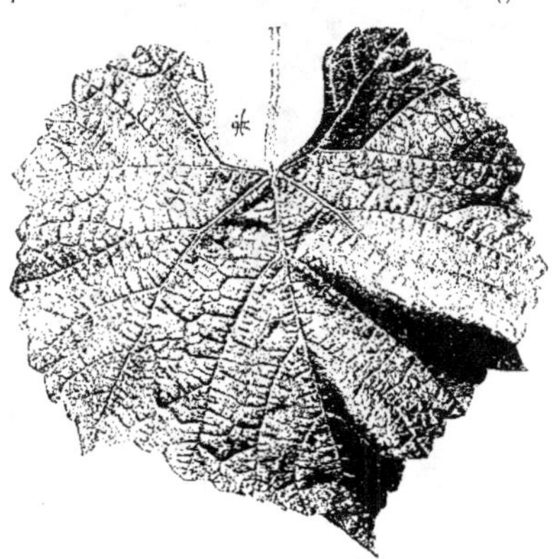

Fig. 28. — Feuille à dents arrondies.

excellents et, à mon avis, de tout premier ordre. Leur appréciation est facile. Dans les groupes peu nombreux, elles permettraient à elles seules la distinction des variétés.

Mais, pour ne pas trop faire de détail, je divise les feuilles en 10 catégories, suivant la valeur des angles α et β.

1° Angles α + β		≤		70°.
2° —	—	de	71 à	80°.
3° —	—	—	81 à	90°.
4° —	—	—	91 à	100°.
5° —	—	—	101 à	110°.
6° —	—	—	111 à	120°.
7° —	—	—	121 à	130°.
8° —	—	—	131 à	140°.
9° —	—	—	141 à	150°.
10° —	—	—	151 à	160°.

Et chacun de ces groupes peut être divisé à son tour en 3 catégories, suivant la valeur de l'angle γ, qui est indépendante des précédentes.

Enfin les angles δ et ε nous donnent des *particularités* qui pourront être utilisées quelquefois, quoique de valeur très secondaire.

Longueur des nervures. — Les longueurs *relatives* des nervures nous donnent aussi de très utiles indications. C'est ainsi que chez les variétés du V. Rupestris, les nervures primaires **1'** sont souvent aussi longues et même quelquefois plus longues que la nervure médiane **1**. Chez le *V. Cordifolia*, il en est autrement. Et ces caractères sont assez constants pour que nous puissions les utiliser.

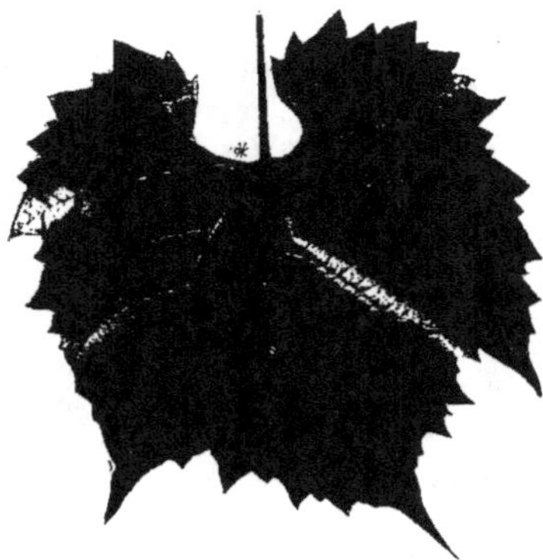

Fig. 29. — Feuille unie.

Largeur. — La largeur ou l'épaisseur est difficile à préciser. Néanmoins, la largeur relative de chacune des nervures primaires peut être utilisée comme caractères spécifiques. D'ordinaire, la nervure médiane est la plus grosse, mais il y a des exceptions.

Les nervures tertiaires et quaternaires, etc..., sont tantôt saillantes, tantôt plongées dans la feuille. Il m'a semblé que ce caractère était souvent en relation avec le degré de glabrescence et l'épaisseur de la feuille : les feuilles glabres, telles que V. Rupestris, Grenache, etc..., ont des nervures tertiaires, etc..., peu apparentes.

Couleur. — La couleur des nervures participe de la couleur du pétiole et de la tige. Elle s'accuse de plus en plus à mesure que la feuille vieillit ; et, conséquemment, elle ne fournit que des indications peu utiles, ou faisant double emploi. En tout cas, la coloration doit être notée seulement sur les feuilles qui viennent d'arriver à l'état adulte.

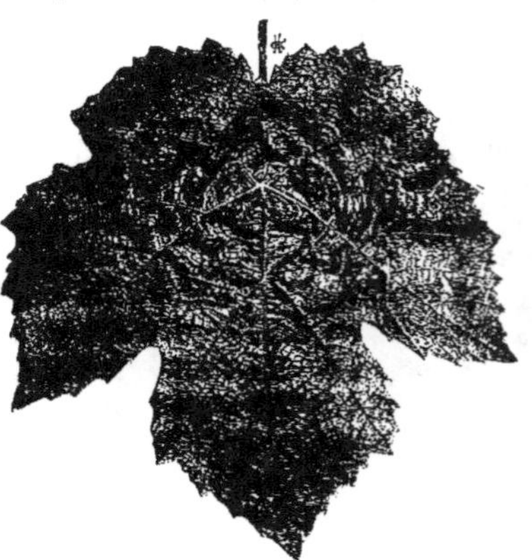

Fig. 30. — Feuille gaufrée.

Couleur des feuilles. — « Je n'ai pas vu de cépage, dit Roxas, où les feuilles fussent toutes de la même couleur et d'une nuance égale. Si mon imagination pouvait retenir exactement les impressions que je reçus des couleurs de chaque espèce, et que nous eussions autant de mots pour exprimer leurs différences aussi distinctement que je les sentis, il suffirait de ce seul caractère pour distinguer toutes les variétés que j'ai décrites, et peut-être même toutes celles qui existent ».

Cela est très juste : la couleur varie avec chaque cépage. Mais il en est ainsi de tous les autres caractères : forme des dents, profondeur des sinus, etc...; et si on ne peut avoir recours à un seul caractère pour la détermination des variétés, c'est que ses variations sont si faibles d'un cépage à l'autre qu'il est impossible de les préciser. Les caractères de quantité sont toujours les moins tranchés, qu'il s'agisse de la couleur ou des dimensions de la feuille.

D'autre part, la couleur de la feuille est liée à la vigueur de la souche, à la nature et à la fertilité du sol. En sol riche, les feuilles sont d'un vert foncé : elles sont plus pâles en sol maigre. Par le beau temps, elles sont également d'un vert plus foncé que par une saison pluvieuse.

Et, en conséquence, si les différences de coloration sont aussi nombreuses et si perceptibles que l'indique Roxas, ce ne peut être que dans le *même milieu* et sur des souches de même âge et conduites de la même façon. La couleur est donc un caractère d'ordre très secondaire, ne pouvant être utilisé que pour distinguer des variétés très voisines les unes des autres (1).

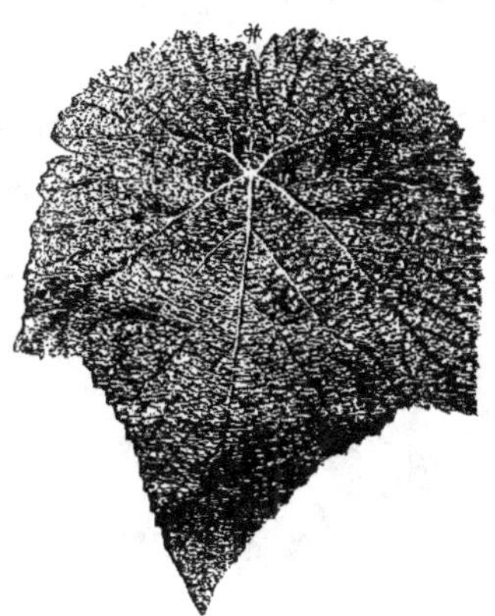

Fig. 31. — Feuille gaufrée.

La couleur de la feuille varie du vert pâle au vert foncé ; sur quelques cépages, le parenchyme se colore en rouge plus ou moins tôt, tantôt avant la véraison comme chez les cépages teinturiers, tantôt avant, pendant ou après les vendanges. Chez les variétés à raisin blanc, les feuilles jaunissent à l'automne.

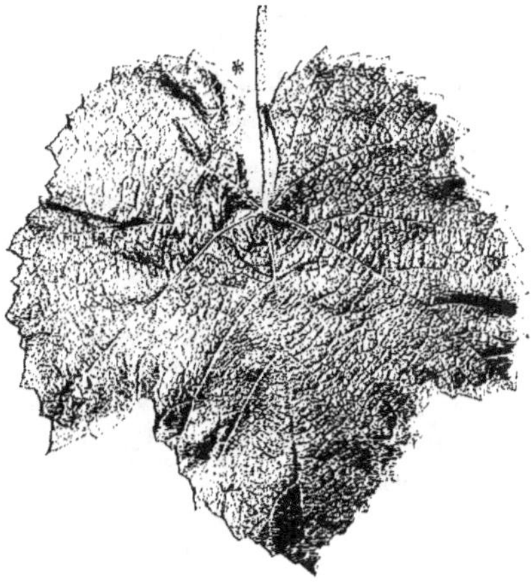

La surface peut être brillante ou terne. Ce caractère est subordonné au climat : il est clair que dans un climat sec, les feuilles sont plus brillantes que dans un climat humide.

La feuille peut être unie ou bosselée. Les caractères tirés de l'état de la surface n'ont qu'une valeur relative ; je veux dire qu'ils ne donnent des indications précises que dans un même milieu et par comparaison. L'importance des bosselures des feuilles est liée au climat, à la richesse du sol, à la vigueur de la souche. En sol riche, le parenchyme s'accroît plus qu'en sol pauvre : il s'ensuit que les bosselures sont d'autant plus accusées que

Fig. 32. — Feuille bullée.

---

(1) Cependant, quelques-unes des subdivisions principales que le professeur Bailey a établies dans le genre Vitis sont basées sur la couleur du feuillage. Voyez *Synoptical Flora of North America*, par Asa Gray, vol. I, fasc. II, p. 419.

la feuille s'accroît plus vigoureusement. En sol maigre, la feuille tend à devenir unie (fig. 29).

La feuille est *tourmentée* quand ses bosselures intéressent tout le parenchyme compris entre les nervures principales 1. La feuille du Carignan-Rupestris 404, figu-

Fig. 33 — Feuille ondulée.

rée plus loin, en est un exemple. Elle est *gaufrée* quand les bosselures sont nombreuses, de même importance sensiblement, et mesurant 1 centimètre de diamètre (fig. 31); elle est *bullée* quand les bosselures occupent le parenchyme compris entre les dernières ramifications des nervures (fig. 32). La feuille est *ondulée* (fig. 33) quand elle est renflée entre les nervures et parallèlement à leur direction.

Les feuilles du V. Æstivalis sont recouvertes en dessous d'une couche de cire qui leur donne un aspect particulier.

Glabrescence et Villosité. — Il n'y a pas de feuilles glabres. Toutes, en effet, portent au moins quelques poils, qui peuvent disparaître bientôt, mais dont les empreintes restent toujours visibles. Elles portent toujours deux sortes de poils: 1° poils laineux, longs, tordus sur eux-mêmes; 2° poils raides plus ou moins longs et plus ou moins cloisonnés. Les poils raides naissent sur les nervures de tout ordre ; les poils laineux naissent aussi d'abord sur les nervures, mais, lorsqu'ils sont très nombreux, ils existent sur tout le parenchyme. Il y aurait donc là un moyen facile pour subdiviser les feuilles en deux groupes suivant la densité du tomentum, mais il faut avoir recours au microscope, ce qui n'est pas à la portée de tout le monde.

Quoi qu'il en soit, la feuille est dite *glabre* quand elle paraît ne pas porter de poils laineux. Elle est *tomenteuse* quand les poils laineux sont nettement visibles.

Les poils raides ne paraissent pas assez constants pour qu'on puisse leur attribuer une grande importance. Telle variété en porte beaucoup une année qui n'en porte pas l'année suivante. Leur présence paraît subordonnée au climat et peut-être aussi à la nature du sol. Ils sont plus rares sur les jeunes feuilles que sur les adultes, au moins chez les variétés du V. Vinifera; il peut en être autrement chez d'autres espèces. Mais dans un même milieu, sur des vignes conduites de la même manière, ils donnent quelquefois des indications utiles. Poils raides et poils laineux peuvent occuper les deux faces de la feuille ; mais c'est à la face inférieure qu'ils sont le plus fréquents, et c'est là qu'il convient de les examiner.

Les poils laineux forment en dessous un tomentum plus ou moins épais. La densité en pourrait être exactement mesurée; mais cela nécessiterait encore l'emploi du microscope. Au lieu donc de demander au tomentum de nombreuses indications, nous suivrons l'exemple de Roxas, puis de la Commission internationale ampélographique, qui ont établi seulement les deux subdivisions suivantes, basées sur sa densité :

1° Feuilles duveteuses ;

2° Feuilles cotonneuses.

La feuille est duveteuse quand le tomentum se détache facilement « par un léger frottement du doigt ». Elle est cotonneuse quand le tomentum résiste au frottement.

Mais la résistance au frottement varie avec l'âge de la feuille. Les poils des feuilles jeunes sont beaucoup plus résistants que les poils des feuilles plus âgées. Je préfère la division suivante :

1° La feuille est duveteuse quand le tomentum ne cache pas entièrement le parenchyme ;

2° Elle est cotonneuse quand le parenchyme est entièrement caché par les poils.

Quelques ampélographes distinguent encore un tomentum *floconneux* ; mais c'est à tort, car les feuilles à tomentum floconneux sont toutes des feuilles *duveteuses* : ce n'est, en effet, que lorsque les poils sont peu denses et par suite peu enchevêtrés qu'ils peuvent se grouper en flocons.

La feuille est *pubescente* quand elle porte des poils raides.

En conséquence, la glabrescence et la villosité nous permettent d'établir les subdivisions suivantes :

A. Feuilles glabres, ou glabro-pubescentes.

B. Feuilles tomenteuses sur les deux faces.

C. Feuilles tomenteuses en dessous.

    c^1. Feuilles duveteuses, ou duveteuses-pubescentes.

    c^2. Feuilles cotonneuses, ou cotonneuses-pubescentes.

       c^1. *a*. Feuilles presque glabres, ou aranéeuses.

       b.   —   duveteuses.

Chez les feuilles peu duveteuses surtout, les poils laineux font parfois défaut chez les plus âgées d'entre elles : les poils isolés sont en effet facilement enlevés par le vent, le frottement, etc... Mais leur présence peut toujours être constatée sur les feuilles plus jeunes.

Ampélométrie. — En résumé, la feuille nous fournit des caractères nombreux et de notation facile. Leur observation doit néanmoins être faite avec soin et précision : les à-peu-près ne peuvent apporter que de la confusion. Aussi bien, la précision ne peut-elle être donnée que par des chiffres ; non pas par des nombres absolus qui ne signifient rien, mais par des nombres relatifs, des rapports. La forme est en effet fonction des rapports des distances qui séparent tous les points importants du contour extérieur d'un point central quelconque, ainsi que de la direction (qui est donnée par des angles) des lignes qui joignent ces points extérieurs au point central. Elle peut donc être exprimée par des chiffres. Cela est assez compliqué quand il s'agit de « volumes » ; c'est très simple quand il s'agit d'organes tout en surface, tels que les feuilles.

J'ai déjà indiqué comment quelques caractères de « forme » étaient indiqués. J'ai résumé dans la figure 5 les mesures à prendre. Avec ces mesures, que, d'ailleurs, je n'ai pas toutes utilisées, on doit pouvoir reconstruire la feuille à laquelle elles s'appliquent et qu'elles caractérisent.

Quant à la *villosité*, elle peut être aussi exprimée par des nombres, par exemple, par 0, 1, 2, 3, 4, 5, qui désignent :

0, des feuilles glabres.

1, 2, 3, 4, des degrés dans l'intensité du duvet correspondant à des nombres déterminés de poils par centimètre carré.

5, les feuilles cotonneuses.

L'intensité de la pubescence est exprimée par le nombre de nervures qu'elle recouvre, etc...

Voici un exemple d'une description ampélométrique, dans laquelle les caractères sont énumérés dans le même ordre que dans les descriptions ordinaires qu'on trouvera plus loin. Elle s'applique à des feuilles de rangs 9 à 12, et appartenant à des sarments *nés à l'extrémité des coursons ou des branches à fruits*.

Feuille adulte : 136, 48 = 184, 45 ; — (54, 112) ; — 0.89, 0.75 ; 0.23 ; — 0.70, 0.90 ;   0.77 a ; 0 — ; 0.90 ; 1,2.

qui signifie : angle des nervures : 136, 48 = 184°, 45° — (54 et 112 expriment les angles α' et β' qui sont utiles pour la construction de la feuille, mais non pour la description) ; rapports des nervures 0.89, 0.75, 0.23 ; à sinus latéraux supérieur marqué, inférieur presque nul ; à dents anguleuses et étroites ; glabre, plus large que longue, très grande.....

LES VRILLES. — Les vrilles sont simples ou complexes : elles sont simples chez les V. Rotundifolia ; et bi ou trifurquées chez les autres espèces, mais d'une manière assez inconstante.

Leur distribution sur les sarments est plus importante. *Continues*, c'est-à-dire occupant tous les nœuds, elles caractérisent le V. Labrusca ; *discontinues*, elles indiquent un hybride de V. Labrusca : elles sont *intermittentes* chez toutes les autres espèces. La disposition des vrilles, aussi bien sur les sarments aoûtés que sur les rameaux herbacés, est donc un caractère de premier ordre.

LA GRAPPE. — Les variétés de vignes cultivées comme porte-greffes sont pour la plupart stériles : on doit donc les reconnaître à l'aide des seuls caractères végétatifs, *qui sont d'ailleurs suffisants*.

Chez les variétés-greffons ou producteurs-directs, la grappe, quand elle existe, présente des caractères qu'il faut bien utiliser pour distinguer les raisins les uns des autres (et du même coup les variétés qui les ont produits).

Constitution de la grappe. — La grappe (fig. 34) est un sarment *ramifié* à de nombreux degrés. La première ramification, placée à une distance variable de la base de l'axe central ou pédoncule, est une vrille, qui peut se subdiviser à son tour une ou deux fois et même se transformer en grappe. Cette vrille est en général bien détachée de la grappe. Elle est dans le même plan que les ramifications axillaires secondaires du sarment. Au-dessus, dans un plan perpendiculaire à celui-ci, viennent deux grappillons, alternes et distiques, puis, dans un autre plan perpendiculaire à ce dernier, encore deux grappillons également alternes et distiques ; et ainsi de suite jusqu'au sommet, qui est terminé par une fleur ou par un grain. La longueur des grappillons, ainsi que l'intervalle qui les sépare les uns des autres, vont en diminuant de la base au sommet.

Chacun d'eux se ramifie à son tour de la même manière ; et les dernières ramifications sont terminées par une fleur centrale. A la base de chacune d'elles, de même que des fleurs, il y a toujours une bractée.

Fig. 34. — Une grappe.

Or, toutes les grappes ont la même constitution, quelle que soit l'espèce à laquelle elles appartiennent. Elles diffèrent les unes des autres par la longueur ou l'espacement des grappillons, c'est-à-dire par des caractères de quantité bien difficiles à préciser. Aussi la forme ou la constitution de la grappe ne nous donnent-elles aucun bon caractère facilement saisissable en tout temps ; et j'ai dû renoncer à les utiliser pour établir une base de classification. Je sais bien que beaucoup de vignerons reconnaissent leurs cépages aux caractères des raisins mûrs. Tout le monde d'ailleurs sait distinguer un raisin de Chasselas d'un raisin de Muscat. Mais si la distinction est ici facile, c'est qu'elle ne porte que sur quelques variétés ; elle est très délicate quand on est en présence d'un grand nombre de cépages.

Indépendamment de leur faible importance, les différences que les grappes peuvent présenter manquent encore de constance. Elles portent, en effet, sur les dimensions, la forme, etc..., qui sont essentiellement variables. Prenons pour exemple les dimensions de la grappe. Il est clair qu'il y a des variétés à gros raisins et d'autres à raisins petits ou moyens. Mais la grosseur des grappes de chacune d'elles varie dans des limites très étendues, suivant le système de taille, la fertilité du terrain, la vigueur de la souche, etc... L'Aramon produit quelquefois des raisins de 2 kil., mais il en donne aussi de 200 grammes. Comme on voit, la grosseur de la grappe est subordonnée à une foule de circonstances variables.

Il en est de même de sa *longueur*, de sa *largeur*, etc..., qui ne peuvent pas, par suite, être exprimées en valeur absolue. Mais, exprimées en valeur relative, c'est-à-dire en fonction d'un élément auquel elles sont subordonnées, les dimensions des grappes fournissent des indications utiles. Chez toutes les variétés, la longueur des grappes est liée à la puissance du sarment qui les porte ; on peut donc la rapporter à la longueur moyenne d'un mérithalle.

En conséquence, les grappes seront décrites sur les rameaux sur lesquels nous avons déjà examiné les feuilles; seule, la grappe la plus basse sera examinée; sa largeur sera exprimée en fonction de la longueur totale.

Le pédoncule est court, moyen ou long. Sa longueur absolue n'a aucune signification. Exprimée en fonction de la longueur totale de la grappe, elle nous donne des indications plus précises. Et, par suite, les grappes sont :

1° Courtes : quand elles sont égales à la moitié d'un mérithalle ;
 Moyennes : $\leq$ à un mérithalle ;
 Longues : $\leq$ à deux mérithalles ;
 Très longues :   au delà.

2° Très larges : quand elles sont aussi larges que longues ;
 Larges : quand la largeur $\leq$ aux 2/3 de la longueur ;
 Étroites :   — $\leq$ au 1/2 —
 Très étroites : — en deçà.

Le pédoncule est :
 Très long : quand $\geq$ à la moitié de la grappe ;
 Long : $\geq$ au 1/4 —
 Court : $\geq$ au 1/8 —
 Très court : en deçà.

La *compacité* de la grappe est très variable. Elle est, en effet, subordonnée à la nature du sol, au climat, au porte-greffe, aux variétés avoisinantes, en un mot aux circonstances qui favorisent ou entravent la coulure. Sur un cep faible, les grappes peuvent être serrées, et lâches sur un cep vigoureux. Une variété cultivée seule sur une grande étendue peut ne donner que des grappes lâches, et en produire de très compactes quand elle est associée à d'autres. La compacité de la grappe est donc un caractère sans valeur descriptive; il n'a qu'une valeur culturale, et c'est comme tel que je le mentionnerai.

La forme de la grappe est aussi influencée par les mêmes circonstances; mais elle est néanmoins plus stable. Et les grappes seront dites :

Pyramidales,

Coniques, quand la partie principale a les formes indiquées ;

Cylindro-coniques, quand elles sont presque aussi larges au sommet qu'en bas ;

Ovoïdes, quand elles sont renflées au centre.

La grappe sera dite *ramifiée* quand elle portera plusieurs grappillons bien développés;

Ailée, quand elle ne portera qu'un grappillon distinct ;

Simple, quand aucun grappillon ne se détachera nettement.

La dureté du pédoncule est aussi à considérer. Il y a lieu de distinguer les pédoncules *durs* des pédoncules *mous*; parmi les particularités, noter aussi la présence ou l'absence d'une vrille sur le pédoncule, les renflements, etc...

Les Grains. — La forme des grains donne de bons caractères. Le grain peut être, en effet, *discoïde*, c'est-à-dire plus large que long, *sphérique, ovoïde, oblong, acuminé*, etc...

Toutes ces formes sont faciles à préciser. Il n'y a de difficulté que pour les variétés dont les grains sont irréguliers. Quelques-unes ont, en effet, tantôt des grains ronds, tantôt des grains un peu allongés, suivant qu'elles sont placées dans un terrain frais, riche, ou sec, ou maigre, suivant aussi que la maturité est plus ou moins complète; et les caractères de forme sont ici en défaut.

La plupart des ampélographes ont bien remarqué ces irrégularités, et, pour en amoindrir les inconvénients, ils ont créé un groupe spécial qui comprend les variétés à grains de forme variable, c'est-à-dire tantôt ronds, tantôt allongés. Il me semble que ce groupe, qui peut se fondre soit dans le groupe des grains ronds, soit dans le groupe des grains allongés, augmente plutôt qu'il ne diminue les difficultés. Et, à mon sens, il est préférable de ne faire que deux divisions principales basées sur la forme des grains: l'une comprendrait les grains ronds ou aplatis, l'autre les grains allongés. Et, comme la forme des grains dits *irréguliers* n'est indécise qu'à la maturité, on rangerait dans le premier groupe toutes les variétés dont les grains sont nettement ronds ou aplatis *avant* la maturité, et dans le groupe des grains allongés tous les autres.

Ce dernier pourrait comporter deux subdivisions:

  1° Les grains ovoïdes;

  2° Les grains oblongs;

qui à leur tour pourraient être subdivisées suivant le degré d'allongement.

En conséquence, les grains ovoïdes ou oblongs seront dits:

Courts: quand le plus grand diamètre $\leqq$ à 1 fois 1/2 le plus petit;

Longs: —   — $\leqq$ à 2 fois   —

Très longs: —   —   au delà.

et ces derniers peuvent être divisés en:

  Grains arqués,

  — sinueux.

Volume des grains. — Le volume du grain est évidemment variable d'abord suivant les variétés: les unes en ont de très petits, les autres de très gros, etc... Mais, chez chacune d'elles, il varie encore suivant les circonstances. L'Aramon taillé court, en terrain fertile, donne des grains gros comme des prunes; taillé long, en sol sec, il en porte qui sont presque petits.

Si les dimensions absolues des grains étaient constantes, il serait facile de les évaluer avec précision, et les qualificatifs de *petits, moyens, gros*, etc..., pourraient servir à quelque chose. Je les citerai néanmoins, à titre d'indication culturale, et en leur conservant la signification que leur a donnée Roxas.

Les grains sont, par suite:

Petits: quand leur diamètre moyen $\leqq$ à 10 millimètres.

Moyens: —   — $\leqq$ à 15   —

Gros: —   — $\leqq$ à 20   —

Très gros: —   —   supérieur à 20 millimètres.

Couleur. — On ne peut guère tenir compte que des couleurs bien tranchées constatées au moment de la maturité. Nous aurons donc des raisins blancs, roses ou gris, noirs ou bleus. L'intensité de chacune de ces colorations varie beaucoup, suivant l'exposition du raisin ou le degré de maturité; il conviendra de ne l'indiquer qu'avec prudence.

Il sera bon de mentionner aussi les particularités qui peuvent à elles seules caractériser quelques variétés : *pointillé, minceur* et *transparence* de la peau; présence ou absence d'une *pruine* ou fleur, etc...

Contenu des grains. — Le contenu du grain est *juteux* ou *charnu*; chez quelques variétés, il est presque craquant. Ces caractères ne doivent être utilisés qu'avec prudence. Telle variété à grains juteux ici en a de charnus ailleurs. Tels grains sont juteux à maturité qui peuvent être charnus plus tard.

Saveur. — Toutes les variétés diffèrent les unes des autres par la saveur de leurs fruits, et, au moins théoriquement, il est possible de les reconnaître d'après ce seul caractère. Mais il faut, pour cela, une longue pratique qu'on n'acquiert plus maintenant. La difficulté consiste surtout à qualifier exactement la saveur de chaque grappe, et, pour cela, les mots nous manquent. Le mot « spécial » est employé fréquemment en ampélographie : il est d'autant moins utile qu'on l'emploie davantage.

Et puis la saveur varie avec une foule de circonstances. Le *Sémillon*, la *Verdesse*, ont une saveur musquée quand ils sont bien mûrs; ils ne sont pas du tout *musqués* quand la maturité n'est pas complète. Je laisse de côté les qualificatifs d'agréables ou désagréables, etc... Je ne retiens que les suivants :

Foxé : V. Labrusca.

Fade : Rupestris, etc...

Musqué : Muscats, etc...

Les autres qualités sont subordonnées au milieu, et, par suite, sont sans importance au point de vue descriptif. Si je les cite, c'est au point de vue cultural.

Graine. — La graine donne de bons caractères spécifiques.

II. — LES APTITUDES

Les aptitudes — qualités et défauts— des espèces, variétés et hybrides de vignes, que j'indique dans cet ouvrage, sont le résultat de l'observation et de l'expérience. Les vignes américaines sont cultivées depuis assez longtemps pour qu'on puisse connaître et leurs avantages et leurs inconvénients. L'observation dans les vignobles donne des indications utiles, mais qui ne doivent être acceptées que sous réserves. L'expérimentation nous renseigne avec plus de précision, pourvu qu'elle soit faite avec toutes les précautions qui peuvent éviter les causes d'erreurs.

ADAPTATION AU SOL. — Les terrains qui conviennent aux vignes américaines ne sont pas toujours ceux dans lesquels elles ont été trouvées à l'état spontané. C'est que la présence de ces vignes dans une région n'est pas forcément subordonnée à la composition chimique ou physique du sol. Le sol n'a pas toujours une influence prédominante. Ce qui le montre, c'est que beaucoup d'espèces, *V. Cordifolia*, *V. Cinerea*, *V. Candicans*, qui ont été recommandées pour les terrains crayeux, parce qu'elles y croissent en Amérique, sont justement celles qui les craignent le plus chez nous et qui y meurent le plus tôt.

Il ne faut pas être surpris qu'il en soit ainsi. Dans les calcaires crayeux des Charentes on observe des faits analogues. Telle vigne très sensible à la chlorose s'y développe quelquefois vigoureusement. C'est que l'action nocive du calcaire (de la craie) est liée à une foule de circonstances et particulièrement au degré d'humidité du sol et de l'atmosphère. Que le printemps — saison où se produit la chlorose avec le plus d'intensité — soit sec et chaud, les variétés les plus sujettes à cette maladie n'en seront presque pas atteintes ; et, s'il en est ainsi pendant deux ou trois ans, elles sont désormais à l'abri de cette affection, surtout si elles sont franches de pied. Cela, on le voit fréquemment en France, et ce doit être encore plus fréquent dans les régions à sols crétacés de l'Amérique, où les sécheresses sont intenses et prolongées.

Ces observations sont applicables à tous les autres terrains, et la nature du sol, où les vignes américaines croissent spontanément en Amérique, ne donne que des indications erronées.

L'expérimentation seule nous renseigne avec précision ; et les champs d'expériences, où les cépages sont étudiés comparativement, sont les seuls moyens de bien connaître les qualités et les défauts des variétés des vignes.

Détermination de la résistance à la chlorose. — La résistance à la chlorose ne peut être prévue, elle doit être déterminée expérimentalement. Mais son étude n'est pas sans présenter quelques difficultés, dont on n'a pas toujours tenu compte. La méthode généralement suivie consiste à planter les variétés à étudier et à en suivre le développement greffées et non greffées. Il est ainsi facile de les comparer les unes aux autres et de connaître les plus résistantes. Mais pour que les résultats aient quelque signification, cette comparaison est insuffisante : elle doit porter en même temps sur des variétés cultivées depuis longtemps dans les vignobles. D'où la nécessité d'intercaler dans tout champs d'essais : Vialla, Riparia, Solonis, Jacquez, Berlandieri, V. Vinifera ou vignes de pays, etc..., dont la sensibilité à la chlorose est bien connue. Cela permet de classer avec beaucoup de précision les variétés expérimentées et, aussi, d'établir une échelle de leur résistance.

Il importe également que le sol du champ d'expériences soit homogène, et cela est rare. Il est rare qu'il ne présente pas, en quelques points, des fissures. des failles ou des différences de constitution qui entraînent forcément des modifications correspondantes dans la végétation. Souvent, une plantation faite avec une même variété présente, en quelques endroits, des souches plus ou moins vigoureuses, plus ou moins vertes qu'ailleurs ; l'examen du sol donne généralement la clé de ces différences. De pareils faits peuvent se produire dans les champs d'essais, et il ne paraît pas qu'il en ait toujours été tenu compte, à en juger par la bizarrerie de certains résultats publiés.

Toutes les terres très calcaires ne conviennent donc pas également bien pour apprécier, *par comparaison*, la sensibilité à la chlorose. Elles doivent d'abord être assez chlorosantes pour assurer le jaunissement des vignes, de toutes les vignes, même des vignes européennes ; et un champ d'expériences donne des indications d'autant plus précises que les variétés qui y sont cultivées sont plus endommagées par la chlorose. L'inconvénient, c'est que cela peut être désagréable à l'œil des viticulteurs-touristes. Il faut aussi que rien autre que le calcaire ne puisse influencer inégalement la végétation de la vigne. Les sols chlorosants compacts doivent donc être exclus. C'est que la compacité est par elle-même une cause de mauvais développement qui n'agit pas de la même manière sur tous les cépages. Une vigne à racines grêles sera évidemment beaucoup plus gênée dans sa croissance par la compacité seule qu'une vigne à puissant système radiculaire; elle souffrira, par suite, davantage de l'action du calcaire. Et c'est pour éviter cette cause d'erreurs qu'on doit préférer les terrains meubles ; l'influence inégale de l'état physique du sol est ici réduite à son minimum. Il sera d'ailleurs toujours facile d'appliquer aux sols compacts les résultats obtenus dans les sols meubles, en tenant compte des caractères du système radiculaire.

L'état des plants au moment de la plantation influe beaucoup sur la végétation ultérieure de la vigne. Les vignes plantées avec des racinés *très sains*, vigoureux, demeurent toujours plus fortes que celles qui sont établies avec des racinés défectueux, faibles, malades, ou qui ont souffert de la sécheresse ou du froid ; elles jaunissent moins dans les sols calcaires. Ces remarques, tout le monde a pu les faire dans les vignobles. Elles expliquent peut-être les divergences d'opinion qui existent encore sur la valeur d'un certain nombre de variétés fort répandues. Les uns préfèrent, par exemple, le Riparia Gloire, d'autres le Riparia Grand glabre pour un même sol ; il n'est pas douteux que les différences de végétation qui ont dicté les préférences de chacun ne soient la conséquence de la qualité des plants au moment de la plantation.

Ces difficultés d'interprétation des résultats obtenus en grande culture se retrouvent quand il s'agit de discuter les résultats obtenus dans les champs d'essais. Les vignes qu'on expérimente sont presque toujours de provenances fort diverses, on les reçoit et on les plante plus ou moins bien conservées, et rien de surprenant à ce que, dans leur végétation, elles présentent des différences qui ne soient pas exclusivement dues à l'action du sol. Cette cause d'erreurs, on n'est jamais bien certain de la supprimer, quelque soin qu'on prenne, mais on peut l'atténuer beaucoup par des essais répétés.

Des différences de végétation s'observent également sur une même variété, suivant qu'elle a été plantée en boutures, au pal, ou en racinés, dans des trous. Les souches issues de boutures sont, au moins au début, plus faibles que les secondes et, par suite, plus sensibles à l'action nocive du sol. Mais ce n'est pas tout. Dans les terres crayeuses, telles que celles des Charentes, etc..., où la terre arable a peu d'épaisseur, la plantation au pal est forcément profonde. Au lieu d'être exclusivement placées dans le sol, les boutures plongent, par leur base, dans le sous-sol ; les racines qu'elles émettent se trouvent immédiatement au contact d'une terre maigre et plus calcaire que la terre de la surface, et dont elles ne sortent que difficilement. Dans ces conditions, elles doivent jaunir beaucoup plus que les plants racinés, qui sont toujours placés exclusivement dans la terre arable et dont les racines ne sont pas en contact avec le sous-sol. J'ai pu établir qu'il en était bien ainsi, et que des vignes plantées au pal n'avaient pas prospéré, où, plantées dans des trous, elles auraient pris un beau développement. Les essais peuvent être faits soit avec des boutures, soit avec des racinés ; mais il sera prudent de n'établir de comparaison qu'entre variétés plantées de la même manière.

Toutes les causes qui affaiblissent la vigne la rendent plus sensible au carbonate de chaux. Le phylloxera influe aussi sur l'apparition de la chlorose, qu'il provoque ou qu'il aggrave. Dès que le sol est un peu calcaire, les vignes européennes malades du phylloxera jaunissent plus ou moins gravement. Il en est de même des vignes américaines. Des vignes très résistantes à la chlorose, comme les variétés du V. Vinifera, jaunissent quand elles sont atteintes du phylloxera, d'autant plus qu'elles sont plus attaquées, et, comme le phylloxera procède par taches, on conçoit que si on n'examine pas les racines des vignes chlorosées, on soit exposé à mettre sur le compte d'une insuffisante résistance à la chlorose ce qui est dû au phylloxera. La résistance à ce dernier parasite doit être étudiée à part ; il importe néanmoins d'étudier l'action combinée de ces deux causes d'affaiblissement de la vigne.

La nature du greffon influe également ; les vignes américaines que l'on compare doivent évidemment porter le même greffon. Mais le greffage même a de l'importance ; j'ai montré, le premier, que les greffes-boutures se comportent mieux que les vignes greffées sur place. C'est qu'en général ces dernières sont greffées à la deuxième année de plantation, justement quand la chlorose a le plus d'intensité ; les effets du greffage, de l'opération de la greffe s'ajoutent ici à ceux de la non-adaptation. La réussite de la greffe sur place influe également. Des greffes bien réussies, qui se sont soudées de bonne heure, restent plus fortes et sont mieux constituées que celles dont la reprise est défectueuse et la soudure médiocre. Un plant mal soudé jaunit évidemment plus qu'un plant bien soudé, les greffes qui poussent tardivement ou qui sont mal soudées et faiblement jaunissent aussi davantage ; elles peuvent jaunir et se rabougrir, où, bien réussies, elles auraient prospéré. Tirer des conclusions de l'état de greffes dont la reprise et le développement ont été médiocres, c'est s'exposer à mal juger les vignes essayées.

Mais ce qui influe le plus sur l'apparition de la chlorose, ce sont les circonstances météoriques. Dans les sols les plus calcaires, la chlorose ne se manifeste sur aucune variété si la sécheresse est intense ou si le sol est sec. C'est ce qui s'est produit, durant trois ans, dans la Charente et le Sud-Ouest en 1893-94-95 : le printemps et l'été ayant été secs, il n'y a pas ou presque pas eu de chlorose. Les jeunes vignes de deux ans seules ont un peu jauni au printemps, pour reverdir à partir du mois d'août. Pendant les quatre ou cinq années précédentes, il n'en avait pas été de même ; les pluies étaient si abondantes. le sol si mouillé, que toutes les vignes ont jauni, même les plus résistantes, y compris les vignes européennes. Mais tandis que les dernières reverdissent toujours, les premières se rabougrissent (se cottisent) pour la plupart (sauf quelques-unes dont il sera plus loin question), au point de succomber sous l'action de la maladie.

Cultiver dans les sols très calcaires des vignes qui ont résisté à la chlorose pendant les années sèches, c'est s'exposer à des mécomptes quand les conditions atmosphériques viendront à changer, et les résultats que donnent, dans ces conditions, les champs d'essais en sols calcaires n'ont aucune signification. Pour avoir des indications utiles et que l'on puisse interpréter pour le choix absolu des variétés à cultiver, il faut, en somme, étudier les vignes dans les conditions les plus défavorables, qui peuvent se présenter souvent pendant une longue période ; autrement on n'aurait que des indications erronées. En voici un exemple :

En 1889, des Solonis, greffés de Folle blanche, furent plantés dans un sol profond de 15 centimètres et dosant 54 o/o de carbonate de chaux ; en 1891, presque tous étaient morts : quarante ou cinquante souches résistèrent. Survinrent alors, à partir de 1892, des sécheresses intenses ; actuellement, ces greffes de Solonis sont très belles et très vertes. Et l'on sait, depuis longtemps, que, dans ces terrains, le Solonis est très insuffisant. Un grand nombre d'autres variétés, essayées en 1889, sont mortes à la deuxième et à la troisième année ; les mêmes variétés, plantées en 1891 et 1892, sont aujourd'hui fort belles, par suite de la sécheresse. Et je suis certain qu'elles sont insuffisantes dans des conditions normales, en tant que résistance à la chlorose, pour les terrains où elles ont été plantées.

Ce qu'il faut aussi n'interpréter qu'avec beaucoup de prudence, ce sont les résultats constatés dans les champs d'essais les plus anciens ; et ceci à cause de la diminution de la sensibilité à la chlorose à mesure que les vignes vieillissent. Il suffit, en effet, qu'une vigne ne meure pas à la troisième année pour qu'elle reprenne fréquemment, par la suite, une végétation normale. Pour fixer les idées, admettons que, dans un terrain donné, une vigne meure de la chlorose quand l'état de sa végétation est exprimé, à la fin de la deuxième année de plantation, par la note 7. Tous les ceps ne sont évidemment pas au même état, les uns seront notés : 6,9 ; 6,8 ; 6,7 ; 6,5......, les autres, 7,1 ; 7,2 ; 7,3 ; 7,4...... Les premiers succombent ; les autres se relèvent et prennent une végétation normale dès la quatrième année. A ce moment, les différences dans les états de développement sont considérables ; elles ne tiennent pourtant qu'à des différences de sensibilité à la chlorose absolument insignifiantes, dont on ne tient pas compte, parce qu'on sait qu'il s'agit d'une même variété.

Mais s'il s'agit de deux variétés, dont l'une est notée 6,9 à la fin de la deuxième année et l'autre 7,1, on constate à la quatrième année les mêmes différences que précédemment : la première est morte, la seconde est vigoureuse. On en conclut à une différence considérable de résistance à la chlorose, alors qu'elle est tout juste égale à 0,2, c'est-à-dire insignifiante.

Pour bien comparer les variétés des vignes, il faut donc les suivre constamment dans leur développement ; autrement, on s'expose à enregistrer quelques-unes de ces conclusions fantastiques qu'on trouve dans quelques comptes rendus de visites faites au pas de course.

Ces causes d'erreurs dans l'interprétation des résultats, je me suis efforcé de les éviter ; mais on ne peut jamais se flatter de s'être mis toujours à l'abri de quelques-unes d'entre elles.

Les remarques qui précèdent s'appliquent à l'expérimentation dans les sols argileux ou sablonneux, ou caillouteux non calcaires.

Détermination de la résistance à la sécheresse. — La résistance à la sécheresse peut, sans doute, être prévue dans une certaine mesure. La direction, la puissance, la carnosité ou la gracilité des racines, l'aspect ou la structure du feuillage, nous donnent de très utiles indications. Il est clair que les vignes à racines puissantes et charnues sont mieux adaptées aux sols secs que les vignes à racines dures et grêles. Les racines *plongeantes* peuvent, sans doute aussi, mieux utiliser l'eau du sous-sol que les racines superficielles et traçantes ; mais encore faut-il qu'elles puissent « plonger », c'est-à-dire que le sous-sol ne soit pas impénétrable. Elles indiquent une plante sensible à la sécheresse plutôt qu'une plante xérophile. Si elles plongent, c'est sans doute pour « fuir » la sécheresse superficielle, et si elles la fuient, c'est peut-être qu'elles la craignent.

Les dimensions relatives des vaisseaux ligneux sont aussi à considérer. Des vaisseaux étroits mettent évidemment moins d'eau à la disposition de la plante que des vaisseaux larges.

Quant au feuillage, on admet que les vignes à feuilles cotonneuses ou à cuticule épaisse, à stomates rentrants, sont les mieux adaptées aux sols secs. Et l'on a sans doute raison. Les indications du feuillage peuvent être acceptées comme exactes, au moins pour les variétés *franches de pied*. Mais elles ne doivent plus être prises à la lettre quand il s'agit de vignes qui *doivent être greffées*. Et voici pourquoi :

Il y a une relation directe entre l'activité normale de l'appareil évaporatoire (feuillage) et le nombre et surtout les dimensions des vaisseaux du bois. Une plante dont les vaisseaux ne fournissent qu'une petite quantité d'eau a aussi des feuilles qui évaporent peu. La greffe modifie cet équilibre entre la *dépense* et l'*apport*. Substituons, par exemple, à des feuilles qui évaporent peu, et qui sont alimentées par de petits canaux, des feuilles qui évaporent beaucoup, et voyons ce qui doit se passer. Les dimensions des vaisseaux du *sujet* restent les mêmes, le système conducteur n'est pas modifié. mais le pouvoir évaporatoire a été de beaucoup augmenté. Il en résulte que la dépense devenant plus grande tandis que la recette reste la même, la plante greffée doit souffrir de la sécheresse justement où le *sujet* franc de pied se développe le mieux. Or, les variétés du V. Vinifera employées comme greffons ont toutes, mais inégalement d'ailleurs, un système foliacé qui évapore beaucoup. Il en résulte que, dans les *sols secs*, ce ne sont pas les sujets adaptés par *leurs feuilles* à la sécheresse qui nourrissent le mieux les variétés du V. Vinifera. ce sont bien plutôt les sujets adaptés aux sols humides par leur feuillage et leurs tissus conducteurs.

Tous les points que je viens d'effleurer n'ont pas encore été suffisamment contrôlés, et la résistance à la sécheresse ne peut être, pour le moment, *sûrement* établie que par l'expérimentation.

Détermination de l' « affinité ». — La greffe entraîne toujours l'affaiblissement d'une des deux plantes qu'elle a unies, est la conséquence des différences internes et externes, des différences physiologiques qui existent entre le sujet et le greffon. Mais il n'a pas toujours la même importance. Quand on greffe une vigne sur elle-même, Riparia sur Riparia, Folle blanche sur Folle blanche, les effets du greffage sont nuls ; le pied qui a servi de sujet est tout aussi vigoureux, aussi gros que s'il portait sa tige propre. Le greffon a sensiblement la même vigueur que s'il était nourri par ses propres racines ; sa fertilité reste la même et sa sensibilité à la chlorose n'est en rien augmentée (1).

D'autre part, une vigne européenne greffée sur V. Rotundifolia se soude fort bien, ce qui ne doit pas surprendre, mais se refuse à se développer dans la suite. On n'a jamais pu faire vivre longtemps des variétés européennes sur cette espèce.

Dans le premier cas, il y a identité complète entre le mode de vivre du greffon et du sujet ; on ne doit pas être surpris qu'ils ne souffrent ni l'un ni l'autre de leur union ; dans le second, il existe entre eux des différences physiologiques considérables, qui se traduisent par l'impossibilité à peu près absolue de vivre en commun. Entre ces deux cas extrêmes, il y en a forcément une foule d'intermédiaires, tant pour le sujet que pour le greffon ; et l'on peut conclure que deux plantes greffées souffrent d'autant moins du greffage qu'elles se ressemblent davantage ou, si on préfère, ont plus d'« affinité » l'une pour l'autre.

On peut donc admettre que les hybrides franco-américains, ayant plus de ressemblance ou plus d'affinité avec nos vignes indigènes, doivent moins souffrir du greffage que les espèces américaines dont ils dérivent. Le raisonnement du moins le montre. La composition chimique des tissus au-dessus et au-dessous de la soudure l'établit également. Mais c'est là une méthode indirecte, qui ne vaut que par le raisonnement qu'elle suggère. De méthode directe, il n'en existe pas. Jusqu'ici il a été impossible d'établir par l'expérience ou par l'observation que l'« affinité » joue un rôle important dans le développement des vignes usuelles greffées, et que c'est à elle que doivent être attri-

---

(1) L. RAVAZ. — *Rapport sur les essais d'adaptation en sols crayeux*, 1891.

buées les différences de végétation qu'elles présentent. Nous savons bien que les franco-américains *doivent* moins souffrir de la greffe que les américains ; aucun fait cultural ne montre qu'il en est ainsi, et les différences de développement que leurs greffes présentent peuvent être expliquées par des différences correspondantes dans la vigueur, l'adaptation au sol.

Théoriquement, on pourrait mesurer l'« affinité » en comparant sujets et greffons aux mêmes variétés non greffées de même âge et plantées dans les mêmes conditions, à l'abri, dans tous les cas, du phylloxera, etc... ; par exemple l'*Aramon,* etc...; greffé sur *Riparia, Rupestris, 1202,* etc...; à l'Aramon, etc..., de même âge non greffé ; et *Riparia, Rupestris, 1202* greffés en *Aramon,* aux mêmes sujets non greffés.

Malheureusement, cette méthode, qui paraît très bonne, est, en pratique, inapplicable. C'est qu'en beaucoup d'endroits quelques espèces, variétés ou hybrides américains contractent, *francs de pied,* des maladies qui les font rapidement dépérir « de la tête ». Si on les greffe avec nos variétés françaises, ils se comportent même mieux que non greffés ; et cela montre que les causes d'erreurs que comporte l'emploi de cette méthode sont trop importantes pour qu'on puisse l'utiliser.

Quant aux espèces et variétés américaines pures, rien ne nous indique quelles sont celles qui ont le plus d'affinité pour nos variétés locales. Leurs caractères extérieurs ne nous renseignent aucunement à cet égard. Nous ne savons pas, en effet, si le V. Riparia, par exemple, ressemble plus aux vignes européennes que le V. Rupestris, et réciproquement ; et l'expérimentation est encore ici impossible.

Au fond, les différences d'affinité des diverses variétés sujets employées dans la culture doivent, si elles existent, être bien faibles, puisqu'elles se traduisent par des effets si peu marqués qu'on ne peut les observer dans les vignobles. Il faut donc leur attacher très peu d'importance.

Ce qu'il faut retenir, c'est qu'en dehors des facultés d'adaptation propres à chaque cépage, il y a des sujets *plus ou moins* vigoureux et qui communiquent à leurs greffes une vigueur *plus ou moins* grande. Le sujet agit donc sur le greffon comme le sol sur les souches franches de pied. Un sujet faible porte des greffes faibles, comme un sol maigre nourrit des plantes faibles. Un sujet vigoureux porte des greffes vigoureuses, comme un sol riche nourrit des plantes vigoureuses. Il peut donc agir sur le greffon dans le même sens ou en sens inverse que le sol sur toute la plante : voilà, au fond, ce qu'il importe de savoir.

Les variétés du V. Vinifera, greffées sur un même porte-greffe, présentent de grandes différences de végétation et de fructification. Mais ces différences ne sont point le fait de l'affinité, car nous les retrouvons identiques chez ces mêmes variétés franches de pied ; et dans le choix de chacune d'elles, quand le choix est possible, on ne doit pas se préoccuper de leur affinité problématique pour le sujet qu'on leur destine, on doit simplement s'attacher à les mettre dans le sol qui leur *convient* ou qui leur convenait jadis, et de leur donner également pour sujet celui ou ceux qui conviennent aussi à ce même sol. La question de l'affinité est ici une question d'adaptation au sol.

Détermination de la résistance phylloxérique. — Diverses méthodes ont été proposées pour la détermination de la résistance phylloxérique. Je vais les examiner sommairement :

1° « Un chimiste a pensé mesurer la résistance au poids plus ou moins considérable des principes résineux contenus dans les racines de ces cépages ; un physicien, à la dureté relative de ces mêmes racines ; un anatomiste, à la largeur plus ou moins grande de leurs rayons médullaires. Toutes ces tentatives devaient échouer parce qu'elles manquaient de méthode... » (1). Les causes de la résistance des vignes américaines ne sont pas connues, on ne peut donc les mesurer.

2° Les vignes les plus résistantes sont celles que l'insecte attaque le moins. Mais pourquoi les attaque-t-il inégalement? Uniquement parce que les racines de certaines espèces lui plaisent, tandis que les autres lui plaisent moins. C'est « le goût » des racines en somme qui dirige l'insecte et qui le fait choisir. Quand il n'a pas le choix, il peut envahir même les plus résistantes, mais alors avec très peu d'intensité. *La présence ou l'absence de l'insecte ou de ses lésions sur les racines et sur les radicelles ne nous renseigne pas avec précision.*

3° L'étude, dans les vignobles, des variétés nouvelles suppose qu'il en existe déjà de nombreuses plantations. C'est un des points faibles de cette méthode. Une méthode doit précisément faire connaître si on doit faire ou non de nombreuses plantations d'un cépage nouveau, et ce n'est pas à ces dernières de nous renseigner sur la valeur de la méthode. Si nous ne pouvions être fixés sur une vigne que lorsqu'elle occupe de grandes étendues, il ne serait pas utile d'en tenter l'étude. En tout cas, les constatations faites dans les vignobles n'ont donné que des indications erronées ou incertaines. On a mis des années et des années pour connaître la résistance ou plutôt la non-résistance du Clinton, du Taylor, du Jacquez. On n'est même pas encore bien fixé sur le Vialla, qui, pourtant, occupe depuis longtemps de grandes surfaces. Il y a quelques années, la Société des Agriculteurs de France fit une enquête sur les principales variétés américaines cultivées comme porte-greffes et producteurs directs. Les réponses furent favorables à l'Othello, et l'on reconnut au Jacquez une haute valeur comme porte-greffe. L'année suivante, Jacquez et Othello étaient rayés de la liste des cépages résistants.

Ainsi, quand on voit une vigne succomber à l'insecte, on peut évidemment conclure à sa non-résistance. Mais, tant qu'elle se montre peu atteinte, on ne sait rien. L'examen dans les vignobles nous fait connaître quelques-unes des vignes qui ne résistent pas, ce qui nous est désormais indifférent, mais il ne nous indique pas celles qui résistent, ce qui importerait davantage ; de sorte qu'on ne connaît bien la résistance d'un cépage que lorsqu'on sait qu'il ne résiste pas.

Ce qui montre le peu de valeur de cette manière de procéder, ce sont les résultats

---

(1) MILLARDET. — *Histoire des principales variétés et espèces de vignes, etc...,* p. VI.

contradictoires qu'on enregistre quand on étudie les variétés nouvelles, soit dans un même champ, soit dans des vignobles distincts. On note d'abord beaucoup d'entre elles comme indemnes ou peu atteintes. L'année suivante, ce nombre est un peu moins fort, et chaque année il diminue de plus en plus ; si bien qu'on ne sait plus quand la sélection pourra être considérée comme définitive, et si une vigne qu'on a vue se maintenir indemne pendant plusieurs années consécutives ne sera pas mourante du phylloxera l'année suivante.

Ceci est un peu l'image de ce qui se passe avec certaines variétés nouvelles qui ont été mises entre les mains du public. Il y a quelques années, les indemnes ou les résistantes étaient très nombreuses. Leur nombre a diminué chaque année, et actuellement il n'en reste que quelques-unes. Y a-t-il des raisons pour que ces dernières ne subissent désormais aucune diminution ?

Les causes de l'incertitude qui existe toujours dans l'interprétation des observations faites en plein champ, on les trouvera dans les travaux de M. Millardet, ainsi que dans quelques-unes de mes publications sur la résistance phylloxérique (1).

4° La méthode qui consiste à cultiver isolément, dans des pots, en présence du phylloxera, chaque variété nouvelle ne donne pas non plus de bons résultats. Cela peut surprendre. Il semble que, dans ces conditions, on soit maître de l'insecte, qu'on puisse le diriger comme on veut et en suivre l'action sur les racines de chaque plante. Il n'en est rien. Il se multiplie dans certains pots, et se refuse à vivre dans d'autres, sans qu'on sache pourquoi et quelle que soit la qualité des racines qu'on lui donne à manger. Il s'ensuit que certaines plantes non-résistantes se montrent indemnes, quand d'autres, dont la résistance n'est pas contestable, portent de nombreuses lésions. C'est de l'incohérence.

5° Quand on adopte la méthode comparative, c'est-à-dire quand on place la variété à étudier côte à côte avec un témoin dont on connaît la résistance, il semble que les résultats doivent être meilleurs. Que le phylloxera ne se développe pas dans certains pots, cela ne fausse pas les résultats, on peut toujours comparer entre elles les plantes de chacun des vases dans lesquels l'infection a réussi. C'est d'ailleurs cette comparaison qui est la plus instructive ; mais d'autres causes d'erreurs surgissent ici. J'ai appliqué cette méthode pendant trois années consécutives, j'ai obtenu quelques résultats très intéressants, surtout en ce sens qu'ils ont bien mis en lumière les raisons de la défectuosité de cette méthode et des méthodes similaires. Ces causes d'erreurs, qu'il est impossible d'éviter, consistent en ceci : c'est que, dans ces conditions, on n'obtient le plus souvent que des nodosités, et que ce sont parfois les variétés les plus résistantes qui en portent le plus ; ce qui, entre parenthèse, montre le peu de gravité de ces lésions. Ces observations, on peut aussi les faire dans les vignobles, et leur exactitude a été établie depuis par un expérimentateur du plus haut mérite, M. V. Ganzin.

---

(1) MILLARDET. — *Loc. cit.*
   L. RAVAZ. — *Contribution à l'étude de la résistance phylloxérique.*

En somme, cette méthode nous fait connaître la réceptivité phylloxérique des *radicelles* des plantes mises en expérience. Mais, comme souvent les vignes les moins résistantes sont celles dont les radicelles sont le moins attaquées, il s'ensuit que la réceptivité des radicelles ne nous renseigne en aucune façon sur la résistance. Je reviendrai, un peu plus loin, sur cette particularité.

M. Millardet a, en outre, suivi trois autres méthodes qui reposent toutes sur le principe de l'isolement.

Voici en quoi elles consistent.

« J'ai procédé d'après la première méthode, écrit M. Millardet, dans mon champ d'essais de Talence, en sol argilo-calcaire siliceux J'y arrachai, un jour, vers 1892, trois cents *Riparia-Rupestris* très phylloxérés, placés à 1 m. 50 les uns des autres, et plantai dans les mêmes trous un certain nombre de variétés dont je désirais connaître la résistance, à l'état de racinés sortant de la pépinière. Chaque variété était représentée par trois ou quatre individus. Pour être plus certain de l'infection, qui du reste se fait naturellement par le sol, dès l'apparition des galles sur les feuilles de certaines plantes de ma collection, j'enfouissai une poignée de ces feuilles couvertes de galles au pied de chacun de mes racinés. Cette infection étant répétée une deuxième fois, quinze jours après la première, j'étais certain de trouver l'insecte sur les racines des neuf dixièmes de mes plantes, dès le mois d'octobre suivant, avec toutes les altérations caractéristiques, nodosités seulement, ou nodosités et tubérosités, suivant la plante étudiée. L'observation des racines était renouvelée à l'automne de l'année suivante, puis ces vignes arrachées et remplacées par d'autres. Je jugeai, en effet, qu'après la deuxième feuille, des vignes plantées à 1 m. 50 en tous sens commencent à se rejoindre par leurs racines, de manière à permettre à l'insecte de suivre ses préférences pour les variétés dont le goût lui convient mieux, et, par conséquent, d'abandonner les autres.

» Cette manière de faire m'a paru donner des résultats plus certains et plus constants que la culture en pots, du moins ai-je pu constater ainsi des tubérosités sur des variétés qui, en pots, ne m'en avaient jamais présentées. De plus, elle a l'avantage de mettre les plantes étudiées dans des conditions plus naturelles que la culture en pots.

» Depuis deux ans, j'ai suivi, en outre, les deux méthodes suivantes :

» M. Bouisset venait de planter, en 1894 (au Vallat de Vic, à Montagnac), en sol argilo-calcaire, un grand carré de 2000 Riparia Grand glabre, à 5 pieds en tous sens. En 1896, je fis greffer, à 15 centimètres de profondeur, sur quelques-uns de ces jeunes pieds, diverses variétés qui, dans mes expériences antérieures, s'étaient montrées exemptes de tubérosités. Ces variétés forment ainsi actuellement des petits carrés de neuf pieds, distribués régulièrement dans la masse des Grands glabres et partout séparés les uns des autres par deux rangs de ces derniers, de telle façon que les racines des plantes en expérience ne peuvent jamais être en contact qu'avec des racines de la même variété ou des racines de Grand glabre, plante de la plus haute résistance, capable, il est vrai, d'entretenir le phylloxera dans le sol, mais non de le drainer, si je puis m'exprimer ainsi, pour elle toute seule. Quelques mois après le greffage, trois plantes de chaque carré de neuf furent emprisonnées avec des feuilles couvertes de galles. Les racines de plusieurs d'entre elles ont été examinées déjà cette année, et cet examen sera continué aussi longtemps qu'il sera nécessaire.

» Enfin, dans un champ d'essais en sol très calcaire (lieu dit au Champ Blanc), que
M. Bouisset a mis en 1896 à ma disposition, ont été plantées cette même année (1896)
les variétés de porte-greffes dont j'étudie à la fois la résistance à la chlorose et au
phylloxera, en petits carrés de neuf plantes, de façon que pendant trois ans au moins
la plante du centre de chaque carré ne puisse pas atteindre les racines des carrés différents. Ces divers carrés ont été greffés cette année (1897), et trois plantes sur neuf
infestées à l'aide de galles phylloxériques. L'année prochaine, après une nouvelle
infection, aura lieu l'examen des racines ».

6° Je crois que la première de ces méthodes ne vaut pas plus que celle qui consiste
à cultiver séparément chaque plante dans un vase, et que j'ai déjà examinée. Ici
encore, on n'est pas sûr que toutes les plantes auront été bien infestées. Dans un
champ, l'insecte n'est pas réparti uniformément ; certains points en ont beaucoup,
d'autres fort peu ou pas du tout. Même quand on ajoute chaque année des phyl-
loxeras au pied des plantes mises en expérience, on ne peut obtenir une répartition
uniforme. Cet insecte, qui se multiplie si facilement cependant, se refuse souvent à
vivre où on l'a mis. Je suis bien certain que M. Millardet, dans ses infections, n'a
pas toujours pu le diriger à sa convenance. De telle sorte que les plantes sont, en
réalité, dans un milieu hétérogène, ce qui n'est pas pour diminuer l'incertitude des
résultats, sans compter qu'ici l'isolement des plantes n'est peut-être pas aussi parfait
qu'il peut paraître.

7° La méthode inaugurée à Vallat de Vic, à Montagnac, est très ingénieuse ; on ne
peut encore apprécier les résultats qu'elle a donnés, puisque M. Millardet ne les a pas
fait connaître. Mais elle n'est pas, tant s'en faut, à l'abri de toute critique. Le Riparia,
qui est ici la plante témoin, peut très bien, contrairement à l'opinion de M. Millardet,
drainer le phylloxera, même en présence d'une espèce non-résistante. Ses radicelles
conviennent, en effet, très bien à l'insecte, mieux même quelquefois que les radicelles
et les racines d'une plante non-résistante ; c'est ce que nous avons déjà constaté dans
les essais en pots (5); c'est aussi ce qu'on observe en plein champ, comme je l'ai montré.
En voici un nouvel exemple. Il y a, je crois, 6 ans, je fis greffer du 33 A² sur du
Riparia Gloire de Montpellier nettement phylloxéré. Les greffons s'affranchirent et,
chaque année, j'ai pu en étudier les racines. Eh bien, pendant trois ans, le phylloxera
est resté exclusivement cantonné sur les radicelles du Riparia, qui ont toujours présenté
un grand nombre de nodosités. Par contre, aucune trace de l'insecte et de ses lésions,
ni sur les radicelles, ni sur les racines du 33 A². Voilà donc une plante qui, si cette
méthode est bonne, doit être considérée comme plus résistante que le Riparia Gloire.
Ailleurs, elle succombe au phylloxera.

8° Quant à la troisième, adoptée au *Champ Blanc*, peut-être donnerait-elle quelques
indications précises si on pouvait diriger à son gré la marche et la multiplication du
phylloxera. Mais les mêmes causes d'erreurs et, partant, les mêmes incertitudes que j'ai
indiquées à propos de l'expérimentation en pots (4 et 6) existent encore ici.

On peut dire, il est vrai, que toutes ces méthodes se contrôlent mutuellement. Je le
veux bien. Mais le contrôle d'une méthode défectueuse par une autre aussi défec-

tueuse ne peut nous donner, ce me semble, que des garanties fort suspectes. Je n'insiste pas davantage.

Tous les inconvénients des méthodes précédentes ne sont pas de simples vues de l'esprit. Je les ai notés dans le cours de mes longues recherches sur la résistance phylloxérique, et ce sont eux qui ne m'ont pas permis d'obtenir plus tôt des résultats décisifs. Ils rendaient impossible toute sélection rigoureuse. Aussi ai-je dû abandonner l'emploi de moyens aussi imparfaits. Mais toutes ces tentatives n'ont pas été absolument stériles ; si elles ne m'ont pas permis, pas plus d'ailleurs qu'à d'autres expérimentateurs, de préciser la résistance d'une vigne, elles ont dans tous les cas montré la voie à suivre pour éviter les causes d'erreurs que je viens de signaler.

9° La méthode que j'ai imaginée et qui m'a donné les meilleurs résultats est la suivante : elle a été appliquée à des vignes élevées en pots, mais elle est aussi applicable aux vignes de plein champ.

Le vase est garni, au fond, d'une forte couche de sable très fin ; le sable des bords de la mer convient particulièrement pour ces essais. Au-dessus de cette couche et en son centre seulement, on met une poignée de terre ordinaire, très propice au développement du phylloxera. C'est sur cette terre qu'on place leurs racines côte à côte, la plante témoin et la plante dont on étudie la résistance. Puis les racines sont couvertes sur les 2/3 de leur longueur, à compter de la base, d'une forte poignée de la même terre, et on achève de remplir le pot avec du sable. C'est dans la terre placée autour des racines qu'on met le phylloxera, soit au moment de la plantation, soit plus tard pendant la végétation. Il est ainsi obligé de vivre exclusivement sur les racines ; le sable s'oppose à ce qu'il se porte vers les extrémités où naissent les radicelles. Il n'en manifeste pas moins ses préférences et il se nourrit aux dépens de la variété la moins résistante.

Elle a donc pour base : 1° ce fait indiscutable, je crois, car il a été vérifié depuis par des observateurs compétents, *que les lésions des radicelles n'ont qu'une importance nulle ou à peu près nulle ;* c'est aussi l'avis de M. Millardet ; 2° cet autre, bien établi aussi, et qui accentue encore la valeur du premier, que la réceptivité des radicelles n'a rien à faire avec la résistance de la plante ; 3° et que dès lors, il importe seulement de connaître la réceptivité des racines, c'est-à-dire des organes sur lesquels se forment les *tubérosités,* qui seules ont de la gravité. Pour obtenir sûrement ces lésions, il fallait trouver un dispositif qui obligeât le phylloxera à vivre sur les racines : on sait en quoi consiste celui que j'ai utilisé.

Mais ce n'est pas tout. Toutes les espèces, je l'ai déjà dit, portent des tubérosités, et plus fréquemment qu'on ne le croit. Si on plaçait, seule dans un vase, la plante à étudier, la présence des tubérosités ne nous renseignerait pas beaucoup. Mais, si on y joint une plante témoin, dont la résistance est bien connue, l'examen des deux systèmes radiculaires nous fait connaître la meilleure. Si la résistance est bien différente, seule la moins bonne porte des tubérosités, l'autre reste indemne. Si toutes les deux en portent sur des racines de même âge, l'examen microscopique fait connaître sur quelle plante se trouvent les plus dangereuses. Et si on emploie de nombreux témoins, qui aient tous une résistance différente, on conçoit facilement que, dans chaque série d'expériences, on puisse trouver des vases dans lesquels ces deux plantes portent le même nombre de tubérosités d'égale importance. La plante mise en expérience a alors forcément, ce me semble, la même résistance que le témoin.

Détermination de la résistance aux maladies cryptogamiques. — Ici encore, on doit procéder par comparaison, et des plantes (plusieurs) de résistance connue doivent être placées au milieu des variétés « à connaître ». On peut semer sur les vignes mises en expérience des germes de maladie, en ayant soin de maintenir humide le milieu où elles croissent. Mais ce moyen est bien incertain, encore que très absorbant. Il vaut mieux instituer ces essais dans les régions, dans les localités où les maladies sévissent avec intensité. C'est ce qu'a fait M. Couderc pour le *black-rot*.

Si l'on veut tirer de ces essais des conclusions précises, il est nécessaire de suivre constamment le développement de chaque variété. C'est qu'en effet les plantes qui croissent le plus vite et le plus longtemps sont les plus exposées, par exemple, au *mildiou*, à l'*anthracnose*, etc…, tandis que celles dont la croissance est lente ou achevée, formées de tissus déjà durs ou peu aqueux, résistent davantage. Pour que la méthode comparative nous donne ici tout ce qu'elle peut donner, il importe que les variétés expérimentées se développent de la même manière.

Détermination de la vigueur. — Rien de plus simple, en apparence, que de savoir si une variété est vigoureuse ou non. Il suffit de la cultiver, dans un milieu *qui lui convient*, avec quelques autres variétés de vigueur *connue*. Seulement, ici, il ne faut pas trop se hâter de conclure. C'est que certaines espèces (et les variétés ou hybrides qui en dérivent) développent peu leur système aérien pendant les premières années. Par contre, elles développent davantage leur système souterrain. D'autres, au contraire, poussent vigoureusement au dehors dès le début, tandis que l'appareil radiculaire reste grêle. Les chiffres suivants en font foi. Ils s'appliquent à de jeunes vignes de semis d'un an placées côte à côte dans la même terre.

	Poids de la matière sèche d'une plante	
	Racines	*Tiges*
V. Riparia	15.84	18.43
V. Berlandieri	18.52	4.32
V. Monticola	10.91	3.82
V. Pagnuccii	12.47	6.30
V. Vinifera	7.13	1.56

Vers la 4ᵉ ou 5ᵉ année, les choses s'équilibrent, et c'est alors seulement qu'on peut bien juger de la puissance de la végétation.

Reprise à la greffe. — La reprise à la greffe ne doit pas être confondue avec l'« *affinité* ». Aucune précaution spéciale pour la déterminer ne peut être indiquée, autre que celle d'opérer toujours sur des vignes de même provenance et dont les bois soient bien aoûtés, c'est-à-dire pourvus d'abondantes réserves.

Fertilité. — Prendre ici la précaution d'usage, c'est-à-dire opérer dans les mêmes circonstances, afin que les résultats soient comparables. Comme beaucoup de variétés sont peu fertiles à la taille courte, il importe de conduire chacune d'elles d'après trois systèmes de taille. Ceux que j'ai adoptés sont les suivants.

> Taille courte sur souche basse.
> Taille courte sur cordon de Royat.
> Taille longue double Guyot.

dans lesquels peuvent rentrer tous les autres systèmes de taille.

Telles sont, très brièvement exposées, les conditions dans lesquelles il convient d'étudier les *aptitudes* des variétés des vignes. J'ai signalé les causes d'erreurs qu'il faut éviter, et que j'ai tenu à éviter, sans d'ailleurs y être peut-être toujours parvenu.

ESPÈCES ET VARIÉTÉS

Les « vraies vignes » d'Élias Durand sont caractérisées par une corolle à 5 pétales soudés en capuchon par leurs sommets. C'est ce qui les distingue nettement des représentants des genres *Cissus, Ampelopsis*, etc...; mais, dans ce groupe, il est une espèce, dit Planchon, « dont les caractères de végétation et de fructification sont si particuliers que j'ai cru devoir en faire le type d'une section spéciale : ce sera le Muscadinia, ainsi nommé du nom vulgaire de l'espèce (Muscadine) ; toutes les autres seraient les Euvites, c'est-à-dire des vignes proprement dites, rappelant, par la structure de leur bois et de leurs grappes, notre Vitis Vinifera » (1).

Les espèces de vignes américaines seront par suite étudiées dans l'ordre suivant :

SECTION I. — **MUSCADINIA**

Vignes à écorce ancienne adhérente, écorce nouvelle ponctuée. Vrilles simples.

I. — V. ROTUNDIFOLIA Michx.

Synonymes. — *V. Taurina* Bartram ; *V. Vulpina* Torr. et Gray ; *V. Vulpina* var. *rotundifolia* Regel ; *V. Muscadina, Angulata, Verrucosa, Peltata, Floridana* Rafin, d'après Bailey.

Vulgo : *Muscadine, Bullace, Bullet grape*.

Caractères. — Sarments herbacés *ponctués*, c'est-à-dire couverts de lenticelles proéminentes, glabres, verts ; aoûtés à écorce ancienne adhérente, à bois très dur, sans diaphragme. Vrilles simples (fig. 35).

Feuille cordée, entière généralement, dents larges ; glabre sur les deux faces, finement réticulée en dessous, plane, lisse, vert clair, luisante, épaisse et cassante, petite ; pétiole plus long que le limbe.

Grappe de 3 à 20 grains presque ronds, gros ou moyens, mûrissant successivement et se détachant de la grappe dès maturité.

---

(1) Planchon. — *Les vignes américaines*, etc... Montpellier, 1875. Coulet, éditeur.

Graine grosse, naviculaire, à chalaze ovalaire, bordée de nombreuses stries bien apparentes (fig. 36) (1). Espèce buissonnante, vigoureuse.

Habitat. — Le V. Rotundifolia est une espèce du Sud. On la trouve dans les États suivants : Caroline du Nord, Caroline du Sud, Floride, Géorgie, Alabama, Mississipi, Tennessee, Arkansas.

Observations. — Le V. Rotundifolia est nettement caractérisé. L'aspect de ses sarments aoûtés ou herbacés, la simplicité de ses vrilles, la forme et l'aspect de ses feuilles, les caractères de la grappe, des grains et des pépins, le distinguent nettement des « vraies vignes ». La structure anatomique de tous ses tissus révèle encore des particularités intéressantes. Tandis que l'écorce des vraies vignes tombe chaque année à la suite de la

Fig. 35. — Rameau et grappe de V. Rotundifolia.
d'après M. Mazade.

Fig. 36. — Graine de V. Rotundifolia.

formation d'une couche de liège aux dépens du péricycle ou du liber, le V. Rotundifolia conserve son écorce ; le liège se forme chez lui comme chez les Ampélopsis et les Cissus, dans l'assise sous-épidermique. Les fibres libériennes, chez les premières, forment des bandes tangentielles à travers le liber mou ; elles le bordent radialement dans le V. Rotundifolia.

. En somme, n'était l'organisation florale, cette espèce par son port, son allure, serait plutôt un Ampélopsis ou un Ampélocissus qu'une vigne vraie.

Aptitudes. — Cette vigne ne peut être cultivée que dans les régions chaudes. Sous les climats plus froids de Cincinnati, de Washington, les gelées d'hiver détruisent cha-

---

(1) Les dessins de graines sont empruntés, pour la plupart, au *Cours complet de viticulture* de M. G. Foëx.

que année ses sarments. Elle n'y peut d'ailleurs mûrir ses fruits, qui y coulent fréquemment.

En France, quelques-unes de ses variétés ont été introduites il y a fort longtemps. Le *Scuppernong* a même été cultivé sur des surfaces relativement étendues, mais sans résultats. C'est que chez nous la fertilité de cette vigne est beaucoup moindre qu'en Amérique. Les grappes, peu nombreuses et réduites quelquefois à un seul grain (fig. 35), ne mûrissent qu'exceptionnellement. Même dans le Midi de la France, elles sont fréquemment encore vertes à l'époque des premières gelées.

Les terrains qu'elle occupe en Amérique sont de natures très diverses. Elle prospère surtout, cela va sans dire, dans les sols riches, profonds et frais. Mais elle croît aussi dans les terres plus maigres et plus sèches, et, si elle n'y atteint pas le même développement, elle y donne cependant des récoltes. En France, son développement est au moins aussi puissant que celui des autres espèces, même dans les sols maigres et superficiels. Mais elle craint les sols calcaires, où elle jaunit; dans les collections de l'École d'agriculture, elle jaunit autant que le V. Labrusca. Le tronc est très puissant et résistant.

Les sarments courts, durs, nombreux, donnent à la plante un aspect buissonneux. Le système radiculaire est formé de racines assez grosses, jaunâtres, unies, à goût âcre et fort différent, d'après Planchon, du goût des racines des autres espèces de vignes.

Le développement aérien est plutôt faible au début ; il n'acquiert une grande puissance que plus tard. Et, dans les bons terrains, cette plante parvient à couvrir de ses rameaux une surface considérable. Elle les envoie jusqu'à 30 mètres de haut. Mais elle se multiplie mal par boutures ; on ne peut la reproduire que par graines ou marcottes. Elle réussit mal à la greffe. La soudure se produit cependant, mais le greffon ne se développe pas ou fort mal. Cela tient aux différences physiologiques considérables qui existent entre le sujet et le greffon, beaucoup plus qu'aux différences de structure anatomique. Et toutes les tentatives de greffage qui ont été faites n'ont abouti, après une apparence de réussite, qu'à des insuccès. Cela est très fâcheux, car le *V. Rotundifolia* est l'espèce de vigne qui est le moins attaquée par le phylloxera. Ses racines sont toujours ou presque toujours indemnes; il est fort rare d'y découvrir une lésion.

Cette plante donne un grand nombre de grappes qui naissent et mûrissent successivement : grappillons plutôt, car elles ne sont formées que de 5 ou 6 grains, gros et durs comme des balles, peu serrés, grossiers ou délicats, suivant le goût de chacun, détestables ou excellents pour la table, et même hygiéniques ! donnant un vin pour société de tempérance, à moins, ce qui est généralement pratiqué, qu'on ne l'additionne de sucre ;.... mûrissant successivement et devant être cueilli en plusieurs fois, se détachant de la grappe dès maturité et, pour cela, exigeant des vendanges spéciales....

Si le V. Rotundifolia a une très haute résistance phylloxérique, il est aussi sensiblement indemne de maladies cryptogamiques. Ni le mildiou, ni l'oïdium, ni le black-rot n'endommagent ses feuilles, non plus que ses fruits. C'est une vigne de culture peu onéreuse, d'autant plus qu'elle n'est soumise à aucune taille.

Les souches, plantées à raison de 100 à 200 par hectare, sont conduites sur des treillages horizontaux élevés de 1 à 2 mètres au-dessus du sol. Ce sont, si on veut, des tonnelles plus ou moins étendues et supportées de loin en loin par de forts poteaux. Ces treillages, plus ou moins élevés, se retrouvent en Italie, en Alsace, en Savoie, aux environs d'Aix-les-Bains, etc...

En résumé, par sa résistance au phylloxera et aux maladies cryptogamiques, le V. Rotundifolia est la vigne américaine la plus remarquable. Il produit beaucoup, même avec de si petites grappes, mais il fructifie et mûrit mal en France ; peut-être pourrait-il être essayé en Algérie.

VARIÉTÉS

FLOWERS. — **Synonyme.** — *Black Muscadine.* — Grappe de 10 à 15 grains, ronds, noirs, assez gros, sucrés, agréables, restant bien attachés aux pédicelles, de maturité tardive.

Variété estimée pour la table à cause de sa tardivité. N'a pu mûrir ni végéter en France.

MISH. — Variété à fruits un peu plus gros que les fruits du Thomas. N'a pas réussi en France.

RICHMOND. — Variété à grappes petites, à grains ovoïdes, noirs, sucrés, agréables ; de très bonne qualité, précoce (1er août).

PEDEE. — Variété tardive de Scuppernong à fruits blancs.

Fig. 37. — Feuille de Scuppernong.

SCUPPERNONG. — **Synonymes.** — *Bull, Bullace, Roanoke, Yellow Muscadine, White Muscadine.*

Caractères. — Feuille adulte : angles des nervures : 122, 40 = 162 ; rapports des nervures : 0.85, 0.76, 0.33 ; entière ; dents larges, arrondies ; glabre sur les deux faces ou pubescente sur nervure 1 et aux angles en dessous ; unie, épaisse, vert tendre, luisante ; nervures vertes en dessus, petite (fig. 37).

Jeunes feuilles aranéeuses, vert-jaunâtre, très luisantes.

Grappe à grains ronds, gros, jaunâtres, à peau très épaisse, charnus, à saveur un peu musquée, et très aqueux quand on presse la peau (fig. 38).

Aptitudes. — Variété découverte par la colonie de Walter Raleigh, en 1554, dans l'île de Roanoke, de la rivière Scuppernong. La souche mère existerait encore et couvrirait de ses rameaux une surface de près d'un hectare. Elle ne reprend pas bouture ; on ne peut la multiplier que par marcottage. Elle est le plus souvent plantée dans les terrains riches et frais et conduite sur de hauts treillages horizontaux et sur des arbres. Sur des arbres, elle donne des produits défectueux ; ils sont meilleurs sur treillages et surtout sur les coteaux secs et bien exposés. Au Texas, elle est même une très bonne variété de table. Elle donne un vin qui est variable, bien entendu, avec le degré de maturité de ses fruits.

Vigne à peu près indemne de phylloxera et de toutes autres maladies cryptogamiques. Mûrit et fructifie mal en France. Pourrait être essayée en Algérie.

Fig. 38. — Grappes de Scuppernong.

TENDER PULP.— Vigne à fruits noirs, donnant un vin de bonne qualité en Amérique. N'en a pas donné du tout chez nous.

THOMAS. — Grappe de 6 à 10 grains, oblongs, très gros, noirs, très adhérents au pédicelle ; à peau mince, assez juteux, peu musqués ; de maturité tardive comme le Scuppernong.

Variété très vigoureuse propagée par Drury Thomas. C'est, en somme, un Scuppernong à fruits noirs. Elle est moins répandue que la variété jaune. Elle n'a donné aucun résultat en France.

II. — V. MUNSONIANA Simpson

Synonymes. — *V. Floridana* Raf.

Vulgo : *Mustang grape* de la Floride ; *Bird* ou *Everbearing grape*.

 ESPÈCES ET VARIÉTÉS

Caractères. — Sarments herbacés, ponctués, courts, grêles ; feuille orbiculaire, entière ; dents larges, arrondies ; glabre en dessous et en dessus ; plane, unie, épaisse, vert foncé, petite.

Grappe thyrsiforme, de 30 à 40 grains ronds, de moitié plus petits que les grains du *V. Rotundifolia* ; noirs, à jus acide non musqué.

Graine petite, à chalaze ovalaire très allongée, peu striée.

Plante faible.

Habitat. — Sud de la Floride.

Observations. — Cette espèce a été détachée du *V.* Rotundifolia par J.-H. Simpson en 1886. D'après M. T.-V. Munson, « elle diffère de cette dernière par la gracilité de la souche et des rameaux, par ses feuilles petites, mais à dents plus larges, par ses grappes qui sont plus grandes, mais à grains plus petits, de saveur différente et sans pulpe » (1).

Ces différences ne sont pas considérables et semblent peu justifier la création d'une espèce. M. Bailey dit, d'ailleurs, « qu'en herbier, le *V.* Munsoniana est difficile à distinguer du V. Rotundifolia, mais qu'il s'en distingue bien en plein champ » (2).

Les caractères du feuillage sont donc insuffisants ; les caractères de la grappe : nombre et grosseur des grains et des pépins, dont la constance est bien suspecte, sont les seuls qui justifient cette différenciation. Ce n'est peut-être pas assez.

Aptitudes. — Peu étudiée jusqu'ici au point de vue cultural, cette espèce paraît avoir les qualités et les défauts du V. Rotundifolia. Elle est plus faible et ses sarments sont plus grêles. Elle se multiplie aussi difficilement ; elle est encore plus sensible aux froids et produit peu.

SECTION II. — **EUVITES**

Écorce ancienne non adhérente et se détachant en lanières. Pas de lenticelles. Nœuds à diaphragmes ; vrilles fourchues. Graine piriforme.

I. — Vigne à vrilles continues ou sub-continues.

I. — V. LABRUSCA Lin.

Synonymes. — *V. Vinifera sylvestris americana* Pluken ; *V. Latifolia*, *V. Canina*, *V. Luteola* Rafinesque, d'après Planchon ; *V. Blandi* Prince, d'après Bailey.

Vulgo : *Fox grape, Skunk grape, Northern fox grape*, *Northern Muscadine*, *Muscadine*.

---

(1) Munson. — *Investigations and Improvement of American grapes.* Austin, Texas, 1900.

(2) Bailey. — *Synoptical Flora of North America*, p. 419.

Caractéres. — Vrilles continues.

Sarments striés, duveteux ou avec des poils en massue, rugueux, forts.

Stipules courtes, un tiers de millimètre environ.

Feuille orbiculaire, entière ou 3-5-lobée ; angles des nervures généralement grands ; rapports des nervures : 0.95 — 0.72 ; 0.75 — 0.58. Cotonneuse, à coton blanc ou fauve ; bullée, vert foncé, mat.

Feuilles jeunes cotonneuses.

Bourgeonnement cotonneux et plus ou moins rosé.

Grappe à grains gros ou moyens, charnus, sucrés, fades et foxés.

Graine courte, renflée, à chalaze et raphé absents (fig. 39, fig. 40).

Racines charnues, tendres, nombreuses, puissantes.

Plante vigoureuse, à allure rappelant un peu celle du V. Vinifera.

Habitat. — Le V. *Labrusca* ne croît à l'état spontané que sur la côte orientale des États-Unis comprise entre les monts Alleghany à l'ouest, l'Océan à l'est, le Canada au nord et la Caroline

Fig. 39. — Grappe de V. Labrusca.

au sud. Quelques-uns de ses représentants sont cependant épars de-ci de-là sur le versant occidental de la chaîne des Alleghany, mais ils n'arrivent point dans la vallée du Mississipi. Il occupe donc une aire géographique plutôt peu étendue.

Observations. — Les caractères les plus nets du V. Labrusca sont :

1° La continuité des vrilles ; 2° la forme de la graine ; 3° le goût particulier (foxé) du fruit, qui ne se retrouve dans aucune autre espèce.

Sans doute, les feuilles sont très cotonneuses en dessous, au point que le parenchyme est toujours entièrement caché ; mais d'autres espèces (V. Candicans, etc...) le sont autant, sinon plus. La couleur du *tomentum* est d'importance secondaire ; elle ne peut servir que pour distinguer les variétés. Les poils laineux sont implantés surtout sur les nervures, mais ils émergent aussi du parenchyme. Les poils raides, subulés, pluricellulaires, leur sont fréquemment associés sur les nervures principales. On trouve aussi fréquemment sur tous les organes herbacés, notamment sur les rameaux, des poils complexes, volumineux, en forme de massue, colorés en roux, en rouge ou en rouge-brun. Ces poils glanduliformes sont implantés par une large base, à la manière des aiguillons ; ce sont eux qui donnent aux jeunes tiges leurs rugosités. Les stomates sont très saillants, comme chez toutes les espèces cotonneuses. Les grappes ont en général de fortes dimensions ; le port de la plante rappelle les variétés tomenteuses du V. Vinifera : tronc et sarments forts, grappe volumineuse, etc...

Aptitudes. — Le V. Labrusca est une vigne des régions tempérées. Elle est rare à l'extrême nord comme à l'extrême sud des Etats-Unis. Et, en fait, elle craint les froids vifs de l'hiver. En France, ses bois gèlent quelquefois, au moins dans diverses

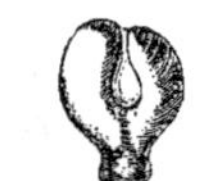

Fig. 40. — Graine de V. Labrusca.

localités du nord-est. Craint-elle les fortes chaleurs ? Elle porte sur tous ses organes, et surtout sur ses feuilles, un coton épais qui doit la préserver des effets des hautes températures et de la sécheresse. Toutefois, Engelmann (1) nous apprend qu'elle n'est vigoureuse que dans les terrains humides, et M. J.-C. Whilten (2) s'exprime ainsi sur la végétation de ses variétés dans le Missouri : « Les variétés de cette espèce réussissent bien dans le Missouri, et elles y seront encore employées longtemps ; mais il est évident qu'elles ne peuvent supporter nos étés, surtout s'ils sont secs et chauds, aussi bien que plusieurs autres espèces de cette région ».

Mais une vigne peut ne pas supporter les étés secs et chauds tout en étant très résistante à la chaleur et à la sécheresse. Il suffit, pour qu'elle se développe moins bien que d'autres dans ces conditions, qu'elle n'ait qu'une résistance phylloxérique suffisante seulement dans les sols frais.

On conçoit donc que, suivant l'expression d'Engelmann, le V. Labrusca puisse préférer les fourrés humides, sans être pour cela sensible à la sécheresse. Il semble bien cependant qu'au Missouri, il perde ses feuilles l'été après avoir poussé vigoureusement.

En France, dans les terres sèches et non phylloxérées où j'ai pu l'étudier, il perd quelquefois, avant les vendanges, les feuilles de la base de ses rameaux ; ses grappes se flétrissent aussi, mais sensiblement moins, m'a-t-il paru, que chez les variétés du V. Vinifera auxquelles il était associé.

Ses fruits arrivent à maturité dans les parties chaudes et tempérées de l'Europe ; les variétés tardives ne mûrissent que dans le vignoble méridional.

Le V. Labrusca existe dans beaucoup de terres de nature très variable. Engelmann nous apprend qu'il est vigoureux, surtout dans les terrains d'origine granitique, profonds ou sablonneux. En tout cas, la culture de ses variétés ne réussit que dans les terres sablonneuses et fraîches. Les vignobles établis dans d'autres conditions ne durent pas longtemps. C'est que le V. Labrusca est très sensible à l'action du phylloxera. Planté à côté du V. Vinifera, il ne dure guère qu'un ou deux ans de plus dans les terrains secs et argileux ou rocailleux. Il a donc une résistance phylloxérique très faible, qui ne peut être suffisante que dans les sols où le phylloxera ne peut se multiplier facilement (terres sablonneuses ou humides). C'est aussi qu'il craint beaucoup le calcaire. Il jaunit rapidement dans les sols chlorosants. Dans la craie des Charentes, il succombe l'année même de la plantation, c'est-à-dire plus tôt que le **V. Riparia**.

---

(1) ENGELMANN. — In *Catalogue des vignes américaines de Bush et fils et Meissner. Traduction de Louis Bazille*, p. 23. — Coulet, éditeur.

(2) J.-C. WHILTEN. — *The grape*, p. 57.

Par contre, grâce à ses puissantes racines, il se développe très bien dans les terres siliceuses ou argileuses, compactes et dures. Là il est de beaucoup supérieur au V. Riparia.

Le tronc est puissant, et la plante résiste bien au vent. Les sarments étalés, mais gros, tendres plutôt, s'enracinent facilement. Ils « reprennent » à peu près comme ceux de nos variétés indigènes. Le système radiculaire est composé de grosses racines à chevelu abondant et charnu ; il semble même qu'il soit plus développé que la partie aérienne. Le développement aérien la première année est donc plutôt faible ; il égale celui des variétés du V. *Vinifera*. La greffe réussit très bien sur le V. Labrusca ; c'est une des espèces qui se soudent le mieux ; et comme la tige du sujet est forte, il n'existe aucune différence de dimension entre le sujet et le greffon. Les souches greffées sont vigoureuses et se maintiennent longtemps très puissantes. Seulement, la fertilité des greffons laisse à désirer, elle est beaucoup moindre que sur V. Riparia.

Franc de pied, le V. Labrusca est une vigne très fertile ; même les bourgeons du vieux bois contiennent des grappes, et des grappes très nombreuses. Il n'est pas rare d'en compter 4 ou 5 dans les bourgeons les mieux constitués ; aussi craint-il peu les gelées de printemps, ou plutôt donne-t-il encore une récolte satisfaisante sur les repousses. C'est là une propriété que nous retrouvons dans la plupart de ses hybrides.

Le V. Labrusca est attaqué par plusieurs maladies parasitaires : le black-rot, le mildiou, etc... Sa sensibilité au black-rot est assez grande pour en rendre la culture improductive dans beaucoup de localités des États-Unis : il est toutefois moins atteint que le V. Vinifera.

Cette vigne redoute peu le mildiou ; ou, quand elle est attaquée, elle n'est pour ainsi dire pas endommagée. Il est rare qu'elle perde ses feuilles sous l'action de la maladie. Elle est encore plus résistante à l'oïdium, qui ne l'envahit que rarement. Cette propriété est connue depuis longtemps ; et en France, de même qu'en Italie, à l'époque de l'invasion de cette maladie, on a tenté en plusieurs points la culture de quelques-unes de ses variétés.

Sa production varie, bien entendu, avec chaque variété ; elle peut être considérable. Le Concord donne jusqu'à 10 kilos de raisins par cep. L'Isabelle est aussi très productive. Les grappes portent des grains noirs, roses, blancs, etc..., qui se détachent facilement du pédoncule à maturité. Les grappes à fruits roses sont extrêmement élégantes ; elles constituent de beaux raisins d'ornement. Les unes et les autres, au moins les meilleures d'entre elles, sont utilisées pour la table, malgré (ou parce que) le goût spécial des baies. Les Américains, et même quelques personnes en France, les trouvent préférables au fade Chasselas. Elles sont sûrement plus parfumées, mais c'est justement ce parfum exagéré qu'on leur reproche et qui leur donne un goût de pommade. Elles sont très sucrées, beaucoup plus sucrées même que les grappes de nos variétés indigènes. Aussi donnent-elles des vins alcooliques, qui ont malheureusement le goût foxé du raisin et qui, par suite, conviennent peu à un palais d'Européen. Il est vrai que ce goût disparaît à mesure que le vin vieillit ; mais les vins de Labrusca n'ont pas eu jusqu'ici l'occasion de vieillir longtemps.

RAVAZ ; *Vignes américaines.*   8

Le V. Labrusca est remarquable par sa grande fertilité et sa résistance à quelques maladies cryptogamiques. Sa résistance phylloxérique étant très faible, il ne peut être cultivé que dans les terres sablonneuses ou submergées, et encore peu ou pas calcaires. En conséquence, il ne peut utilement servir de porte-greffe. Et comme producteur direct, il ne peut rendre, en Europe, aucun service, ses produits étant trop différents de ceux que nous apprécions.

Ce qu'il importe de noter, c'est ses facultés d'adaptation aux terres compactes, sa résistance au mildiou et à l'oïdium, sa facilité de reprise à la greffe, — que nous retrouverons chez ses hybrides.

VARIÉTÉS

a. Sarments duveteux, dépourvus de poils en massue.

1. EARLY VICTOR (Burr.). — **Caractères.** — Feuille adulte : angles des nervures : 05, 12 = 147 ; rapports des nervures : 0.72, 0.62, 0.85 ; 3-lobée, à sinus latéraux : supérieur profond ; dents anguleuses, étroites ; coton blanc fauve en dessous ; aranéeuse, bullée, plane, vert pâle, nervures vertes en dessus ; plus longue que large, moyenne (fig. 41).

Feuilles jeunes, coton blanc en dessous.

Bourgeonnement blanc fauve.

Sarments duveteux vert-rosé.

Grappe à grains ronds ou discoïdes, noirs, moyens ; lâche, petite.

Aptitudes. — Variété rustique à grappe portant des grains ronds, noirs, moyens, très pruinés, pulpeux et peu foxés ; mûrit 15 jours plus tôt que le Concord.

Fig. 41. — Feuille d'Early Victor.

Vigne vigoureuse et fertile, mais produisant moins que le Concord. Comme ses grappes sont peu foxées et qu'elles mûrissent de bonne heure, on a cru qu'elle pourrait être utilisée pour la production des raisins de marché, mais elle n'a pas été propagée.

2. MARTHA (Miller). — **Caractères.** — Feuille adulte : angles des nervures : 112, 50 = 162 ; rapports des nervures : 0.79, 0.70, 0.42 ; 3-lobée, à sinus supérieur peu marqué ; dents anguleuses presque nulles ; coton fauve en dessous ; aranéeuse, bullée,

repliée en dessous, vert foncé, nervures à peine rosées à la base en dessus ; plus longue que large, grande (fig. 42).

Feuilles jeunes cotonneuses, à liséré rose.

Bourgeonnement à coton fauve, avec liséré rose.

Sarments duveteux vert-rosé.

Grappe à grains ronds, vert-jaunâtre, moyens, très serrés, foxés, de maturité assez hâtive.

Aptitudes. — *Martha* est une variété à fruits blancs issue d'un semis de Concord de M. Samuel Miller. Elle prit rapidement une grande extension aux États-Unis, à cause de sa vigueur et de sa rusticité. Elle craint peu le mildiou, mais son fruit est sujet au black-rot. Son

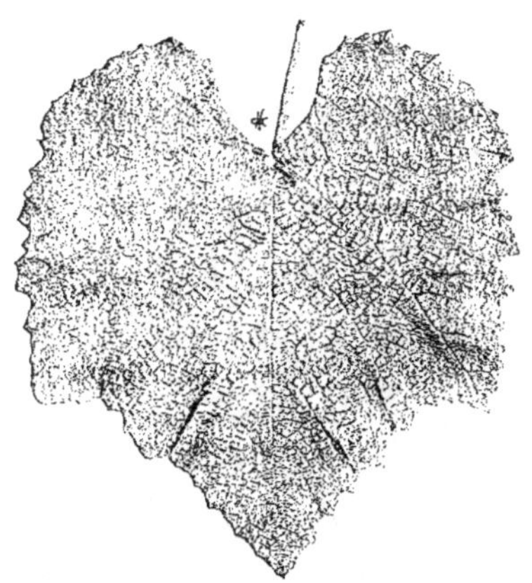

Fig. 42. — Feuille de Martha.

vin est légèrement ambré, un peu foxé et, somme toute, de qualité relative ; seulement, elle produit peu, et, si elle ne peut être cultivée pour la cuve, elle n'est pas avantageuse comme raisin de marché.

3. NORTH AMERICA. — **Caractères**. — Feuille adulte : angles des nervures : 113, 42 = 155 ; rapports des nervures : 0.83, 0.67, 0.34 ; 5-lobée, à sinus latéraux : supérieur et inférieur marqués ; dents rondes, étroites ; coton blanc en dessous ; aranéeuse, bullée, vert terne, nervures vert pâle en dessus ; aussi large que longue, grande (fig. 43).

Feuilles jeunes, coton à zone rosée.

Bourgeonnement blanc fauve.

Sarments aranéeux vert-jaunâtre.

Grappe à grains ronds, noirs, juteux, foxés ; moyenne, ailée.

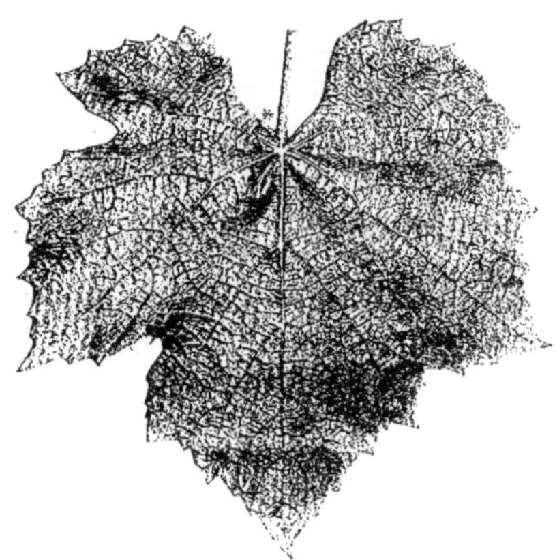

Fig. 43. — Feuille de North America.

Aptitudes. — Non cultivée. On la dit improductive en Amérique. Est assez fertile en France.

4. Telegraph (Christine). — **Synonyme**. — *Christine.*

Caractères. — Feuille adulte : angles des nervures : 117, 36 = 153 ; rapports des nervures : 0.79, 0.78, 0.28 ; 5-lobée, à sinus latéraux : supérieur assez profond, infé-

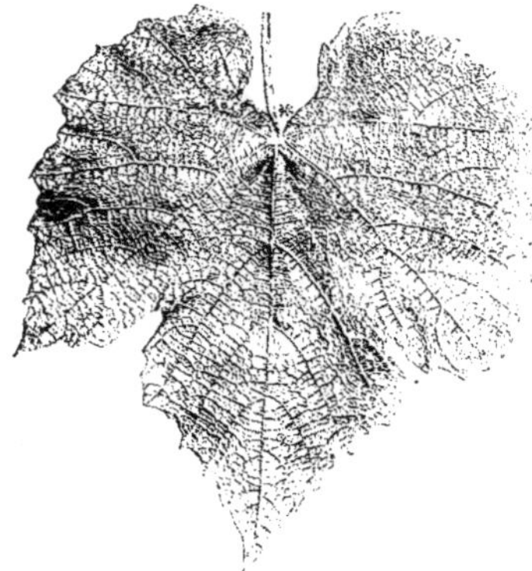

rieur marqué ; dents anguleuses, très larges ; coton blanc en dessous ; bullée, vert foncé, un peu luisante, nervures à peine rosées à la base en dessus ; aussi longue que large, grande (fig. 44).

Feuilles jeunes, coton blanc, à liséré rose.

Bourgeonnement blanc fauve, à zone rosée.

Sarments aranéeux verts, rayés de rouge.

Grappe à grains ronds, noirs, moyens ; petite, ailée, compacte, de maturité assez hâtive, très fertile, 3-4 grappes par rameau.

Fig. 44. — Feuille de Telegraph.

Aptitudes. — Variété obtenue de semis par M. Christine. Vigoureuse, au feuillage sain ; elle redoute cependant le black-rot. Elle produit assez et régulièrement ; ses raisins ont assez de qualité, et, comme ils mûrissent tôt, elle peut être cultivée dans les régions les plus froides. Ne vient pas d'ailleurs dans les régions sèches telles que le Texas. N'a pas été cultivée en France.

5. Seneca. — **Caractères**. — Feuille adulte : angles des nervures : 119, 39 = 158 ; rapports des nervures : 0.82, 0.72, 0.35 ; 5-lobée, à sinus latéraux : supérieur et inférieur marqués ; dents rondes, étroites ; coton blanc en dessous ; bullée, vert terne, nervures vert-jaunâtre en dessus ; aussi large que longue ; dent dans le sinus supérieur (fig. 45).

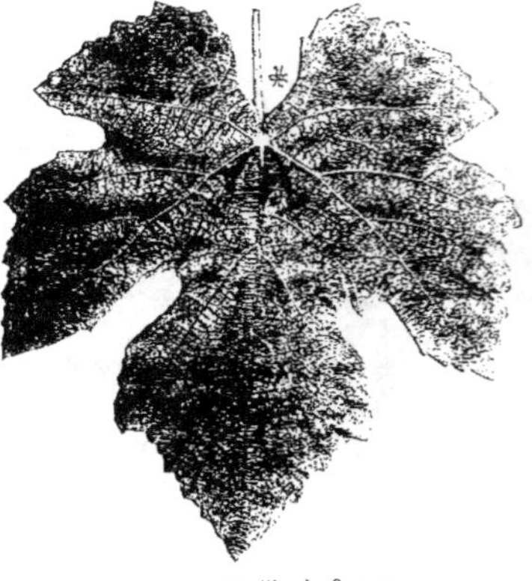

Fig. 45. — Feuille de Seneca.

Feuilles jeunes à liséré rose.

Bourgeonnement blanc, à liséré rose.

Sarments duveteux vert-rosé.

Grappe à grains ronds, gros, assez serrés. — Variété non utilisée.

6. ISABELLA (Is. Gibbs). — **Synonymes**. — *Paign's Isabella, Woodward, Christie's improved Isabella, Payne's Early, Sanboton, Raisin fraise, Raisin du Cap.*

Caractères. — Feuille adulte : angles des nervures : 123, 62 = 185 ; rapports des nervures : 0.89, 0.64, 0.31 ; 5-lobée, à sinus latéraux : supérieur profond, inférieur à peine marqué : dents rondes, très larges ; coton blanc en dessous ; aranéeuse, gaufrée au centre, bullée, vert terne, nervures vert pâle en dessus; plus large que longue, grande (fig. 46).

Feuilles jeunes à coton blanc.

Bourgeonnement blanc, à liséré rose.

Sarments aranéeux vert-rosé.

Grappe à grains ovoïdes, rouges ou noirs, moyens ou gros, pulpeux, foxés; lâche, mais au nombre de 3 ou 4 par rameau.

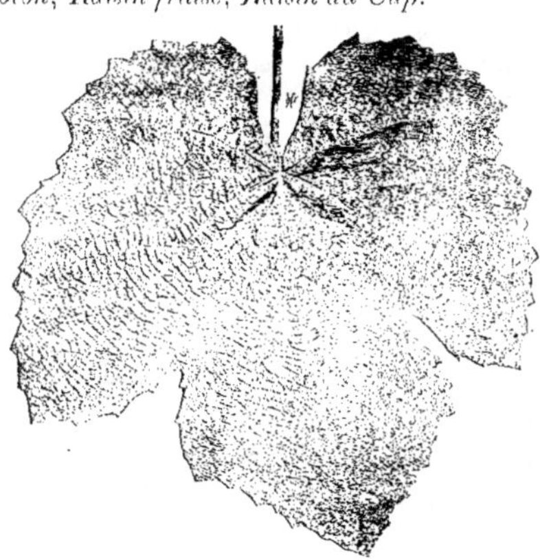
Fig. 46. — Feuille d'Isabelle.

Aptitudes. — L'Isabelle a été obtenue par Madame Isabelle Gibbs. Mais ce n'est qu'en 1816 qu'elle fut signalée aux viticulteurs, et elle prit bientôt une grande extension dans les vignobles de l'Est. Dans les régions plus chaudes, elle ne donna pas les mêmes résultats. Elle craint le mildiou et elle a été abandonnée surtout à cause de la maturité irrégulière de son fruit.

En France, cette variété paraît avoir été introduite, vers 1820, comme vigne ornementale, pour constituer des tonnelles, des abris, etc.. Mais on remarqua bientôt qu'elle résistait à l'oïdium, et dès 1853 il s'en fit quelques plantations assez importantes en France et surtout en Italie. On la rencontre encore dans les vignobles de l'Est. Mais elle n'a jamais été cultivée seule, et son vin, qui a le goût du fruit, ne peut, non plus, être consommé seul. « Noyé » dans le vin des vignes du pays, il lui communique un léger parfum qui est agréable si on veut. La résistance phylloxérique de cette vigne est celle de toutes les variétés de Labrusca en général ; elle ne dure guère que 2 ou 3 ans de plus que les vignes du pays et elle ne peut être utilisée comme porte-greffe.

Elle ne convient donc, malgré sa grande fertilité, que pour l'ornementation des façades, des tonnelles ou des jardins.

Elle a donné naissance à de nombreuses variétés et hybrides.

7. REBECCA (Peake). — **Caractères**. — Feuille adulte : angles des nervures : 128, 61 = 189, 36 ; rapports des nervures : 0.86, 0.69, 0.38; 5-lobée, à sinus latéraux : supérieur profond, inférieur bien marqué; dents anguleuses très larges ; coton blanc en dessous ; aranéeuse en dessous, bullée, plane, vert-blanchâtre, nervures rouges à la base en dessus; plus large que longue, grande (fig. 47).

Feuilles jeunes, coton blanc fauve.

Bourgeonnement blanc fauve.

Sarments aranéeux vert-rouge.

Grappe à grains un peu ovoïdes, vert-jaunâtre, juteux, foxé-musqué ; petite, courte, compacte.

Aptitudes. — Variété trouvée dans un jardin, à beaux raisins blancs, mais peu fertile. N'a pas donné de bons résultats en grande culture.

8. MUSCADINE. — **Caractères.** — Feuille adulte : angles des nervures : 132, 59 = 191, 34 ; rapports des nervures : 0.85, 0.71, 0.14 ; 5-lobée, à sinus latéraux : supérieur assez profond, inférieur à peine marqué ; dents anguleuses, larges ; coton fauve, épais en dessous ; gaufrée au centre, repliée en dessous, bullée, vert terne, nervures vert pâle en dessus : plus large que longue, grande (fig. 48).

Feuilles jeunes, blanc fauve, à zone rosée.

Bourgeonnement blanc fauve, à zone rosée.

Sarments duveteux vert-rosé.

Grappe à grains ronds, gros, noirs, pulpeux, foxés ; courte, compacte.

Variété non utilisée jusqu'ici en grande culture.

9. VENANGO (Minor). — **Synonyme.** — *Minor's Seedling.*

Caractères. — Feuille adulte : angles des nervures : 135, 51 = 186, 50 ; rapports des nervures : 0.81, 0.64, 0.26 ; 3-lobée, à sinus latéraux : supérieur marqué ; dents anguleuses, très larges ; coton blanc fauve en dessous ; aranéeuse, gaufrée, bullée, vert terne, blanchâtre, nervures vertes en dessus ; plus longue que large (fig. 49).

Feuilles jeunes, coton blanc, à liséré rose.

Bourgeonnement blanc fauve, à zone rosée.

Sarments duveteux verts.

Grappe à grains ronds ou discoïdes, rouge clair, pulpeux, foxés ; ailée, lâche.

Aptitudes — Plante vigoureuse et rustique. Elle n'aurait guère été cultivée que par les Français, au fort Venango.

10. ISRAELLA (Grant). — **Caractères.** — Feuille adulte : angles des nervures : 136, 44 = 180 ; rapports des nervures : 0.93, 0.63, 0.36 ; 5-lobée, à sinus latéraux : supérieur assez profond, inférieur à peine marqué ; dents rondes, très larges ; coton blanc en dessous ; aranéeuse, gaufrée au centre, bullée, vert foncé, nervures vert pâle en dessus ; plus large que longue, grande (fig. 50).

Feuilles jeunes, coton blanc.

Bourgeonnement blanc fauve, à liséré rose.

Sarments aranéeux vert-rosé. Plante vigoureuse.

Grappe à grains ovoïdes, noirs, peu serrés, pulpeux, foxés.

Aptitudes. — Semis d'Isabelle obtenu par C.-W. Grant. Ressemble beaucoup à son générateur, mais c'est une vigne de croissance faible, de qualité médiocre, et qui est abandonnée presque partout.

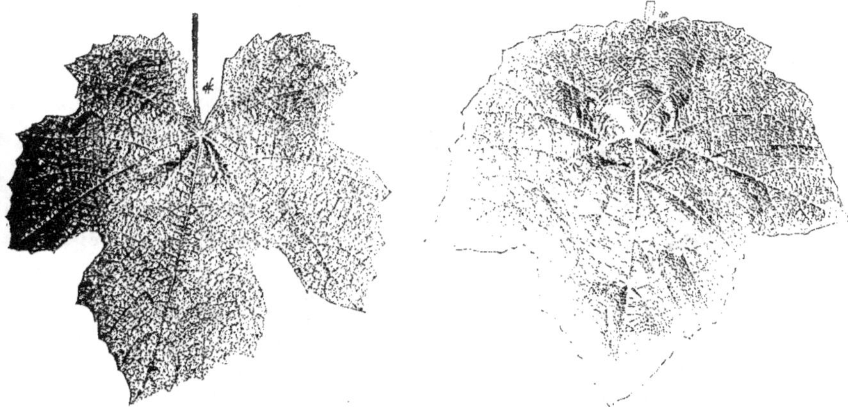

Fig. 47. — Feuille de Rebecca.

Fig. 48. — Feuille de Muscadine.

11. WHITE-FOX. — Caractéres. — Feuille adulte : angles des nervures : 136, 51 = 187, 42 ; rapports des nervures : 0.90, 0.70, 0.16 ; 3-lobée, à sinus latéraux : supérieur peu marqué ; dents anguleuses, très larges ; duvet blanc mat en dessous, bullée, gau-

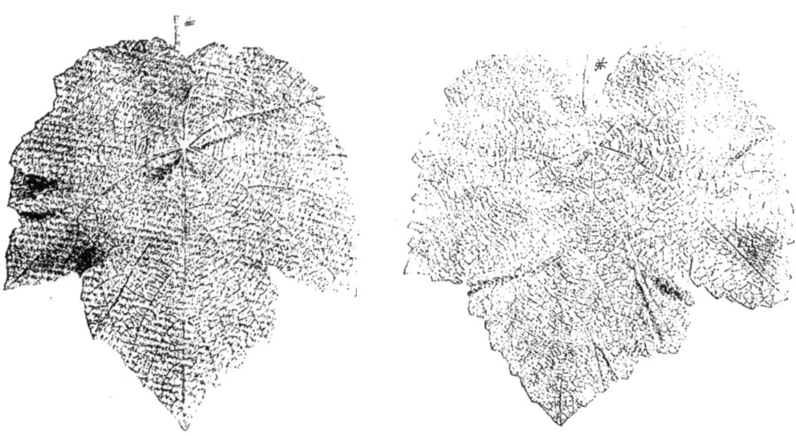

Fig. 49. — Feuille de Venango.

Fig. 50. — Feuille d'Israella.

frée, repliée en dessous, vert franc, luisante, nervures vert pâle en dessus ; aussi large que longue, grande.

Feuilles jeunes, coton rosé en dessous, liséré rose en dessus.

Bourgeonnement cotonneux blanc, avec liséré rose.

Sarments aranéeux verts.

Grappe à grains ronds, vert-jaunâtre, moyens; moyenne, ailée, lâche.

Vigne peu fertile, qui n'est pas un Labrusca pur. Elle est sans doute alliée au V. Vinifera. — Sans intérêt.

12. IVE's SEEDLING (Ives).—**Synonymes.**—*Ive's Seedling, Ive's Madeira, Kittredge.*

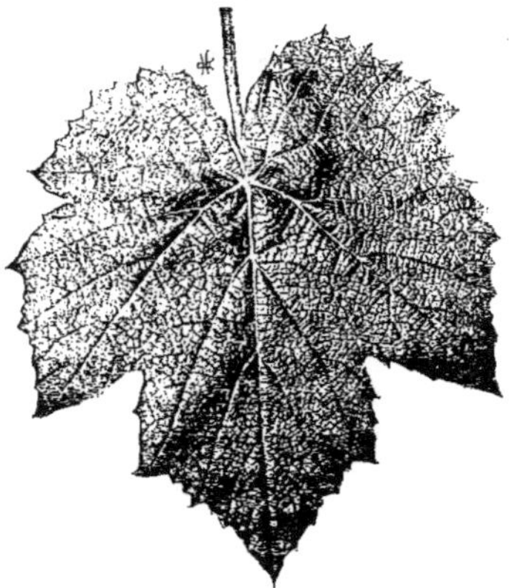

Fig. 51. — Feuille d'Ive's Seedling.

Caractéres. — Feuille adulte : angles des nervures : 137,40 = 177,22 ; rapports des nervures : 0.84, 0.67, 0.23 : 5-lobée. à sinus latéraux : supérieur assez profond, inférieur à peine marqué ; dents anguleuses, larges ; coton fauve en dessous ; aranéeuse, bullée, vert terne, nervures vert pâle en dessus ; plus longue que large, grande (fig. 51).

Feuilles jeunes, coton blanc fauve, à zone rosée.

Bourgeonnement cotonneux rosé.

Sarments aranéeux vert-rosé.

Grappe à grains ovoïdes, noirs, pulpeux, foxés ; moyenne, assez compacte et de maturité assez tardive.

Aptitudes. — Obtenue par Henry Ives, de Cincinnati, d'un semis d'Hartford prolific. Vigne vigoureuse, saine et rustique, craignant peu le mildiou et le black-rot ; elle a mieux réussi dans quelques parties de l'Ohio que le Catawba et quelques autres variétés. Aussi s'est-elle répandue dans cette région, où elle produit un vin rouge estimé ; son raisin, de qualité médiocre, est peu recommandable pour la table ; mais, comme il supporte bien les transports, on le trouve quelquefois sur les marchés. Est abandonné presque partout actuellement.

Fig. 52. — Feuille de Caroline.

13. CAROLINE.—**Caractéres.**—Feuille adulte : angles des nervures : 138,38 = 176 ; rapports des nervures : 0.90, 0.62, 0.22 ; 5-lobée, à sinus latéraux : supérieur profond, inférieur marqué ; dents rondes, très larges ; coton blanc mat en dessous ; aranéeuse, gaufrée au centre, bullée, vert terne, nervures à peine rosées en dessus ; aussi large que longue, grande (fig. 52).

Feuilles jeunes, coton blanc, à liséré rose.

Bourgeonnement blanc mat, à liséré rose.

Sarments aranéeux vert rosé.

Grappe à grains ovoïdes, noirs, moyens ou **gros**, pulpeux, foxés ; moyenne, ailée lâche.

Plante très fertile, très voisine à l'Isabelle.

b. Sarments duveteux, pourvus de poils en massue.

1. CAMBRIDGE. — **Caractères.** — Feuille adulte : angles des nervures : 110, 34 = 144, 37 ; rapports des .nervures : 0.83, 0.72, 0.32 ; 5-lobée, à sinus latéraux : supérieur profond, inférieur bien marqué ; dents anguleuses, très larges ; duvet blanc-grisâtre en dessus ; bullée, gaufrée, vert foncé, luisante, nervures rosées à la base en dessus ; plus longue que large, très grande, épaisse (fig. 53).

Feuilles jeunes à coton blanc.

Bourgeonnement blanc fauve.

Sarments duveteux, avec de nombreux poils en massue jaunes, violacés. Vrilles continues.

Grappe à grains ovoïdes, noirs, gros, pulpeux, foxés, mûrissant quelques jours avant le Concord ; grosse, ailée.

Aptitudes. — C'est une vigne qui a été remarquée dans le jardin de M. H. Houghton, de Cambridge. Elle a, comme

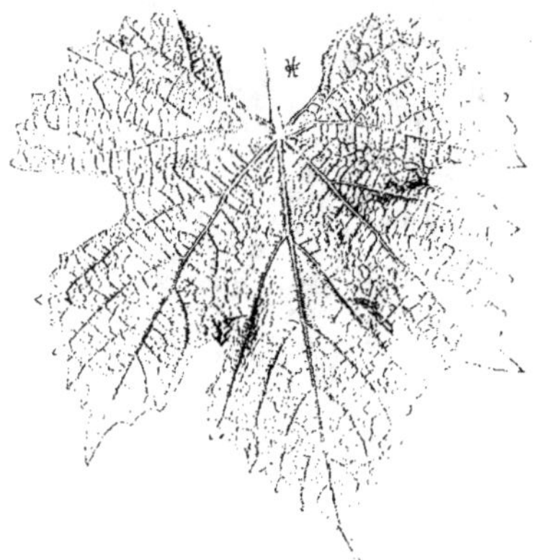

Fig. 53. — Feuille de Cambridge

le Concord, une belle végétation, et tous les auteurs américains la comparent au Concord. Mais elle paraît se développer et produire inégalement. Tandis que dans le Texas « elle a une croissance forte, des grappes grosses et allongées, des grains gros, doux et musqués et se montre très vigoureuse », dans le Colorado « elle est plus faible, et, quoique encore productive, elle donne des grappes petites portant des grains plus petits que ceux du Concord ; elle mérite, néanmoins, d'être essayée ». Peu répandue.

En France, elle est restée dans les collections. Champin la qualifie ainsi : « Mauvais Labrusca, mais à feuilles remarquablement ornementales. Chez nous, les Labrusca purs, même les meilleurs, ne peuvent guère servir qu'à l'ornementation des jardins, etc...». C'est, en effet, une variété remarquable par la beauté de son feuillage.

2. CONCORD (Bull). — **Caractères.** — Feuille adulte : angles des nervures : 110, 34 = 139, 38 ; rapports des nervures : 0.92, 0.70, 0.33 ; 3-lobée, à sinus supérieur marqué ; dents anguleuses, larges ; coton fauve en dessous ; bullée, gaufrée, repliée

RAVAZ; *Vignes américaines.*   9

en dessous, vert foncé, luisante, nervures rosées à la base en dessus; aussi longue que large, grande (fig. 54).

Feuilles jeunes à coton rosé en dessous.

Bourgeonnement très rosé.

Sarments duveteux, avec nombreux poils en massue, de un demi-millimètre de hauteur, vert-rosé.

Grappe à grains ronds, noirs, gros, à peau mince, peu résistante, pulpeux, foxés; ailée, forte et mûrissant un peu tardivement.

Plante vigoureuse.

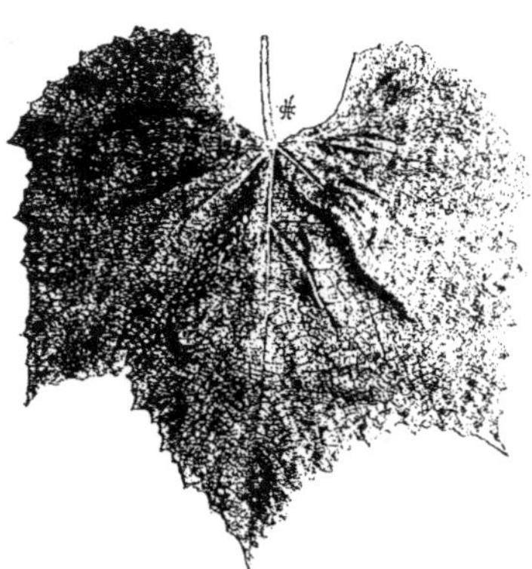

Fig. 54. — Feuille de Concord.

Observations. — Le Concord, qui est peut-être la variété la plus cultivée en Amérique, a été obtenu par E.-W. Bull, de Concord (Massachusetts). C'est une belle variété. Très vigoureuse, avec un beau feuillage, bien fertile et donnant des raisins presque de bonne qualité, elle est même proclamée la meilleure des vignes connues en Amérique.

Toutefois, au point de vue cultural, elle n'est pas partout également appréciée. Dans l'État de Vermont, elle se montre robuste, fertile et de bonne qualité. Seulement elle n'y mûrit pas toujours très bien. Il en est de même dans le Colorado, qui n'échappe pas toujours aux fortes gelées d'automne; c'est néanmoins « le type des variétés tardives pour la maison et le marché ». Au Texas, elle s'affaiblit bientôt, soit par suite de la sécheresse, soit sous l'action du phylloxera.

Les fruits, bien mûrs, sont très beaux, et c'est pourquoi ils sont recherchés pour la table; ils sont aussi de bonne qualité, au moins pour le palais des Américains.

En France, le goût foxé du Concord déplaît. On ne le trouve qu'à l'état d'exception dans nos vignobles. Il est d'adaptation difficile, comme tous les Labrusca, mais il est aussi fertile chez nous qu'en Amérique. Comme porte-greffe, il n'a pu jouer aucun rôle, à cause de sa faible résistance phylloxérique. Avant le black-rot, cette vigne a donné naissance à un grand nombre de variétés ou d'hybrides.

Le Concord fait un vin léger, bien parfumé, qui peut être produit à bon marché; on en fait aussi des vins blancs; en France, vin peu foxé, si on égrappe.

3. PERKINS.—**Caractères.**—Feuille adulte: angles des nervures: 110,46 = 156,40; rapports des nervures: 0.88, 0.66, 0.27; 5-lobée, à sinus latéraux: supérieur très profond, inférieur assez profond; dents anguleuses, étroites; coton blanc en dessous;

bullée, vert foncé, terne, nervures rosées à la base en dessus ; aussi large que longue, grande (fig. 55).

Feuilles jeunes, coton blanc, à liséré rose.

Bourgeonnement blanc fauve.

Sarments aranéeux. avec quelques poils en massue courts et bruns, vert-rosé.

Grappe à grains ronds, gris-rosé, gros, très foxés ; moyenne, ailée.

Aptitudes. — Vigne vigoureuse, fertile et rustique, croissant dans toutes les régions et craignant peu les maladies cryptogamiques. Sa production est sûre ; elle fait un raisin de marché recherché à cause de sa belle apparence, et non de ses qualités, car il est foxé.

Peu répandue en Amérique.

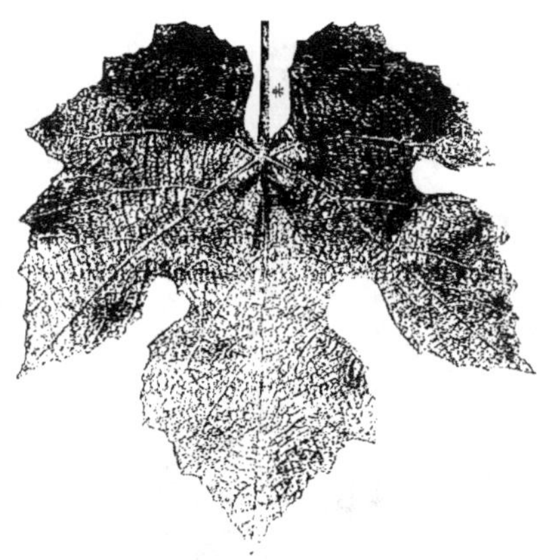

Fig. 55. — Feuille de Perkins.

4. BLACK-HAWK. — **Caractères.** — Feuille adulte : angles des nervures : 113, 35 = 148, 32 ; rapports des nervures : 0.85, 0.75, 0.30 ; 5-lobée, à sinus latéraux : supérieur profond, inférieur profond ; dents anguleuses, larges ; cotonneuse, à coton fauve en dessous ; aranéeuse, bullée, ondulée, repliée en dessous, vert foncé, luisante, nervures légèrement rosées à la base en dessus ; plus longue que large, grande (fig. 56).

Feuilles jeunes cotonneuses, bordées d'un liséré rose. rosées en dessous.

Bourgeonnement rosé.

Sarments aranéeux, couverts de poils en massue roux de 1 millimètre de hauteur environ, vert-rouge, forts. Vrilles continues.

Grappe à grains ronds, noirs, moyens, foxés, peu serrés, de bonne qualité ; de maturité assez hâtive.

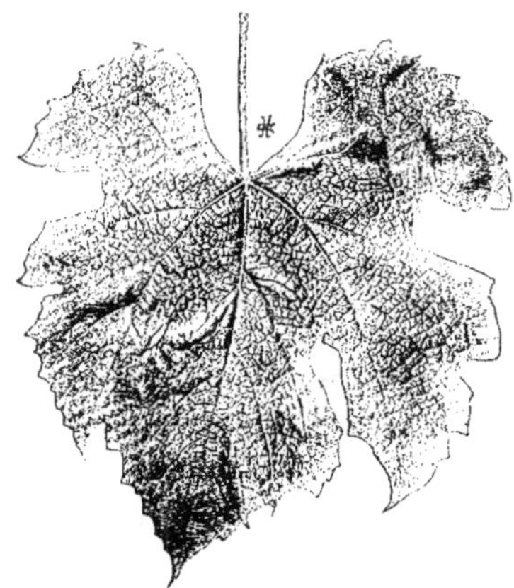

Fig. 56. — Feuille de Black-Hawk.

Aptitudes. — C'est un semis de Concord, auquel il ressemble, obtenu par S. Miller. Quoique meilleure que le Concord, cette nouvelle variété ne s'est pas répandue, sans doute parce qu'elle est moins fertile. Elle est aussi relativement faible. et, au Texas, elle n'a pu prendre un développement suffisant. En France, greffée sur Taylor, elle est aussi vigoureuse que le Concord.

5. ALEXANDER (Alexander). — **Synonymes**. — *Cape, Black-Cape, Schuylkill muscadel, Constantia, Springmill Constantia, Clifton's Constantia, Tasker's grape, Vevay Winne, Rothrock* de Prince, *York Lisbon.*

Caractères. — Feuille adulte : angles des nervures : 113, 51 = 164 ; 5-lobée, à sinus latéraux : supérieur profond, inférieur bien marqué ; dents anguleuses, larges ; duveteuse-pubescente en dessous, à duvet blanc ; bullée, plane, vert pâle, luisante, nervures rosées à la base, pubescente en dessus ; plus longue que large, grande (fig. 57).

Feuilles jeunes cotonneuses, blanches, bordées d'un liséré rose.

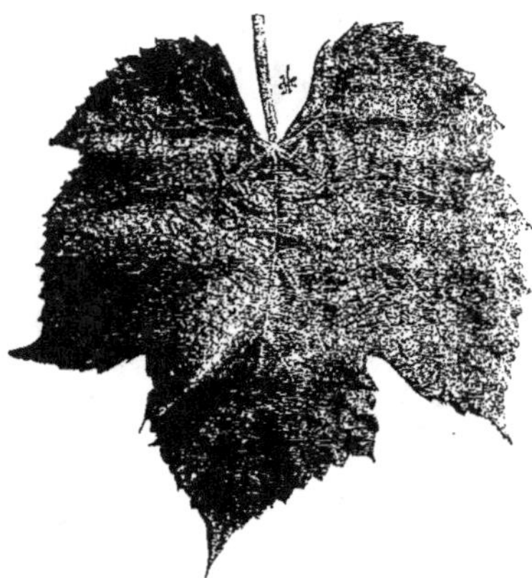

Fig. 57. — Feuille d'Alexander.

Sarments striés, légèrement duveteux, avec quelques poils en massue, violacés. Vrilles sub-continues.

Grappe à grains ronds, noirs, moyens, à peau épaisse, pulpeux, serrés, à saveur foxée et de maturité très tardive.

Aptitudes. — Les nombreux synonymes que porte cette vigne montrent quelle importance elle a eue autrefois en Amérique. Le nom de Schuylkill est le nom du fleuve de Pensylvanie près duquel elle a été trouvée ; les noms de *Cape, Constantia,* reposent sur l'idée fausse que cette variété est cultivée à Constance, *au Cap.*

D'après les caractères qu'on a lus plus haut, elle n'est pas un Labrusca pur, c'est presque sûrement un hybride de V. *Labrusca* et de V. *Riparia,* et cette parenté explique sa haute résistance au black-rot.

Issue d'un semis naturel de Labrusca sauvage, elle fut remarquée, vers 1764, par un jardinier nommé Alexander, et c'est probablement la première vigne indigène soumise à la culture. Vers 1805, un Suisse, James Dufour, la cultiva un peu en grand à Vevay (Indiana), aux lieu et place des variétés du V. Vinifera qui ne prospéraient pas ; pendant longtemps elle fut la principale et presque la seule variété indigène cultivée, non pas à cause des qualités de son vin, mais de sa résistance au black-rot, etc... Toutefois, d'autres variétés plus fertiles et donnant de meilleurs produits prirent peu à peu sa place. A Vevay même, on dut l'abandonner pour adopter le *Catawba,* qui est plus résistant au phylloxera et aux maladies cryptogamiques et qui donne un meilleur vin. Elle est aujourd'hui partout délaissée et ne figure plus dans aucun vignoble.

En France, l'*Alexander* n'est pas sorti des collections.

Il existe une variété à fruits blancs, le *White cape*, qui a sensiblement les caractères de la noire, sauf la couleur du fruit.

6. LOGAN.—**Caractères.**— Feuille adulte : angles des nervures : 115, 39 = 154 ; rapports des nervures : 0.92, 0.72, 0.27 ; 5-lobée, à sinus latéraux : supérieur profond, inférieur peu marqué ; dents anguleuses, étroites ; coton blanc fauve en dessous ; bullée, vert pâle, terne, nervures à peine rosées en dessus ; plus large que longue, grande (fig. 58).

Feuilles jeunes, coton blanc fauve, à liséré rose.

Bourgeonnement blanc fauve, à zone rosée.

Sarments aranéeux, avec de nombreux poils en massue jaunâtres et de un demi-millimètre de hauteur.

Grappe à grains ovoïdes, noirs, gros, pulpeux, foxés, peu agréables ; moyenne et de maturité hâtive.

Issu d'une sélection de variétés sauvages du V. Labrusca. A été abandonné en Amérique.

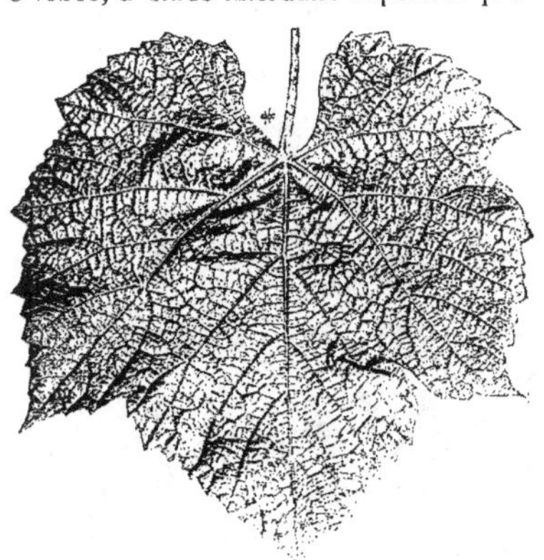

Fig. 58. — Feuille de Logan.

7. HARTFORD PROLIFIC (Steel).—**Caractères.**—Feuille adulte : angles des nervures : 115, 54 = 169, 43 ; rapports des nervures : 0.95, 0.58, 0.45 ; 5-lobée, à sinus latéraux : supérieur très profond, inférieur profond ; dents anguleuses, larges : coton blanc fauve en dessous ; aranéeuse, gaufrée, bullée, vert foncé, luisante, nervures rosées à la base ; plus large que longue, grande (fig. 59).

Feuilles jeunes, coton blanc. liséré rose.

Bourgeonnement blanc fauve, rosé.

Sarments duveteux, avec quelques poils en massue courts, vert-rouge.

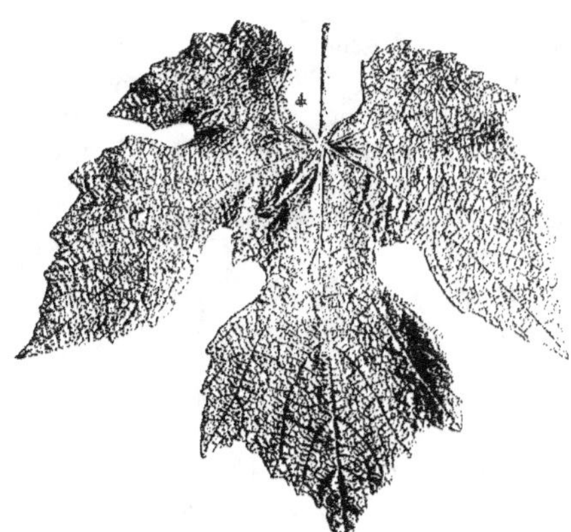

Fig. 59. — Feuille de Hartford prolific.

Grappe à grains ronds, noirs, gros ; assez serrée, de maturité hâtive.

Aptitudes. — Obtenu par M. Steel, de Hartford. N'est vigoureux que dans les terrains frais. Dans les climats chauds, cette vigne perd rapidement ses feuilles et dépérit. Mais elle est très fertile, de grosse production et hâtive. Seulement, ses grappes sont de mauvaise qualité et perdent facilement leurs grains. Raisin de marché estimable seulement par sa précocité.

8. Sylvestre Warre. —**Caractères.** —Feuille adulte : angles des nervures : 115, 59 = 174, 36 ; rapports des nervures : 0.91, 0.75, 0.22 ; 5-lobée, à sinus latéraux : supérieur profond, inférieur bien marqué; dents presque nulles, arrondies ; coton fauve, assez épais en dessous ; bullée, duveteuse, vert terne en dessus ; aussi large que longue, grande (fig. 60).

Aptitudes. — Cette variété est très vigoureuse. M. Couderc la cite comme un exemple des Labrusca qui résistent à la chlorose ; elle est aussi sensible que les autres variétés à cette affection.

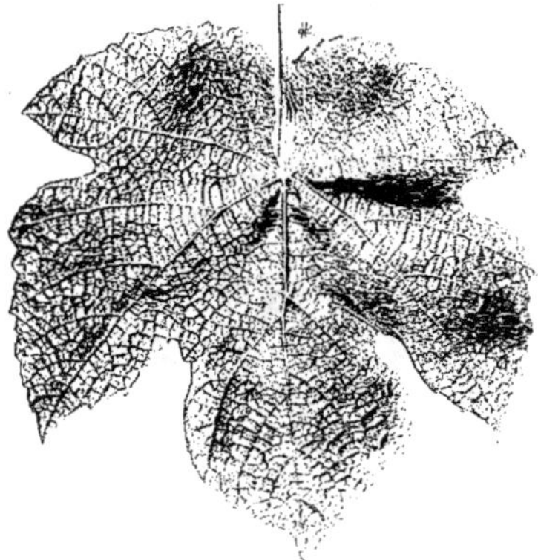

Fig. 60. — Feuille de Sylvestre Warre.

9. Northern précoce. — **Caractères.** — Feuille adulte : angles des nervures : 122, 44 = 166 ; rapports des nervures : 0.97, 0.67, 0.26 ; 5-lobée, à sinus latéraux : supérieur marqué, inférieur à peine marqué; dents arrondies, très larges; coton blanc fauve en dessous ; aranéeuse, gaufrée au centre, bullée, vert terne, nervures à peine rosées à la base en dessus ; plus large que longue, grande.

Feuilles jeunes, coton rosé en dessous, à liséré rose en dessus.

Bourgeonnement blanc-rosé.

Sarments duveteux, avec de nombreux poils roux en massue.

Grappe à grains ronds, gros ; assez compacte, millerandée et de maturité hâtive.

Variété non utilisée.

10. Elisabeth (Hart). — **Caractères.** —Feuille adulte : angles des nervures : 122, 48 = 170, 61 ; rapports des nervures : 0.91, 0.74, 0.23 ; 5-lobée, à sinus latéraux : supérieur profond, inférieur marqué ; dents rondes, très larges ; coton blanc-grisâtre en dessous ; aranéeuse, gaufrée, bullée, molle, vert foncé, terne, nervures vert pâle en dessus ; plus large que longue, grande (fig. 61).

Feuilles jeunes, coton blanc fauve.

Bourgeonnement blanc fauve, à liséré rose.

Sarments aranéeux, avec quelques poils en massue vert-rosé.

Grappe à grains ovoïdes, de même forme que ceux de l'Isabelle.

Sans valeur.

11. MAXATAWNAY.— Caractères. — Feuille adulte : angles des nervures : 128, 45 = 173 ; rapport des nervures : 0.90. 0.66, 0.32 ; 5-lobée, à sinus latéraux : supérieur profond, inférieur marqué ; dents rondes, très larges ; coton fauve en dessous ; gaufrée, bullée, vert foncé, luisante, nervures rosées à la base, en dessus ; plus large que longue, grande (fig. 62).

Feuilles jeunes, coton blanc, à liséré rose.

Fig. 61. — Feuille d'Elisabeth.

Bourgeonnement, coton blanc, à liséré rose.

Sarments aranéeux, couverts de poils en massue rouges (qui existent aussi sur le pétiole et les nervures principales), violets.

Grappe à grains ovoïdes, jaune pâle, juteux, foxés et presque agréables ; de 15 à 20 centimètres de long, simple, coularde, de maturité plutôt tardive.

Aptitudes. — Variété trouvée en Pensylvanie en 1844. Très rustique, supporte les fortes gelées d'hiver,

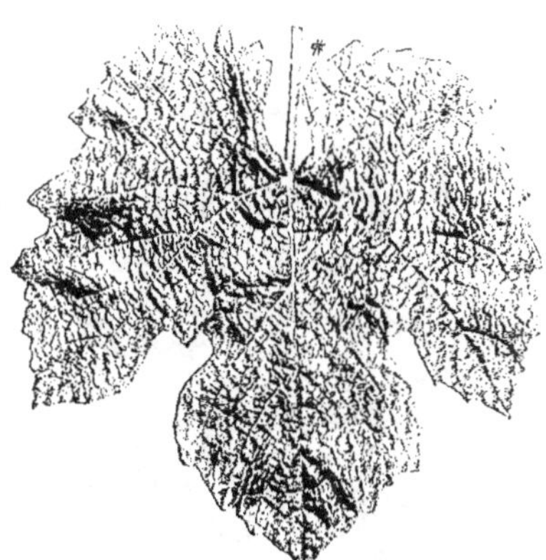

Fig. 62. — Feuille de Maxatawnay.

mais craint le mildiou et le black-rot ; est, en outre, peu vigoureuse et peu fertile.

12. NORTH CAROLINA (Garder).— Caractères. — Feuille adulte : angles des nervures : 128, 49 = 177. 58 ; rapports des nervures : 0.86, 0.60, 0.34 ; 5-lobée, à sinus latéraux : supérieur profond, inférieur bien marqué ; dents rondes, presque nulles ; coton fauve en dessous ; bullée, molle, vert foncé, terne, nervures rosées à la base en dessus ; plus large que longue, grande (fig. 63).

Feuilles jeunes, coton à liséré rose.

Bourgeonnement blanc fauve, rosé sur les bords.

Fig. 63. — Feuille de North Carolina.

craint les fortes sécheresses.

Sarments duveteux, avec de nombreux poils en massue roux, vert-rosé.

Grappe à grains un peu ovoïdes, noirs, gros, à peau épaisse et résistante, foxés, pulpeux; de 20 centimètres de longueur; ailée, lâche par suite de la coulure; de maturité hâtive.

Aptitudes. — Vigne obtenue par M. Garder, de Colombie, probablement d'un semis d'Isabelle, à laquelle elle ressemble beaucoup. Vigoureuse, fertile si elle est taillée long; elle donne de jolies grappes, mais de bien médiocre qualité. Elle

13. WELL'S LARGE BLACK.— **Caractères**. — Angles des nervures : 129,'45 = 174; rapports des nervures : 0.99, 0.71, 0.25; 5-lobée, à sinus latéraux: supérieur marqué, inférieur à peine marqué; dents anguleuses, larges; coton blanc mat en dessous; tourmentée, bullée, vert foncé, luisante, nervures rosées à la base en dessus; plus large que longue, grande (fig. 64).

Feuilles jeunes, coton blanc, à liséré rose.

Bourgeonnement blanc, à liséré rose.

Sarments aranéeux, avec nombreux poils glanduleux roussâtres, vert-rouge.

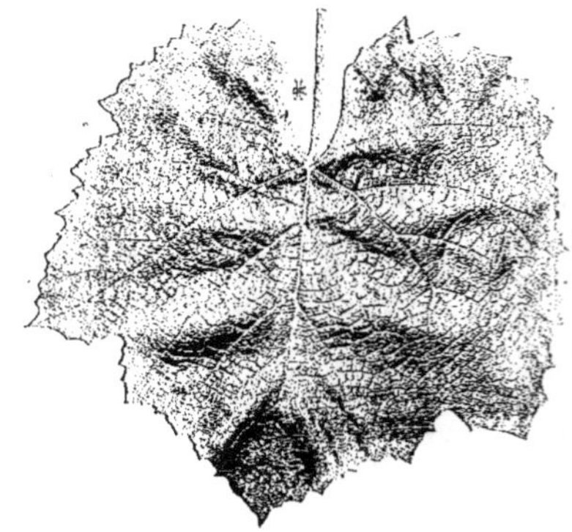

Fig. 64. — Feuille de Well's large black.

Grappe à grains ronds, noirs, moyens; très longue, lâche.

Non utilisée, ni en Amérique ni en France.

14. RENTZ (Rentz).— **Caractères**.— Feuille adulte : angles des nervures : 130, 58 = 188; rapports des nervures : 0.91, 0.61, 0.28; 3-lobée, à sinus latéraux : supérieur marqué; dents rondes, très larges; coton épais, rouilleux; tourmentée, ondulée, bullée, vert terne, nervures vert pâle en dessus; plus large que longue, grande (fig 65).

Jeunes feuilles, coton blanc fauve, avec liséré rose.

Bourgeonnement blanc fauve, avec liséré rose.

Sarments aranéeux, avec nombreux poils glanduleux roux, vert-rouge.

Grappe à grains ronds, noirs, gros, pulpeux, foxés ; grosse et compacte.

Aptitudes. — Variété obtenue par S. Rentz, de forte végétation et donnant un beau raisin noir, mais grossier et laissant tomber ses grains à maturité. Peu intéressante.

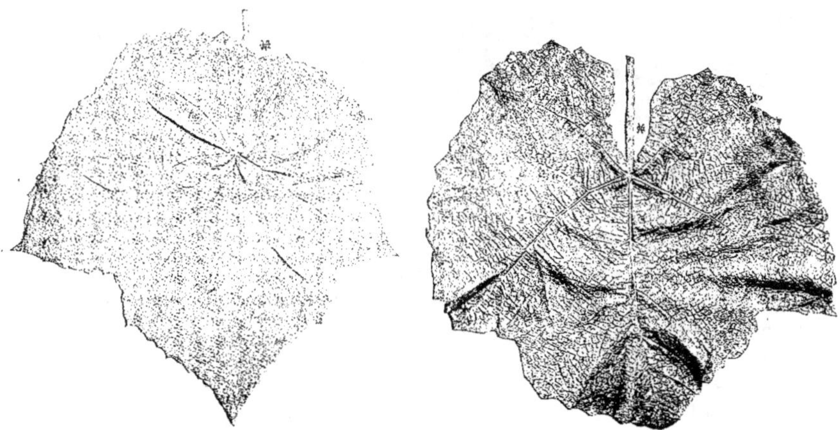

Fig. 65.— Feuille de Rentz. Fig. 66. — Feuille de Muncy.

15. MUNCY. — **Caractères**. — Feuille adulte : angles des nervures : 130, 50=180 ; rapports des nervures : 0.95, 0.75, 0.35 ; 3-lobée, à sinus latéraux : supérieur à peine marqué ; dents rondes, très larges ; coton blanc en dessous ; gaufrée, bullée, vert foncé, terne ; nervures rouges en dessus ; plus large que longue, grande (fig. 66).

Feuilles jeunes, coton blanc, à liséré rose, à parenchyme bronzé.

Bourgeonnement blanc, à zone rosée.

Sarments aranéeux, avec poils en massue roussâtres, de 1 millimètre de hauteur, violets.

Aptitudes. — Variété sans valeur ; n'a été utilisée nulle part.

16. CREVELING. — **Synonymes**. — *Catawissa, Bloom.*

Caractères. — Feuille adulte : angles des nervures : 133, 55 = 188, 36 : rapports des nervures : 0.81, 0.65, 0.29 ; 5-lobée, à sinus latéraux : supérieur très profond, inférieur profond ; dents rondes, larges ; glabre, bullée ; coton peu épais blanc en dessous ; plus longue que large.

RAVAZ ; *Vignes américaines.* 10

Feuilles jeunes, bronzées en dessus, rosées en dessous sur le coton.
Bourgeonnement vert-blanchâtre, rosé.

Fig. 67. — Feuille de Creveling.

Sarments aranéeux, à poils en massue nombreux et courts, de un demi-millimètre, violacés.

Grappe à grains ronds (acuminés avant maturité), noirs, gros, juteux, sucrés, peu foxés, de bonne qualité et de maturité hâtive; ailée, moyenne.

Aptitudes. — Le Creveling, ainsi que le montrent la qualité de ses grappes, le tomentum peu épais de ses feuilles, la discontinuité des vrilles, n'est peut-être pas un Labrusca pur. C'est probablement un hybride du V. Æstivalis, mais chez lequel le V. Labrusca domine et de beaucoup. C'est une variété de croissance moyenne, assez résistante au mildiou et au black-rot; mais de fertilité inconstante, à cause de la coulure. Ne convient pas d'ailleurs pour le marché. Elle perd ses feuilles de bonne heure.

17. UNION-VILLAGE.— **Synonymes.** — *Shaker, Ontario.*

Caractères. — Feuille adulte : angles des nervures : 136, 48 = 184, 45; rapports des nervures : 0.89, 0.75, 0.23; 3-lobée, à sinus latéraux : supérieur marqué; dents anguleuses, étroites; coton blanc mat; aranéeuse, bullée, verte; nervures vert pâle en dessus ; plus large que longue.

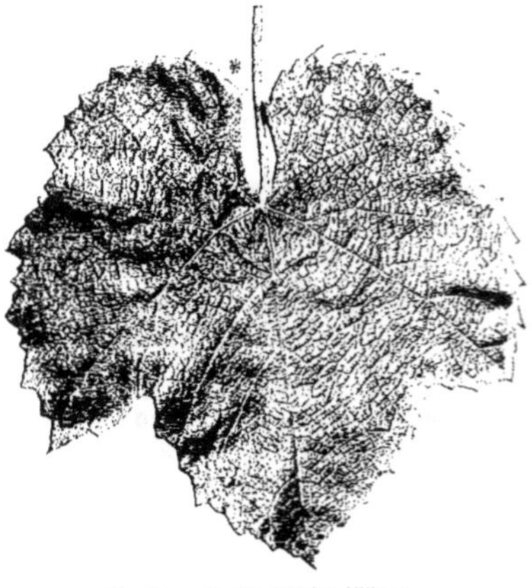

Feuilles jeunes, rosées en dessus et en dessous.

Bourgeonnement blanc, zone rosée.

Sarments aranéeux, avec quelques poils en massue jaunâtres, vert-rosé.

Fig. 68. — Feuille d'Union-Village.

Grappe à grains un peu ovoïdes, noirs, très gros; moyenne, lâche.

Aptitudes. — Sélectionnée chez les Shakers, à Union-Village (Ohio). C'est une variété vigoureuse, mais peu rustique. Ses grappes ne sont pas de meilleure qualité que celles de l'Isabelle. Ne paraît pas être un Labrusca pur.

18. Cassady (Cassady).— Caractères.— Feuille adulte : angles des nervures : 142, 54 = 196 ; rapports des nervures : 0.88, 0.63, 0.23 ; 5-lobée, à sinus latéraux : supérieur profond, inférieur marqué ; dents anguleuses, étroites ; très pubescente et à duvet blanc en dessous ; bullée, gaufrée, tourmentée, vert foncé luisante, avec nervures rouges à la base en dessus ; plus longue que large, très grande (atteignant 40 centimètres de longueur).

Feuilles jeunes, à liséré rose, coton rose en dessous.

Bourgeonnement blanc-rosé sur toute la surface.

Sarments pubescents et aranéeux, avec quelques poils en massue violacés, violets, gros.

Plante très vigoureuse.

Grappe à grains ronds, jaune pâle, moyens, très serrés, pulpeux, à peau épaisse, à saveur sucrée et douceâtre ; moyenne, à peine ailée.

Fig. 69. — Feuille de Cassady.

Aptitudes. — Variété née, paraît-il, dans la cour de H.-P. Cassady, de Philadelphie. Très fertile, trop fertile même, et pour cette raison s'épuisant vite. Perd rapidement ses feuilles et mûrit mal ses fruits. Abandonnée en Amérique.

Adirondac. — Grappe à grains presque ronds, noirs, gros, serrés, pruineux, charnus, foxés, mais d'assez bonne qualité et très précoces.

Ce cépage, qui est probablement issu d'un semis d'Isabelle, est originaire de Port-Henry, comté d'Essix (New-York). Il date de 1852. Ses raisins sont de bonne qualité, mais il fructifie difficilement et végète lentement. Il craint beaucoup le mildiou.

Albino (Garber). — **Synonyme**. — *Garber's Albino.*
Grappe à grains presque ronds, ambrés, acides, de maturité tardive ; petite.
Cette vigne, qui a été obtenue par G.-B. Garber d'un semis d'Isabelle, est de faible végétation. Les auteurs américains s'accordent à reconnaître qu'elle est à peu près infertile et qu'elle est si tardive que ses fruits sont presque constamment verts, acides et immangeables.

Amanda. — Grappe à grains arrondis, rouge pâle, serrés, moyens ; de grosseur moyenne.
C'est un Labrusca d'assez bonne qualité, qui ne s'est répandu nulle part.

Antoinette (Miner). — Vigne à grappe longue, à grains blancs, gros, assez serrés, très sucrés, peu foxés, et de maturité hâtive.

C'est un semis de Miner, qui ne s'est pas répandu dans les vignobles américains.

Arrot. — Grappe à grains ronds, blanc doré, moyens, peu serrés, charnus, à peau épaisse, foxés.

Variété vigoureuse, mais couларde. N'a pas été propagée ni en Amérique ni en France.

August Pioneer. — Grappe grosse à grains noirs, charnus ; de maturité très précoce, mais utilisable seulement pour la fabrication du raisiné.

Barnes (Barnes). — Grappe à grains ovoïdes, noirs, serrés, moyens, de bonne qualité. Mûrit en même temps que l'Hartford.

C'est un semis de Labrusca, dû à M. P. Barnes, de Boston. N'a pas été propagé.

Belvédère. — Grappe à grains ronds, noirs, moyens, à peau mince, charnus, peu foxés ; ailée, moyenne.

Cette vigne est très voisine de l'Hartfordt prolific. Elle est vigoureuse et fertile, et ses fruits sont recherchés pour la table sur les marchés. Seulement ils se détachent trop facilement de la grappe et mûrissent assez tardivement.

Black-King. — Vigne à raisins foxés, peu connue.

Bland (Bland). — **Synonymes.** — *Bland's Virginia, Bland's Madeira, Pa.e red, Powell.*

Grappe à grains ronds, rouge pâle, peu serrés, agréables, musqués et un peu âpres.

Cette vigne fut, dit-on, trouvée sur la côte orientale de la Virginie, par le colonel Bland. Bush et Meissner disent qu'elle est difficile à propager par boutures ; et comme, d'autre part, le goût *musqué* et *âpre* n'appartient pas au V. Labrusca, on doit en conclure qu'elle n'est pas un Labrusca pur.

Quoi qu'il en soit, elle mûrit fort tard ; elle n'a pu être utilisée dans les régions froides, et elle a disparu des vignobles d'Amérique.

Blood's Black. — Grappe à grains ronds, serrés, noirs, moyens, sucrés et foxés ; moyenne.

Variété hâtive et de bonne production ; ne s'est pas répandue dans les vignobles américains.

Blue imperial. — Plante vigoureuse, mais à peu près stérile.

Burton's Early. — Variété précoce, mais sans valeur.

Camden. — Variété de grains à fruit blanc, de mauvaise qualité.

Champion. — **Synonymes**. — *Early Champion*, *Talman's Seedling*, *Beaconsfield*.
Variété obtenue dans les États de New-York. Elle y a été cultivée pendant longtemps.
De là, elle s'est répandue, sous le nom de *Champion*, dans les autres États.

C'est une vigne à végétation vigoureuse et de maturité très hâtive ; mais son fruit
est de qualité inférieure. Champin le définit ainsi : « Raisins moyens, grains d'un
noir d'ébène, d'un parfum de foxiness tellement développé qu'on peut le sentir de
fort loin et fort longtemps, car il mûrit de bonne heure et ne pourrit jamais ». Ce
dernier avantage n'est pas très considérable, mais le premier l'est beaucoup plus. Les
raisins de cette variété arrivent en effet des premiers sur les marchés américains ; ils se
vendent par suite un prix élevé ; et voilà la seule raison de l'extension qui fut donnée,
il y a quelques années, à la culture de cette vigne.

Charter Oak. — Variété à grosses grappes, mais de mauvaise qualité.

Coe. — Variété précoce, à grappes petites et à petits grains noirs, charnus. Résiste
bien aux maladies.

Cottage (Bull). — Semis de Concord obtenu par E.-W. Bull. C'est une belle
variété vigoureuse, au feuillage ample, de meilleure qualité, c'est-à-dire moins foxée
et mûrissant plus tôt que le Concord. Seulement sa végétation est capricieuse. Elle est
faible dans la région texienne, et la souche donne des grappes petites, à grains
moyens et de saveur agréable. Dans le Colorado, où elle a une végétation ordinaire,
elle produit peu également. Mais les Américains sont unanimes sur la beauté de son
feuillage. « Ses feuilles sont grandes, symétriques, épaisses, de couleur vert foncé
et brillante, et restent telles par les plus fortes chaleurs ». N'a pas été essayée en
France.

Dana (Dana). — Variété à grains presque ronds, serrés, rouge-noir, juteux, à
saveur relevée ; moyenne, ailée ; mûrissant à la même époque que le Concord.
Plante vigoureuse et rustique. N'a pas été propagée.

Eaton. — Vigne de vigueur moyenne, à grappes moyennes, portant des grains
gros, noirs, sucrés, mais de maturité inégale. Est inférieure au Concord comme
qualité.

Eureka (Folsom). — Semis d'Isabelle obtenu par N.-S. Folsom. Très semblable
à son générateur, mais un peu plus hâtif.

Eva. — Plante peu vigoureuse, à grappes petites, à grains moyens, sucrés,
à saveur douce et foxée. Craint la sécheresse.

FLORA. — Vigne fertile et rustique, à petites grappes portant des grains ronds, petits, sucrés, rouge-pourpre, à saveur acide et vineuse.

FRAMINGHAM. — Très semblable, sinon identique à l'Hartford prolific.

HAYES (Moore). — **Synonymes**. — *Francis B. Hayes ; N° 31 de Moore.*
Variété de vigne obtenue par G.-B. Moore, de Concord : « Rustique, portant des grappes à grains ronds, moyens, assez serrés, jaune doré, à peau ferme et sans goût foxé trop marqué ; moyenne, ailée, de maturité assez hâtive ». Où elle a été expérimentée, elle s'est montrée relativement faible, de peu de production, mais hâtive. Craint la sécheresse. Malgré la qualité relative de ses grappes, cette vigne n'a pas été propagée.

HOWELL. — Variété peu productive, à grappe de bonne qualité. N'a pas été propagée.

KINGESESSING. — Variété qui n'a pas été propagée en Amérique.

LADY (Imlay). — Obtenue par N. Imlay, et offerte aux viticulteurs en 1874. C'est un semis de Concord, auquel elle ressemble par le feuillage ; mais elle en diffère par le fruit. Les grappes sont petites, à grains petits, jaune-verdâtre, à saveur agréable peu foxée, à peau mince ; elles mûrissent un peu avant le Concord.
La plante débourre tard, et évite ainsi la gelée de printemps. Elle a un développement plutôt faible, et elle produit très peu. En France, elle s'est montrée stérile. Champin la définit ainsi : « Un des plus beaux et des meilleurs raisins d'Amérique, à ce que disent les Américains. Il ne lui manque que de produire ces fameux raisins ».

LINDEN (Miner). — Semis de Miner, à grandes grappes, se conservant bien sur la souche après maturité.

LUNA (Marine). — Variété à gros raisins blancs.

LUTIE. — Plante de vigueur moyenne ou faible, donnant de bons raisins de table, mais peu productive.

LYDIA (Carpenter). — Vigne semblable à l'Isabelle, mais beaucoup moins fertile, et obtenue par M. Carpenter. Sans intérêt.

MAGUIRE. — C'est un Hartford très foxé.

MANHATTAN. — Labrusca peu fertile, à grains blanc-verdâtre.

MASON'S SEEDLING (Mason). — Variété à fruits blancs, obtenue par M.-E. Mason, d'un semis de Concord. Grappes à grains ronds, gros, assez serrés, jaune-verdâtre, pulpe fondante sucrée, peu foxée, à peau noire; mûrissant quelques jours avant le Concord. Craint le black-rot. En général d'une croissance faible. N'a pas été propagée.

MILES. — Vigne à petite grappe, à grains ronds, noirs, petits, serrés, assez agréables et mûrissant de bonne heure. Produit peu.

MOORE'S EARLY (Moore). — Encore un semis de Concord, obtenu par J.-B. Moore, mais préférable à son père. Les grappes moyennes, simples, mais à gros grains, mûrissent 15 jours plus tôt que celles du Concord. C'est donc une bonne acquisition. Mais elle produit peu dans les régions les plus chaudes, où elle se montre plutôt faible. Dans les pays du Nord, elle est plus appréciée et s'y montre vigoureuse, fertile, précoce et donne de beaux produits. Ne s'est pas répandue, sans doute à cause de l'inconstance de sa production.

MOUNT-LIBANON (Curtis). — Labrusca à grains ronds, rougeâtres, coriaces. N'a pas été expérimenté dans les vignobles des États-Unis.

NEFF. — **Synonyme**. — *Keuka*.
Vigne précoce à grappes et grains moyens et de bonne qualité.

NIAGARA (Hoag-Clark). — Obtenu en 1868, par croisement du Concord avec le Cassady. C'est donc un métis. Plante vigoureuse, très fertile, à grappes moyennes et portant des grains ronds, gros, à saveur foxée, sucrée, presque agréable. La maturité a lieu après celle du Concord. Cette vigne ne convient pas aux régions froides, où elle ne mûrit pas toujours.

NEW HAVEN. — Vigne faible, craignant la sécheresse, à grappes moyennes, avec des grains petits vert pâle.

NORFOLK (White). — Vigne vigoureuse donnant de belles grappes, compactes, à grains gros, rouges, et de saveur agréable. Peu essayée encore.

NORTHERN MUSCADINE. — Vigne vigoureuse, rustique, fertile, portant des grappes de grosseur moyenne, courtes, à grains ronds, rouges, gros, pulpeux, peu foxés, mûrit de bonne heure. Mais craint les chaleurs de l'été.

NORWOOD (Talbot). — Obtenue par J.-W. Talbot ; mais peu connue et peu répandue.

POCKLINGTON (Pocklington). — Semis de Concord obtenu par J. Pocklington. C'est une vigne vigoureuse et rustique, et peu sensible au mildiou. Comme ses grappes sont très belles et de qualité passable, elle constitue une variété excellente pour le marché.

POLLOCK (Pollock). — Variété obtenue par M. Pollock, produisant des grappes comme celles du Concord. Ne s'est pas répandue.

POTTER. — Très voisin du Cottage.

PRENTISS (Prentiss). — Issue d'une graine d'Isabelle, semée par J.-W. Prentiss. Cette variété est rustique, assez vigoureuse et très fertile. Les grappes sont peu foxées. Ne s'est répandue ni en Amérique ni en France.

ROCHESTER (Ellw. — Barry). — Vigne semblable au Peneghkespic red. Peu vigoureuse et très peu fertile.

SAINTE-CATHERINE (Clark). — Variété obtenue par J.-W. Clarke, mais de peu de valeur.

ULSTER PROLIFIC (Caywood). — Variété de croissance modérée, très fertile, à grappes moyennes, portant des grains moyens, rouges, et de saveur agréable, quoique un peu foxée. Variété mûrissant après le Concord, et conséquemment tardive.

UNA (Bull). — Variété à fruits blancs, inférieure au Martha.

URBANA. — Variété produisant des grappes moyennes ou courtes, avec des grains ronds, moyens ou gros, jaunâtres.

VERGENESS (Green). — Sélectionnée par W.-E. Green, de Vergeness. De puissante végétation, rustique, peu sensible au mildiou, très fertile et produisant des grappes grandes, à gros grains, de couleur pourpre, mûrissant assez tôt. C'est en somme une bonne variété américaine, qui cependant n'a pas été beaucoup propagée.

VICTORIA (Samuels). — Labrusca résistant au mildiou et au black-rot; précoce et produisant abondamment des grappes à grains moyens, ronds, ambrés et de saveur sucrée et parfumée. Excellent, paraît-il, pour la table et pour la cuve. Non propagée.

WHITEHAL (Goodale). — Très jolie variété pour la table, à saveur agréable, mais faible.

WILMINGTON (Geffries). — Variété vigoureuse obtenue par S.-J. Parker, d'Ithaca. Grappe à grains petits, ronds, rouges, foxés.

WOODRUFF (Voodruff). — Variété productive, mais tardive; ne mûrissant ses fruits que dans les pays chauds, où elle ne pousse pas.

Worden (Worden). — **Synonyme**. — *Worden's Seedling.*

Plante issue d'un semis de pépins de Concord. Très semblable à son générateur, mais plus précoce et à parfum spécial et de meilleure qualité. Les grappes sont grandes, ailées, à grains ronds, gros, noirs, pulpeux. Convient mieux que le Concord pour les régions du Nord, où il est d'ailleurs préféré. Dans le Michigan, il est ainsi apprécié : « Probablement la meilleure des variétés noires pour la maison et le marché. Elle est plus précoce que le Concord, aussi productive et de meilleure qualité ». Non essayée en France.

Wyoming. — Variété vigoureuse au Nord, faible au Sud ; de maturité hâtive et de quelque valeur pour les pays froids. N'a pu être cultivée avec succès dans les régions chaudes et sèches.

II. — Vignes à vrilles intermittentes.

    A. Sarments à section circulaire ou elliptique, unis.

        a. Feuilles cunéiformes.

V. RIPARIA Michx.

Synonymes. — *V. Vulpina* L. ; *V. Serotina* Bartram, d'après Bailey ; *V. Odoratissima* Donn ; *V. Illinoensis, V. Missouriensis* Prince ; *V. Tenuifolia* Leconte ; *V. Cordifolia* var. *Riparia* Gray ; *V. Vulpina* var. *Riparia* Regel.

Caractères. — Rameaux à section circulaire ou elliptique, glabres ou pubescents ; grêles, longs ; écorce herbacée rouge ou rouge-violet.

Stipules incolores, longues (1 centimètre de longueur environ).

Feuille adulte cunéiforme, généralement plus longue que large ; angles des nervures étroits ; dents étroites et anguleuses ; glabre en dessus ; pubescente en dessous sur les nervures principales, avec des paquets de poils raides aux angles des nervures **1, 2** ; unie ou peu bullée, verte sur les deux faces, nervures colorées en rouge à la base en dessus (fig. 72, 73, 74, 75).

Feuilles jeunes vert pâle, toujours pliées en gouttière.

Bourgeonnement unicolore, vert pâle.

Grappe petite, atteignant au plus 20 centimètres de longueur ; habituellement de 10 à 15 centimètres ; peu serrée, à grains ronds ou discoïdes, noirs, petits, de maturité très hâtive (ce sont les raisins les plus précoces), à goût un peu astringent ou acide, neutre, mais agréable (fig. 71).

Fig. 70. — Graine de V. Riparia.

Graine petite (fig. 70).

Tronc grêle.

Racines très grêles, dures, jaunes, nombreuses.

Habitat. — Depuis le Canada jusqu'au nord du Texas ; New-Brunswick. Dakota, Kansas, Colorado, Missouri, Virginie, Illinois, Ohio, Territoire Indien, Iowa, Pensylvanie, Tennessee, Kentucky et, à l'état d'individus isolés, dans la plupart des États de l'Amérique du Nord. Généralement dans les alluvions des bords des rivières.

Fig. 71.— Quelques grappes de V. Riparia.

Observations. — Le V. Riparia est nettement caractérisé. La forme des rameaux et des feuilles jeunes et adultes, l'état de la surface, la direction et les rapports des nervures, la forme des dents, les dimensions et la couleur des stipules, la couleur du bourgeonnement, etc..., le distinguent nettement des autres espèces.

Les rameaux, quand ils viennent de s'épanouir au printemps, sont vert pâle, et les parties en voie de croissance, c'est-à-dire les extrémités, conservent toujours cette coloration. Mais les régions dont la croissance en longueur est terminée ne tardent pas à se colorer en rouge ou en rouge-violet plus ou moins intense suivant les variétés. L'écorce est unie à l'état herbacé ; après l'aoûtement elle est à peine rayée. La couleur n'est évidemment plus la même ; elle est grise chez la plupart des variétés pubescentes, noisette chez les autres, etc..., mais ces caractères ne sont pas constants, et toutes ces nuances et bien d'autres se retrouvent fréquemment sur les mêmes sarments qui sont très longs, grêles et, par suite, rampants.

Glabres d'ordinaire, ils sont, chez un certain nombre de variétés, *pubescents*, c'est-à-dire recouverts de poils subulés raides, hauts d'un demi-millimètre en général. Ces poils sont plus ou moins abondants. Tantôt ils recouvrent tout le rameau, les mérithalles comme les nœuds ; tantôt ils sont localisés seulement sur les nœuds. C'est sur les parties en voie de croissance que leur présence est le plus facile à constater. Enfin quelques variétés portent sur les 3 ou 4 mérithalles les plus jeunes un duvet aranéeux, qui est peut-être l'indice d'un croisement avec une espèce tomenteuse.

Ces caractères autorisent la division de l'espèce en 4 groupes principaux, qui sont les suivants :

1. *R. glabres.*
2. *R. duveteux.*
3. *R. pubescents* (pubescents sur tout le rameau).
4. *R. demi-pubescents* (pubescents sur les nœuds).

Les stipules, très grandes, atteignent 1 centimètre de longueur ; elles sont incolores.

La forme de la feuille adulte est celle d'un *coin*, ou d'un rectangle surmonté d'un triangle sur un des petits côtés, figure que l'on obtient en joignant par une ligne les extrémités des nervures **1**, **1¹**, **1²** : c'est dire que les extrémités des nervures **1¹** et **1²** sont sensiblement à égale distance de la nervure médiane **1**.

Les angles des nervures sont en général peu ouverts ; aussi le tablier de la feuille — c'est-à-dire les lobes pétiolaires — est-il très court. Les rapports des nervures sont en moyenne 0.80 et 0.66, ce qui distingue nettement cette espèce du *V. Cordifolia*. Les dents sont très aiguës et le sinus supérieur à peine marqué (1). La face supérieure est toujours glabre, au moins sur le parenchyme. Les nervures primaires portent fréquemment, à la base surtout, des poils très courts et raides, qui tombent d'ailleurs de bonne heure. La face inférieure est pubescente. Les poils subulés raides, disséminés sur les nervures de tout ordre, mais surtout sur les principales, forment aussi fréquemment des paquets qui occupent les points d'intersection des nervures principales. Ces poils raides sont le plus fréquents sur les feuilles jeunes ; ils tombent à mesure que les feuilles vieillissent. Aussi convient-il de noter la pubescence sur les feuilles qui viennent d'arriver à l'état adulte. Chez d'autres espè-

Fig. 72. — Feuille de V. Riparia.

ces, au contraire (V. Vinifera), les poils raides apparaissent, semble-t-il, à mesure que la feuille vieillit.

La feuille est d'un vert franc plus ou moins intense ; à l'automne, elle se dessèche sans rougir. Elle est lisse ou à peine bullée à la surface ; en dessous, les nervures **1, 2, 3, 4, 5** sont bien visibles et saillantes : elles donnent à la feuille un aspect réticulé. Le parenchyme est mince ; ce n'est qu'à la fin de la végétation et quand il fait chaud et sec qu'il s'épaissit et devient un peu cassant. Les stomates sont au niveau de l'épiderme.

Les feuilles jeunes sont constamment d'un vert pâle et pubescentes en dessous : elles restent pliées en gouttière jusqu'aux 3ᵉ ou 4ᵉ mérithalles, comptés à partir du sommet. Le bourgeonnement, qui est rouge vif au début (débourrement), est par la suite unicolore et vert pâle. Encore un bon caractère spécifique.

---

(1) C'est seulement sur les rejets que les feuilles sont *quelquefois* 5-lobées et même plus découpées.

La grappe, toujours petite, porte de petits grains globuleux ou discoïdes et occupés presque en entier par 3 ou 4 pépins ; il n'y a pas de place pour le jus. Le Riparia est une espèce chez laquelle la fécondation réussit bien. Néanmoins, la grappe perd beaucoup de grains après la floraison, elle est généralement peu serrée et même millerandée. Elle est assez uniforme de constitution chez toutes les variétés fertiles, et, en conséquence, elle ne fournit aucun bon caractère spécifique.

Le tronc est toujours grêle ; la plante croît en longueur et non en grosseur. Les racines sont grêles. A égalité d'âge et de puissance de la souche, les racines du Riparia ont en moyenne un diamètre moitié moindre que celui des racines des variétés du V. Vinifera ; elles sont très nombreuses et très dures, d'où l'appellation de « racines fil de fer » qu'on leur a souvent donnée.

Aptitudes. — Le V. Riparia est une espèce des régions tempérées ou froides. Cette vigne convient donc très bien au climat des régions viticoles européennes ; et, en fait, elle mûrit très bien ses bois partout où l'on cultive la vigne. Elle résiste aux plus fortes gelées d'hiver. Elle craint peut-être les températures élevées : elle est rare, en effet, dans le Texas et dans les parties sud des États-Unis. Son feuillage même, avec les stomates à fleur de l'épiderme, n'est évidemment pas adapté aux régions très ensoleillées ; et, pour y prospérer, peut-être lui faut-il des terrains très frais. Mais cet inconvénient, s'il est réel, n'appartient qu'aux vignes pieds-mères : la greffe le supprime ou l'atténue.

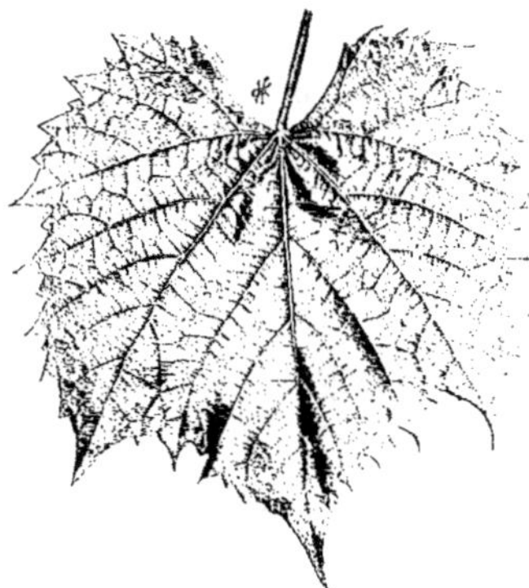

Fig. 73. — Feuille de V. Riparia.

C'est, dit-on, la « vigne des rivières » : c'est, en effet, sur les bords des cours d'eau qu'elle est le plus fréquente. Mais elle existe aussi ailleurs. Qu'elle soit plus vigoureuse, qu'elle atteigne de plus grandes dimensions, qu'elle ait des feuilles plus amples sur les bords des cours d'eau, cela doit être : c'est le contraire qui serait surprenant ; et les variétés peu développées des terrains secs et maigres peuvent être tout aussi bonnes que les variétés au feuillage ample, aux longs rameaux des alluvions fertiles et fraîches.

Néanmoins, bien que cette espèce puisse prospérer partout, elle ne constitue, *greffée*, des souches vigoureuses et, conséquemment, suffisamment productives que dans les sols profonds et meubles, c'est-à-dire frais. C'est que son système radiculaire, formé de très nombreuses petites racines, s'accroît très peu en longueur et chemine difficilement dès que le sol est résistant. Ses extrémités absorbantes séjournent, par suite, fort longtemps au même endroit, et pour qu'elles puissent, dans ces conditions, nourrir convenablement la plante, elles doivent *recevoir* les matières nutritives qu'elles ne peuvent aller chercher : d'où la nécessité des terrains frais ou meubles, ou, à défaut, des terrains riches. Les uns et les autres jouent dans la nutrition de

celle vigne le même rôle : ils mettent à la portée des radicelles les matières nutritives nécessaires à la croissance de la plante. On voit pourquoi les terres franches,
fertiles, fraîches, sont celles qui lui conviennent le mieux.

Mais à une condition, toutefois, c'est que ces bonnes terres ne soient pas calcaires,
ou, du moins, ne contiennent qu'une dose peu élevée de carbonate de chaux actif.
Il est impossible de préciser la teneur du sol en carbonate de chaux que cette
espèce peut supporter. Ici, elle vient bien dans des sols qui en contiennent 45 à
50 o/o ; là elle jaunit et disparaît avec une dose de 10 à 12 o/o. En général, elle
supporte, greffée, sans jaunir d'une manière appréciable, 10 o/o de calcaire crayeux
et elle peut même être cultivée avec succès, après avoir assez fortement jauni à la
2ᵉ année de plantation, dans les terres qui en contiennent 15 o/o. C'est du moins ce
qui résulte de nos essais faits en sols crayeux, dans les terres de *Champagne*, des
Charentes.

En résumé, terrains riches ou profonds — ou meubles ou frais — et peu calcaires,
voilà ce qui convient au Riparia employé
comme porte-greffe. Ailleurs, s'il vient
encore, il donne des souches faibles, qui
ne peuvent être maintenues que par de
copieuses fumures.

Toutes les variétés de Riparia se comportent, à ce point de vue, sensiblement de la
même manière. J'en ai cultivé côte à côte
un certain nombre des plus connues et
même toutes celles auxquelles on attribuait
une haute résistance à la chlorose : R.
Gloire de Montpellier, R. Grand glabre, R.
Scribner, etc...., etc....; toutes ont jauni
avec la même intensité ou avec des différences insignifiantes. La variété qui se
maintient la plus verte est le Riparia Gloire

Fig. 74. — Feuille de V. Riparia.

de Montpellier, — sans doute parce qu'elle est la plus vigoureuse.

Ses rameaux grêles donnent, quand ils sont enracinés, des souches dont le développement en diamètre est faible. Le tronc du V. Riparia grossit moins vite que le
tronc d'une variété de Vinifera. Il en résulte que le sujet grossit moins vite que le
greffon qu'il porte. Ces différences de dimensions sont d'autant plus marquées que
la variété-sujet est plus faible et que la variété-greffon est plus vigoureuse. Elles
ne sont nullement l'indice d'un « défaut d'affinité » du sujet pour le greffon, comme
on l'a cru : elles sont liées à la puissance de chacune des variétés unies par la greffe,
si bien qu'on peut les augmenter ou les diminuer à volonté.

Quoi qu'il en soit, elles sont sans importance, semble-t-il, pour la durée de la
plante. Seulement, la gracilité du tronc-sujet oblige souvent à soutenir la souche
avec un piquet, au moins pendant les premières années.

Les sarments, à bois tendre et à moelle abondante, très flexibles, reprennent très
bien de bouture, tout comme les variétés du V. Vinifera. Ils émettent de nombreu-

ses racines, surtout sur les nœuds, qui restent grêles et courtes. Par contre, la partie aérienne du jeune plant, si elle est constituée par des rameaux grêles, s'accroît beaucoup en longueur ; et, tandis que chez d'autres espèces le système radiculaire se développe plus que la partie aérienne, c'est l'inverse qu'on observe chez les Riparia. C'est ce que montrent les chiffres suivants :

Poids du système radiculaire   Poids de la partie aérienne

15.84   18.43

Ces chiffres semblent aussi indiquer que les matières nutritives puisées dans le sol sont utilisées surtout pour le développement des rameaux, au moins pendant les premières années. En est-il de même par la suite. C'est ce qu'il est difficile d'établir. S'il en était ainsi, ce fait pourrait peut-être expliquer en partie la bonne fertilité et l'absence de coulure des vignes greffées sur Riparia.

Les racines, grêles et nombreuses, restent plutôt traçantes ; elles n'ont aucune tendance à « plonger ».

La résistance au phylloxera est très grande. Les radicelles portent cependant fréquemment des nodosités. Dans des essais de phylloxération artificielle, aussi bien que dans les vignobles, j'ai pu compter, sur R. Gloire et R. Grand glabre, jusqu'à 80 nodosités pour 100 radicelles. Mais un tel chiffre est rare. Elles sont beaucoup moins nombreuses habituellement. Cela d'ailleurs n'a qu'une importance secondaire. Les *tubérosités* sont d'ordinaire rares ; mais, lors d'une invasion violente, elles peuvent être nombreuses. J'ai vu des racines de Riparia Gloire de Montpellier couvertes de ces altérations, qui se touchaient presque toutes. Seulement, au lieu d'intéresser toute l'épaisseur de l'écorce, elles ne pénétraient que dans les couches les plus extérieures, qui tombent normalement chaque année. Les tubérosités des Riparia restent donc superficielles. L'écorce saine étant aussi épaisse au point piqué qu'ailleurs, la circulation des matières nutritives n'est donc entravée en rien. C'est pourquoi la résistance phylloxérique des Riparia est très bonne, et suffisante dans tous les cas.

Fig. 75. — Feuille de V. Riparia.

Le *pourridié* l'attaque comme les variétés du V. Vinifera. Il craint peu les maladies bactériennes qui envahissent les rameaux, le tronc, les racines ; il reste sain ou presque sain, même lorsqu'il porte un greffon malade. C'est une propriété précieuse qui permet de substituer par surgreffage les variétés-greffons saines à des variétés malades.

Le V. Riparia résiste à la plupart des maladies cryptogamiques qui attaquent le feuillage et le fruit. Il n'est presque jamais envahi par le *mildiou*, ou bien il ne porte que des taches insignifiantes. Il craint davantage l'*oïdium*, mais seulement à la fin de la végétation. Il est aussi résistant au black-rot et à l'anthracnose qu'au mildiou. C'est donc une plante très rustique. Par contre, ses feuilles sont attaquées par l'altise et le Tétranyque tisserand.

Les représentants de cette espèce sont les uns mâles, les autres hermaphrodites avec des fleurs plus ou moins parfaites. Les grappes, peu développées, sont toujours en grand nombre sur les rameaux ; on en compte fréquemment 3 ou 4 sur chaque rameau. Tous les « yeux » sont fertiles, même sur ceux qui sont nés sur vieux bois ; les contre-boutons secondaires ou tertiaires le sont également. Mais les grappes, même celles qui ne coulent pas, restent toujours petites. Elles mesurent d'ordinaire 12 à 15 centimè-tres, quelquefois moins. Chez quelques variétés seulement, elles atteignent 20 centi-mètres. Elles pèsent 20 à 25 grammes au plus. Les grains sont petits : 8-9 millimè-tres de diamètre environ, discoïdes ou ronds, toujours noirs, remplis presque par les pépins. L'espace resté libre est occupé par un tissu qui renferme la matière sucrée et une matière colorante extrêmement abondante. Le rendement en jus est très faible. Mais la production de la matière colorante est considérable. Le goût du grain est plutôt agréable, neutre. La maturité est très hâtive. C'est la vigne qui mûrit ses fruits le plus tôt. Dans les collections de l'École de Montpellier, quelques variétés ont des grains vérés dès le 15 juin, et on peut les vendanger vers le 15 juillet. Elles mûris-sent donc un mois plus tôt que les variétés hâtives du V. Vinifera. C'est là une parti-cularité intéressante.

En résumé, le V. Riparia fournit de très bons porte-greffes ; et actuellement, les trois quarts des vignobles reconstitués sont établis sur Riparia. Comme produc-teur direct, il ne peut rendre aucun service, à moins qu'on ne lui demande que de la couleur. Mais il peut être utilisé dans l'hybri-dation pour l'obtention de variétés résis-tantes aux maladies, aux gelées de printemps et même aux gelées d'hiver, très précoces et de bonne qualité. Il a été délaissé, jusqu'ici, pour le V. Rupestris. C'est à tort, et il est probable — c'est même à craindre — que ses descendants étendront l'aire de culture de la vigne dans les régions du Nord.

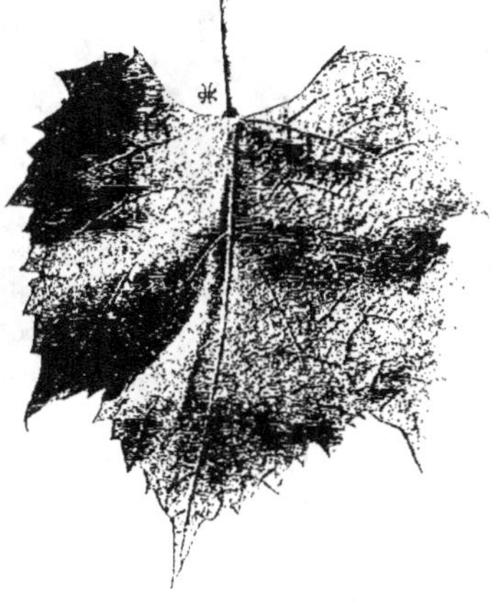

Fig. 76.— Feuille de R. à bourgeons bronzés.

VARIÉTÉS

a'. Sarments glabres.

1. RIPARIA A BOURGEONS BRONZÉS (Davin). — **Caractères.** — Feuille adulte : angles des nervures : 82, 43 = 125, 39 ; 3-lobée, à sinus latéraux : supérieur à peine marqué ; dents anguleuses, larges ; rapports des nervures : 0.83, 0.67, 0.77 ; pubescente en dessous sur nervures **1, 2, 3** ; un peu bullée, plane, vert terne, nervures rosées à la base en dessus ; longue, assez grande.

Feuilles jeunes vert pâle.

Bourgeonnement vert pâle.

Rameaux glabres rouge-violacé.

Grappe à grains ronds ou discoïdes, noirs, petits ; petite, ailée, peu serrée.

Aptitudes. — Plante vigoureuse.

2. R. A LOBES ACUMINÉS. -- **Caractères.** — Feuille adulte : angles des nervures .
83, 50 = 133 ; 3-lobée, à sinus latéraux : supérieur à peine marqué ; dents anguleuses,
étroites ; rapports des nervures : 0.92, 0.60, 0.47 ; pubescente en dessous sur nervures **2, 3** ; unie, vert pâle, à peine luisante, nervures rosées en dessus.

Fig. 77. — Feuille de R. N° 9 (Meissner).

Feuilles jeunes vert pâle.

Bourgeonnement vert pâle.

Rameaux glabres.

Grappe à grains ronds ou aplatis, noirs, petits ; petite, simple, plutôt lâche.

Aptitudes. — A les qualités et les défauts de l'espèce. N'a pas été propagée, étant inférieure en vigueur au R. Gloire et au R. Grand glabre. Paraît, en outre, très sensible au court-noué.

3. R. N° 9 (Meissner). — **Caractères**. — Feuille adulte : angles des nervures : 84, 37 = 121 ; 3-lobée, à sinus latéraux : supérieur marqué ; dents anguleuses, très étroites ; rapports des nervures : 0.73, 0.66, 0.57 ; pubescente sur nervures **2, 3, 4** en dessous ; unie, vert foncé, très luisante, rappelant le V. Monticola, épaisse, nervures à peine rosées en dessus ; plus longue que large, grande.

Feuilles jeunes vert pâle.

Bourgeonnement vert pâle.

Rameaux glabres vert-rouge.

Plante mâle.

Aptitudes. — Très belle variété de Riparia sélectionnée par M. Meissner. La teinte vert foncé de son feuillage, qui est uni et très brillant, la distingue des autres variétés. Il est très probable qu'elle est alliée au V. Monticola. Elle est très vigoureuse, mais n'égale pas cependant le R. Gloire. A essayer dans les terres un peu calcaires à Riparia-Rupestris.

4. R. Grand glabre (Arnaud). — **Caractères**. — Feuille adulte : angles des nervures : 90, 23 = 113 ; 3-lobée, à sinus latéraux : supérieur à peine marqué ; dents très étroites, anguleuses ; rapports des nervures : 0.88, 0.62, 0.70 ; pubescente aux angles et sur les nervures **3** en dessous ; plane, à peine bullée, vert foncé, luisante, nervures rosées à la base en dessus ; plus longue que large, grande.

Feuilles jeunes, pliées en gouttière, vert pâle.

Bourgeonnement vert pâle.

Grappe à grains ronds ou aplatis, noirs, petits ; petite, 10 à 12 centimètres, ailée, millerandée, lâche.

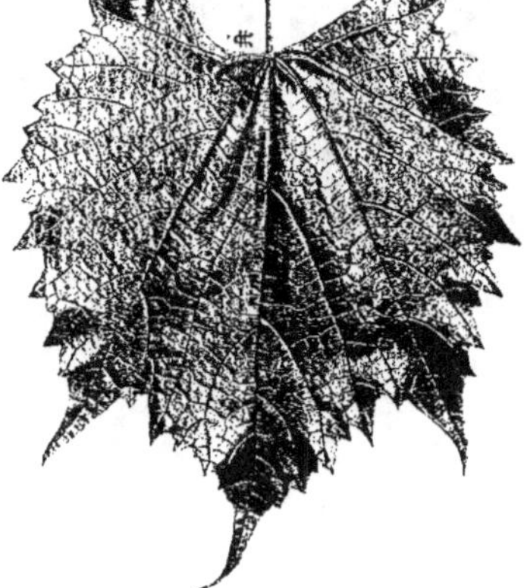

Fig. 78. — Feuille de R. Grand glabre.

Aptitudes. — Le R. Grand glabre a été sélectionné et dénommé par M. G. Arnaud, de Montagnac. C'est une variété vigoureuse, qui n'égale cependant pas le R. Gloire de Montpellier à ce point de vue ; aussi le tronc grossit-il relativement peu et est-il toujours moins développé que le greffon qu'on lui fait porter. Les souches greffées, au moins quand elles sont jeunes, doivent être soutenues par un piquet.

Le système radiculaire est grèle et porte un chevelu abondant. Le R. Grand glabre a des racines très dures, comme du fil de fer ; elles sont moins charnues que celles du R. Gloire de Montpellier.

Les qualités et les défauts de cette variété sont ceux de l'espèce. La résistance phylloxérique est la même que celle des variétés pures. Elle paraît, toutefois, *théoriquement* meilleure que celles du R. Gloire de Montpellier. Les racines grèles et dures, vrais fils de fer, ne portent que rarement des tubérosités ; les radicelles ont souvent des nodosités. En somme, résistance très élevée, suffisante dans tous les cas.

On lui a attribué, à une époque, une certaine résistance au calcaire ; c'est à tort : elle résiste à la chlorose plutôt moins que le *R. Gloire*. Elle serait aussi plus résistante à la sécheresse que cette dernière. C'est possible, mais rien n'a établi d'une manière précise cette propriété.

Par contre, elle est plus sensible au *folletage* que les autres variétés de Riparia.

Elle reprend très bien de bouture ; elle reprend moins bien à la greffe que le R. Gloire de Montpellier, elle communique une bonne fertilité aux greffons qu'elle porte, qui peuvent être quelconques. En résumé, très bonne variété-sujet ; elle est cependant plutôt légèrement inférieure au R. Gloire de Montpellier, surtout parce qu'elle est un peu plus faible.

Fig. 79. — Feuille de R. Fabry.

5. R. Fabry (Despetis). — **Synonyme**. — *R. Fabry à feuilles vernies*.

Caractères. — Feuille adulte : angles des nervures : 90, 50 = 140, 52 ; 3-lobée, à sinus latéraux : supérieur marqué ; dents anguleuses, très étroites ; rapports des nervures : 0.86, 0.66, 0.63 ; pubescente (poils longs) sur nervures **1** à **5** ; bullée, verte, luisante, à nervures rouges en dessus ; longue, moyenne.

Feuilles jeunes vert pâle.

Bourgeonnement vert pâle.

Rameaux glabres rouge-violet.

Plante mâle.

Aptitudes. — Variété assez vigoureuse.

6. R. Gaston Bazille. — **Caractères**. — Feuille adulte : angles des nervures : 91, 54 = 145, 35 ; 3-lobée, à sinus latéraux : supérieur marqué ; dents anguleuses, étroites ; rapports des nervures : 0.83, 0.61, 0.45 ; pubescente en dessous sur nervures **1, 2, 3, 4** ; gaufrée, à peine bullée, vert franc, luisante, nervures rosées à la base en dessus.

Feuilles jeunes vert pâle

Bourgeonnement vert-violacé.
Rameaux glabres vert-violacé.
Plante mâle.

Aptitudes. — Variété vigoureuse qui n'a pas été propagée.

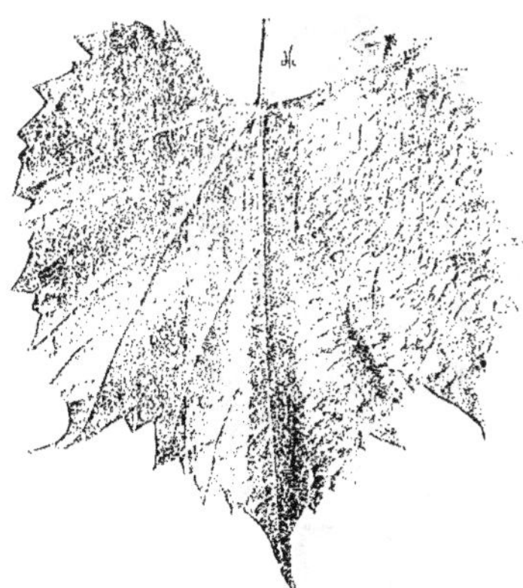

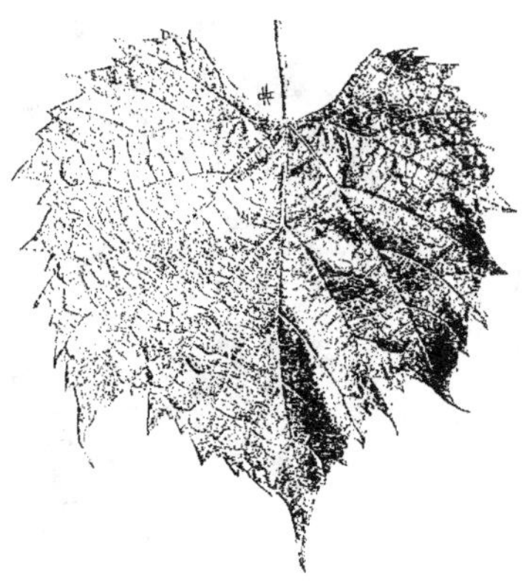

Fig. 80. — Feuille de R. Gaston Bazille.   Fig. 81. — Feuille de R. N° 13 (Meissner).

7. R. N° 13 (Meissner).— **Caractères**. — Feuille adulte: angles des nervures: 92.
37 = 129; 3-lobée, à sinus latéraux: supérieur à peine marqué; dents anguleuses,
étroites; pubescente en dessous sur nervures **1, 2, 3**; un peu ondulée, infléchie en
dessous, unie, vert foncé, luisante, nervures à peine rosées à la base.
Feuilles jeunes vert pâle.
Bourgeonnement vert pâle.
Rameaux glabres vert-rouge.
Grappe à grains ronds ou discoïdes, noirs, petits; courte, simple, très petite.

Aptitudes — Belle variété de Riparia qui a été identifiée au *R. Grandglabre*. C'est
à tort. Ces deux variétés sont très distinctes l'une de l'autre, ainsi que le montrent les
descriptions du feuillage. Peut être employée comme porte-greffe dans les « terres à
Riparia ».

8. R. N° 7 (Meissner). — **Caractères**. — Feuille adulte : angles des nervures :
92, 40 = 132; 3-lobée, à sinus latéraux: supérieur à peine marqué; dents anguleuses,
étroites; rapports des nervures: 0.87, 0.62, 0.44; pubescente en dessous sur les nervures **2**; boursouflée, unie, très luisante, verte, nervures à peine rosées en dessus,
longue.
Jeunes feuilles vert pâle.
Bourgeonnement vert pâle.

Rameaux glabres.

Grappe à grains ronds ou discoïdes, noirs, petits ; petite, courte, assez serrée.

Aptitudes. — Variété de Riparia qui n'offre aucun intérêt spécial.

Fig. 82. — Feuille de R. N° 7 (Meissner).

9. R. Pulliat (Despelis). — **Caractères**. — Angles des nervures : 94, 45 = 139 ; 3-lobée, à sinus latéraux : supérieur marqué ; dents anguleuses, larges ; rapports des nervures : 0.82, 0.56, 0.75 ; pubescente en dessous sur nervures **1, 2, 3, 4** (poils longs); bullée, épaisse, vert foncé, un peu luisante, à nervures rosées à la base en dessus ; allongée, grande.

Feuilles jeunes vert pâle.

Bourgeonnement vert pâle.

Rameaux glabres rouge-violet.

Grappe à grains ronds, noirs, petits ; assez longue, pouvant atteindre 20 centimètres de longueur, un peu ailée, peu serrée.

Aptitudes. — Plante assez vigoureuse.

10. R. du Kansas. — **Caractères**. — Feuille adulte : angles des nervures : 95, 32

= 127, 17 ; 3-lobée, à sinus latéraux : supérieur à peine marqué; dents anguleuses, larges; rapports des nervures : 0.82, 0.72, 0.57; pubescente en dessous sur nervures 2, 3; gaufrée au centre, à peu près lisse, épaisse, verte, luisante, à nervures très rouges à la base en dessous ; très large, moyenne.

Feuilles jeunes vertes.

Bourgeonnement vert.

Rameaux glabres rouge-violet.

Grappe à grains très discoïdes, ronds, noirs, moyens; petite, à pédoncule gros, duveteux, et restant dressée, ailée.

Aptitudes. — Variété sélectionnée par M. Jæger. Ce n'est pas une variété pure de Riparia, ainsi que le montrent l'épaisseur et les dimensions relatives de sa feuille et sa sensibilité à la chlorose. Est probablement alliée au V. Rupestris. Comme elle est très vigoureuse, elle pourrait être utilisée dans les sols silico-argileux.

Fig. 83. — Feuille de R. du Kansas.

11. R. ROUGE A. — **Synonyme.** — *R. pubescent rouge.*

Fig. 84. — Feuille de R. pubescent rouge.

Caractères. — Angles des nervures : 95, 33 128, = 41 ; 3-lobée, à sinus latéraux : supérieur marqué; dents anguleuses, très aiguës ; rapports des nervures : 0.86, 0.58, 0.46; pubescente sur nervures 1, 2, 3, 4 ; unie, mince, verte, un peu luisante, à nervures violacées en dessus; allongée, grande.

Feuilles jeunes vert pâle.

Bourgeonnement vert pâle.

Rameaux glabres violets.

Plante mâle.

Aptitudes. — Variété qui ne doit pas être classée dans le groupe des Riparia pubescents, bien qu'elle porte de très nombreux poils raides à la face inférieure. Est vigoureuse.

12. R. SOMBRE N° 2. — **Caractères.** — Feuille adulte : angles des nervures : 95, 37 = 132, 40 ; 3-lobée, à sinus latéraux : supérieur marqué; dents anguleuses, larges; rapports des nervures : 0.83, 0.59, 0.30; pubescente sur nervures 1, 2, 3

en dessous; un peu bullée, vert foncé, luisante, à nervures rosées à la base en dessous; allongée, grande.

Feuilles jeunes vert pâle.

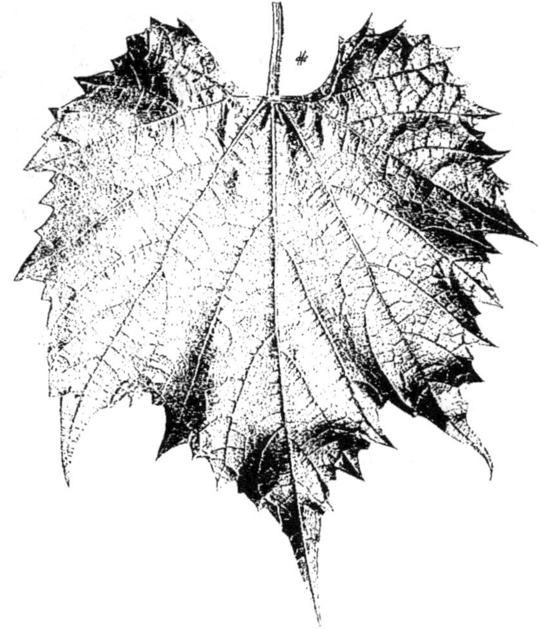

Fig. 85. — Feuille de R. sombre N 2.

Bourgeonnement vert pâle.

Rameaux glabres rouges.

Grappe à grains ronds, noirs, petits; petite, assez compacte, simple ou peu ailée.

Aptitudes. — Plante vigoureuse.

13. R. N° 3 (Meissner). — **Caractères**. — Feuille adulte : angles des nervures : 95, 40 = 135 ; 3-lobée, à sinus latéraux : supérieur marqué ; dents anguleuses, très étroites ; rapports des nervures : 0.84, 0,57, 0.53 ; pubescente sur nervures **2**, **3** en dessous ; unie, vert foncé, peu luisante, à nervures rosées à la base en dessus ; allongée, grande.

Feuilles jeunes vert pâle.

Bourgeonnement vert pâle.

Rameaux glabres rouge-violet.

Plante mâle.

Aptitudes. — Variété assez vigoureuse.

14. R. A GRANDES FEUILLES GLABRES. — **Caractéres**. — Feuille adulte : angles des nervures : 97, 30 — 127, 15 ; 3-lobée, à sinus latéraux : supérieur à peine marqué ; dents anguleuses très étroites ; rapports des nervures : 0.88, 0.62, 0.40 ; pubescente

Fig. 86. — Feuille de R. N° 3 (Meissner).

Fig. 87. — R. à grandes feuilles glabres.

sur nervures **1**, **2** en dessous ; un peu bullée, vert foncé, luisante, nervures rosées à la base en dessus ; plus longue que large, grande.

Feuilles jeunes vert pâle.

Bourgeonnement vert pâle.

Rameaux glabres rouges.

Plante mâle.

Aptitudes. — Variété peu vigoureuse. Paraît très sensible à la maladie du court-noué, qui, dans les collections de l'École d'agriculture, l'affaiblit beaucoup.

15. R. N° 6 (Meissner). — **Caractéres**. — Feuille adulte : angles des nervures : 98, 36 = 134 ; 3-lobée, à sinus latéraux : inférieur à peine marqué ; dents anguleuses, assez larges ; rapports des nervures : 0.83, 0.63, 0.44 ; pubescente sur nervures **1**, **2**, **3** en dessous ; presque unic. épaisse.

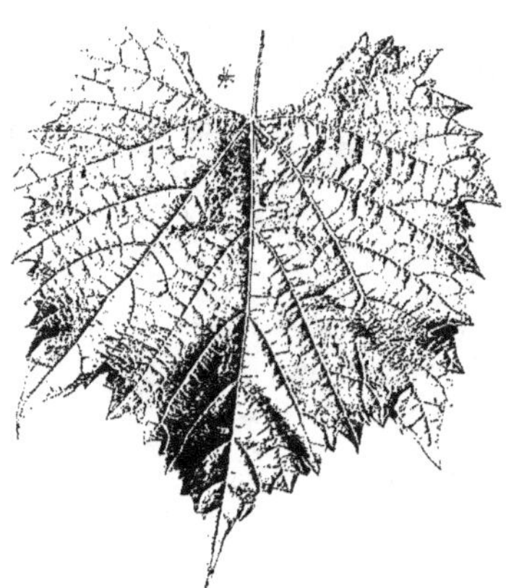

Fig. 88. — Feuille de R. N° 6 (Meissner).

vert foncé, luisante, nervures très colorées en violet intense à la base en dessus.

Feuilles jeunes vert pâle.

Rameaux glabres vert pâle.

Grappe à grains ronds, noirs, petits ; petite, ailée.

Aptitudes. — Plante peu vigoureuse.

16. R. DES PAILLÈRES. — Caractères. — Feuille adulte : angles des nervures :
96, 37 — 133, 45 ; 3-lobée, à sinus latéraux : supérieur à peine marqué ; dents anguleuses, très étroites ; rapports des nervures : 0.74, 0.75, 0.26 ; pubescente en dessous sur nervures **1, 2, 3** ; gaufrée au centre, faiblement ondulée et bullée, vert foncé, luisante, nervures rouges à la base en dessus ; longue, grande.

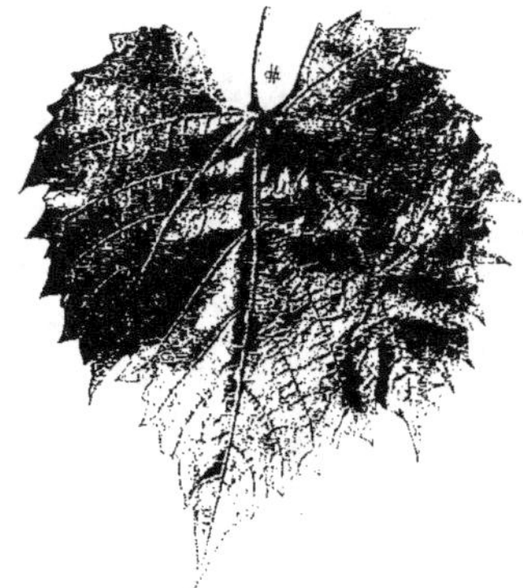

Fig. 89. — Feuille de R. des Paillères.

Feuilles jeunes vert pâle.

Bourgeonnement vert pâle.

Rameaux glabres vert-rouge.

Plante mâle.

Aptitudes. — Variété issue de chez M. le général M. des Paillères. A beaucoup attiré l'attention au moment où l'on a commencé à utiliser les Riparia ; mais elle a été mélangée à d'autres variétés glabres de cette espèce et répandue sous le nom précédent, ou, encore, sous celui de *R. Fabre*. La variété décrite est très belle et très vigoureuse et peut être alliée au V. Cordifolia.

17. R. GLOIRE DE MONTPELLIER. — Synonymes. — *R. Michel. R. Martinaud. R. Gloire de Touraine, R. à grandes feuilles, R. Portalis.*

Caractères. — Feuille adulte : angles des nervures : 98, 46 — 144 ; 3-lobée, à sinus latéraux : supérieur peu marqué : dents anguleuses, étroites ; rapports des nervures : 0.89, 0.67, 0.49 ; pubescente sur nervures **1, 2, 3** en dessous : ondulée, unie, vert franc, nervures rouges à la base en dessus ; aussi large que longue, grande.

Feuilles jeunes vert pâle.

Bourgeonnement vert pâle.

Rameaux glabres rouge-violet.

Plante mâle.

Aptitudes. — Variété sélectionnée dans le domaine de Portalis, à M. Michel. Elle attira tout d'abord l'attention de M. L. Vialla, président de la Société Centrale d'agriculture de l'Hérault ; l'ampleur de son feuillage, la puissance de sa végétation, la grosseur des sarments et de son tronc la firent bientôt préférer par tous les viticulteurs aux variétés « ordinaires » de Riparia, dont elle prit peu à peu la place dans tous les vignobles. Actuellement, elle est, avec le R. Grand glabre, à peu près la seule variété

propagée par les pépiniéristes ; c'est dire la faveur dont elle jouit auprès des viticulteurs. Et elle s'est si bien substituée aux variétés « ordinaires » qu'il est difficile de
se procurer celles-ci dans le commerce.

Le R. Gloire de Montpellier paraît être, pour le moment, la meilleure variété de
Riparia ; elle est certainement la plus
vigoureuse ; c'est elle également qui
donne les plus beaux « bois », je veux
dire les plus beaux sarments. Elle reprend
bien à la greffe, soit sur bouture, soit sur
place, et, à coup sûr, mieux que les
autres variétés. Son tronc grossit beaucoup ; ses greffes ne présentent pas entre
le sujet et le greffon ces différences de
dimensions qui étaient si considérables
avec les chétifs Riparia du début.

Le système radiculaire est plutôt un
peu charnu ; il est aussi un peu plus
attaqué par le phylloxera que celui de
quelques autres variétés à racines « fil
de fer ». Mais la résistance à l'insecte
n'en est pas moins très considérable et,

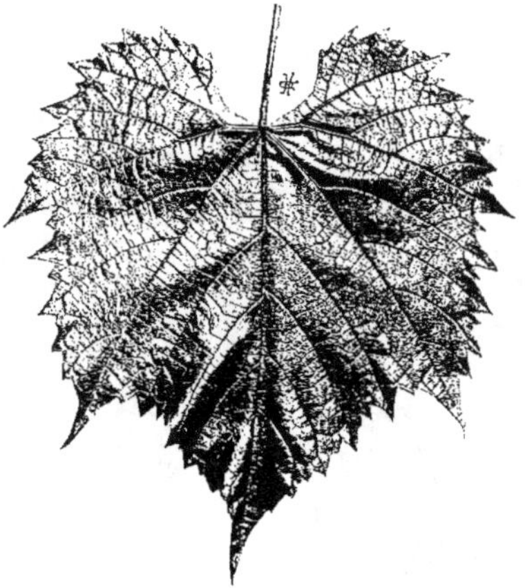

Fig. 90.— Feuille de R. Gloire de Montpellier.

en tout cas, toujours suffisante. C'est donc, de toute façon, un excellent sujet qui porte
des greffes très fertiles.

18. R. VERNIS (Despetis). — **Synonyme.** — *R. vernis luisant.*

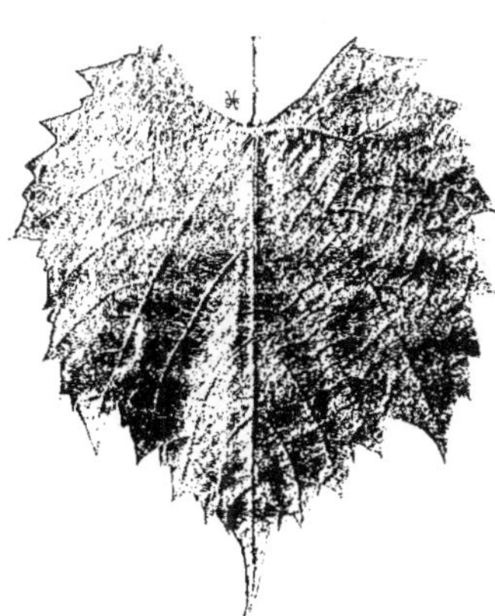

Fig. 91. — Feuille de R. vernis.

Caractères. — Feuille adulte : angles des
nervures : 100, 33 == 133, 30 ; 3-lobée, à
sinus latéraux : supérieur à peine marqué :
dents anguleuses, très étroites ; rapports
des nervures : 0.78, 0.66, 0.54 ; pubescente
en dessous sur nervures 2, 3 ; ondulée,
bullée, vert foncé, un peu luisante, nervures rouges à la base en dessus ; longue,
grande.

Feuilles jeunes vert pâle.

Bourgeonnement vert pâle.

Rameaux glabres rouge-violet.

Grappe à grains ronds ou discoïdes, noirs,
petits ; petite.

Aptitudes. — Plante vigoureuse.

19. R. BARON PÉRIER (Pulliat). — **Caractères.** — Feuille adulte : angles des nervures : 100, 42 = 142, 42 ; 3-lobée, à sinus latéraux : supérieur peu marqué ; dents anguleuses, très étroites ; rapports des nervures : 0.88, 0.59, 0.30 ; pubescente sur nervures **1**, **2** en dessous ; bullée, épaisse, vert pâle, nervures violacées à la base en dessus ; plus longue que large, grande.

Feuilles jeunes vert pâle.

Bourgeonnement vert pâle.

Rameaux glabres violets.

Grappe à grains sphériques, noirs, petits ; petite, courte, serrée, simple.

Aptitudes. — Variété découverte par M. Pulliat chez M. Périer de la Bathie, en Savoie ; a été employée pour la reconstitution et a donné les bons résultats que peut donner toute variété de Riparia de vigueur moyenne.

Fig. 92. — Feuille de R. baron Périer.   Fig. 93. — Feuille de R. N° 8 (Meissner).

20. R. N° 8 (Meissner). — **Caractères.** — Feuille adulte : angles des nervures : 100, 45 = 145, 30 ; 3-lobée, à sinus latéraux : supérieur à peine marqué ; dents anguleuses, étroites : rapports des nervures : 0.90, 0.61, 0.38 ; pubescente en dessous sur nervures **2**, **3** ; boursouflée, vert foncé, luisante, nervures à peine rosées en dessus ; allongée.

Feuilles jeunes vert pâle.

Bourgeonnement vert pâle.

Rameaux glabres vert-rouge.

Grappe à grains ronds, noirs, petits ; petite, millerandée, un peu ailée.

Aptitudes. — Variété vigoureuse.

21. R. N° 10 (Meissner). — **Caractères.** — Feuille adulte : angles des nervures : 100, 46 = 146 ; 3-lobée, à sinus latéraux : supérieur à peine marqué ; dents anguleuses, étroites; rapports des nervures : 0.82, 0.55, 0.54 ; pubescente sur nervures 1, 2, 3 en dessous; un peu tourmentée, lisse, mince, molle, vert terne, nervures à peine rosées en dessus ; allongée, grande.

Feuilles jeunes vert pâle.

Bourgeonnement vert pâle.

Rameaux glabres vert-rouge.

Plante mâle.

Aptitudes. — Plante de vigueur moyenne, sélectionnée par M. Meissner, de Saint-Louis (Missouri).

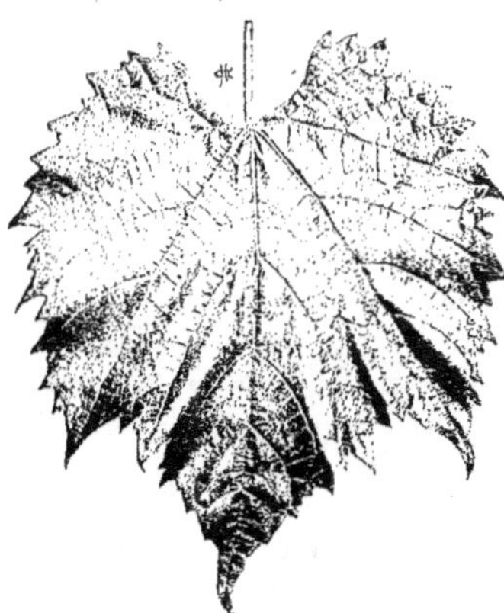

Fig. 94. — Feuille de R. Nº 10 (Meissner).

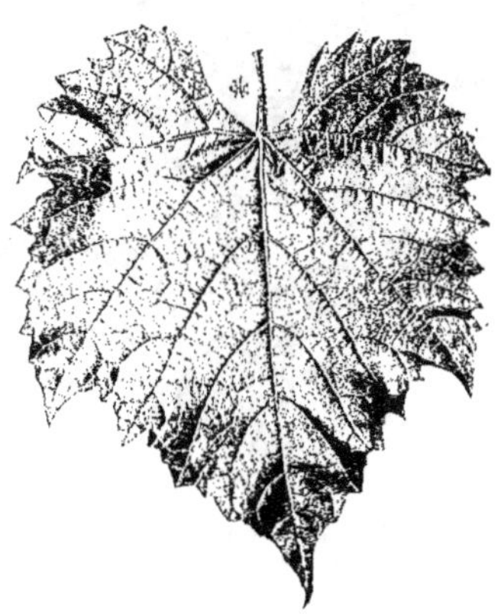

Fig. 95. — Feuille de R. Lombard.

22. R. LOMBARD. — **Caractères.** — Feuille adulte : angles des nervures : 102, 52 = 154, 35 ; 3-lobée, à sinus latéraux : supérieur à peine marqué ; dents anguleuses, presque larges ; rapports des nervures: 0.75, 0.66, 0.39 ; pubescente sur nervures 1, 2 en dessous ; boursouflée au centre, unie, vert peu foncé, luisante, à nervures rouges à la base en dessous ; aussi large que longue, grande.

Feuilles jeunes vert pâle.

Bourgeonnement vert pâle.

Rameaux glabres vert-violacé.

Plante mâle.

Aptitudes. — Variété assez vigoureuse, au feuillage assez ample, qui pourrait être utilisée dans la pratique.

23. R. A LOBES CONVERGENTS (Despetis). — **Caractères.** — Feuille adulte : angles des nervures : 104, 60 = 164 ; 3-lobée, à sinus latéraux : supérieur très marqué ; dents anguleuses, très étroites ; rapports des nervures : 0.81, 0.53, 0.33 ; pubescente sur nervures 2 en dessous ; tourmentée, unie, vert foncé, luisante, nervures légèrement rosées à la base en dessus ; longue, grande.

Feuilles jeunes vert pâle.
Rameaux glabres rouge-violet.
Plante mâle.

Aptitudes. — Plante de vigueur assez grande, mais inférieure à celle du R. Gloire.

24. R. Sericea (Davin). — **Caractères.** — Feuille adulte : angles des nervures :

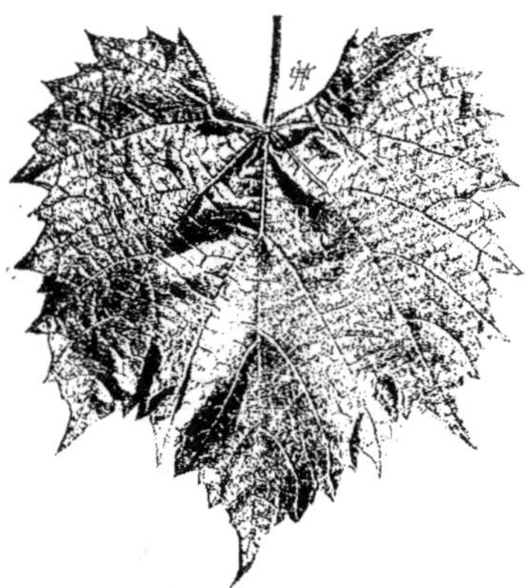

102, 39 = 141, 34 ; 3-lobée, à sinus latéraux : supérieur à peine marqué ; dents anguleuses, très étroites ; rapports des nervures : 0.84, 0.67, 0.54 ; pubescente en dessous sur nervures **1, 2, 3** ; un peu gaufrée au centre, unie, lisse, épaisse, vert tendre, luisante, à nervures rosées à la base en dessus ; grande.

Feuilles jeunes vert pâle.
Bourgeonnement vert pâle.
Rameaux glabres rouge-violet intense.

Grappe à grains ronds ou discoïdes, noirs, petits ; courte, petite, à pétiole duveteux, rouge.

Fig. 96. — Feuille de R. Sericea.

Aptitudes. — Variété sélectionnée par M. le Dr Davin. Les caractères du feuillage rappellent un peu le V. Monticola, et elle a beaucoup de ressemblance avec les variétés qui seront décrites plus loin sous le nom de Colorado. Elle est vigoureuse.

25. R. Vulpina (Bourgade). — **Synonyme.** — V. Vulpina.

Caractères. — Feuille adulte : angles des nervures : 104, 45 = 148 ; 3-lobée, à sinus latéraux : supérieur à peine marqué ; dents anguleuses, étroites ; rapports des nervures : 0.75, 0.66, 0.45 ; pubescente en dessous sur nervures **1, 2** ; gaufrée au centre, presque lisse, vert pâle, nervures rosées à la base en dessus ; allongée, moyenne.

Feuilles jeunes vert pâle.
Bourgeonnement vert pâle.
Rameaux glabres rouge-violet.
Plante mâle.

Fig. 97. — Feuille de R. Vulpina.

Aptitudes. — Variété assez vigoureuse.

26. R. Portalis rouge (Despetis). — **Caractères.** — Feuille adulte : angles des nervures : 108, 50 = 145 ; 3-lobée, à sinus latéraux : supérieur à peine marqué ; dents anguleuses, très étroites ; rapports des nervures : 0.88, 0.58, 0.37 ; pubescente en dessous sur nervures **1, 2** ; boursouflée au centre, bullée, vert terne, nervures rouges à la base.

Feuilles jeunes vert pâle.

Bourgeonnement vert pâle.

Rameaux glabres vert-violacé.

Plante mâle.

Aptitudes. — Variété bien distincte du R. Portalis, Gloire de Montpellier, peu vigoureuse, au moins dans les collections de l'Ecole d'agriculture, et, par suite, sans grand intérêt.

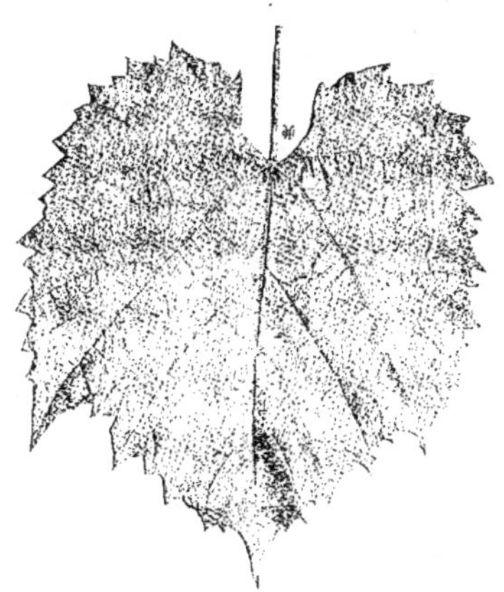

Fig. 98. — Feuille de R. Portalis rouge.

27. R. duc de Palban. — **Caractères.** — Feuille adulte : angles des nervures : 110, 43 = 153, 43 ; 3-lobée, à sinus latéraux : supérieur à peine marqué ; dents anguleuses, étroites ; rapports des nervures : 0.86, 0,65, 0.76 ; pubescente sur nervures **1**, **2** en dessous ; unie, infléchie en dessous, vert très foncé, nervures vertes en dessus ; plus large que longue, grande

Feuilles jeunes vertes.

Bourgeonnement vert.

Rameaux glabres vert-violacé.

Grappe à grains ronds, noirs, petits ; petite, ailée, assez serrée.

Plante très fertile.

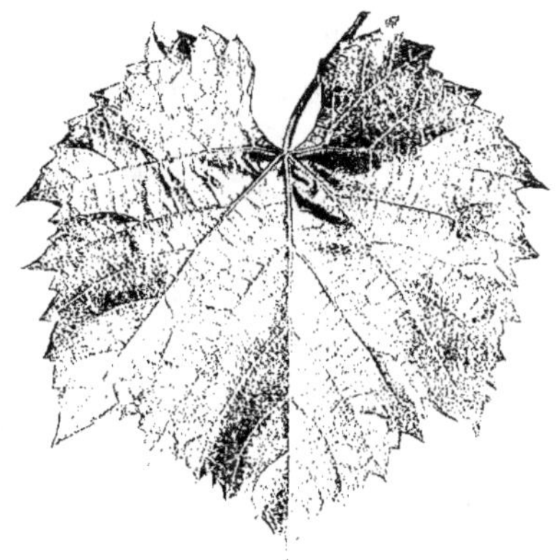

Fig. 99. — Feuille de R. duc de Palban.

Aptitudes. — Très belle variété qui égale en végétation le R. Gloire de Montpellier. Remarquable en outre par son beau feuillage d'un vert franc, par sa fertilité qui est très grande. N'a pas été propagée, sans doute, parce qu'elle a été sélectionnée trop tard. N'est peut-être pas très pure.

28. R. violet (de Lautrec). — **Caractères.** — Feuille adulte : angles des nervures : 111, 48 = 159, 31 ; 3-lobée, à sinus latéraux : supérieur à peine marqué ; dents an-

guleuses, très étroites ; rapports des nervures : 0.79, 0.60, 0.39 ; pubescente en dessous sur nervures **1, 2** ; gaufrée au centre, ondulée, vert pâle, à peine luisante, nervures rosées à la base en dessus ; aussi large que longue, grande.

Feuilles jeunes vert pâle.

Bourgeonnement vert pâle.

Rameaux glabres violets.

Plante mâle.

Aptitudes. — Variété vigoureuse.

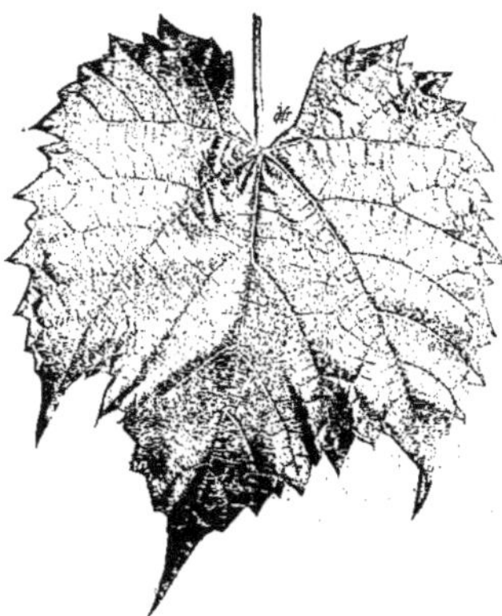

Fig. 100. — Feuille de R. violet Lautrec.

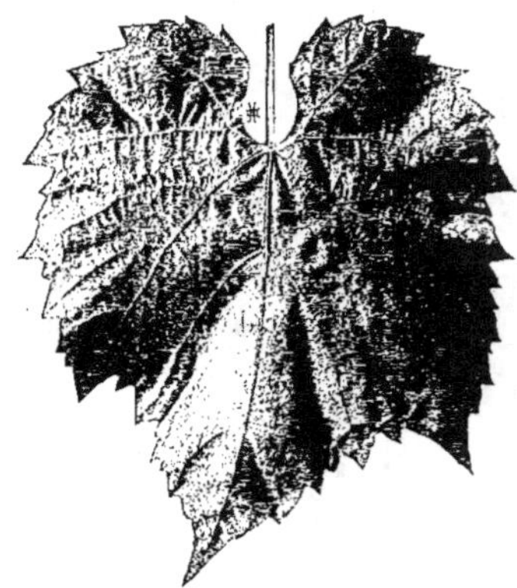

Fig. 101. — Feuille de R. pousse vineuse.

29. R. POUSSE VINEUSE (Despetis). — **Caractères.** — Feuille adulte : angles des nervures : 114, 38 = 152, 45 ; 3-lobée, à sinus latéraux : supérieur à peine marqué ; dents anguleuses, étroites ; rapports des nervures : 0.83, 0.68, 0.26 ; pubescente en dessous sur nervures **1, 2** ; gaufrée au centre, bullée, vert foncé, luisante, à nervures rosées en dessus ; longue, grande.

Feuilles jeunes vert pâle.

Bourgeonnement vert pâle.

Rameaux glabres vert-rouge.

Grappe à grains ronds ou discoïdes, petits ; petite, peu serrée.

Aptitudes. — Plante très vigoureuse.

a". Sarments duveteux.

1. R. DES BORDS SABLEUX (Millardet). — **Caractères.** — Feuille adulte : angles des nervures : 95, 50 = 145, 40 ; 3-lobée, à sinus latéraux : supérieur marqué ; dents anguleuses, étroites ; rapports des nervures : 0.79, 0.60 ; pubescente sur nervures **1, 2, 3, 4** en dessous ; bullée, vert clair, à nervures à peine rosées à la base en dessus ; plus longue que large, grande.

Feuilles jeunes vert pâle.

Bourgeonnement vert pâle.

Rameaux aranéeux au sommet, glabres plus bas, rouge-violet.

Grappe à grains ronds ou discoïdes, noirs, petits; petite, peu serrée.

Fig. 102. — Feuille de R. des bords sableux.

Aptitudes. — Variété assez vigoureuse, qui n'a pas été utilisée dans la pratique.

La présence des poils laineux sur les jeunes pousses montre que cette variété n'est pas pure. Mais l'espèce à laquelle elle est alliée est si peu apparente qu'il est impossible de la déterminer.

a'''. Sarments demi-pubescents.

1. R. N° 5 (Meissner). — **Caractères**. — Feuille adulte : angles des nervures : 80, 38 = 118; 3-lobée, à sinus latéraux : supérieur marqué; dents anguleuses, très étroites; rapports des nervures : 0.93, 0.66, 0,39; pubescente en dessous sur les nervures **3, 4**; bullée, vert foncé, luisante, nervures à peine rosées à la base en dessus; allongée, grande.

Feuilles jeunes vert pâle.

Bourgeonnement vert pâle, un peu duveteux.

Rameaux pubescents sur les nœuds et aranéeux à l'extrémité, rouge-violet.

Plante mâle.

Aptitudes. — Plante de vigueur moyenne.

2 R. Nº 12 (Meissner). — **Caractères.** — Feuille adulte : angles des nervures : 90, 40 = 130 ; 3-lobée, à sinus latéraux : supérieur à peine marqué ; dents étroites, anguleuses ; rapports des nervures : 0.96, 0.65, 043 ; pubescente en dessous sur nervures 1, 2, 3, 4 ; bullée, vert terne, nervures à peine rosées en dessus ; moyenne, allongée.

Jeunes feuilles vert pâle.

Bourgeonnement vert pâle.

Rameaux pubescents sur les nœuds.

Plante mâle.

Aptitudes. — Variété de Riparia de développement moyen, n'offrant aucun intérêt spécial.

a"". Sarments pubescents.

1. R. A BOURGEONS BRONZÉS (Fitz-James). — **Caractères.** — Feuille adulte : angles des nervures : 92, 33 = 121 ; 3-lobée, à sinus latéraux : supérieur à peine marqué ; dents anguleuses, étroites ; rapports des nervures : 0.75, 0.51, 0.86 ; pubescente en dessous sur nervures 1, 2, 3, 4 ; unie, bien plane, vert terne, à nervures rosées à la base ; allongée, grande.

Feuilles jeunes vert pâle.

Bougeonnement vert pâle.

Rameaux pubescents, à poils raides très courts, verts rayés de violet.

Plante mâle.

Aptitudes. — Variété vigoureuse.

Fig. 103. — Feuille de R. pubescent blanc.

2. R. PUBESCENT BLANC. — **Caractères.** — Feuille adulte : angles des nervures : 93, 36 = 129, 37 ; 3-lobée, à sinus latéraux : supérieur marqué ; dents anguleuses, très étroites ; rapports des nervures : 0.80, 0,65, 0.47 ; pubescente (poils longs) en dessous sur nervures 1, 2, 3, 4 ; plane, unie, vert pâle, nervures rouges à la base en dessus.

Feuilles jeunes vert pâle.

Bourgeonnement vert pâle.

Rameaux pubescents rouge-violet.

Plante mâle.

Aptitudes. — Variété vigoureuse.

3. R. A FEUILLES ROUSSES. — **Synonyme.** — *R. à feuilles lisses rousses* Michel.

Caractères. — Feuille adulte : angles des nervures : 94, 39 = 129, 18 ; 3-lobée, à sinus latéraux : supérieur à peine marqué ; dents anguleuses, très étroites ; rapports des nervures : 0.84, 0.65, 0.60 ; pubescente en dessous sur nervures **1, 2, 3, 4** ; unie, lisse, mince, vert terne, nervures rouges à la base en dessus ; longue, grande.

Feuilles jeunes vert pâle.

Bourgeonnement vert pâle.

Rameaux pubescents rouge-violet.

Grappe à grains ronds ou discoïdes, noirs, petits : petite.

Aptitudes. — Plante vigoureuse.

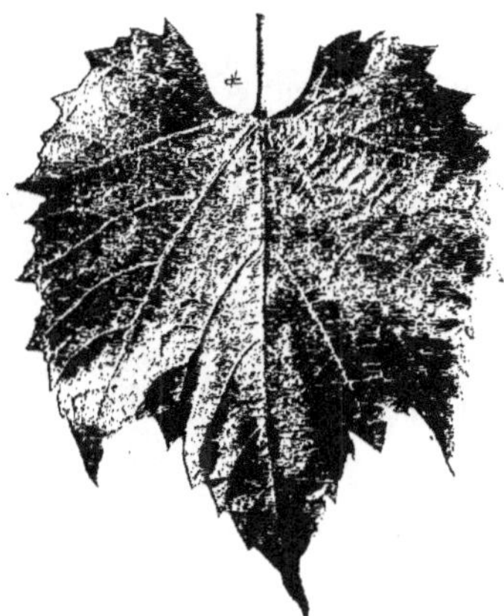

Fig. 104. — Feuille de R. à feuilles rousses.

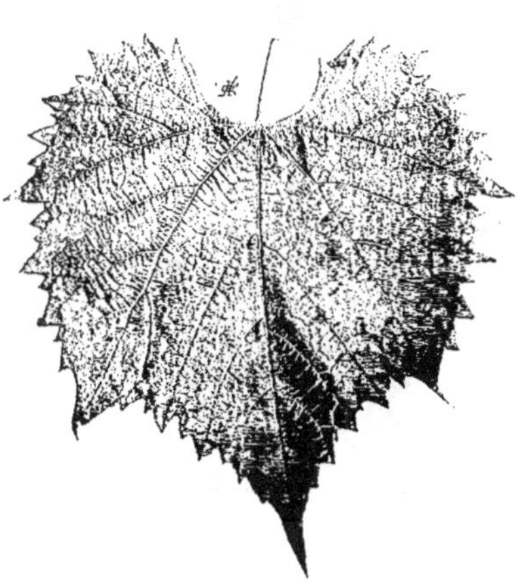

Fig. 105. — Feuille de R. bourgeons dorés.

4. R. BOURGEONS DORÉS (Davin). — **Caractères.** — Feuille adulte : angles des nervures : 95, 33 = 128, 33 ; 3-lobée, à sinus latéraux : supérieur à peine marqué ; dents anguleuses, étroites ; rapports des nervures : 0.78, 0.54, 0.50 : pubescente en dessous sur nervures **1, 2, 3, 4** ; bullée, vert foncé, terne, à nervures rosées en dessus ; allongée, grande.

Feuilles jeunes vert pâle.

Bourgeonnement vert pâle.

Rameaux pubescents, à poils longs et serrés, verts un peu rosés.

Plante mâle.

Aptitudes. — Plante de vigueur moyenne.

RAVAZ; *Vignes américaines.*   14

5. R. BOIS ROUGE (Fitz-James). — **Caractères**. — Feuille adulte : angles des nervures : 96, 38 = 134, 30 ; 3-lobée, à sinus latéraux : supérieur à peine marqué ; dents anguleuses, étroites ; rapports des nervures : 0.82, 0.67, 0.48 ; pubescente sur nervures de tout ordre en dessous ; tourmentée au centre, bullée, vert foncé, luisante, à nervures rouges à la base en dessus ; allongée, grande.

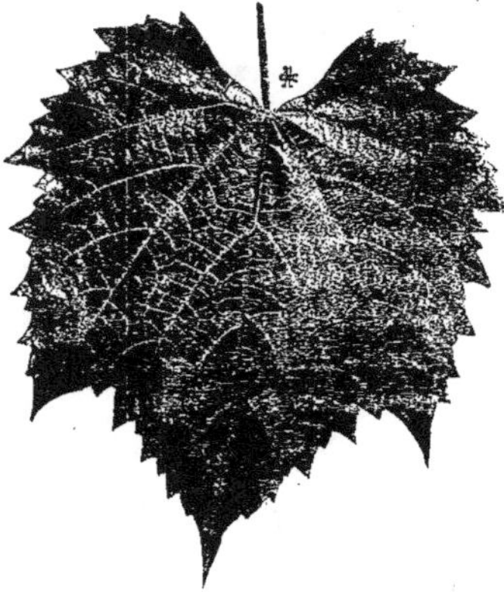
Fig. 106. — Feuille de R. bois rouge.

Feuilles jeunes vert pâle.

Bourgeonnement vert pâle.

Rameaux pubescents, à poils très courts, vert-violacé.

Plante mâle.

Aptitudes. — Variété assez vigoureuse, qui n'a pas été propagée.

6. R. GÉANT (de Las Sorres). — **Caractères**. — Feuille adulte : angles des nervures : 97, 30 = 127 ; 3-lobée, à sinus latéraux : supérieur à peine marqué ; dents anguleuses, étroites ; rapports des nervures : 0.79, 0.55, 0.52 ; pubescente en dessous sur nervures **1, 2, 3, 4** ; unie, vert foncé, peu luisante, nervures violacées à la base en dessous ; allongée, grande.

Feuilles jeunes vert pâle.

Bourgeonnement vert pâle.

Rameaux pubescents, à poils très courts peu serrés, rouge-violet.

Plante mâle.

Aptitudes. — Plante assez vigoureuse, sélectionnée au Mas de Las Sorres. Le pied-mère était et est encore très beau : il est constitué par un tronc de forte dimension, qui émet de beaux sarments. Les individus issus de cette souche ne présentent rien de particulier : ils n'ont pas plus de vigueur que la plupart des variétés que nous avons étudiées. Il faut en conclure que le beau développement de la plante mère au champ de Las Sorres tient à des circonstances spéciales : disparition des souches voisines, etc...

7. R. DENIS (Despetis). — **Caractères**. — Feuille adulte : angles des nervures : 98, 38 = 136, 38 ; 3-lobée, à sinus latéraux : supérieur à peine marqué ; dents anguleuses, étroites ; rapports des nervures : 0.80, 0.66, 0.45 ; très pubescente en dessous (poils longs) sur nervures de tout ordre ; gaufrée, luisante, nervures rouges à la base en dessus ; allongée, grande.

Feuilles jeunes vert pâle.

Bourgeonnement vert pâle.

Rameaux pubescents, à poils subulés courts. violet-rouge.
Plante mâle.

Aptitudes. — Variété assez vigoureuse.

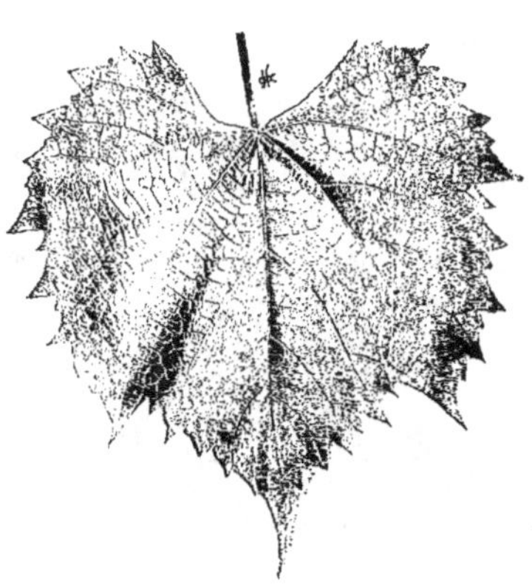

Fig. 107. — Feuille de R. Denis.   Fig. 108. — Feuille de R. Scribner.

8. R. Scribner. — **Caractères**. — Feuille adulte : angles des nervures : 98, 43 =
141 ; 3-lobée, à sinus latéraux : supérieur marqué ; dents anguleuses, presque larges ;
rapports des nervures : 0.81, 0.74, 0.51 ; pubescente en dessous sur nervures **1, 2, 3, 4** ;
un peu tourmentée au centre, bullée, vert mat, nervures très légèrement violacées en
dessus ; allongée, grande.

Feuilles jeunes vert pâle.

Bourgeonnement vert pâle.

Rameaux très pubescents, à poils subulés longs
et serrés. violacés.

Plante mâle.

Aptitudes. — Variété sélectionnée par M.
Jæger, et dénommée par M. Viala. Plante
vigoureuse à système radiculaire puissant, et
pouvant être utilisée dans les sols silico-argileux.
Paraît craindre le calcaire plus que le R. Gloire.

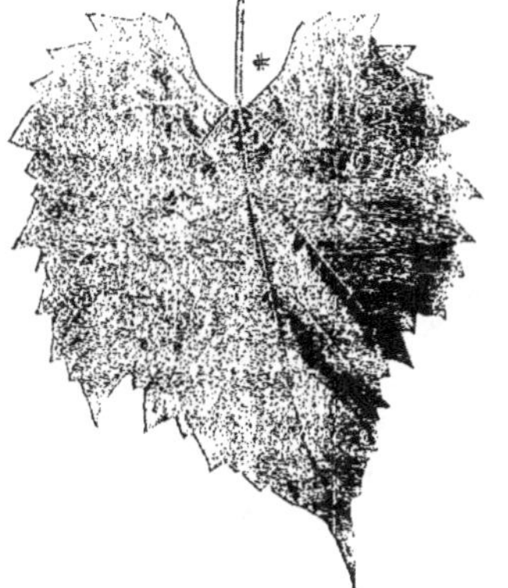

Fig. 109. — Feuille de R. pubescent bleu.

9. R. pubescent bleu (Despetis). — **Caractères**. — Feuille adulte : angles des nervures :
107, 50 = 157, 32 ; 3-lobée, à sinus latéraux :
supérieur marqué ; dents anguleuses, larges ; rapports des nervures : 0.78, 0.73.
0.50 ; pubescente en dessous sur les nervures **1, 2, 3, 4** : unie. plane, luisante, nervures rosées à la base en dessus ; allongée.

Feuilles jeunes vert pâle.

Bourgeonnement vert pâle.

Rameaux pubescents, à poils très courts, vert-violacé.

Grappe à grains ronds, noirs, petits ; serrée, courte, ailée.

Aptitudes. — Plante vigoureuse, sélectionnée par M. le Dr Despetis. Peu propagée.

10. R. N° 4 (Meissner). — **Caractères.** — Feuille adulte : angles des nervures : 112, 55 = 167 ; 3-lobée, à sinus latéraux : supérieur marqué ; dents anguleuses, étroites ; rapports des nervures : 0.91, 0.66, 0.39 ; pubescente sur nervures **1, 2, 3, 4** ; bullée, vert terne, nervures violacées à la base en dessus ; longue.

Feuilles jeunes vert pâle, très pubescentes.

Bourgeonnement vert pâle.

Rameaux rouge-violet, très pubescents même sur les vrilles.

Grappe à grains arrondis ou discoïdes, noirs, petits ; longue, atteignant 15 centimètres ; bien ailée et à grappillons bien détachés.

Plante bien fertile.

Aptitudes. — Variété peu vigoureuse de *R. tomenteux.* Sans intérêt.

11. R. BELLE SOUCHE (Despetis). — **Caractères.** — Feuille adulte : angles des nervures : 115, 42 = 157 ; 3-lobée, à sinus latéraux : inférieur marqué ; dents anguleuses, étroites ; rapports des nervures : 0.89, 0.55, 0.37 ; pubescente sur les nervures de

Fig. 110. — Feuille de R. belle souche.

tout ordre en dessous ; un peu bullée, vert terne, à nervures légèrement rosées à la base en dessus ; allongée, grande.

Feuilles jeunes vert pâle.

Bourgeonnement vert pâle.

Rameaux pubescents vert-rouge.

Plante mâle.

Aptitudes. — Plante ainsi nommée, sans doute, à cause de la puissance du tronc. Est peu vigoureuse dans les collections de l'École d'agriculture de Montpellier.

VARIÉTÉS EXCLUES

R. MAURIN = Labrusca-Riparia.

R. INDIEN = Cordifolia-Rupestris Æstivalis.

R. DU CANADA = Riparia-Cinerea.

b. Feuilles réniformes.

V. RUPESTRIS Scheele

Synonymes. — Vulgo : *Sugar grape, Sand grape, Rock grape, Bush grape, Mountain grape.*

Caractères. — Rameaux glabres, unis, rouges à l'état herbacé, bruns, striés à l'aoûtement; gros, ramifiés, peu ou pas de vrilles persistantes.

Feuille adulte réniforme, de beaucoup plus large que longue ; angles des nervures étroits ; rapports des nervures élevés ; la nervure latérale **1'** égale ou dépasse souvent la nervure médiane ; entière ou 3-lobée ; glabre sur les deux faces ou à peine pubescente en dessous ; unie, souvent pliée en gouttière ; très épaisse, cassante, vert glauque ; nervures **3, 4, 5** plongées dans le parenchyme ; en-dessous, la nervure médiane est plus grêle que la nervure latérale ; petite.

Feuilles jeunes vert-cuivré, glabres ou aranéeuses, très brillantes.

Bourgeonnement généralement vert-jaunâtre, faiblement aranéeux.

Grappe à grains ronds ou discoïdes, noirs, petits, pulpeux, très colorés, fades, peu agréables ; petite, 8-10 centimètres, lâche.

Graine petite, renflée à bec très court, à chalaze allongée.

Racines grêles ou peu charnues, rougeâtres, plongeantes.

Fig. 111. — Graine de V. Rupestris.

Habitat. — Les alluvions sableuses ou les graviers, de même que les collines des États suivants : Colombie, Pensylvanie, Tennessee, Missouri, Texas.

Observations. — Cette espèce est si nettement caractérisée qu'elle se distingue facilement, même de très loin, et que, dans les croisements où elle intervient comme générateur, elle semble toujours prédominante. Son allure buissonnante, due aux nombreuses ramifications des sarments, la forme et la couleur des feuilles, qui rappellent plus les feuilles du peuplier ou de l'abricotier que de la vigne, lui sont bien spéciales, et, avec d'autres caractères, lui assignent une place nettement délimitée dans le groupe des Vitis.

Les sarments sont plutôt forts, courts et nombreux. Cela tient à ce que chaque *œil* donne naissance à plusieurs rameaux. Ils restent, par suite, longtemps dressés ; et comme leur accroissement longitudinal est lent, leurs ramifications deviennent persistantes, au lieu d'être caduques comme chez les espèces à croissance en longueur très rapide (V. Riparia, etc...). Tous sont glabres, ou ne portent que quelques rares poils aranéeux sur les extrémités terminales jeunes; ils sont cylindriques, un peu moins unis que ceux du V. Riparia ; à l'aoûtement, l'écorce est nettement striée. Leur couleur est variable : vert, vert-rouge, vert-violacé, etc... L'écorce morte est brun foncé en général.

De beaucoup plus larges que longues, les feuilles sont très nettement réniformes, surtout chez les variétés les plus pures. Les angles des nervures sont plutôt peu ouverts : de 70° à 105°, à peu près comme chez le V. Riparia. Mais les rapports des nervures sont bien différents. La nervure latérale **1'** est quelquefois plus longue que la nervure médiane **1** ; elle l'égale souvent, et ce n'est que chez des variétés de pureté douteuse qu'elle lui est notablement inférieure.

D'ordinaire, la nervure **1** est, en dessous, plus puissante que les nervures latérales. C'est l'inverse chez le V. Rupestris. Les nervures **3, 4, 5, 6, 7** sont plongées dans le parenchyme. Il en résulte que la feuille est unie, lisse, au lieu d'être réticulée comme chez les V. Riparia, V. Labrusca. etc... Les dents sont anguleuses ou arrondies, larges ou très larges, et les sinus latéraux ne sont que rarement bien indiqués.

Les poils laineux font totalement défaut à la face supérieure, de même que les poils raides. Ce n'est que chez quelques variétés qu'on trouve quelques poils raides sur les nervures **1** et **2** en dessous. Les feuilles sont donc presque complètement glabres. Mais une pruine assez abondante les recouvre sur les deux faces et contribue à leur donner cet aspect glauque qui est un de leurs caractères les plus perceptibles.

Le parenchyme est épais. Il est constitué par deux couches de tissus en palissades, l'une en dessus, très épaisse, l'autre en dessous, plus mince et peu serrée, séparées par un tissu spongieux assez développé. Les stomates sont rentrants. Il en résulte que la feuille est cassante, rigide plutôt que souple. Elle est portée par un pétiole assez fort et nettement canaliculé ; très souvent, elle est pliée en gouttière.

Les jeunes feuilles sont glabres, brillantes, unies. Le bourgeonnement, de couleur variable, est, lui aussi, glabre ou à peine aranéeux.

La grappe est petite, courte, ailée ou non, et constituée par des grains petits, ronds ou discoïdes, noirs jusqu'à présent, pulpeux, à goût fade et désagréable. D'ailleurs, ils sont occupés presque en entier par les pépins, et par suite ils donnent peu de jus ; mais le peu qu'ils renferment est remarquablement coloré. La peau est peu résistante à maturité ; les pluies la font fendre très vite, et le contenu du grain s'écoule ainsi souvent en entier.

Le tronc est très puissant. Il grossit très vite chez la plupart des variétés cultivées. Les racines, de couleur rougeâtre, sont assez fortes, nombreuses. dures et plutôt plongeantes.

Fig. 112. — Grappe de V. Rupestris

Comme on le verra par la description des variétés utilisées dans la culture, le V. Rupestris, tout en étant bien caractérisé, est moins uniforme que le V. Riparia. Ses représentants diffèrent très sensiblement les uns des autres, et quelques-uns sont manifestement alliés à d'autres espèces. C'est qu'il a une floraison plus tardive que le V. Riparia, et qui se produit simultanément à celle de plusieurs autres espèces.

De nombreux et variés croisements sont donc possibles dans les localités où ces espèces cohabitent, et principalement dans les collections de vignes ; il n'y a pas lieu d'être surpris que les graines ne donnent pas uniquement des variétés pures. Elles donnent, au contraire, fréquemment des hybrides. C'est ce qui a été bien établi par

M. Millardet (1), et c'est ce qui explique les différences dans la résistance phylloxérique de plusieurs variétés de Rupestris qu'on verra plus loin, et sur lesquelles M. Couderc a si souvent insisté.

Aptitudes. — Le V. Rupestris est d'introduction relativement récente. Dans son livre sur les «Vignes américaines» (2), où il rend compte d'une manière si intéressante de sa mission en Amérique, Planchon consacre exactement deux lignes à ses aptitudes. «Étrangère à la culture en grand, dit-il, cette espèce mériterait peut-être d'être introduite dans les jardins à titre de curiosité». *Peut-être* et *à titre de curiosité*, voilà une recommandation qui ne devait guère attirer l'attention des viticulteurs sur cette espèce, d'autant plus qu'à ce moment les variétés de V. Riparia apparaissaient comme les meilleurs porte-greffes pour notre V. Vinifera.

Nonobstant l'opinion défavorable de Planchon, des essais peu importants, mais nombreux, ne tardèrent pas à mettre en lumière ses qualités de *sujet*, à tel point qu'après être restée longtemps au second plan, elle a fini par prendre la place même du V. Riparia.

Bailey (3) nous dit que le V. Rupestris «se trouve dans les terrains sablonneux, les collines et les montagnes de la Colombie, de la Pensylvanie, du Tennessee, du Missouri et du Texas». C'est donc une vigne des régions plutôt chaudes. Elle paraît rechercher la lumière, car elle serait peu répandue dans les forêts, et comme, d'autre part, elle existe au milieu des rochers, dans les ravins caillouteux desséchés, et qu'enfin elle s'appelle V. Rupestris, on a admis qu'elle était la vigne par excellence des régions sèches et ensoleillées.

Elle paraît, en effet, adaptée par ses feuilles aux climats secs ; mais peut-être ses feuilles sont-elles adaptées simplement aux aptitudes de la plante, par exemple à un faible pouvoir absorbant ou à une disposition spéciale des racines. En fait, elle perd hâtivement les feuilles de la base de ses rameaux dans beaucoup de terrains et même dans les régions tempérées de la France. On peut, il est vrai, considérer cette propriété «comme un caractère naturel». Mais c'est un fâcheux caractère. Quand il s'agit de vignes franches de pied, il est peut-être sans importance ; on peut toutefois, et non sans raison, admettre qu'il ne facilite en rien, bien au contraire, la nutrition des sarments et de la souche. Mais quand il s'agit de vignes greffées, la chose est plus grave. Il existe aussi, et beaucoup plus accentué encore, semble-t-il, chez les variétés de V. Vinifera greffées sur cette espèce: et ici non seulement les feuilles se dessèchent, mais encore les grappes, qui restent à l'état de verjus, se flétrissent; si bien que non seulement la récolte est de ce fait très réduite, mais encore de qualité inférieure.

Ainsi voilà une plante qui, en plus de son nom, paraît avoir tous les caractères des plantes adaptées aux milieux secs et qui est extrêmement sensible à la sécheresse. C'est peut-être qu'on a mal interprété les conditions dans lesquelles elle croît habituellement. De ce qu'elle préfère le soleil, c'est-à-dire les espaces dénudés, à l'ombre,

---

(1) Millardet. — *Histoire*, etc., page 180.
(2) Planchon. — *Loc. cit.*, page 116.
(3) Bailey. — *Loc. cit.*

c'est-à-dire aux forêts touffues, on ne peut pas en conclure qu'elle aime les milieux secs. Les milieux secs sont justement ceux que crée la végétation forestière : les haies, les bois dessèchent le sol beaucoup plus qu'une longue et intense insolation. Elle croît, il est vrai, dans les rochers. Mais les rochers, et tous les vignerons le savent, préservent de la dessiccation les parties qu'ils recouvrent. D'autre part, elle a des racines plongeantes, et pour cette raison elle serait bien adaptée aux terrains secs. Mais ne peut-on pas dire que si elle fuit la sécheresse, c'est donc qu'elle la craint. Mais pourquoi la craint-elle ? J'ai montré que son système radiculaire a de petits vaisseaux dont le débit est plus faible que chez le V. Riparia.

Il résulte de ce qui précède ce fait bien établi que, toutes conditions égales, le V. Rupestris souffre plus de la sécheresse que le V. Riparia. Il en souffre d'autant plus que ses racines restent plus superficielles. En conséquence, dans les sols secs, il sera bon de ne faire usage de ce porte-greffe que si le sous-sol peut être facilement pénétré par les racines ; s'il est compact, impénétrable, le Rupestris ne doit pas y être planté. On voit aussi que c'est dans les terres fraîches qu'il se plaira le mieux et donnera les produits les plus abondants.

Le V. Rupestris, s'il aime des terrains frais, profonds ou perméables, redoute le carbonate de chaux. Ses variétés les plus pures sont beaucoup plus chlorosantes que celles du V. Riparia ; mais quelques-unes de celles que nous étudierons plus loin (R. du Lot, R. métallique, R. Gaillard, etc...) le sont sensiblement moins. Cela tient à ce qu'elles sont alliées à d'autres espèces.

Les sarments noués, relativement courts, durs, gros, s'enracinent facilement et continuent, après la greffe, à se développer puissamment en diamètre. Aussi donnent-ils des tiges très fortes, qui égalent et même quelquefois dépassent les greffes qu'elles portent. La plante greffée ne présente, par suite, aucune différence appréciable de dimensions entre le greffon et le sujet. La tige est forte, rigide ; elle résiste au vent et supporte sans fléchir le poids de la récolte et de la végétation. Les racines sont très nombreuses et disposées en plusieurs étages superposés, plongeantes habituellement, traçantes quand elles ne peuvent faire autrement, à chevelu assez abondant.

Le V. Rupestris a une haute résistance phylloxérique. Ses radicelles portent de nombreuses nodosités, mais les racines ne portent que rarement des tubérosités. Il est plus résistant que le V. Riparia. Les variétés alliées à d'autres espèces sont moins résistantes que les variétés pures, on le verra plus loin ; mais la plupart d'entre elles constituent néanmoins de bons porte-greffes. Les lésions qu'elles portent sont peu pénétrantes.

Le *pourridié* l'envahit fréquemment et avec beaucoup d'intensité.

Par contre, les feuilles sont à peu près indemnes de maladies cryptogamiques. Ni *mildiou*, ni *black-rot*, ni même *oïdium*, ou du moins elles ne portent que des traces inoffensives de ces maladies. Elles présentent parfois des taches de *pyrrhose*, confondues à tort avec la mélanose, et dont on ne connaît pas la cause ; elles sont aussi envahies par l'*anthracnose,* de même que les sarments ; et toutes ces propriétés se retrouvent atténuées, il est vrai, chez les hybrides de l'espèce.

Le V. Rupestris se rabougrit rapidement dans les terres trop humides ou trop sèches ; mais il ne craint pas les gelées d'hiver.

Les variétés de V. Rupestris sont les unes mâles, les autres hermaphrodites. Ces dernières ne donnent que des grappes petites et à petits grains, qui ne peuvent être utilisées pour la vinification et encore moins pour la table. Mais ces grappes sont au nombre de 3 ou 4 par rameau, et comme 3 ou 4 bourgeons au moins d'un œil en renferment, elles naissent toujours très nombreuses au printemps ; elles apparaissent même avant les rameaux qui les portent, et la végétation est constituée seulement par des grappes. Ce qu'il convient de noter, c'est que les yeux du vieux bois sont fertiles, tout comme ceux des sarments de l'année. Les gelées de printemps n'enlèvent donc pas toute la récolte. C'est là une propriété précieuse qui se retrouve chez beaucoup des hybrides du V. Rupestris, soit avec le V. Vinifera, soit avec d'autres espèces.

En résumé, le V. Rupestris est une *espèce-sujet* de premier ordre. Très résistante au phylloxera, très vigoureuse, ce qui permet de la cultiver avec succès dans les terrains maigres, et donnant des plantes puissantes, elle prendra de plus en plus de l'importance, sauf dans les endroits où la sécheresse est à craindre. Sa grande vigueur a bien pour conséquence une plus grande sensibilité à la coulure, mais il est facile d'y remédier par une taille plus généreuse, par des longs bois. En tant que producteur direct, elle n'a rendu aucun service ; croisée avec le *V. Vinifera*, le *V. Æstivalis*, elle a produit des hybrides très fertiles et dont quelques-uns tendent à se répandre dans les vignobles. Nous dirons plus loin ce qu'ils valent.

VARIÉTÉS

1. R. N° 8 BLANC T. — **Caractères**. — Feuille adulte : angles des nervures : 70. 36 = 106 ; entière, dents arrondies, larges ; rapports des nervures : 1.03, 0.97, 3 ; glabre en dessous ; glabre, un peu ondulée, unie, lisse, vert pâle et luisante, nervures un peu rosées à la base en dessus ; réniforme, petite.

Rameaux glabres vert-rosé.

Aptitudes. — Variété non répandue dans les vignes et non étudiée.

2. R. DU LOT. — **Synonymes**. — *R. Monticola, R. Richter, R. Lacastelle, R. Sijas, etc...*

Caractères. — Feuille adulte : angles des nervures : 71, 25 = 96 ; entière, dents anguleuses, étroites ; rapports des nervures : 0.95, 0.76, 3.20 ; glabre en dessous ; glabre, unie, plane, vert pâle, un peu glauque et luisante, nervures rouge-violacé à la base en dessus ; très longue.

Feuilles jeunes glabres vert cuivré, très brillantes.

Bourgeonnement aranéeux vert cuivré.

Rameaux glabres, aranéeux au sommet, violacés, ramifiés, gros.

Plante mâle.

Aptitudes. — Variété remarquée d'abord par M. R.-Sijas, de Montpellier, à cause de sa puissante végétation et de sa bonne tenue dans les terrains calcaires blancs de Montferrier. De là, elle fut envoyée, au milieu de beaucoup d'autres variétés, à plusieurs personnes, et toutes furent frappées de sa grande vigueur et de ses facultés d'adaptation aux mauvais terrains. N'ayant pas été cataloguée jusqu'alors, elle fut presque simultanément signalée à l'attention des viticulteurs sous des noms divers, dont quelques-uns ont été indiqués plus haut.

Elle croît vigoureusement dans tous les terrains, sauf dans ceux qui sont calcaires à l'excès ; encore y est-elle verte beaucoup plus longtemps que les autres variétés de Rupestris : son tronc grossit très vite ; des boutures de 4 millimètres de diamètre sont, après un an de plantation, quelquefois trop grosses pour recevoir les greffons de nos variétés de V. Vinifera ; en tout cas, il grossit toujours au moins autant que les greffons qu'on lui fait nourrir, et il n'existe au point de soudure ni bourrelet, ni ces différences de dimensions qui sont si importantes sur les greffes du V. Riparia. Elle donne donc des greffes solides, résistan-

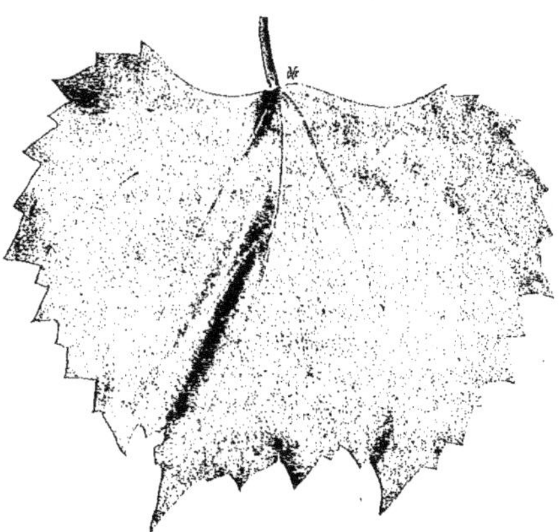

Fig. 113. — Feuille de R. du Lot.

tes, et qui n'ont pas besoin d'être maintenues par un piquet contre le vent. On lui reproche même de donner des plantes trop vigoureuses et conséquemment exposées à la coulure. La coulure est en effet la conséquence d'un excès de végétation, ou plutôt de rapidité du développement. Quand les rameaux s'allongent très vite, c'est en partie aux dépens des grappes : il suffit donc de ralentir leur croissance pour que les grappes qu'ils portent se développent mieux. Et on ralentit leur croissance en les *multipliant*, c'est-à-dire en laissant à la taille un grand nombre d'yeux. La tendance à la coulure des vignes greffées sur Rupestris tient donc davantage à une taille mal faite qu'à la nature du sujet. Et cette puissance de végétation, quand on sait l'utiliser, ne peut être qu'un avantage. La presque totalité des soins qu'on donne à la vigne ont justement pour objet d'augmenter sa vigueur ou de la maintenir constante ; la puissance du sujet supplée ainsi dans une certaine mesure aux fumures et aux labours ; ce n'est pas une qualité à dédaigner. On peut donc cultiver le R. du Lot dans les terrains de fertilité la plus variée. Où, cependant, il laisse à désirer, c'est dans les sols qui craignent la sécheresse : marnes argileuses ou terres reposant sur un sous-sol compact, impénétrable aux racines. Là, le R. du Lot perd en été les feuilles de la base des rameaux et ses grappes se flétrissent. Mais ce défaut n'existe plus dès que les racines peuvent pénétrer profondément. Il aime la fraîcheur.

Cette variété est surtout précieuse pour les terres calcaires chlorosantes, telles que celles où le Jacquez jaunit un peu et où le Riparia se rabougrit vite. C'est là qu'elle a rendu le plus de services. Elle supporte, en effet, 25 o/o de calcaire crayeux, quand le Riparia Gloire n'en supporte que 15 o/o. Elle permet la reconstitution dans beaucoup de sols chlorosants.

Les sarments s'enracinent très facilement ; ils émettent de nombreuses racines rougeâtres, un peu charnues et plongeantes. En même temps, le système aérien se développe puissamment et la végétation des pieds-mères se continue fort tard ; en novembre, quand il n'est pas survenu de fortes gelées, les rameaux forment encore de jeunes feuilles. Aussi les bois ne sont-ils pas toujours bien aoûtés. Bien mûrs, ils reprennent très bien à la greffe ; et cette plante, surtout si on a soin d'enlever les rejets du sujet, donne toujours une proportion de reprises très élevée. La résistance phylloxérique est élevée, supérieure à celle du Riparia Gloire.

La puissance de développement de cette plante, sa haute résistance à la chlorose, la facilité avec laquelle elle prend la greffe, la grande réceptivité de ses *radicelles* au phylloxera lui sont propres. D'autre part, la faible valeur angulaire et les rapports de ses nervures, la carnosité des racines, semblent aussi la distinguer des autres variétés de Rupestris. On en pourrait conclure qu'elle est aussi, sans doute, alliée à une autre espèce. Mais laquelle ? D'après M. Couderc, ce serait le V. Monticola. Or, le V. Monticola reprend très mal à la greffe, et il ne peut guère donner, dans un croisement, une charpente resserrée comme celle de la feuille du R. du Lot.

Chose curieuse, cette charpente resserrée se retrouve dans plusieurs plantes qui sont douées d'une haute résistance à la chlorose : Solonis, 554-5, etc... Et l'espèce qui a donné cette propriété est sans doute encore inconnue.

3. R. A. DE SERRES. — Variété semblable au Rupestris du Lot par les caractères généraux du feuillage. S'en distingue : 1° par la couleur du bourgeonnement et des jeunes feuilles qui est rosée ; 2° par sa fertilité. Elle donne de petites grappes (15 à 30 grains, qui sont petits, mais avec de gros pépins). Moins vigoureuse que R. du Lot.

4. R. VIOLET (Richter). — **Caractères.** — Feuille adulte : angles des nervures : 78, 29 = 107 ; entière, dents arrondies, larges ; rapports des nervures : 1.01, 0.86, 1.60 ; glabre en dessous ; glabre, unie, vert tendre, nervures violacées à la base en dessus ; très large.

Rameaux glabres rouge-violet, rampants.

Plante mâle.

Aptitudes. — Bonne variété de Rupestris, qui n'a pas été propagée, étant moins vigoureuse que R. du Lot.

5. R. A POUSSES VIOLETTES (Couderc). — **Caractères.** — Feuille adulte :

Fig. 114. — Feuille de R. à pousses violettes.

angles des nervures : 80, 22 = 102 ; entière, dents arrondies, larges ; rapports des nervures : 1.03, 0.83, 0.54 ; glabre en dessous, gaufrée au centre, unie ailleurs, vert franc, nervures violacées à la base en dessus ; très large.

Rameaux glabres.
Plante mâle.

Aptitudes. — Sélectionnée par M. Coudert. Comparable au R. Ganzin ou au R. Martin en tant que développement.

6. R. Mission (Viala). — **Caractères.** — Feuille adulte : angles des nervures : 82, 29 = 111 ; entière, dents anguleuses, larges ; rapports des nervures : 0.98, 0.88, 1.07 ; glabre en dessous ; glabre, pliée en gouttière, unie, vert glauque taché de rouge à l'automne, nervures violacées en dessus ; très large.

Rameaux glabres violets, très rampants.

Plante mâle.

Aptitudes. — Sélectionnée et nommée par M. Viala. Vigoureuse dans les sols silico-argileux, elle redoute beaucoup les terres calcaires.

Fig. 115. — Feuille de R. Mission.

7. R. géant (Gaillard). — **Caractères.** — Feuille adulte : angles des nervures : 84, 35 = 119 ; entière, dents anguleuses, larges ; rapports des nervures : 0.85, 0.74, 0.70; pubescente sur nervure 1 en dessous, glabre, unie, plane, vert clair, nervures vert pâle en dessus ; large.

Rameaux glabres, rampants, plutôt courts, violacés.

Grappe à grains ronds, noirs, petits, à jus très coloré : lâche, ailée, assez longue (15 centimètres).

Aptitudes. — Variété très vigoureuse, sélectionnée par M. Gaillard, de Brignais. Peu étudiée jusqu'à présent. Mérite de l'être, d'autant plus qu'elle n'est pas très pure. Les caractères précédents montrent nettement qu'elle est alliée à une autre espèce, probablement le V. Riparia. Ce sont néanmoins les caractères du V. Rupestris qui dominent chez elle.

8. R. de Fortworth N° 1 (Richter). — **Caractères.** — Feuille adulte: angles des nervures : 90, 20 = 106 ; entière, dents anguleuses, étroites ; rapports des nervures : 0.98, 0.83; glabre en dessous ; glabre, gaufrée, unie, vert franc, luisante, nervures à peine rosées en dessus ; large.

Rameaux glabres vert-rougeâtre.

Aptitudes. — Sélection de M. Richter dans les R. de Fortworth de MM. Millardet et de Grasset. Vigoureuse.

9. R. GAILLARD (Gaillard). — **Caractères**. — Feuille adulte : angles des nervures : 90, 43 = 133 ; entière, dents anguleuses, larges (presque normales) ; rapports des nervures : 0.86, 0.78, 0.50 ; un peu pubescente en dessous ; glabre, unie, vert-jaunâtre, luisante, nervures rosées en dessus ; aussi large que longue.

Feuilles jeunes, brillantes, vert-jaunâtre.

Bourgeonnement glabre, luisant.

Rameaux glabres, rampants, violacés.

Fig. 116. — Feuille de R. de Fortworth N° 1 (Richter).

Grappe à grains ronds, noirs, sous-moyens, pulpeux, très colorés, fades ; ailée, petite.

Aptitudes. — Variété obtenue de graines et sélectionnée par M. Gaillard, de Brignais. C'est une variété très vigoureuse, la plus belle certainement après le R. du Lot. Elle est un peu moins résistante à la chlorose que cette dernière, mais, à ce point de vue, elle est de beaucoup supérieure aux autres variétés de Rupestris ; j'ai pu m'en assurer dans les terres crayeuses de Cognac. A l'École de Montpellier, elle porte des greffes magnifiques.

Si elle ne peut être substituée au R. du Lot dans les sols très calcaires, il y aurait lieu de l'expérimenter dans les terres qui craignent la sécheresse. Ce qu'elle a de précieux, c'est qu'elle ne se rabougrit pas comme beaucoup de Rupestris. Dans les anciennes collections de l'École, elle a seule résisté au rabougrissement. On devra reprendre l'étude de cette vigne.

Ses caractères montrent qu'elle n'est pas une variété pure. M. Couderc la croit alliée au V. Monticola et au V. Cordifolia. La forme des dents et le brillant des jeunes feuilles la rapprochent de la première de ces deux espèces ; la deuxième doit y entrer pour une part bien faible, au moins si l'on en juge par les seuls caractères du feuillage. Mais ses racines sont un peu jaunes et bien attaquées par le phylloxera ; d'autre part, sa haute résistance au rabougrissement semblerait bien indiquer sa parenté avec le V. Cordifolia.

10. R. DE FORTWORTH N° 1 (de Grasset). — **Caractères**. — Feuille adulte : angles des nervures : 90, 30 = 120 ; 3-lobée, à sinus latéraux : supérieur marqué ; dents arrondies, larges ; glabre en dessous ; glabre, unie, vert-jaunâtre, nervures vert pâle en dessus ; large.

Rameaux rampants.

Aptitudes. — Variété vigoureuse sélectionnée par MM. Millardet et de Grasset.

11. R. FRUCTIFÈRE (Marès). — **Caractères.** — Feuille adulte : angles des nervures : 90, 35 = 125 ; entière, dents arrondies, larges ; rapports des nervures : 1, 0.87, 0.52 ; un peu pubescente en dessous ; glabre, ondulée, unie, vert-jaunâtre, nervures rosées à la base en dessus ; large.

Plante fertile.

Fig. 117. — Feuille de R. de Fortworth N° 3 (de Grasset).

Aptitudes. — Variété sélectionnée par M. Marès.

12. R. DE FORTWORTH N° 3 (de Grasset). — **Caractères.** — Feuille adulte : angles des nervures : 91, 35 = 136 ; 3-lobée, à sinus latéraux : supérieur à peine marqué ; dents anguleuses, larges ; rapports des nervures : 0.98, 0.86, 0.42 ; aranéeuse en dessous sur les nervures 1, 2 : aranéeuse, ondulée, vert foncé, brillante, nervures très violacées en dessus ; large.

Rameaux duveteux, un peu côtelés, violet intense.

Grappe à grains noirs, ronds, petits, pulpeux, à jus très coloré, fades ; petite (8 à 10 centimètres), lâche, ailée.

Aptitudes. — Cette variété est manifestement alliée à une espèce cotonneuse : peut-être le V. Candicans. Vigoureuse, mais peu employée pour la reconstitution.

13. R. MÉTALLIQUE. — **Caractères.** — Feuille adulte : angles des nervures : 91, 33 = 122 ; entière, dents anguleuses, larges ; rapports des nervures : 0.98, 0.75, 0.40 ; aranéeuse sur les nervures 1, 2 en dessous ; glabre, unie, vert glauque, nervures un peu rosées en dessous ; aussi large que longue.

Rameaux aranéeux, presque dressés, vert pâle.

Plante mâle.

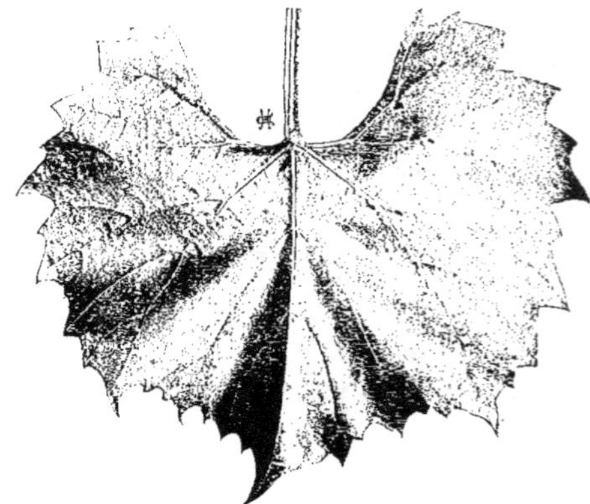

Fig. 118. — Feuille de R. métallique.

Aptitudes. — Variété vigoureuse, qui résiste plus que R. Martin, Ganzin, Mission, etc..., au calcaire. Elle a un puissant système radiculaire. Les caractères montrent qu'elle est alliée à une autre espèce. Ce serait le V. Candicans, d'après quelques auteurs. C'est possible, bien que, le duvet excepté, les caractères de cette dernière espèce n'y paraissent point. Elle est attaquée par le phylloxera, mais résiste à peu près partout.

14. R. DE FORTWORTH N° 2 (de Grasset). — **Synonyme.** — *R. de Fortworth N° 2 Richter.*

Caractères. — Feuille adulte : angles des nervures : 95, 28 = 123 ; 3-lobée, à sinus latéraux : supérieur bien marqué ; dents arrondies, larges : rapports des nervures : 1.10, 0 79, 0.55 ; glabre en dessous ; gaufrée au centre, unie, vert glauque, nervures un peu rosées en dessus ; large.

Rameaux rampants, rosés.

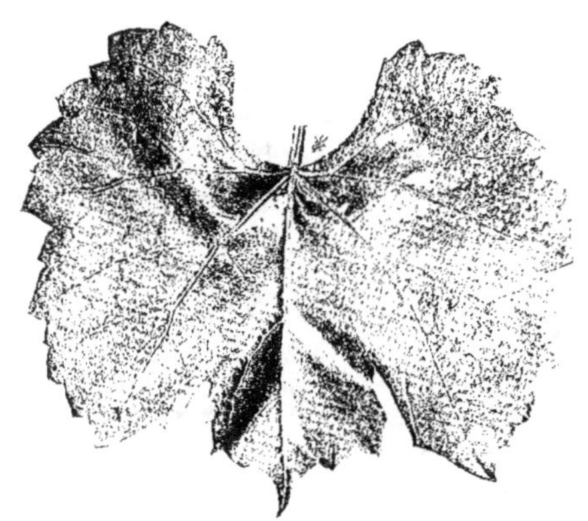

Fig. 119. — Feuille de R. de Fortworth N° 2.

Aptitudes. — Variété vigoureuse due à M. de Grasset.

15. R. VIALA (Malleu). — **Caractères.** — Feuille adulte : angles des nervures : 95, 30 = 125 ; entière, dents anguleuses, étroites ; rapports des nervures : 0.87, 0.72. 1 ; un peu pubescente sur nervure 1 en dessous ; glabre, unie, vert pâle, brillante, nervures rouges en dessus ; large.

Rameaux dressés, rouge-violacé.

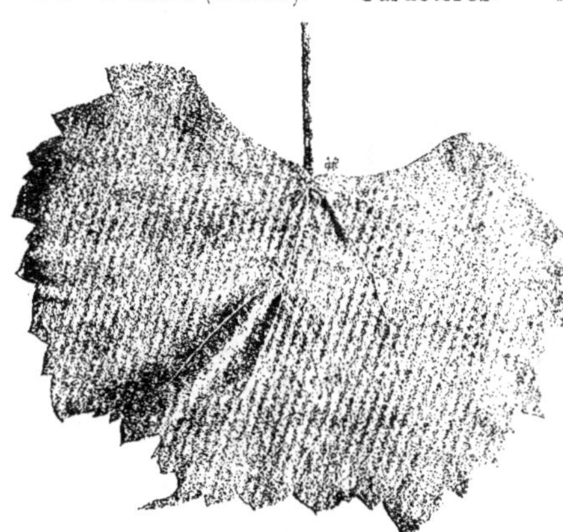

Fig. 120. — Feuille de R. Ganzin.

Aptitudes. — Variété sélectionnée en Espagne, de valeur inconnue. Paraît d'ailleurs alliée à une autre espèce ; aspect métallique.

16. R. GANZIN (Millardet). — **Caractères.** — Feuille adulte : angles des nervures : 98, 30 = 128 : entière, dents anguleuses, larges ; rapports des nervures : 1, 0.81, 0.73 ; glabre en dessous ; glabre, unie, vert pâle, nervures rouges en dessus ; large.

Rameaux glabres vert-jaunâtre, puis rosés.

Plante mâle.

Aptitudes. — Sélectionnée par M. V. Ganzin et dédiée à son obtenteur par M. Millardet. Vigne de vigueur moyenne, plus faible que R. Martin. Très rustique, très résistante au phylloxera, elle porte des greffes de bonne vigueur. A été abandonnée depuis qu'on possède des variétés plus vigoureuses.

17. R. BLEU. — **Caractères.** — Feuille adulte : angles des nervures : 98, 40 = 138 ; entière, dents arrondies, presque nulles ; rapports des nervures : 0.96, 0.74, 0.61 : glabre en dessous ; glabre, unie, vert-bleuté, luisante, nervures à peine rosées en dessus ; large.
Plante fertile.

Fig. 121. — Feuille de R. bleu.

Aptitudes. — Variété cultivée dans les collections de l'École d'agriculture de Montpellier et remarquable par la couleur bleuâtre du feuillage. Vigoureuse.

18. R. Nº 1 BLANC T. — **Synonyme.** — *Riparia-Rupestris B.T.*

Caractères. — Feuille adulte : angles des nervures : 100, 40 = 140 ; entière, dents arrondies, larges ; rapports des nervures : 0.98, 0.82, 0.55 ; pubescente aux angles des nervures **1, 2** en dessous ; glabre, unie, vert glauque, nervures un peu violacées en dessus : très large.

Feuilles jeunes glabres vert cuivré, brillant.

Bourgeonnement glabre vert cuivré.

Rameaux glabres vert-rouge, rampants.

Aptitudes. — Non utilisée jusqu'ici sur des surfaces importantes.

19. R. DE FORTWORTH Nº 3 (Richter). — **Caractères.** — Feuille

Fig. 122. — Feuille de R. Nº 1 Blanc T.

adulte : angles des nervures : 100, 45 = 145 ; entière, dents arrondies, larges ; rapports des nervures : 0.97, 0.81, 0.44 ; pubescente aux angles des nervures **1, 2** en dessous ; glabre, ondulée, vert tendre, luisante, nervures à peine rosées en dessous ; large.

Rameaux glabres violacés, longs.

Aptitudes.— Variété vigoureuse sélectionnée par M. Richter. N'a pas été propagée dans les vignobles.

20. R. N° 3 Blanc T. — **Synonyme.** — *Riparia-Rupestris N° 3 Blanc T.*

Caractères. — Feuille adulte : angles des nervures : 100, 38 = 138 ; 3-lobée, à sinus latéraux : supérieur profond ; dents arrondies, larges ; pubescente aux angles des nervures **1, 2** ; glabre, unie,

Fig. 123. — Feuille de R. de Fortworth N° 3 Richter).

vert glauque, nervures à peine rosées en dessus ; large.

Rameaux glabres rouge-violet, longs.

Aptitudes. — Variété vigoureuse, bien caractérisée par les découpures des feuilles. Elle doit être classée dans la variété *dissecta* de Bailey.

21. R. du Muséum. — **Caractères.** — Feuille adulte : angles des nervures : 102, 37 = 139 ; entière, dents anguleuses, larges ; rapports des nervures : 0.94, 0.80, 0.43 ; pubescente sur nervures **1, 2, 3** en dessous ; glabre, tourmentée, unie, vert franc, luisante, nervures à peine rosées en dessus ; large.

Aptitudes. — Variété issue du Jardin du Muséum de Paris. Faible, sans valeur.

22. R. Martin (Couderc). — **Caractères.** — Feuille adulte : angles des nervures : 105, 40 = 145 ; entière, dents arrondies, très larges ; rapports des nervures : 1.02, 0.82, 0.42 ; glabre en dessous ; gaufrée au centre, unie, vert foncé, brillante, nervures violacées à la base en dessus ; large.

Rameaux glabres violacés.

Plante mâle.

Aptitudes. — Variété remarquée par M. Couderc chez M. Martin, propriétaire près de Montpellier. Très vigoureuse, très résistante au phylloxera ; elle est un des porte-greffes les plus robustes qui existent actuellement. Quand le terrain lui convient, elle donne des souches fortes et durables. Le système radiculaire est traçant et plongeant. Le tronc grossit presque autant que les greffons de V. Vinifera qu'on peut lui faire nourrir. Les sarments, longs et forts, s'enracinent facilement et donnent des plantes dont la partie aérienne se développe immédiatement avec vigueur.

Seulement, ils reprennent mal à la greffe. Pour obtenir une proportion de reprises suffisante, il faut de toute nécessité enlever avec soin les yeux du sujet ; encore le résultat n'est-il pas toujours très satisfaisant. Mais, la greffe réussie, la souche se développe avec vigueur. La coulure est moins à craindre que sur R. du Lot ; et peut-être en est-il de même de la sécheresse.

Le R. Martin craint beaucoup le carbonate de chaux. Il ne faut donc pas le placer dans les terres calcaires où le V. Riparia jaunit un peu. Mais, dans les terres argilo-siliceuses, caillouteuses et un peu fraîches, c'est un excellent

Fig. 121. — Feuille de R. Martin.

porte-greffe, qui se maintient vigoureux sans l'apport de fortes fumures.

R. Centro (Malleu). — Variété sélectionnée en Espagne.

R. géant. — Variété sauvage cueillie et sélectionnée par M. Munson. Variété mâle, non introduite en France.

R. Red Leaf (feuille rouge). — Variété sauvage trouvée et sélectionnée par M. Munson. Fertile, mais à fleurs à étamines recourbées et donnant des grappes petites avec des grains petits et noirs. Non cultivée en France.

R. Small Leaf. — Variété sauvage du Texas trouvée par Munson. Fertile, mais à fleurs mal conformées ; mûrissant de bonne heure ses grappes petites et à petits grains. Non cultivée en France.

R. Tyran. — Belle variété de Rupestris propagée dans le Vaucluse.

ESPÈCE DOUTEUSE

V. TRELEASII Bailey

B. Rameaux à section anguleuse.

    a. Feuilles tronquées, très cireuses en dessous.

V. ÆSTIVALIS Michx.

Synonymes. — *V. Sylvestris*, *V. Occidentalis*, *V. Americana* Bertram, d'après Bailey ; *V. Nortoni* Prince ; *V. Labrusca* var. *Æstivalis* Regel, et peut-être *V. Araneosus* Leconte.

Vulgo : *Summer grape*, *Bunch grape*, *Pigeon grape*.

Caractères. — Rameaux polyédriques, glabres ou duveteux, vert pâle, peu violacés, *cireux* ; gros, courts ; rouge-violet à l'aoûtement.

Feuille adulte tronquée ; angles des nervures ouverts ; dents peu marquées ; pubescente et avec un duvet roux, souvent réuni en flocon sur nervures **1, 2, 3, 4** ; *glauque-cireuse* en dessous ; glabre, très bullée, gaufrée presque, vert brillant en dessus ; épaisse.

Feuilles jeunes duveteuses (duvet blanc ou rosé, quelquefois roux).

Bourgeonnement duveteux carminé ou roux.

Grappe à grains ronds ou discoïdes, noirs, moyens (10 à 15 millimètres), juteux ; moyenne ou forte, plus ou moins lâche.

Fig. 125. — Graine de V. Æstivalis.

Graine à chalaze circulaire et à raphé proéminent.

Habitat. — Depuis Long-Island jusqu'au centre de la Floride, Pensylvanie, Mississipi, Missouri.

Observations. — La feuille adulte du V. Æstivalis est tronquée, c'est-à-dire rétrécie à sa base. Pour qu'il en soit ainsi, il faut : 1° que les angles des nervures soient très ouverts, de manière que la charpente de la feuille soit rejetée en bas, et 2° que la nervure **1²** postérieure soit relativement courte. Le type de la feuille du V. Æstivalis est donnée par la figure 126. Et si, dans les variétés figurées plus loin, quelques feuilles paraissent s'éloigner de ce type, j'ai des raisons de croire que cela est dû à une maladie, le court-noué, qui a toujours pour conséquence le resserrement de la charpente de la feuille et de toutes ses parties, particulièrement des dents.

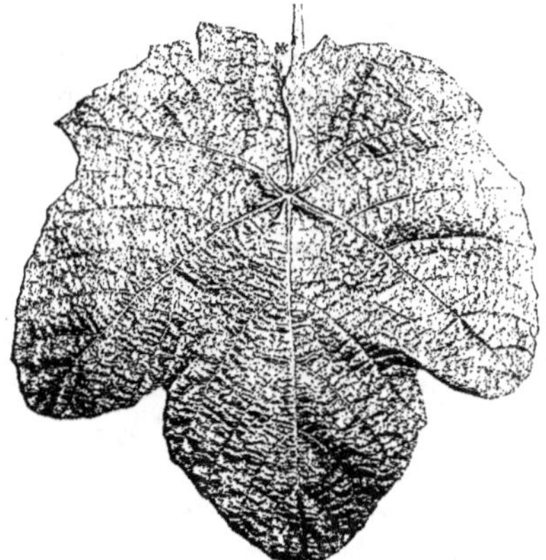

Fig. 126. — Feuille de V. Æstivalis.

A la face supérieure, les feuilles sont habituellement glabres ; les poils laineux qu'elles portent quelquefois — et qui sont fréquemment caducs — sont en général roussâtres. A la face inférieure, le duvet plus ou moins roux n'est jamais abondant ; il ne masque nullement le parenchyme ; et, constamment, il est réuni en petites touffes disséminées sur les nervures de tout ordre.

La face inférieure porte, en même temps que des poils laineux, des poils raides sur les nervures. Ces poils sont tantôt peu nombreux et espacés, tantôt très serrés, tantôt même formant des touffes à l'intersection des nervures principales et de tout ordre. Je les ai mentionnés quand leur présence m'a paru constante et de nature à être utilisée comme caractère.

La glaucescence de la face inférieure est constante chez le V. Æstivalis. Son intensité est variable avec les variétés. Les feuilles glabres sont aussi plus glauques que les tomenteuses. Mais ce caractère n'est jamais entièrement masqué par les poils, et il est d'autant plus accusé que les feuilles sont plus âgées. Les variations qu'il peut présenter dans son intensité ne peuvent guère être utilisées pour distinguer les variétés, car elles sont subordonnées à une foule de conditions extérieures, telles que la pluie, la sécheresse.

Le limbe est toujours nettement bullé, épais. Qu'il soit nettement carminé, ce qui est le plus fréquent, ou, ce qui est plus rare, roux, la couleur du débourrement occupe une étendue plus ou moins considérable. Tantôt elle est limitée aux bords même des jeunes feuilles non encore épanouies, qu'elle entoure d'un mince liséré; tantôt elle s'étend sur une zone de largeur variable, sur le pourtour de ces mêmes jeunes feuilles; tantôt elle les recouvre entièrement. Mais elle ne porte jamais que sur les poils laineux qui recouvrent toujours, chez cette espèce, le sommet des pousses; le parenchyme reste toujours d'un vert pâle au-dessous du duvet qui le recouvre.

Ces deux colorations ne peuvent guère servir à faire des subdivisions importantes parmi les variétés du V. Æstivalis. Et voici pourquoi. Toutes ces variétés portent en effet, au moins sur les feuilles adultes, un duvet roux; chez quelques-unes, cette coloration des poils se retrouve sur les jeunes feuilles; elle peut très bien apparaître, dès le début, dans le bourgeon non encore épanoui, et ces différences, comme on voit, ne peuvent guère servir qu'à distinguer des variétés très voisines les unes des autres par d'autres caractères.

Les rameaux portent constamment sur les mérithalles de l'extrémité un duvet très lâche; côtelés quand ils sont très jeunes, ils ne deviennent à peu près cylindriques que très tard; glabres alors, d'un vert pâle et cireux qui se nuance ensuite de violet. Les rameaux ne nous fournissent aucun caractère net pour distinguer les variétés. Les vrilles sont bifides, trifides.

Les sarments aoûtés sont nettement striés longitudinalement, de couleur rouge-violacé, gros, cylindriques.

Les racines sont puissantes, charnues, grises, avec des canaux assez développés.

Les grappes ont évidemment des dimensions variables : quelques-unes sont très longues, d'autres très courtes. En général elles sont cylindriques et peu serrées; mais ce dernier caractère n'a pas une grande signification. Le pédoncule est fort et résistant. Les grains ont des dimensions variables. Les uns ont 9 à 10 millimètres de diamètre, les autres atteignent 13 millimètres.

Les baies sont sphériques ou un peu déprimées, c'est-à-dire plus larges que longues, noires le plus souvent, à peau épaisse, à pulpe assez juteuse, sucrée et un peu âpre. C'est un des meilleurs raisins américains.

Sur les souches que nous avons pu examiner, et qui, greffées sur Taylor, sont peu vigoureuses, quoique taillées court, la fructification est peu abondante; les grappes peu nombreuses sont en outre coulardes. C'est là un défaut qui peut très bien tenir à la taille et au mauvais état de la végétation. Vigoureuses et soumises à une taille très longue, ces variétés donneraient certainement des grappes plus fortes et mieux constituées.

Les pépins, en nombre variable dans chaque baie, sont courts et portent tous un raphé saillant et arrondi ; rien de spécial à leur endroit.

Aptitudes. - C'est une vigne des régions chaudes ; aussi ses variétés ne mûrissent-elles convenablement leurs bois et leurs fruits chez nous que dans la moitié sud de la France ; au delà, elles ne peuvent être cultivées avec succès. Mais quand ses bois sont bien aoûtés, ils résistent très bien aux gelées d'hiver quelle que soit leur intensité, beaucoup mieux que les variétés du V. Labrusca.

Peut-être ses variétés sont-elles sensibles à la sécheresse. Pendant les fortes chaleurs de l'été, les feuilles adultes se tachent de plaques brunes plus ou moins étendues. Il n'est pas certain toutefois que ces taches soient la conséquence de la sécheresse, car les feuilles, par leur structure, la cire qui les recouvre en dessous, sont adaptées à la sécheresse. D'après Bush, elles supportent les plus fortes sécheresses sans se flétrir. Les variétés à feuilles minces, si elles existent, n'ont pas été cultivées en France.

Ces vignes débourrent tôt et mûrissent plus ou moins tôt en France ; la floraison paraît être délicate, à moins que la coulure ne soit le fait soit d'une imperfection du pollen, soit d'une structure défectueuse de la fleur.

Les sarments, gros, durs, à bois dense, s'enracinent difficilement, mais beaucoup mieux que ceux du V. Berlandieri ou du V. Cinerea. Les racines naissent peu nombreuses, se développent d'abord lentement, puis prennent bientôt une grande puissance. Le premier développement est par suite un peu lent, au moins la première année. Les racines des plantes développées sont charnues, traçantes, mais aussi plongeantes, à radicelles grosses, relativement peu nombreuses, et se développant très bien dans les sols compacts et durs.

Les terrains sur lesquels elle croît en Amérique sont de natures diverses. En France, elle redoute particulièrement le carbonate de chaux ; sa résistance à la chlorose n'est guère supérieure à celle du V. Labrusca, elle meurt l'année même de la plantation dans les sols crayeux ; elle est toujours jaunissante dans les sols où le Riparia reste à peu près constamment vert. Franche de pied, sa culture est donc déjà limitée par le pouvoir chlorosant du sol ; greffée, elle ne convient plus qu'aux sols non calcaires, où elle vient très bien, mais où d'autres espèces sont encore plus vigoureuses. Dans les terres compactes, elle vient mieux que le V. Riparia et le V. Rupestris ; elle croît aussi fort bien dans les sables, où beaucoup d'espèces lui sont inférieures. Cette propriété se retrouve, atténuée, il est vrai, chez les hybrides.

La résistance phylloxérique est en général insuffisante. Non greffée, elle succombe à l'insecte si le sol est peu profond et sec ; en bonne terre riche, fraîche et profonde, elle a une résistance suffisante. Néanmoins, les racines sont très envahies par le phylloxera, de même que les radicelles ; nodosités et tubérosités sont très volumineuses.

Cultivée comme sujet, sa résistance est amoindrie ; elle n'est plus suffisante que dans les sols sablonneux ou humides, dans lesquels le phylloxera se développe mal.

Elle est relativement peu attaquée par le ver blanc ; la réceptivité de ses fruits ou de ses pousses aux attaques des insectes est inconnue.

Quant aux parasites végétaux, elle craint fort peu l'oïdium et le mildiou ; un ou deux traitements la mettent suffisamment à l'abri de cette dernière maladie ; si elles portent quelquefois des taches, ses feuilles n'en souffrent jamais ; les grains sont peu atteints, et, sauf exceptions dues à des conditions climatériques exceptionnelles, elle est pratiquement à l'abri de la maladie. Elle résiste aussi très bien au black-rot, et beaucoup plus que le V. Labrusca.

D'après M. Jæger, cette vigne n'aurait jamais le black-rot dans les États du Sud, mais il se peut que cette opinion ne soit pas toujours justifiée.

Le vin est de bonne qualité, surtout quand il est fait en rose. Longtemps en contact avec la grappe, il est, en général, trop riche en couleur pour les variétés à fruits noirs ; mais alors il convient très bien pour le coupage.

En résumé, le V. Æstivalis est intéressant par sa résistance aux maladies cryptogamiques, par la qualité de ses fruits et, en somme, quand il est taillé long, par une production suffisante. D'autre part, il vient très bien dans les sols compacts, mais non calcaires. Mais sa résistance phylloxérique est insuffisante, sauf dans les sols sablonneux ou très frais. Comme producteur direct, on ne peut donc pas l'utiliser partout ; mais on pourrait l'employer comme greffon dans les régions où les maladies cryptogamiques sévissent avec intensité.

En tant que porte-greffe, il est insuffisant d'autant qu'il s'enracine mal ; mais les particularités remarquables qu'il possède, on peut les communiquer en partie à des hybrides.

VARIÉTÉS

1. Æ. SAUVAGE b. — **Caractères.** — Feuille adulte : angles des nervures : 85, 45 = 130 ; 3-lobée, à sinus latéraux : supérieur à peine indiqué : dents arrondies, étroites ; rapports des nervures : 0.93, 0.65, 0.68 : à duvet roux sur nervures **1. 2. 3, 4** et glauque en dessous ; finement bullée, plane, vert foncé, nervures un peu rosées à la base en dessus ; large.

Feuilles jeunes duveteuses rosées.

Bourgeonnement duveteux rouge.

2. Æ. DE SPAUNHORST. — **Caractères.** — Feuille adulte : angles des nervures : 100, 40 = 140 ; 5-7-lobée, à sinus latéraux : supérieur et inférieur très profonds ; dents anguleuses, larges ; rapports des nervures : 0.76, 0.52, 0.50 : à duvet très roux et pubescent (poils très serrés et très fins) sur nervures **1. 2. 3. 4** en dessous : un peu bullée, vert franc, nervures à peine rosées en dessus : longue, grande.

Feuilles jeunes duveteuses, à duvet roux.

Bourgeonnement duveteux roux.

Rameaux glabres vert glauque.

Grappe à grains ronds ou discoïdes, noirs, petits : lâche, petite.

Aptitudes. — Produit très peu à la taille courte.

3. Æ. N° 2 (de Vivié). — **Caractéres**. — Feuille adulte : angles des nervures :
108, 34 = 142, 31 ; 5-lobée. à sinus latéraux : supérieur profond, inférieur à peine
marqué ; dents arrondies, étroites : rapports des nervures : 0.78. 0.73. 0.33 ; gaufrée,
bullée, vert foncé.

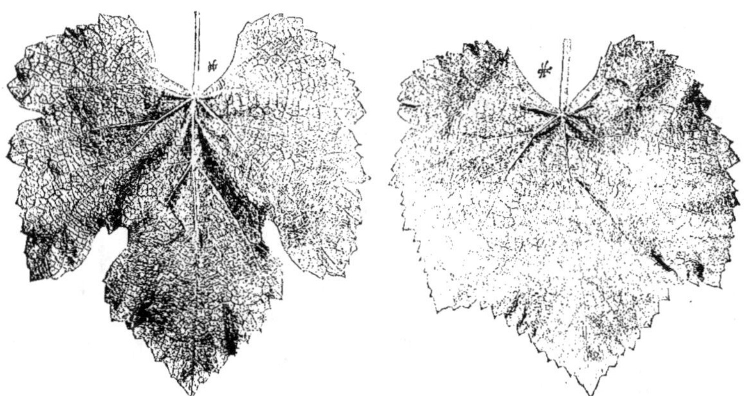

Fig. 127. — Feuille d'E. N° 2 (Vivié).   Fig. 128. — Feuille d'Æ. inédit (Vivié).

4. Æ. INÉDIT (de Vivié). — **Caractéres**. — Feuille adulte : angles des nervures :
115, 30 = 145 : 3-lobée, à sinus latéraux : supérieur à peine indiqué ; dents arrondies, larges ; rapports des nervures : 0.85, 0.71, 0.44 ; duveteuse blanc en dessous,
aranéeuse, à peine bullée. vert franc ; nervures

ADMIRABLE (Munson). — Variété obtenue par M. Munson. C'est une vigne vigoureuse, à grandes feuilles 3-lobées, qui porte des grappes de dimensions moyennes.
ailées, à grains noirs. petits et agréables. Production faible. Résiste bien à la sécheresse.

RIESENBLATT. — Variété à feuilles très grandes, de faible production, mais remarquablement ornementale.

II. — V. LINCECUMII BUCKLEY

Synonymes. — V. Æstivalis var. Lincecumii Munson, V. diversifolia Prince.
Vulgo : *Post-oak grape. Pine-wood-grape. Turkey grape.*

Habitat. — Sud du Missouri au nord du Texas et est de la Louisiane.

Observations. — Le V. Lincecumii a les caractères du V. Æstivalis ; et avec M. Munson, on pourrait en faire une variété de cette dernière. Il s'en distingue par la grosseur des grains de la grappe. Ce n'est pas là une différence importante. Dans le V.

Vinifera il y a des variétés à très petits grains, et d'autres, très nombreuses aussi, à grains énormes. Elles n'en appartiennent pas moins au V. Vinifera. Pourquoi la grosseur des baies d'importance nulle en aurait-elle une très grande là ?

Les grosses baies ont d'ordinaire de gros et longs pépins. Le V. Lincecumii a des pépins plus gros que le V. Æstivalis. Peut-être aussi sont-ils aussi un peu différents dans la forme.

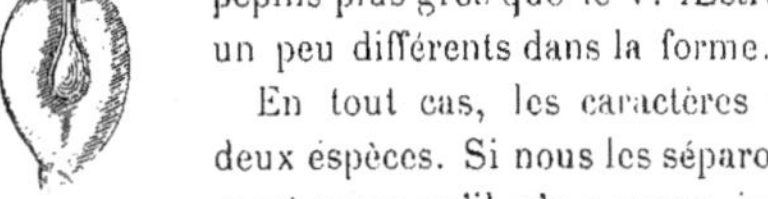

Fig. 129. — Graine de V. Lincecumii.

En tout cas, les caractères végétatifs sont les mêmes dans les deux espèces. Si nous les séparons encore dans ce livre, c'est uniquement parce qu'il n'y a aucun inconvénient à les séparer au point de vue pratique : il vaut toujours mieux trop distinguer que confondre.

Ce qui précède s'applique aussi au V. Bicolor.

Aptitudes. — Mêmes aptitudes que le V. Æstivalis. Seulement, cette vigne porte de beaux grains sucrés, agréables et de belles grappes (Early purple et Jæger's 43 notamment). Ce sont des grappes aussi grosses, aussi denses que celles de nos meilleurs Vinifera. Toutefois, les représentants de cette espèce essayés en France n'ont pas donné les résultats qu'on en pouvait attendre. Cela est dû, je pense, au système de taille qui leur a été appliqué. A la taille courte, leur production est à peu près nulle. A la taille longue, elle doit être plus considérable et suffisante. Il va sans dire que ces vignes se plaisent surtout dans les pays chauds : le Centre de la France ne saurait leur convenir.

Æ. Nº 20 (Jæger). — **Caractères.** — Feuille adulte : angles des nervures : 102, 45, = 147 ; 3-lobée, à sinus latéraux : supérieur bien marqué ; dents anguleuses, larges ; rapports des nervures : 0.90, 0.70, 0.31 ; à duvet roux sur nervures **2, 3, 4** et très glauque en dessous ; un peu bullée, vert foncé, luisante, nervures vert pâle en dessous ; longue, grande.

Feuilles jeunes duveteuses rosées.

Bourgeonnement duveteux rouge.

Rameaux glabres vert glauque, rayés de rouge.

Grappe à grains ronds, noirs, gros, un peu pulpeux, sucrés, parfumés ; lâche (15 centimètres).

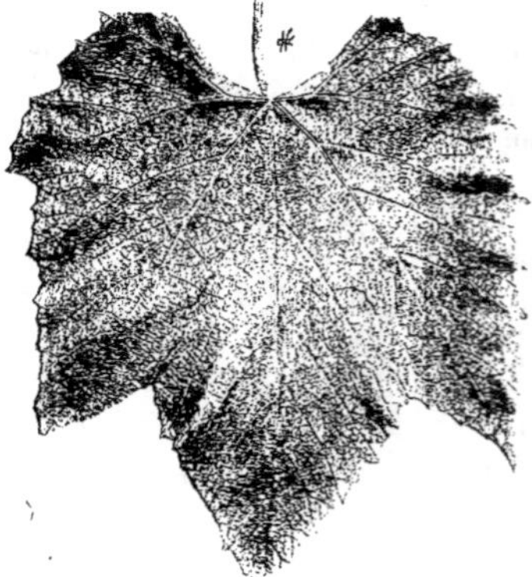

Fig. 130. — Feuille d'Æ. Nº 20 (Jæger).

Æ. Nº 32 (Jæger). — **Caractères.** — Feuille adulte : angles des nervures : 105, 39 = 144 ; 5-lobée, à sinus latéraux : supérieur profond, inférieur marqué ; dents anguleuses, larges ; rapports des nervures : 0.70, 0.64, 0.48 ; duveteuse (blanc) sur nervures **1, 2, 3, 4** et très glauque en dessous ; glabre, bullée, vert sombre, nervures à peine rosées en dessus ; grande, aussi large que longue.

Feuilles jeunes duveteuses rosées.

Bourgeonnement duveteux rouge.

Rameaux glabres vert glauque.

« Grappe à grains ronds, moyens, bien doux, sains, donnant un vin d'un brun foncé, dans le genre du Sherry ». — (D'après M. Jæger).

Aptitudes. — Sélectionnée par M. Jæger. Conduite à la taille courte, sur souche basse, elle n'a jamais donné que des grappillons, ou des grappes très lâches, mais à grains de bonne qualité. Il est probable que la taille longue la rendra plus fertile.

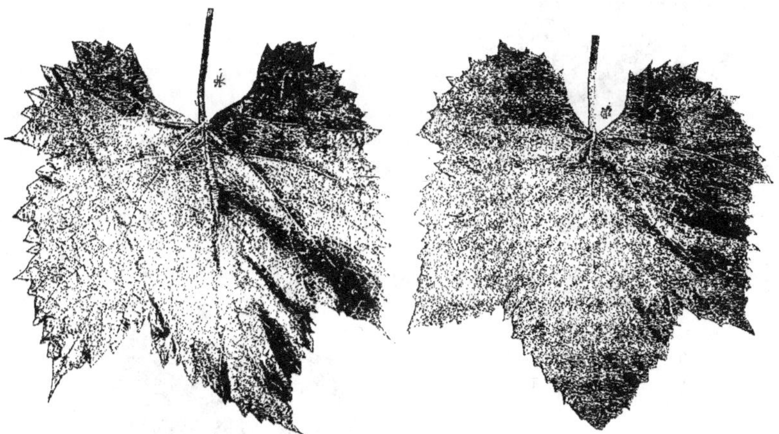

Fig. 131. — Feuille d'Æ. N° 32 (Jæger).   Fig. 132. — Feuille d'Æ. N° 2 (Jæger).

Æ. N° 2 (Jæger). — **Caractères.** — Feuille adulte : angles des nervures : 107, 39, = 146, 32 ; 5-lobée, à sinus latéraux : supérieur et inférieur marqués : dents anguleuses, larges ; rapports des nervures : 0.91, 0.65, 0.33 ; à duvet roux sur nervures **1, 2, 3, 4** et glauque en dessous ; bullée, vert franc, nervures un peu rosées à la base ; aussi large que longue, grande.

Feuilles jeunes duveteuses rouges.

Bourgeonnement duveteux rouge.

Rameaux aranéeux vert glauque.

Aptitudes. — Je n'ai pu décrire la grappe de cette variété, qui est de vigueur moyenne.

Æ. N° 1. (Jæger). — **Caractères.** — Feuille adulte : angles des nervures : 117, 48 = 165 ; 3-lobée, à sinus latéraux : supérieur peu profond : dents anguleuses, presque nulles ; rapports des nervures : 0.90, 0.60, 0.31 ; à duvet roux et glauque en dessous ; très bullée, bords un peu infléchis en dessous, vert pâle, nervures un peu rosées à la base en dessus ; large.

Feuilles jeunes duveteuses rosées.

Bourgeonnement duveteux rosé.

Rameaux à poils massifs, vert glauque.

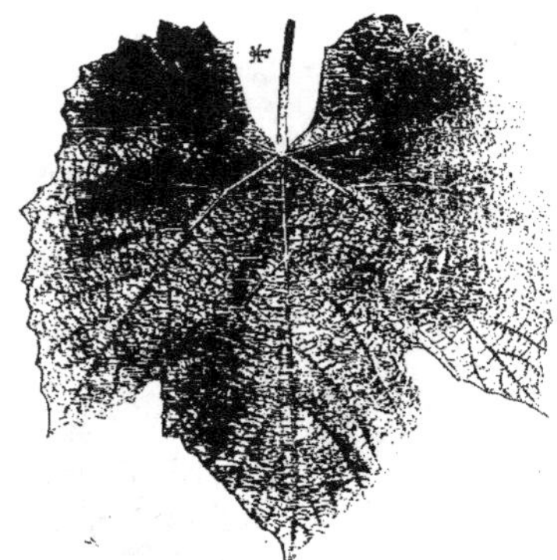

Fig. 133. — Feuille d'Æ. Nº 1 (Jæger).

glauque en dessous ; bullée, vert franc, nervures un peu rosées à la base en dessous ; aussi large que longue.

Feuilles jeunes duveteuses rosées.

Bourgeonnement duveteux rouge.

Rameaux aranéeux vert pâle.

Grappe à grains ronds, noirs, gros, à goût particulier ; grosse.

Aptitudes. — D'après Jæger, le fruit de cette variété n'est pas très agréable à manger à cause de sa saveur spéciale ; mais il peut donner un beau vin pesant jusqu'à 13 degrés.

Æ. N. 39 (Jæger). — **Caractères**. — Feuille adulte : angles des nervures : 122, 33 = 155, 29 ; 5-lobée, à sinus latéraux : supérieur profond, inférieur à peine marqué ; dents arrondies, très longues ; rapports des nervures : 0.83, 0.68, 0.20 ; duveteuse (duvet roux et très glauque en dessous) ; glabre, un peu bullée, vert sombre, nervures vert pâle en dessus ; longue, grande.

Feuilles jeunes duveteuses rosées sur les poils.

Bourgeonnement duveteux rouge.

Rameaux aranéeux vert glauque.

Grappe à grains gros, ronds, noirs, un peu pulpeux, sucrés, agréables ; très lâche (12 centimètres).

Aptitudes. — Variété sélectionnée par M. Jæger. N'a jamais été conduite qu'à la taille courte, qui lui convient peu. Donne des fruits de bonne qualité, parfumés.

Æ. Nº 13 (Jæger). — **Caractères**. — Feuille adulte : angles des nervures : 119, 40 = 159 ; 3-lobée, à sinus latéraux : supérieur peu marqué ; dents anguleuses, larges ; rapports des nervures : 0.93, 0.66, 0.34 ; à duvet roux et

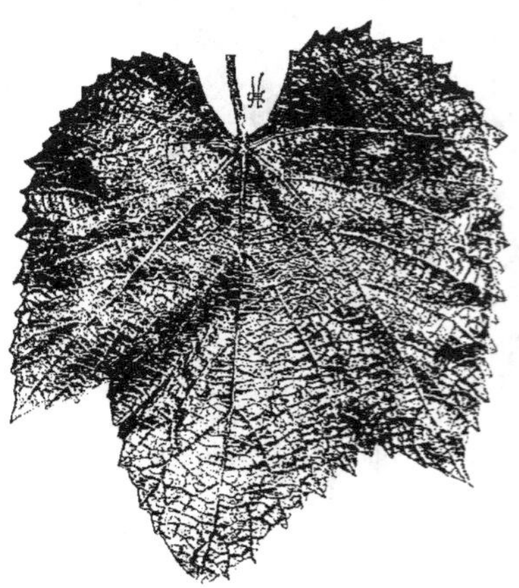

Fig. 134. — Feuille d'Æ. Nº 13 (Jæger).

Aptitudes. — Variété sélectionnée par Jæger. Peu fertile à la taille courte.

Æ. A. **A.** — **Caractères.** — Feuille adulte : angles des nervures : 127, 50 = 177, 35 ; 5-lobée, à sinus latéraux : supérieur presque profond, inférieur bien marqué ; dents anguleuses, très larges ; rapports des nervures : 0.81, 0.71, 0.19. — Hybride.

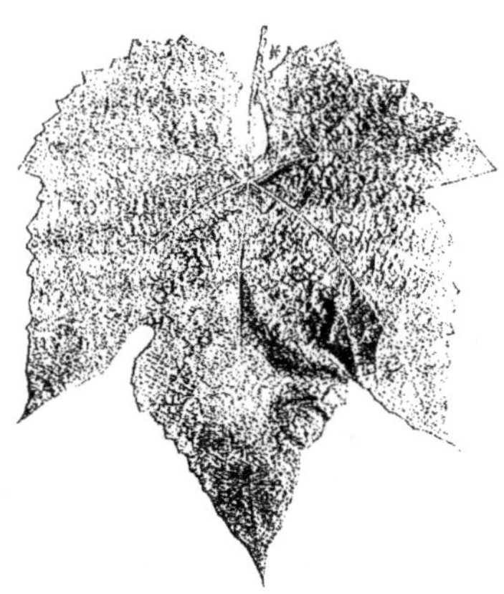

Fig. 135. — Feuille d'Æ. N° 39 (Jæger).

Fig. 136. — Feuille d'Æ. A.

AUTRES VARIÉTÉS

Æ. N° 9 (Jæger). — « Grappe grosse, grain au-dessous de la moyenne, beau, juteux, d'une saveur franche ; très fertile ; a le black-rot quand le temps est chaud et humide ». — *In* Bush.

Æ. N° 12 (Jæger). — « Grappe moyenne, grain moyen, très doux, avec un bouquet particulier très agréable ; fruit sain jusqu'à présent ».

Æ. N° 17 (Jæger). — « Grappe grosse, grain moyen, doux, sain ».

Æ. N° 42 (Jæger). — « Grappe de la grosseur de celle du Norton ; excellent en qualité, très doux et plus juteux que la plupart des Æstivalis, a un délicieux parfum de vanille. Le raisin le plus agréablement parfumé que je connaisse, fertile et sain ».

Æ. JÆGER's 43 (Jæger). — Variété sauvage récoltée dans les bois du S.-O. du Missouri, en 1880, à grappe très grosse, avec grains de grosseur moyenne, noirs, mûrissant très tard. Une planche de *American grape*, de Munson, montre une grappe de cette variété. C'est un raisin aussi beau que la Mondeuse et plus sucré.

Æ. N° 52 (Jæger). — « Promet ». N'a pas tenu. — (Jæger, *in* Catal. de Bush).

OZARK. — Variété de V. Lincecumii. Peut être alliée à une autre espèce.

Le directeur de la Station agricole du Missouri s'exprime ainsi sur cette variété :
« C'est une des vignes cultivées les plus remarquables. Les grappes sont grandes et
les grains sont gros. Elle est vigoureuse et résiste très bien à la sécheresse. Il y a deux
grappes dans chaque bourgeon : la première est très grande, la seconde petite. Ne
craint pas le rot et produit abondamment ».

ADMIRABLE (Munson). — Variété obtenue par Munson ; vigoureuse, à feuilles grandes, produisant des grappes moyennes, à grains moyens. Ne craint pas la sécheresse.

BIG BERRY (Munson). — Variété sauvage récoltée dans les bois, par M. Munson,
en 1882 ; à grappe grosse et à grains gros, noirs, mûrissant assez tard.

EARLY PURPLE (Munson). — Variété sauvage trouvée dans les bois du nord du
Texas, par M. Munson, en 1888 ; à grappe grosse, à grains rouges, mûrissant assez
tôt.

FAR-WEST (Jæger). — Variété vigoureuse, d'après Muench, et produisant un vin à
bouquet très fin.

LUCKY (Munson). — Variété sauvage trouvée près de Denison, dans le Texas, en
1885, par M. Munson ; à grappe grosse et à grains de moyenne grosseur, noirs,
mûrissant de bonne heure.

NEOSHO (Jæger). — Variété trop tardive, même pour le Midi de la France, trouvée
par Jæger, près de Neosho, au sud-ouest du Missouri. En Amérique, elle produit
beaucoup et régulièrement dans les comtés de Warren et de Newton ; ailleurs, sa production a été moins satisfaisante.

POST-OAK GRAPE N° 1 (Munson).

POST-OAK GRAPE N° 2 (Munson).

POST-OAK GRAPE N° 3 (Munson).

RACINE (Jæger). — Très voisin du Neosho.

TEN DOLLAR PRIZE (Munson).

III. — V. BICOLOR LECONTE

Synonymes. — *V. angustifolia* Munson.
Vulgo : *Blue grape.*

Observations. — Cette espèce prend la place du V. Æstivalis dans les régions du
Nord. Elle lui est très semblable par tous ses caractères. Néanmoins, Bailey la maintient au rang d'espèce, tandis qu'il ne fait qu'une variété du V. Æstivalis. D'après la
description qu'il en donne, elle aurait des jeunes pousses et des rameaux *en général*
très glabres ; le V. Æstivalis est, par contre, duveteux, et les feuilles ne porteraient
pas en dessous de tomentum roux. Et c'est tout. Ce sont là des différences insignifiantes, et pour le moment il ne semble pas qu'il y ait lieu de séparer le V. Bicolor du V.
Æstivalis.

b. Feuilles cunéiformes, larges.

  b'. A coton roux.

V. CORIACEA Schuttl

Synonymes. — *V. Candicans* var. *Coriacea* Bailey, *V. Caribæa* (1) Chapman. Vulgo : *Leather-leaf, Callosa grape.*

Caractères. — Sarments anguleux, cotonneux, à coton fauve, rosés à l'état herbacé ; striés, rouge-violet rappelant le V. Æstivalis à l'aoûtement.

Feuille cunéiforme, 1-3-5 lobée, dents presque nulles ; cotonneuse, à coton fauve en dessous ; duveteuse, bullée, épaisse, vert mat, large.

Feuilles jeunes cotonneuses, rosées sur les poils en dessous ; vert-jaunâtre en dessus.

Bourgeonnement cotonneux fauve ou carminé sur toute la surface.

Grappe forte, à grains ronds moyens, peu serrés ; assez longue (12 à 15 centimètres), de maturité très tardive.

Graine trigone, allongée, une fois et demie plus longue que large ; chalaze très étroite et raphé se perdant au bas de la graine.

Racines *très grosses* et *très* charnues, peu nombreuses, brunes.

Plante de vigueur moyenne.

Habitat. — S.-W. de la Floride.

Observations. — Le V. Coriacea a été longtemps confondu avec le V. Candicans. Engelmann (2) en fait à peine une variété de cette dernière espèce. Planchon l'en sépare (3). « Elle me semble, dit-il, en être bien distincte par la petitesse des grains de ses raisins et par la forme de ses graines presque toujours très rebondies ». Munson la maintient aussi au rang d'espèce et la décrit de la manière suivante (4) : « Feuilles petites, triangulaires ou en forme de D, dents en festons, feutrées de blanc ou de brun à la page inférieure. Prospère dans les sols sablonneux. Très sensible au froid ».

Toutefois, la distinction établie par Planchon et Munson n'a pas été acceptée par tous les botanistes. Bailey, dans un travail publié en 1897, que nous avons déjà cité (5), la ramène au rang de variété. « Elle diffère de l'espèce (V. Candicans), dit-il, surtout par ses grappes plus petites et plus agréables, avec des graines plus petites et peut-

---

(1) Le *V. Caribæa* est une espèce des régions tropicales de l'Amérique Centrale, mais qui aurait été également observée en Floride. Je n'ai pas pu étudier cette espèce sur le vif, non plus que sur des échantillons d'herbiers. Mais les descriptions qui en ont été données me paraissent convenir très bien au *V. Coriacea*. Je crois donc pour l'instant que ces deux espèces n'en font qu'une.

(2) Engelmann. — In *Catalogue de Bush et Meissner.*

(3) Planchon. — *Monographie des Ampélidées.*

(4) Munson. — *American grape*, 1900.

(5) Bailey. — In *Synoptical Flora*, etc.

être aussi par ses feuilles à lobes moins profonds sur les jeunes rameaux, lesquels sont aussi plus rouillés. Le goût plus agréable du fruit est probablement dû au climat humide et plus égal ».

Le feuillage rappelle, en effet, le V. Candicans, et au premier examen on est tenté de la considérer comme une variété de cette dernière espèce ; les feuilles en ont l'aspect, la forme et l'épaisseur, c'est-à-dire les caractères les plus apparents. Mais là s'arrête la ressemblance. Les sarments herbacés ne sont point côtelés comme ceux du V. Candicans, ils sont à peine anguleux, et, à l'aoûtement, l'écorce morte est nettement striée et d'un rouge-violet, qui rappelle le V. Æstivalis. Comme chez le V. Candicans, ils sont cotonneux même après l'aoûtement, mais le coton qui les recouvre est fauve ou couleur de rouille. Ce coton rouilleux se retrouve très abondant chez tous les autres organes herbacés : sommet de la pousse, jeu-

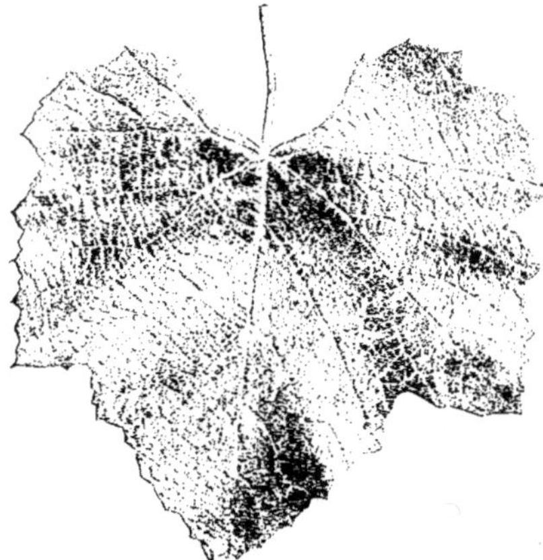

Fig. 137. — Feuille de V. Coriacea.

nes feuilles et feuilles adultes, surtout à la face inférieure de ces dernières. — Les grappes sont aussi cotonneuses. Leurs dimensions sont plutôt grandes. Elles mesurent 12 à 15 centimètres et portent des grains moyens ou petits, en tout cas bien plus petits que ceux du V. Candicans.

Le port est plutôt buissonnant, les sarments restant dressés.

Le tronc est gros ; les racines sont extrêmement charnues et épaisses. Elles dépassent au moins huit à dix fois en diamètre les racines du V. Riparia de même âge ; elles ressemblent aux racines d'Ampelopsis ou de Cissus.

Aptitudes. — Elle paraît jusqu'ici localisée dans la Floride et peut-être aussi dans la Louisiane et la Nouvelle-Orléans. Si elle est identique au V. *Caribæa*, elle appartiendrait encore à l'Amérique Centrale et par conséquent aux régions tropicales. Il lui faut, par suite, un climat très chaud. Munson dit qu'elle craint les froids. En tout cas, elle mûrit très tardivement ses bois et ses fruits à Montpellier. Les raisins qu'elle a produits cette année (1900) n'ont été à peu près mûrs qu'en novembre, bien après les raisins du V. Berlandieri et du V. Cinerea qui sont déjà très tardifs. Pour cette raison, elle ne présente aucun intérêt en tant que producteur-direct. D'ailleurs, ses fruits sont âpres et nullement agréables, comme l'assure Bailey.

Ses autres aptitudes sont peu connues. D'après Munson, elle prospère surtout dans les terrains sablonneux ; elle redoute le calcaire à peu près comme le V. Rupestris. Elle ne paraît pas, en France, aussi sensible à la chlorose calcaire que le V. Æstivalis, mais elle se développe relativement peu, au moins extérieurement. D'autre part, ses

sarments reprennent très mal de bouture, comme V. Candicans, V. Berlandieri ; il
est donc difficile de l'utiliser comme sujet. Les racines m'ont paru, jusqu'ici, peu envahies par le phylloxera, au moins dans les collections de l'Ecole ; et, comme elles sont
très puissantes, très épaisses, on pourrait peut-être tirer parti de cette espèce dans
les sols compacts et secs. Essais à faire.

Mais jusqu'à présent elle n'a joué aucun
rôle, et elle n'existe même, en France,
que dans quelques collections.

VARIÉTÉS

C. A. — **Caractères**. — Feuille
adulte : angles des nervures : 100, 47
= 147 ; 5-lobée, à sinus latéraux :
supérieur marqué, inférieur à peine
marqué ; dents anguleuses, presque
nulles ; rapports des nervures : 0.93,
0.75, 0.50 ; à coton roux et épais en
dessous ; duveteuse, bullée, plane, vert
terne, épaisse, nervures à peine rosées
en dessus ; large.

Fig. 138. — Feuille de Coriacea A.

Feuilles jeunes cotonneuses rosées sur les poils, parenchyme vert-jaunâtre.

Bourgeonnement rouge sur toute la surface, fauve plus tard.

Rameaux à peine anguleux, gros, cotonneux, à coton fauve, rosés en dessous, puis
à l'aoûtement rouge-violacé.

Grappe à grains sphériques, moyens, noirs ; peu serrée, de 15 centimètres de long ;
de maturité très tardive.

   b'''. A duvet blanc.

V. ARIZONICA ENGELM.

Synonyme. — *V. Arizonensis*.

Vulgo : *Cànon grape*.

Caractères. — Sarments anguleux, duveteux, pubescents, rouge-violet, grêles,
courts.

Stipules, 1/2 centimètre de longueur, incolores.

Feuille adulte cunéiforme, allongée ; angles des nervures un peu ouverts ; dents
anguleuses et larges ; pubescente ou aranéeuse-pubescente en
dessous ; glabre ou pubescente, presque unie en dessus ; nervures
violacées.

Fig. 139. — Graine
de V. Arizonica.

Feuilles jeunes duveteuses vert pâle, s'étalant de suite après
l'épanouissement du bourgeon.

Bourgeonnement cotonneux rosé.

Grappe petite, atteignant au plus 8 centimètres, ailée, lâche ; à grains ronds, noirs,
petits, juteux, à saveur neutre, agréable.

Graine allongée, à chalaze ovale, raphé très court.

Tronc grêle.

Racines jaunâtres, un peu charnues.

Habitat. — Sur les bords des rivières à l'ouest du Texas, dans le Nouveau-Mexique, dans l'Arizona et au sud-est de la Californie.

Observations. — Cette espèce a été décrite pour la première fois par le Dr Engelmann, qui l'a distinguée du *V. Æstivalis* et du *V. Californica*. Les variétés par lesquelles elle est représentée en France lui assignent une valeur spécifique indéniable. Elle est surtout caractérisée par la forme anguleuse de ses rameaux ainsi que par la villosité qu'ils portent. Les feuilles des variétés décrites plus loin sont toutes pubescentes et même pubescentes-aranéeuses. Cependant, M. Munson décrit une variété *glabre*, à feuilles minces et grandes. L'*Ar. A. Wetmoore*, décrit plus loin, a des feuilles relativement grandes, et, n'étaient quelques poils raides de la face inférieure, elle pourrait très bien figurer l'A. var. glabra de Munson, d'autant plus que les poils raides ne sont pas aussi constants, au moins en apparence, que les poils laineux. Ces feuilles sont cunéiformes presque cordées, sauf chez l'A. Bestform de Munson, qui n'est peut-être pas une variété normale. En effet, les rapports des nervures sont sensiblement égaux ; ils indiquent une forme de feuille nettement intermédiaire entre le V. Cordifolia et le V. Riparia. Il en est de même des valeurs angulaires des nervures,

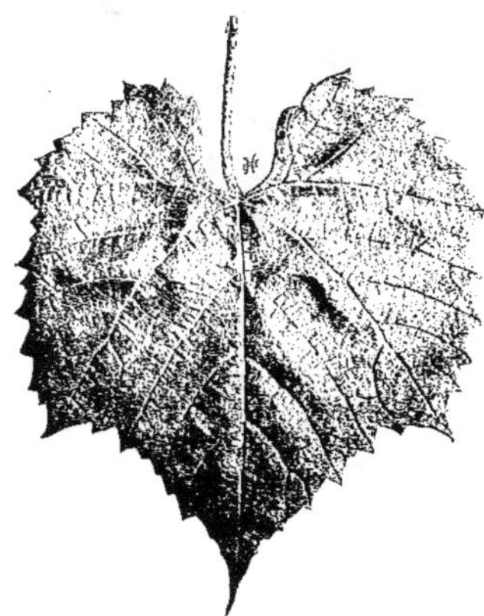

Fig. 140. — Feuille de V. Arizonica.

et même des dents. Mais ces analogies ne se retrouvent pas dans les autres caractères : couleur des nervures, villosité de la face supérieure ; couleur et villosité des jeunes feuilles et du débourrement ; le V. Arizonica est bien une espèce autonome.

La grappe, très ramifiée, est petite ; elle forme un nombre restreint de grains petits, noirs, ronds.

Aptitudes. — Le *V. Arizonica* croît spontanément dans une région chaude. Aussi n'aoûte-t-il pas suffisamment ses bois dans les contrées froides et pluvieuses, où bientôt il dépérit. Dans le Midi de la France, il n'atteint qu'un faible développement, même dans les meilleurs terrains.

Indépendamment de ses exigences climatériques, qui d'ailleurs pourraient être facilement surmontées, d'autres causes en ont proscrit l'emploi. Son tronc est grêle, de même que les rameaux, et la plante reste faible constamment. On a bien admis que les porte-greffes les plus faibles étaient les meilleurs, mais cette opinion n'a pas été justifiée jusqu'ici par les faits. D'autre part, ses facultés d'adaptation ne paraissent pas très étendues. Autant que j'ai pu en juger par quelques essais peu importants, faits soit dans la craie des Charentes, soit à l'École de Montpellier, cette vigne a une résistance à la chlorose supérieure à celle du V. Riparia et du V. Rupestris, peut-être aussi supérieure à celle du Solonis, mais ce point doit être précisé. Dans les terres argileuses et siliceuses, elle se développe, mais sans jamais atteindre, d'ailleurs, une puissance suffisante. C'est pourquoi elle n'a pas été utilisée, car elle reprend assez bien de bouture.

C'est aussi que sa résistance phylloxérique n'est pas très élevée. Ses racines, qui tout en étant grêles sont plus charnues que celles du V. Rupestris, portent de nombreuses tubérosités, dont la pénétration toutefois n'est pas grande. Elle a aussi beaucoup de nodosités et, somme toute, elle a une résistance phylloxérique qui est sûrement insuffisante pour les terrains secs. C'est donc un porte-greffe insuffisant.

Le V. Arizonica craint beaucoup les maladies cryptogamiques, le mildiou principalement. C'est une des vignes les plus atteintes par cette maladie.

Comme producteur-direct, il ne présente pas de l'intérêt. Ses grappes sont petites, courtes et à petits grains ; on ne peut donc l'utiliser directement et elle ne paraît pas devoir jouer un rôle quelconque dans l'hybridation.

VARIÉTÉS

1. Arizonica Bestform (Munson). — Caractères. — Feuille adulte : angles des nervures : 95. 33 = 128. 40 ; 3-lobée, à sinus latéraux : supérieur marqué ; dents anguleuses, étroites ; rapports des nervures : 0.85. 0.67. 0.69 ; duveteuse en dessous ; duveteuse, à peine bullée, vert terne, nervures pétiolaires nues et violacées à la base en dessus ; plus large que longue, petite.

Feuilles jeunes cotonneuses vert-blanchâtre.

Bourgeonnement cotonneux très blanc, à liséré rose.

Rameaux duveteux-pubescents (poils raides très courts) rouge-violet.

Grappe à grains ronds, noirs, petits ; petite (5 à 8 centimètres), ailée.

Fig. 111. — Feuille d'Arizonica Bestform.

Aptitudes. — Je crains que la description qui précède ait été faite sur des plantes atteintes de ces « rabougrissements », qui sont si fréquents sur les vignes américaines, et qui ont pour conséquence de « resserrer » la charpente des feuilles. Quoi qu'il en soit, cette variété ne justifie point son nom ici ; peu vigoureuse, elle est sans intérêt pour la pratique.

2. Ar. Hardiest (Munson). — Caractères. — Feuille adulte : angles des nervures : 98, 54 = 152 ; 3-lobée, à sinus latéraux : supérieur à peine marqué ; dents anguleuses, très larges ; rapports des nervures : 0.71, 0.71, 0.63 ; duveteuse,

Ravaz; *Vignes américaines.*   18

pubescente en dessous ; très finement bullée, plane, vert franc, luisante, nervures avec quelques poils raides et violacées en dessus ; plutôt longue, petite.

Feuilles jeunes très duveteuses ; parenchyme vert pâle ; duvet rosé sur toute la surface.

Bourgeonnement duveteux rosé.

Rameaux duveteux-pubescents rouge-violet.

Aptitudes. — Variété sélectionnée par M. Munson ; peu vigoureuse à l'École de Montpellier.

Fig. 142. — Feuille d'Ar. Hardiest.

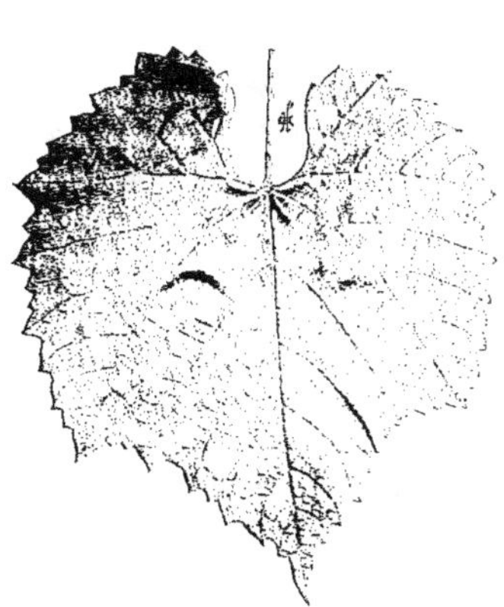

Fig. 143. — Feuille d'Ar. A.

3. Ar. A. (Wetmoore). — **Caractères**. — Feuille adulte : angles des nervures : 111, 50 = 161, 47 ; entière, dents anguleuses, larges ; rapports des nervures : 0.78, 0.76, 0.37 ; pubescente surtout sur nervures **1** en dessous ; unie, vert pâle, à peine luisante, nervures violettes et pubescentes à la base en dessus ; longue, petite.

Feuilles jeunes duveteuses vert-jaunâtre.

Bourgeonnement duveteux blanc.

Rameaux duveteux-pubescents rouge-violet.

Aptitudes. — Variété cultivée depuis longtemps dans les collections de l'École d'agriculture ; peu vigoureuse.

4. A. glabra (Munson). — Variété à feuille mince et grande.

    c. Feuilles orbiculaires duveteuses.

V. CALIFORNICA Bentham

Synonyme. — *V. Caribæa* Hook et Arn., d'après Planchon.

Caractères. — Sarments herbacés à peine anguleux, pubescents et très duveteux. Feuille orbiculaire entière le plus souvent, ou 3-5-lobée ; angles des nervures généralement grands ; rapports des nervures : 0.87 et 0.75 en moyenne ; duveteuse à duvet blanc en dessous, peu ou pas bullée, vert terne en dessus ; large.

Feuilles jeunes duveteuses vert-jaunâtre.

Grappe à grains petits, ronds, noirs ; petite, lâche.

Graine renflée, à bec très court, chalaze ovale et raphé court.

Tronc puissant.

Racines charnues.

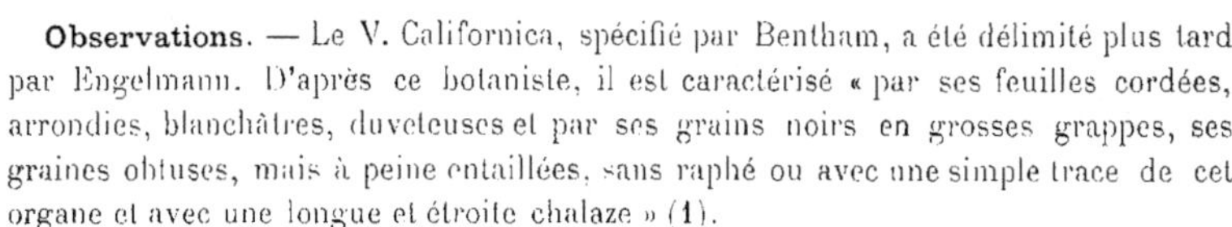

Fig. 111. — Graine de V. Californica.

Habitat. — Californie et Orégon.

Observations. — Le V. Californica, spécifié par Bentham, a été délimité plus tard par Engelmann. D'après ce botaniste, il est caractérisé « par ses feuilles cordées, arrondies, blanchâtres, duveteuses et par ses grains noirs en grosses grappes, ses graines obtuses, mais à peine entaillées, sans raphé ou avec une simple trace de cet organe et avec une longue et étroite chalaze » (1).

Planchon (2) l'a d'abord décrite comme suit :

« Plante grimpante ; rameaux grêles, portant, ainsi que les pétioles, des flocons de duvet cotonneux blanchâtre ; feuilles relativement assez petites, arrondies, cordées, avec le sinus longuement ouvert, non acuminées, tantôt indivises, tantôt à 3 ou 5 lobes peu profonds ; irrégulièrement dentées sur tout leur pourtour, membraneuses (non épaisses) ; les très jeunes, tomenteuses et blanchâtres ; les adultes ne portant plus à la face supérieure que des restes de flocons ou petites mèches de duvet, à la fin glabres ; face inférieure d'abord couverte d'un duvet gris-blanchâtre, peu épais, puis simplement pubescente sur les nervures et les veines». Et dans sa Monographie des Ampélidées, page 340, il ajoute : « Cette espèce est très nettement caractérisée par le duvet blanchâtre aranéeux qui recouvre ses jeunes tiges, pétiole et inflorescences, par ses feuilles arrondies, à sinus basilaire aigu, par ses dents longues et plus ou moins obtuses ».

La plupart des botanistes attachent beaucoup d'importance aux caractères de la grappe et des grains. J'ai déjà montré qu'ils n'en ont qu'une très faible. Quant aux pépins, sans doute, peuvent-ils servir à différencier les groupes spécifiques, mais leurs caractères sont assez difficiles à préciser. Nous devons donc reconnaître cette espèce à ses seuls caractères extérieurs, dont les plus importants sont ceux du feuillage et des rameaux. Les rameaux sont duveteux et pubescents : une pubescence très fine, très courte en couvre la surface. Ce sont là des caractères du V. Arizonica. Ils sont moins anguleux que ceux de cette dernière espèce.

Engelmann et Planchon lui attribuent des feuilles cordées, orbiculaires, etc... Sans doute, leur description a été faite sur les feuilles jeunes du sommet, qui sont en effet quelquefois cordées. Mais les feuilles adultes sont nettement orbiculaires, et c'est ce caractère qui la distingue du V. Arizonica. Ces feuilles molles, duveteuses, rappellent beaucoup le *V. Vinifera* ; il en est de même de l'allure de la plante, et, n'était la

---

(1) ENGELMANN. — In *Catalogue de Bush et Meissner*.

(2) PLANCHON. — *Mission en Amérique*.

pubescence des rameaux et la forme des pépins, on pourrait l'assimiler au V. Vinifera. La feuille de la figure suivante n'était pas encore arrivée à l'état adulte quand elle a été photographiée ; de là la forme anguleuse des dents, qui sont d'ordinaire un peu arrondies.

Les racines sont fortes, charnues, de couleur grise.

Aptitudes. — Le V. Californica est une vigne vigoureuse en Californie, faible dans l'Orégon. Elle préfère donc les régions chaudes, et, en fait, elle mûrit, en France, tardivement ses fruits. Les bois s'aoûtent bien dans la région méditerranéenne. Cette vigne croît un peu dans tous les sols ; naturellement elle est surtout vigoureuse dans les alluvions. D'après Munson, elle préférerait les sols calcaires aux sols siliceux et sablonneux. C'est bien improbable. Mais qu'elle puisse prospérer dans des terres relativement calcaires, cela est possible. On l'a si peu expérimentée en France qu'on ne peut guère préciser ses facultés d'adaptation au sol. J'ai pu, il y a quelques années, étudier un de ses hybrides avec le V. Rupestris, dont la résistance à la chlorose s'est montrée presque aussi élevée que celle des Vinifera-Rupestris. Au reste, cela importe peu en pratique, car, d'après M. Millardet, elle ne se multiplie pas par bouture. On ne peut donc l'utiliser, bien qu'elle forme des souches assez puissantes et à puissant système radiculaire. Et il est d'autant moins possible d'en tirer parti qu'elle n'est pas résistante au phylloxera. Elle craint plus le mildiou que le V. Vinifera. En définitive, c'est une espèce sans intérêt, au moins pour le moment.

Fig. 115. — Feuille de Californica A.

VARIÉTÉS

CALIFORNICA A. — **Caractères**. — Feuille adulte : angles des nervures : 108, 47 = 155, 22 ; 3-lobée, à sinus latéraux : supérieur marqué ; dents arrondies, presque nulles ; rapports des nervures : 0.88, 0.76, 0.37 ; duveteuse, à duvet blanc en dessous ; aranéeuse, vert terne, à peine bullée, nervures pâles en dessous ; large.

Feuilles jeunes duveteuses (duvet blanc) vert-jaunâtre.

Bourgeonnement blanc-rosé.

Rameaux peu anguleux, pubescents-duveteux.

Variété non utilisée.

V. MONTICOLA Buckley

Synonymes. — V. *Texana* Munson, V. *Foexeana* Planchon, V. *Calcicola* Couderc.

Vulgo : *Sweet Mountain grape*, d'après Bailey.

Caractères. — Sarments anguleux, aranéeux, courts, ramifiés, vert violacé ; à l'aoûtement striés et rouge-brun.

Stipules (3-4 millimètres) rouges.

Feuille adulte orbiculaire, à peu près aussi large que longue ; angles des nervures peu ouverts ; entière ; dents anguleuses à côtés égaux ; glabre ou avec quelques poils seulement en dessous ; glabre, unie, vert franc, très luisante, nervures colorées en rouge à la base en dessous ; épaisse, cassante.

Feuilles jeunes aranéeuses, très brillantes.

Bourgeonnement duveteux rosé.

Grappe à grains ronds, petits (10 millimètres), noirs ou rosés ; petite, ailée.

Graine à chalaze circulaire, raphé proéminent.

Habitat. — Les collines crétacées du S.-W. du Texas.

Observations. — Cette espèce a été créée par Buckley en 1861. Depuis, elle a été rattachée par erreur au *V. Rupestris*, avec lequel elle a en effet quelques analogies, par Asa Gray, et au V. Æstivalis par Engelmann. M. Munson, qui l'a observée dans les localités où elle croît à l'état spontané, en a fait le V. Texana, M. Planchon le V. Foexana. M. Viala établit par la suite que toutes ces appellations s'appliquaient au V. Monticola de Buckley.

Ce qui permet de distinguer cette espèce au premier coup d'œil, c'est le brillant du feuillage ainsi que l'allure buissonnante de la plante.

La feuille est en effet très brillante. Cela tient à ce qu'elle est d'un beau vert, glabre et *très unie ;* elle réfléchit la lumière d'une manière intense. Ce caractère, toutefois, est plus ou moins accentué : et d'autres espèces peuvent le présenter, atténué il est vrai, dans certaines conditions de milieu, par exemple quand il fait chaud et sec. On ne peut donc lui accorder une grande importance.

La feuille est orbiculaire, c'est-à-dire sensiblement aussi large que longue avec les lobes postérieurs rejetés vers le pétiole. La valeur angulaire des nervures **1**, qui détermine cette forme, n'est pas bien élevée : 110 degrés en moyenne, quelquefois moins. Mais ce qui caractérise la charpente de cette feuille, c'est la valeur de l'angle γ, qui est toujours considérable : elle atteint quelquefois 70 degrés, en moyenne 60 degrés, et l'angle δ, quand il existe, a encore une valeur notable ; si bien que le sinus pétiolaire est fermé ou tend à se fermer, suivant que la nervure pétiolaire **3** est plus ou moins développée. Et comme, d'autre part, la nervure pétiolaire **2**, par suite de la grande valeur de l'angle γ, se dirige presque parallèlement à la nervure médiane, il a la forme d'un U plus ou moins resserré au sommet ; en conséquence, le *tablier*, c'est-à-dire les lobes pétiolaires, a une valeur qui atteint presque la moitié de la nervure médiane. La charpente de la feuille est donc reportée en bas, mais surtout la charpente secondaire, et c'est là un caractère qui différencie nettement cette espèce du *V. Rupestris*. Les rapports des nervures sont assez élevés : 0.85 en moyenne et 0.74 ; encore une particularité qui l'éloigne du V. Rupestris.

La feuille est entière. Les dents anguleuses ont des côtés égaux, ce qui les rend sensiblement normales au limbe. Le parenchyme épais, constitué en dessus et en dessous par des assises de cellules en palissades entourant le tissu spongieux très dense, est recouvert en dessous par un épiderme dans lequel les stomates sont plongés profondément et par une cuticule épaisse. La feuille du V. Monticola a tous les caractères des feuilles adaptées aux climats chauds et secs.

Le bourgeonnement est carminé, et c'est sans doute pour cette raison qu'Engelmann a rattaché cette espèce au V. Æstivalis; les poils seuls présentent cette coloration.

Les rameaux sont anguleux très nettement. Après l'aoûtement, ils prennent une couleur acajou et portent des stries longitudinales très marquées. Ils sont gros, courts et ramifiés. Leur couleur, après l'aoûtement, les rapproche un peu de ceux du V. Æstivalis, de même d'ailleurs que les stries longitudinales. Quant aux grappes, elles sont toujours petites ou ramifiées; elles portent des grains petits; quoi qu'en ait écrit Buckley, ils ne dépassent pas — au moins en France et dans les collections, et il n'y a pas de raisons pour qu'ils soient plus gros à l'état sauvage — 10 millimètres de diamètre. Leur couleur à maturité est le noir foncé; il paraît qu'en Amérique ils sont souvent rosés ou dorés. Quoi qu'il en soit, leur contenu, peu abondant, est juteux, sucré-acide et plutôt agréable.

Le pépin porte une chalaze circulaire et un raphé proéminent, tout comme le V. Æstivalis.

Aptitudes. — Le V. Monticola habite une région très chaude et sèche, et des terrains pierreux très calcaires. Il résiste à des températures très élevées et à des sécheresses très longues; il résiste aussi à des froids de 26 degrés, d'après Munson.

Que le V. Monticola résiste à la sécheresse, cela paraît bien certain. Il est en effet adapté à la chaleur et à la sécheresse par ses feuilles épaisses, coriaces, à cuticule épaisse et unie, aux stomates rentrants; par ses racines charnues et, d'après Munson, plongeantes. Qu'il résiste à de très basses températures au Texas, cela ne paraît pas douteux. C'est que les conditions climatériques y sont telles que les rameaux s'aoûtent très bien, et les bois bien mûrs supportent des températures très basses. Mais, en France, il doit en être autrement. Ici, les rameaux s'aoûtent mal : ils ne mûrissent à peu près suffisamment que dans la région méditerranéenne, et encore aux meilleures expositions. Dans le Centre, dans les Charentes, leur base seule peut supporter les froids même peu intenses de l'hiver. Aussi bien la plante ne tarde-t-elle pas à se *rabougrir* et à succomber aux conditions climatériques défavorables.

Le V. Monticola, franc de pied, ne peut guère être cultivé avec succès que dans les contrées les plus chaudes et aux meilleures expositions.

Greffé, c'est-à-dire réduit à sa partie souterraine, il peut en être autrement; mais nous ne sommes pas encore fixés sur ce point.

Les sols dans lesquels il est le plus répandu aux États-Unis sont crayeux, c'est-à-dire très riches en chaux. Bien que la présence de cette plante dans de tels milieux n'ait aucune signification relativement à ses facultés d'adaptation au sol — on verra plus loin pourquoi, — elle vient très bien dans les terres calcaires très chlorosantes. C'est une propriété que M. Munson avait prévue et signalée comme probable en envoyant le V. Monticola en France sous le nom de V. Texana. Toutefois, M. Viala la place au second plan comme espèce calcicole, à côté du V. Candicans, qui depuis s'est montré très calcifuge. Au fond, c'est à M. Couderc que revient le mérite d'avoir insisté sur ses grandes facultés d'adaptation au sol; il la place au-dessus de toutes, et, pour bien marquer ses propriétés, il propose de l'appeler *V. Calcicola*. Et de fait, elle est réellement moins calcifuge que le V. Berlandieri. Les essais que j'ai faits à ce sujet l'ont nettement établi. Plantée côte à côte avec le V. Berlandieri dans la craie des Charentes, elle est restée verte greffée, quand cette dernière avait sensiblement jauni. C'est donc un point bien acquis ; et le V. Monticola serait un excellent sujet pour les terres très chlorosantes, s'il ne présentait pas de défauts qui le rendent inutilisable.

D'abord cette vigne est faible, je veux dire qu'elle prend un développement aérien plutôt faible ; elle produit des rameaux courts et ramifiés, et par conséquent « peu de bois ». C'est, par suite, une « mauvaise vigne » pour les pépiniéristes. Mais je crois bien que ce défaut de développement intéresse seulement la partie aérienne ; la partie souterraine est puissante et elle porte des greffons vigoureux.

En second lieu, elle paraît réfractaire à la greffe. Sur place, la réussite est souvent insignifiante. Dans le Centre, où le climat est pluvieux, j'ai vu des insuccès complets. Il semble qu'il en est de même pour la greffe sur table. Mais, sans doute, cette difficulté n'est-elle pas insurmontable. La plus grande réside dans le non-enracinement des sarments. Elle reprend de boutures à peu près comme le V. Cordifolia, un peu mieux que le V. Berlandieri. C'est encore insuffisant.

Enfin sa résistance phylloxérique ne paraît pas très élevée. Est-elle suffisante dans les terrains où cette plante peut être utilisée ? C'est ce qu'on ne sait pas encore très bien. Les tubérosités qu'elle porte sont nombreuses, peu proéminentes, mais pénétrantes. Ses hybrides avec les espèces résistantes sont aussi très attaqués par le phylloxera : il y a tout lieu de penser que sa résistance phylloxérique est plutôt faible.

D'ailleurs, elle n'est plus indispensable pour les terres crayeuses ; d'autres plantes y viennent suffisamment bien. Et dans les sols secs, ses hybrides avec Riparia et Rupestris la remplaceront peut-être avantageusement.

Les feuilles et les fruits sont fréquemment indemnes de maladies cryptogamiques ; le mildiou les attaque très peu, et il est inutile de les préserver de cette maladie par des traitements appropriés. Je crains qu'elle soit plus sensible à l'anthracnose. Elle résiste bien au black-rot. Et comme, d'autre part, ses fruits sont de bonne qualité, elle a été utilisée par M. Couderc pour l'obtention de producteurs-directs résistants au phylloxera et aux cryptogames, et donnant de bons produits.

VARIÉTÉS

1. M. N° 2 (Munson). — **Caractères.** — Feuille adulte : angles des nervures : 96, 70 = 166, 10 ; entière, dents anguleuses, larges ; rapports des nervures : 0.89, 0.74, 0.26 ; glabre en dessous ; glabre, unie, recourbée en dessus, vert pâle, luisante, nervures rosées à la base en dessus ; épaisse, cassante, petite.

Feuilles jeunes aranéeuses vert-brillant.

Bourgeonnement duveteux rouge.

Rameaux duveteux violacés.

Grappe à grains ronds ou aplatis, noirs, petits, juteux, sucrés-acidulés, presque agréables, contenu très coloré ; petite, peu serrée.

Aptitudes. — Variété sélectionnée par M. Munson, plutôt faible.

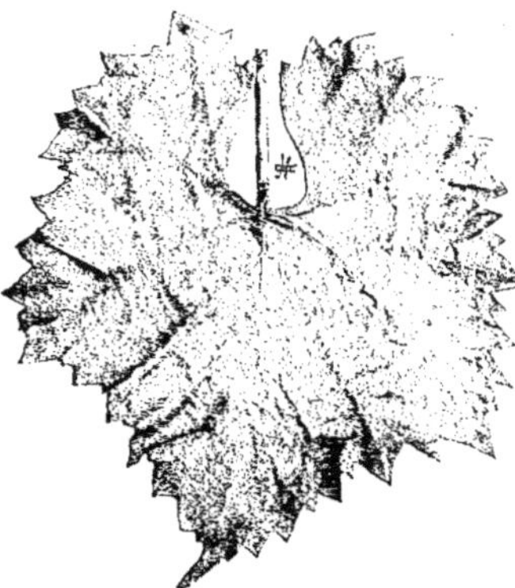

Fig. 146. — Feuille de M. N° 2 (Munson).

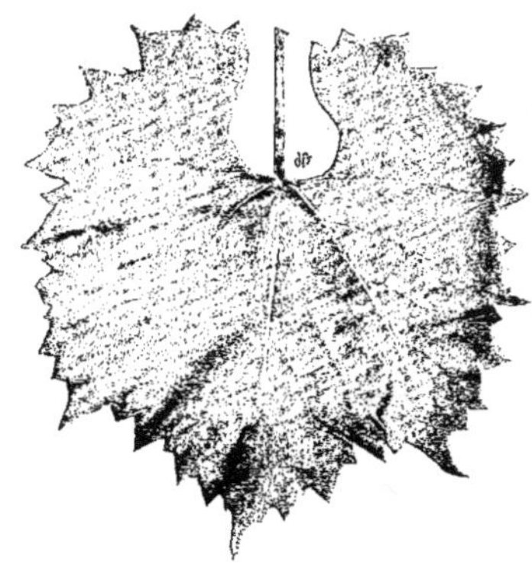

Fig. 147. — Feuille de M. N° 1 (Munson).

2. M. N° 1 (Munson). — **Caractères.** — Feuille adulte : angles des nervures : 101, 60 = 161. 55 ; entière, dents anguleuses. étroites ; rapports des nervures : 0.89, 0.72, 0.32 ; pubescente aux angles des nervures 1 en dessous : glabre, unie, lisse, recourbée en dessus, vert foncé, luisante, nervures rouges à la base, nervures pétiolaires nues ; épaisse, cassante.

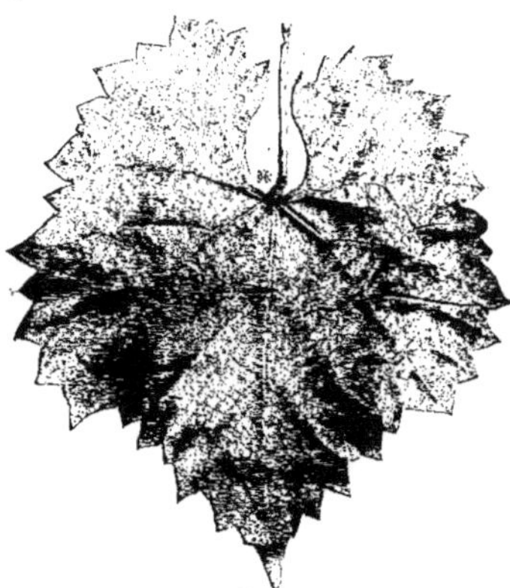

Fig. 148. — Feuille de M. large (Munson).

Feuilles jeunes duveteuses (duvet rougeâtre) en dessus vert-jaunâtre brillant.
Bourgeonnement duveteux, à zone rosée.
Rameaux duveteux rouge-violacé.

Aptitudes. — Variété assez vigoureuse obtenue par M. Munson.

3. M. LARGE (Munson). — **Caractères.** — Feuille adulte : angles des nervures : 112, 45 = 157, 47 ; entière, dents anguleuses, étroites ; rapports des nervures : 0.78, 0.74, 0.16 ; pubescente aux angles des nervures en dessous ; glabre, gaufrée, vert franc, unie. luisante, infléchie en dessus, nervures rouges à la base en dessus ; longue, petite.

Feuilles jeunes duveteuses vert-jaunâtre brillant.
Bourgeonnement duveteux rouge.
Rameaux duveteux vert-rosé.

Aptitudes. — Sélectionnée par M. Munson ; n'a pas montré en France, jusqu'ici, des qualités qui justifient son nom. Est cependant une des plus jolies variétés que nous possédions.

4. M. Salomon. — **Caractères**. — Feuille adulte : angles des nervures : 125,57 = 182, 40 ; entière. dents anguleuses, très larges ; rapports des nervures : 0.81, 0.74, 0. 43 ; aranéeuse sur nervures **1** en dessous ; glabre, vert pâle, luisante, épaisse, nervures à peine rosées à la base ; petite.

Feuilles jeunes aranéeuses vert pâle.

Bourgeonnement duveteux, vert-rosé sur le duvet.

Rameaux duveteux vert-rosé.

Grappe à grains ronds ou discoïdes, petits, noirs, juteux, acidules, sucrés, plutôt agréables, très colorés.

Aptitudes. — Variété introduite en France par M. Salomon ; de vigueur plutôt faible comme toutes les variétés de cette espèce. Greffée, elle nourrit très bien la greffe et

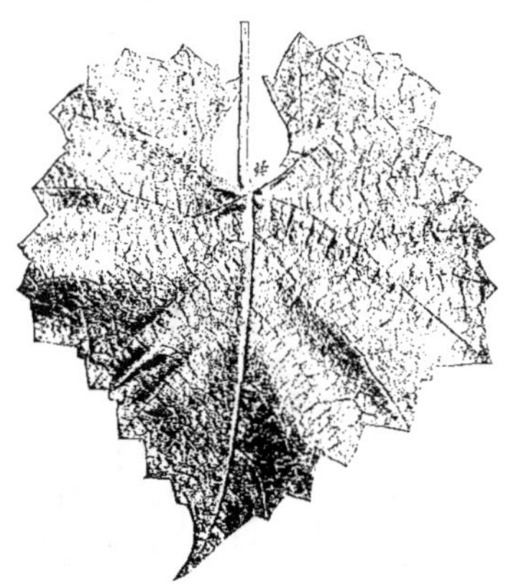

Fig. 149. — Feuille de M. Salomon.

donne des souches presque aussi vigoureuses que le V. Riparia, au moins dans le Midi de la France. Elle résiste très bien à la chlorose.

5. M. Foexeana. — Variété remarquée par M. Foëx dans un envoi de boutures que reçut l'École d'agriculture de Montpellier. Peu vigoureuse.

d. Feuille cordée.

V. CORDIFOLIA Michx.

Synonymes. — *V. Pullaria* Leconte, *V. Vulpina* var. *Cordifolia* Regel.
Vulgo : *True Frost grape, Chicken grape, Raccoon grape, Winter grape.*

Caractères. — Rameaux anguleux, glabres ou porteurs de poils massifs ; longs, forts, violacés.

Stipules courtes, 3-5 millimètres environ.

Feuille adulte cordée, allongée ; angles des nervures ouverts, dents plutôt larges ; glabre en dessus ; pubescente en dessous sur les nervures principales ; unie, un peu bullée, vert franc, brillante sur les deux faces.

Feuilles jeunes glabres, vert-jaunâtre ou bronzées, s'étalant de suite.

Fig. 150.— Graine de V. Cordifolia.

Bourgeonnement presque glabre.

Grappe longue (20 à 25 centimètres), très lâche, à grains ronds, petits, noirs, très colorés, à goût spécial désagréable.

Graines grosses, à chalaze arrondie et raphé saillant.

Tronc fort.

Racines fortes, charnues, jaunâtres.

Habitat. — Dans les bois, le long des vallées en Pensylvanie, à l'est du Kansas, au sud-ouest de la Floride et au Texas.

Observations. — Le V. Cordifolia ne compte en France qu'un petit nombre de variétés ; aussi ne peut-on bien juger de sa variabilité. Les variétés décrites plus loin lui assignent une assez grande uniformité de caractères. Les rameaux, pubescents quelquefois à la base ou au niveau des nœuds, sont glabres sur le mérithalle, ou bien portent, en nombre variable, des aiguillons massifs. Les feuilles, allongées, sont nettement cordées : d'où le nom donné à cette espèce. Les angles que font entre elles les nervures primaires sont très ouverts ; ils dépassent 100 degrés, et quelquefois même 120. Il en résulte que la nervure primaire inférieure est rejetée en arrière et forme ainsi un *tablier* ample. Par contre, les rapports des nervures sont faibles et en quelque sorte intervertis. Tandis que chez le V. Riparia leurs valeurs vont en décroissant, elles vont en croissant chez le V. Cordifolia. C'est que la nervure primaire 1¹ est relativement courte ; elle est beaucoup plus longue chez le V. Riparia.

La feuille est entière, au moins chez les variétés que j'ai étudiées ; elle tend cependant à devenir 3-lobée

Fig. 151. — Grappe de V. Cordifolia.

chez l'une d'elles, que je crois alliée au V. Riparia. Mais rien, d'ailleurs, ne s'oppose à ce qu'il existe des formes aux feuilles découpées ; les rejets des variétés décrites plus loin en ont souvent de 5-lobées. Dans son *Histoire des vignes américaines*, M. Millardet distingue même un groupe de Cordifolia à feuilles *subtrilobées* « plus claires, à nervures toujours jaunes », et un autre aux feuilles entières et à nervures violettes. Il y aurait lieu de rechercher si le premier groupe n'est pas le résultat de quelque hybridation éloignée.

Les dents ne sont jamais aussi aiguës que chez le V. Riparia. Elles sont anguleuses ou à peine arrondies.

La villosité consiste dans une pubescence assez compacte qui couvre plus ou moins les nervures à la face inférieure; elle est formée de poils raides longs (1 millimètre); à la face supérieure, quand ils existent, les poils sont très courts.

La feuille est fréquemment repliée en dessous, notamment à la fin de la végétation; mais ce caractère est peut-être trop contingent pour qu'il y ait lieu d'en tenir grand compte. Elle est d'ordinaire unie ou à peine bullée, brillante sur les deux faces, peu épaisse.

Les jeunes feuilles s'étalent dès leur sortie du bourgeon, et c'est là un caractère qui sépare nettement le V. Cordifolia du V. Riparia. Quelquefois, un duvet aranéeux les recouvre pendant quelque temps. Elles sont toujours pubescentes en dessous, d'un beau jaune ou bronzées, mais très brillantes.

La grappe est très grande; elle atteint 20 à 25 centimètres de longueur, mais elle est peu serrée. Les grains sont petits, noirs, ronds. Les pépins les remplissent presque en entier. Aussi donnent-ils peu de jus. Ils seraient d'ailleurs plus gros et plus juteux qu'ils ne pourraient être utilisés; leur saveur est très désagréable, et quelquefois à un si haut degré, qu'elle a servi à caractériser une variété : le *V. Cordifolia* var. *fœtida*.

Le tronc est très fort. M. Millardet a vu des photographies de souches dont la tige mesurait 40 à 45 centimètres de diamètre. Le système radiculaire est très puissant et charnu.

Aptitudes. — Le Vitis Cordifolia croît dans une contrée plutôt chaude des États-Unis. Il n'existe pas dans les États du Nord, et on le retrouve jusqu'en Floride. C'est donc une espèce des climats chauds plutôt que tempérés. Aussi ne se développe-t-elle normalement que dans le Midi de la France; dans le Centre, elle ne mûrit pas ses bois, ou elle ne les mûrit que rarement. Dans les Charentes, qui jouissent cependant d'une température assez élevée, la base seule des sarments s'aoûte suffisamment en année ordinaire, et ce défaut se retrouve fréquemment chez ses hybrides.

Cet inconvénient doit être évidemment d'autant moins marqué que le sol est plus aride : tout ce qui ralentit la végétation contribue à assurer la maturité du bois.

Elle croît dans toutes sortes de terrains : siliceux, argileux, calcaires; dans les alluvions des rivières comme sur les collines. Elle a été observée par M. Viala dans les craies du Texas, associée, ou vivant côte à côte, au V. Berlandieri et au V. Cinerea; et cet observateur en a conclu qu'elle devait être adaptée aux sols crayeux, pour lesquels il en a conseillé l'emploi. L'expérience a montré qu'elle n'était rien moins que calcicole. Dans la craie des Charentes, où je l'ai cultivée à plusieurs reprises, elle disparaît la deuxième année de la plantation, quelquefois même dès la première année. Elle est extrêmement chlorosante. Sa présence dans les terrains crayeux d'Amérique n'a donc aucune signification. Cela tient d'abord à ce que ces terrains sont très secs : d'après M. Munson, les pluies ne tombent quelquefois qu'à dix-huit mois d'intervalle, et dans les terrains secs la chlorose ne se produit pas. Cela tient aussi à ce fait que j'ai établi : que les vignes se chlorosent surtout dans leur jeune âge, et qu'elles sont désormais partiellement à l'abri de la maladie quand elles ont survécu à ses premières atteintes.

Si cette vigne ne convient nullement aux terrains calcaires, elle aurait pu rendre des services dans certaines terres silico-argileuses compactes ou sèches. Elle semble, en effet, très bien adaptée aux terrains secs. « Bien qu'elle habite de préférence les alluvions riches et profondes des vallées et de la plaine, on la trouve également sur les coteaux. Il est remarquable que ses racines plongent plus verticalement dans le sol que celles du V. Riparia. Pour cette particularité, cette espèce semblerait déjà mieux adaptée à nos climats européens les plus chauds que la précédente. Mais il y a encore d'autres raisons qui viennent fortifier cette conclusion.... Et non seulement cette opinion a pour base les analogies les plus naturelles, mais encore elle repose sur des données expérimentales certaines. En effet, depuis plusieurs années que je visite régulièrement, au mois de septembre, les vignobles de M. de Grasset, dans l'Hérault, je n'ai jamais vu, malgré la sécheresse extraordinaire et continue des années 1881, 1882 et 1883, les Cordifolia perdre une seule feuille en été, tandis qu'à côté, les Riparia, les Solonis, les Rupestris eux-mêmes se dépouillaient et souffraient visiblement. Il m'a semblé, au contraire, que plus la chaleur était forte ainsi que la sécheresse, plus le vert des Cordifolia augmentait en intensité et leurs pampres en développement. Aussi, à plusieurs reprises déjà, ai-je conseillé aux viticulteurs des régions les plus méridionales l'emploi des V. Cordifolia comme porte-greffes » (1).

Il en est bien ainsi : le feuillage du V. Cordifolia persiste d'un beau vert jusqu'à la fin de la végétation, où les Rupestris surtout se dépouillent à la base. Mais, greffé en Vinifera, on sait peu de chose sur sa résistance à la sécheresse. C'est qu'il n'existe qu'un nombre très restreint de souches greffées sur Cordifolia, et encore se trouvent-elles dans de bons terrains où l'on ne peut les bien juger. Ce qui est certain, c'est que les hybrides de cette espèce — *Cordifolia-Rupestris*, et particulièrement *Cordifolia-Riparia* — restent bien sains et verts dans les sols les plus secs ; on peut en inférer que le V. Cordifolia se développera encore mieux dans les mêmes conditions. D'autre part, la puissance et la carnosité des racines sont également autant d'indices qui justifient cette opinion.

Le V. Cordifolia, placé dans un terrain silico-argileux ou peu calcaire, porte des greffes très vigoureuses ; leur grande puissance même les rend un peu coulardes, à quoi il est facile de remédier par une taille appropriée. Le tronc, très fort, grossit presque autant que les greffons de Vinifera les plus vigoureux qu'il peut porter.

Malgré ces qualités, cette espèce est inutilisée dans les vignobles. C'est qu'elle se multiplie plutôt mal par bouture ; en général, on n'obtient qu'un nombre de reprises très insuffisant (10 à 20 o/o) ; exceptionnellement, ce chiffre s'élève à 60 o/o. On pourrait employer les mêmes procédés de bouturage que pour le V. Berlandieri ; mais ils sont d'une application délicate.

En tant que producteur-direct, elle est sans intérêt : les grappes ne sont pas assez juteuses ni d'assez bonne qualité pour être utilisées dans la vinification. Elle a donné à M. Couderc des hybrides très remarquables. Et, au fait, ce sont ses hybrides qui doivent retenir l'attention des viticulteurs, soit comme porte-greffes surtout — soit comme producteurs-directs.

----

(1) MILLARDET. — *Loc. cit.*

VARIÉTÉS

1. Cordifolia Davin. — **Caractères**. — Feuille adulte : angles des nervures : 108, 58 = 166, 23 ; entière, dents anguleuses, très étroites ; rapports des nervures : 0.77, 0.61, 0.35 ; très pubescente sur nervures **1, 2, 3, 4** en dessous ; bullée, vert pâle, nervures pubescentes un peu rosées en dessus (de même que le pétiole) ; longue.

Feuilles jeunes aranéeuses très bronzées, brillantes.

Bourgeonnement vert-rosé.

Rameaux rouge-violet, striés.

Aptitudes. — Variété sélectionnée par M. le Dr Davin : paraît être alliée au V Riparia.

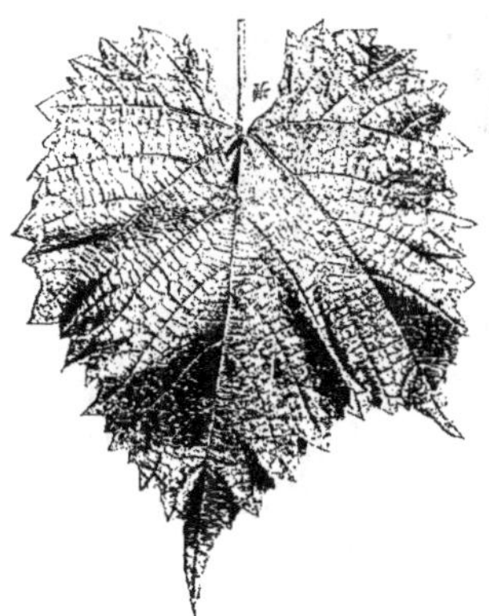

Fig. 152. — Feuille de C. Davin.

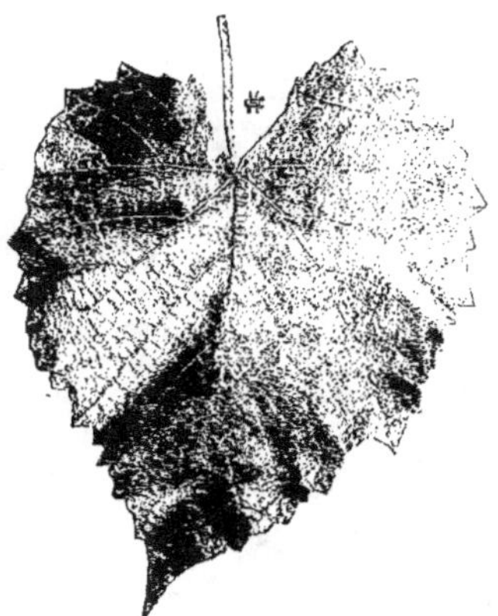

Fig. 153. — Feuille de C. A.

2. C. A. — **Caractères**. — Feuille adulte : angles des nervures : 110, 40 = 150 ; entière, dents anguleuses, étroites ; rapports des nervures : 0.70, 0.79, 0.24 ; pubescente en dessous sur nervures **1, 2, 3, 4** ; glabre, unie, vert foncé, brillante, nervures vert pâle en dessus ; longue.

Feuilles jeunes aranéeuses jaunes un peu bronzées.

Bourgeonnement vert-jaunâtre, à liséré rose.

Rameaux rouge-violet.

Aptitudes. — Plante vigoureuse, sélectionnée à l'École d'agriculture de Montpellier.

3. C. male (J. P. B.). — **Caractères**. — Feuille adulte : angles des nervures : 120, 50 = 170 ; entière, dents arrondies, étroites ; rapports des nervures : 0.65, 0.70, 0.32 ; pubescente sur nervures **1** à **4** en dessous, avec des paquets de poils raides aux angles ; à peine bullée, glabre, nervures vert pâle en dessus ; très longue.

Feuilles jeunes duveteuses, à duvet rouge, jaune bronzé.

Bourgeonnement duveteux, rouge sur toute la surface.

Rameaux avec poils massifs violacés.
Plante mâle.

Aptitudes. — Variété vigoureuse dans les collections de l'École d'agriculture de Montpellier. N'a pas encore été cultivée dans les vignobles.

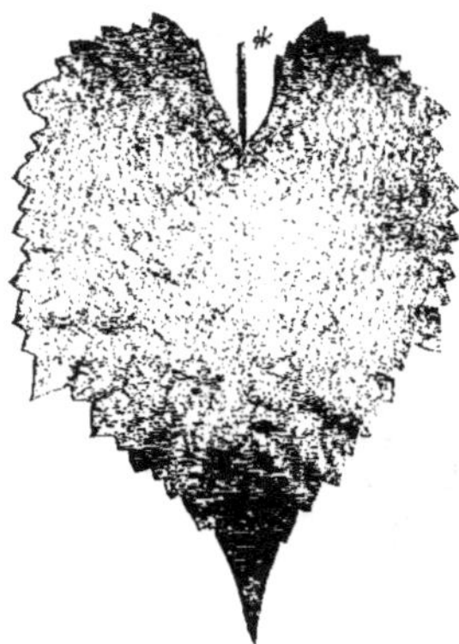

Fig. 154. — Feuille de C. mâle.

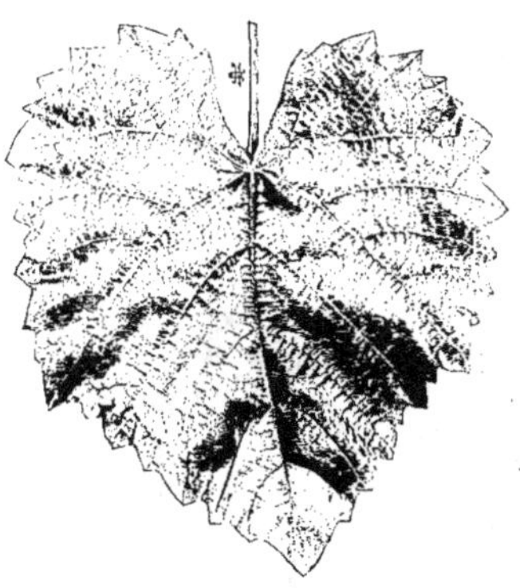

Fig. 155. — Feuille de C. N° 9.

4. **C. N° 9** (Couderc). — **Caractères**. — Feuille adulte : angles des nervures : 121, 39 = 150; entière; rapports des nervures : 0.77, 0.77, 0.37; dents arrondies, larges; pubescente sur nervures **1, 2, 3, 4** en dessous; glabre, unie, luisante, vert franc, nervures vert pâle avec pubescence courte en dessus; longue.

Feuilles jeunes glabres vert-jaunâtre, brillantes.

Bourgeonnement aranéeux vert-jaunâtre.

Rameaux glabres rouge-violet.

Aptitudes. — Belle variété sélectionnée par M. Couderc.

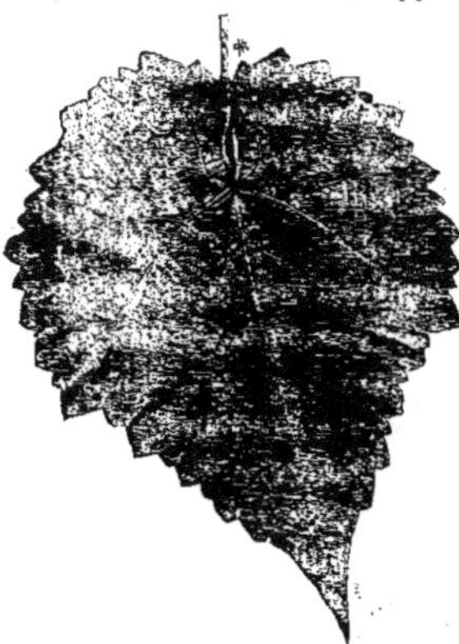

Fig. 156. — Feuille de C. N° 1.

5. **C. N° 1** (Meissner). — **Caractères**. — Feuille adulte : angles des nervures : 122, 50 = 172, 43; entière, dents arrondies, larges; rapports des nervures : 0.59, 0.73, 0.23; pubescente (longs poils de 1 millimètre) sur toutes nervures en dessous; ondulée, gaufrée, verte, luisante, nervures vert-rosé, pubescentes (de même que le pétiole) en dessus; très longue.

Feuilles jeunes pubescentes en dessous, glabres en dessus, bronzées.

Bourgeonnement vert, à liséré rose.

Rameaux avec quelques poils massifs vert-violacé.

Plante mâle.

Aptitudes. — Cette variété, qui est sans doute alliée au V. Cinerea, est très puissante. Au Mas de Las Sorres, elle a pris un développement considérable. C'est une variété à expérimenter.

C. HELLERI (Bailey).

C. FŒTIDA (Engelmann).

C. SEMPERVIRENS (Munson). — Mérite peut-être son nom dans les terrains siliceux, mais non dans les terrains calcaires.

     e. Feuille cordée-tronquée.

V. RUBRA Michx.

Synonymes. — *V. Palmata* Walh, *V. Monosperma* Michx., d'après Bailey.
Vulgo : *Red* ou *Cat grape.*

Caractères. — Rameaux anguleux, glabres, rouges, grêles.
Stipules courtes, 2 mill. 5 en moyenne.
Feuille cordée-tronquée, longue, 3-5-lobée ; angles des nervures assez ouverts ; rapports des nervures faibles : 0.70 et 0.64 en moyenne ; dents anguleuses, larges ; glabre ou à peine pubescente, glauque en dessous ; glabre, unie, luisante, vert foncé en dessus ; épaisse.
Feuilles jeunes aranéeuses bronzées.
Bourgeonnement aranéeux vert pâle.
Grappe à grains ronds, petits, noirs, de goût neutre, serrés ; moyenne.
Graine courte très renflée, à bec court, chalaze ovale, sans raphé.
Tronc grêle : plante faible.
Racines grosses, charnues, gris foncé.

Habitat. — Missouri, Louisiane, Texas, Territoire Indien.

Observations. — Cette vigne a été spécifiée par Michaux, qui semble l'avoir rattachée plus tard au V. Riparia. Ces deux espèces offrent, en effet, quelques analogies superficielles : tronc et sarments grêles, à longs entre-nœuds, à feuilles allongées, et croissant toutes les deux dans les alluvions riches et fraîches. Elles doivent néanmoins être distinguées. Elles diffèrent dès le bourgeonnement : l'une, très hâtive, conserve ses feuilles longtemps pliées en gouttière ; l'autre les étale tout de suite et débourre très tard. Toutes les deux ont des feuilles allongées ; mais celles du V. Rubra sont tronquées, épaisses, luisantes et unies. La nervure 1' est courte par rapport à la nervure 1 et beaucoup plus courte que chez le V. Riparia. Les dents, quoique anguleuses, sont aussi beaucoup moins étroites. Les sarments sont très grêles et les racines sont grosses et charnues ; de plus, elle fleurit et mûrit tard. Tous ces caractères montrent que cette espèce est bien distincte du V. Riparia. Aussi en a-t-elle été séparée d'abord par Engelmann, puis par Planchon et M. Millardet. Elle offrirait plus de ressemblance avec le V. Cordifolia. Ses feuilles ne se distinguent de celles de cette dernière espèce que par la longueur relative de la nervure 1^1. Si on la raccourcit un peu, on a une feuille nettement cordée. D'autres caractères : forme et dimensions de la graine, puissance de la plante, etc..., la séparent du V. Cordifolia.

Aptitudes. — C'est encore une vigne des régions chaudes. Elle pousse très tard, fleurit longtemps après les autres espèces américaines et mûrit tardivement ses fruits. Ils sont petits et à goût plutôt agréable : on n'a pas pu les utiliser, jusqu'ici, pour la vinification.

Elle croît surtout dans les alluvions fertiles et fraîches. « L'une de ses stations principales, dit Eggert (1), est une dépression marécageuse qui se remplit à chaque inondation et n'est desséchée qu'à l'époque des basses eaux. Ailleurs, elle se trouve sur une éminence, où elle couvre le sol de ses rameaux. Tantôt elle croît seule, tantôt en société des V. Riparia et Cinerea. Le tronc ne dépasse guère la grosseur du bras ; les rameaux de l'année sont plus grêles que ceux du V. Riparia.... C'est, de toutes nos vignes du Missouri, celle qui se rapproche le plus de la vigne cultivée pour la pureté du goût (de la grappe) ».

Munson lui donne des facultés d'adaptation au sol très étendues. Elle viendrait mieux dans les sols calcaires que dans les sols sablonneux; c'est très douteux. En France, j'ai essayé à plusieurs reprises de la cultiver dans les sols crayeux ; elle n'y pousse même pas. Elle n'a pas atteint quelques centimètres que ses feuilles sont d'un jaune intense et bientôt desséchées. Dans les collections de l'École de Montpellier, elle a disparu plusieurs fois franche de pied. Dans une terre de très bonne qualité un peu calcaire, mais pas assez cependant pour faire jaunir le V. Riparia, le V. Rubra se chlorose avec intensité. Greffé sur Rupestris, il est assez beau. C'est donc une espèce plutôt difficile sur la qualité du terrain ; et elle ne prospère guère que dans les sols non calcaires.

Elle se multiplie assez bien par bouture, mais elle donne des souches faibles. Elle n'a pas été utilisée jusqu'ici comme porte-greffe. Et sa résistance au phylloxera est inconnue encore.

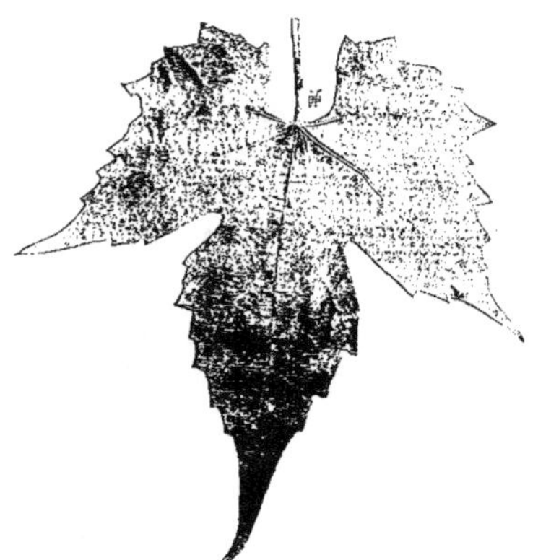

Fig. 157. — Feuille de V. Rubra.

VARIÉTÉS

Rubra A. — **Caractères.** — Feuille adulte : angles des nervures : 110, 54 = 164, 46 ; 3-lobée, à sinus latéraux : supérieur profond ; dents anguleuses, larges ; rapports des nervures : 0.70, 0.64, 0.48 ; pubescente sur nervures **1**, **2**, et touffes de poils raides aux angles ; vert glauque

---

(1) Eggert *in* Millardet. — *Histoire des principales espèces*, etc.

en dessous ; glabre, unie, luisante, vert foncé, tachée de rouge à l'automne, nervures rosées à la base en dessous ; longue.

Jeunes feuilles aranéeuses bronzées.

Bourgeonnement vert pâle.

Rameaux glabres, grêles, rouges.

Grappe à grains ronds, noirs, petits, peu serrés, à goût neutre ; longue, petite.

Plante faible. Non utilisée.

  C. Sarments côtelés.

   a. Feuille cordée-orbiculaire

V. CANDICANS

Synonymes. — *V. Mustangensis* Buckley, *V. Caribæa* var. *Coriacea* Chapm., d'après E. Durand.

Vulgo : *Mustang grape*, *Mustang*.

Caractères. — Sarments herbacés, très duveteux et côtelés, aoûtés, longs.
Bourgeonnement très cotonneux, carminé sur les bords.

Feuille très cotonneuse, entière ; 3-5-7-lobée, cordée ou orbiculaire, molle, bullée, à bords souvent infléchis en dessous ; dents très larges, peu saillantes.

Fig. 158. — Graine de V. Candicans.

Grappe à grains ronds, gros ou moyens, très charnus, à peau épaisse, de saveur âcre ; courte et petite, de maturité presque tardive.

Graine grosse (7 mill. 5), renflée, à chalaze et raphé peu apparents dans une dépression oblongue à stries radiales.

Racines charnues, tendres, puissantes, gris foncé.

Plante très vigoureuse.

Habitat. — Louisiane, Texas, Nouveau-Mexique, Territoire Indien.

Observations. — Ce qui frappe chez le V. Candicans, c'est l'abondance du duvet blanc qui recouvre tous les organes : feuilles adultes et jeunes, bourgeonnement, sarment, grappes de fleurs. La plante a, par suite, un aspect blanchâtre qui la fait distinguer de très loin, et qui lui a valu son nom de Candicans.

Les sarments sont forts, longs, peu ramifiés et *côtelés*.

Quant à la forme des feuilles, elle est variable. Chez les plantes adultes, la feuille est généralement entière, cordée, bullée, avec les bords infléchis en dessous, ce qui la fait ressembler à un capuchon.

Mais on en trouve aussi de 3-lobées; et chez beaucoup de plantes issues de graines, elles sont quelquefois très découpées. Les dents sont très larges et peu saillantes.

La grappe, quand elle sort du bourgeon, est recouverte d'un tomentum blanc. Très grosse d'abord, elle n'a plus, après la floraison, que de petites dimensions. Ses grains sont gros et si charnus qu'ils offrent une grande résistance à la pression du doigt. Leur goût est plutôt désagréable.

La graine grosse, allongée, à chalaze et raphé peu marqués dans une dépression oblongue et à stries radiales.

Aptitudes. — Le V. Candicans est une plante des régions chaudes. Tardive dans son débourrement et dans la maturité de ses bois, c'est-à-dire à végétation se continuant longtemps, mais non dans la floraison et la maturité de ses grappes, elle ne peut prospérer que dans les pays chauds et secs. Elle est d'ailleurs bien adaptée à la sécheresse. Ses feuilles épaisses et très duveteuses, même à la face supérieure, doivent peu transpirer ; et ses racines charnues craignent peu la sécheresse.

Les terrains dans lesquels elle se développe le mieux sont riches, profonds et frais: elle est plutôt faible dans les sols secs et superficiels. Au fond, la nature des terrains dans lesquels une plante se développe à l'état spontané ne nous renseigne pas sur ses aptitudes. Les vignes croissent dans tous les sols, et, même dans les plus mauvais, elles peuvent, à la longue, acquérir un grand développement. Si le V. Candicans est plus beau dans les vallées, sur les bords des rivières, cela ne doit pas nous surprendre : il en est ainsi pour toutes les plantes. Qu'il croisse aussi dans les terrains crayeux, cela se conçoit facilement : les vignes non greffées, surtout quand elles ne produisent pas de fruits, finissent toujours par être vertes et très vigoureuses. Il en est ainsi d'ailleurs en France ; il ne peut qu'en être de même en Amérique.

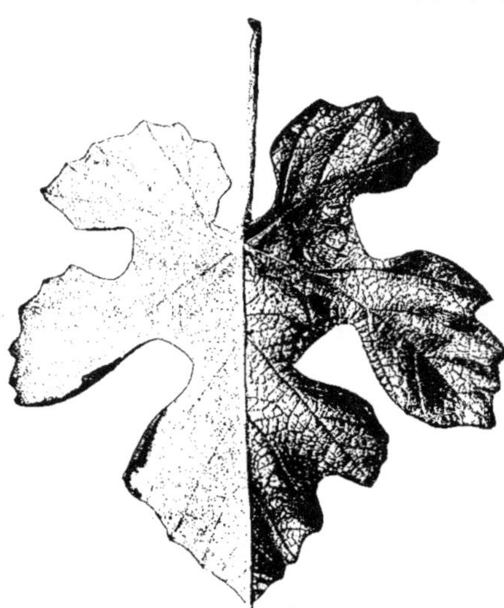

Fig. 159. — Feuille de V. Candicans.

En France, elle croît partout, mais elle redoute les terrains calcaires. Dans la craie des Charentes, où je l'ai étudiée, elle disparaît aussitôt que le V. Labrusca, l'année même de la plantation ; elle a donc une faible résistance à la chlorose.

Dans les terrains non calcaires, elle se développe vigoureusement ; elle atteint même une grande puissance dans les sols silico-argileux compacts.

Le tronc est puissant, plus fort même que celui de nos variétés indigènes. Les sarments, étalés et gros, ne s'enracinent pas, ou du moins ne s'enracinent que difficilement ; et c'est pour cette raison que le V. Candicans n'a pas été propagé en France. Mais, par la suite, le système radiculaire devient très fort : les premières années, il se développe plus que les parties aériennes.

VARIÉTÉS

1. CANDICANS A. — **Caractères.** — Feuille adulte : angles des nervures : 95, 32 = 127, entière ; dents presque nulles, arrondies ; rapports des nervures : 0.8, 0.8' ;

très cotonneuse en dessous, duveteuse, bullée, en cloche, vert foncé, luisante, molle en dessus ; plus large que longue, moyenne.

Feuilles jeunes cotonneuses, coton rosé sur les bords de la feuille ; stipules (1/2 centimètre) très rouges, colorant le bourgeon en rouge. qui est aussi bordé de rose.

Rameaux rouge-violet sous le coton.

Plante mâle.

Vigne très vigoureuse à tronc, fort et à gros sarments. Non utilisée.

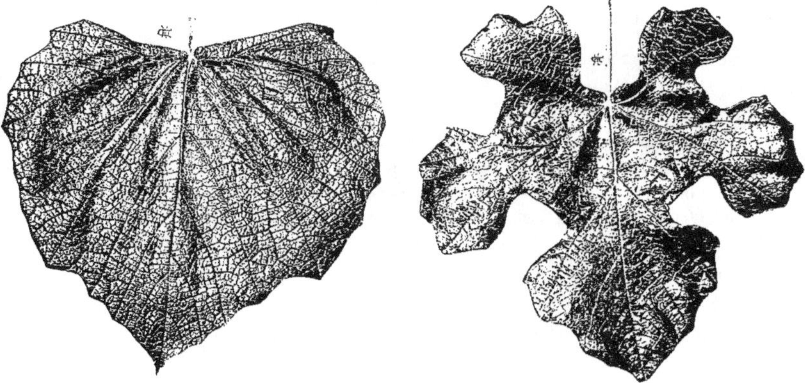

Fig. 160. — Feuille de V. Candicans A.   Fig. 161. — Feuille de V. Candicans β.

2. CANDICANS β. — Feuille adulte : angles des nervures : 112, 34 = 142, 33 ; rapports des nervures : 0.81, 0.7, 0.7 — 5-lobée ; sinus latéraux profonds ; dents presque nulles, aiguës ; cotonneuse en dessous ; duveteuse et bullée, vert foncé, luisante en dessus, molle ; plus longue que large ; très moyenne.

Feuilles jeunes cotonneuses.

Bourgeonnement très blanc, bordé de rose.

Plante mâle.

Observations. — C'est un Candicans à feuilles découpées, forme qui se retrouve fréquemment chez les individus jeunes issus de semis, de même que sur les rameaux-rejets. Celui-ci se montre avec ces mêmes caractères depuis plus de quinze ans : on peut donc le considérer comme fixé. Toutefois, la forme de ses nervures latérales primaires 1^1 et 1^2 montre qu'il suffirait peut-être de faibles modifications dans le milieu pour que la feuille revienne au type normal A.

En effet, ces nervures ont deux directions. Dans une première partie de leur trajet, elles forment avec la nervure médiane un angle plus aigu que dans la seconde. Au début elles sont donc plutôt entières ; ce n'est que plus tard que, les angles de divergence des nervures augmentant, la feuille se découpe.

Variété moins vigoureuse que la précédente. Non utilisée.

b. Feuille cunéiforme.

V. BERLANDIERI Planchon

Synonymes. — *V. Monticola* Millardet, *V. Coriacea* Davin, *V. Montana* Buckley, *V. Æstivalis* var. *Monticola* Eng.

Vulgo : *Mountain, Spanish, Fall* et *Winter grape* d'après Bailey ; *Sveet Mountain grape* E. Douysset, *Berlandiere* Davin.

Caractères. — Sarments herbacés, côtelés, duveteux, quelquefois avec des poils massifs, grêles, longs.

Stipules courtes, 3-4 millimètres.

Feuille adulte cunéiforme ; angles des nervures peu ouverts ; dents courtes, ordinairement arrondies ; pubescente-aranéeuse en dessous ; aranéeuse, quelquefois pubescente (poils très courts) en dessus ; bullée, verte sur les deux faces ; moyenne.

Feuilles jeunes duveteuses vert pâle ou bronzées.

Bourgeonnement cotonneux blanc ou coloré en rouge.

Grappe à grains ronds ou discoïdes, noirs, petits, pulpeux ou peu juteux, sucrés et acides plutôt agréables ; petite ou moyenne (15 à 20 centimètres), serrée ordinairement, parfois nettement pyramidale.

Graine assez grosse, 5 à 6 millimètres, chalaze arrondie en bas et se confondant peu à peu avec le raphé qui disparaît au sommet de la graine.

Fig. 162.— Graine de V. Berlandieri.

Tronc grêle.

Racines assez fortes, charnues, grises.

Habitat. — Les bords des rivières et les collines du sud-ouest du Texas.

Observations. — Quoique occupant une aire géographique très restreinte, le V. Berlandieri, comme le montre la description précédente, est tout aussi variable dans ses caractères que les espèces que nous avons étudiées jusqu'ici. Les rameaux, toujours nettement côtelés, sont ou simplement duveteux, ou en même temps porteurs de poils en massue. Il est clair que ces organes disparaissent à mesure que les rameaux vieillissent et s'aoûtent, mais on peut toujours constater leur présence sur les parties en voie de croissance, ou encore herbacées ; leurs empreintes, d'ailleurs, persistent indéfiniment. Cette différence dans la constitution de la villosité permet de faire une première coupure dans cette espèce et d'établir ainsi deux divisions, qui comprendront les variétés à :

    1° Rameaux duveteux avec poils en massue.

    2° Rameaux duveteux.

La couleur des sarments pendant la végétation est variée : vert, vert pâle, vert-rouge, rouge-violet, violet foncé, et assez constante pour chaque variété. Seulement, si ce caractère est facile à observer, il est difficile de l'indiquer avec précision : les expressions nous manquent ; et c'est pourquoi nous ne pouvons lui attribuer qu'une valeur très secondaire.

A l'aoûtement, la couleur varie du gris clair au brun plus ou moins foncé. Le bois est en général dur.

Les feuilles paraissent très variables. Les gravures suivantes montrent cependant que si l'on excepte deux ou trois variétés, qui sont peut-être le résultat d'un croisement, elles sont plutôt très semblables. Leur forme générale est celle des feuilles du V. Riparia : c'est-à-dire d'un *coin* ou d'un rectangle surmonté d'un triangle sur un des côtés. Seulement, ici, le rectangle est raccourci, et le triangle est élargi. Mais, sauf cette différence, qui indique que la feuille est généralement plus large que longue, la feuille du V. Berlandieri est bâtie, dans ses lignes principales, sur le même modèle que la feuille du V. Riparia. Où les différences deviennent notables, c'est dans la charpente secondaire. Le tablier est plus développé chez le V. Berlandieri ; l'angle γ est par suite plus ouvert, de même d'ailleurs que les angles δ, ε. Les nervures d'ordre **2, 3, 4** qui les bordent sont aussi fréquemment très développées. Et il s'ensuit que chez cette espèce, dont la charpente primaire est resserrée, c'est-à-dire reportée, par conséquent, vers le sommet, le tablier est néanmoins bien développé, et le sinus pétiolaire presque fermé ou fermé. L'ampleur du tablier, due à ce fait du développement de la charpente secondaire, est une caractéristique de cette espèce.

Les sinus latéraux, quand ils existent, sont toujours peu profonds. Les dents sont en général arrondies, rarement anguleuses, et d'ordinaire très longues ou larges.

La face inférieure est aranéeuse et pubescente, mais la villosité est toujours peu importante. Le duvet est constitué par quelques poils laineux disséminés sur les nervures principales ; les poils raides sont

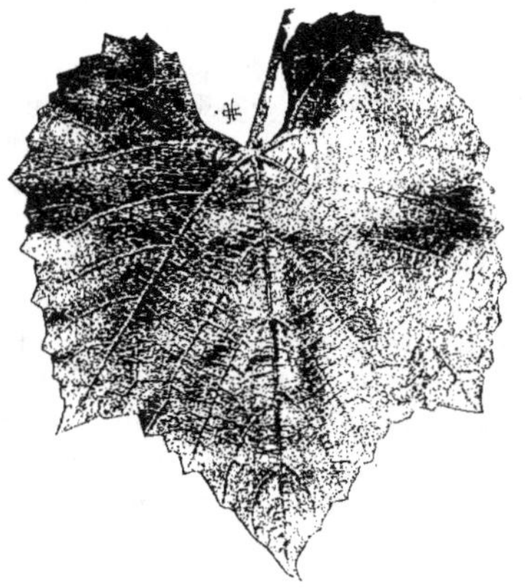

Fig. 163. — Feuille de V. Berlandieri.

plus nombreux, mais ils ne masquent jamais le parenchyme, qui est d'un vert clair et brillant. Tout au plus donnent-ils à la feuille ou plutôt aux nervures qu'ils couvrent une teinte grise. Les nervures sont bien visibles en dessous ; elles forment un réseau qui est encore plus apparent que chez le V. Riparia.

A la face supérieure, il y a toujours, même plus nombreux qu'en dessous, des poils laineux qui se dirigent dans tous les sens ; ils ne masquent jamais le parenchyme de la feuille. Et il y a aussi, d'une manière constante chez plusieurs variétés, des poils raides très courts, visibles seulement quand on examine la feuille tangentiellement, et qui la rendent nettement rugueuse au toucher. C'est un bon caractère, que j'utiliserai plus loin.

La feuille est d'un vert plus ou moins foncé, brillant d'ordinaire ; gaufrée ou bullée, rarement unie. Les nervures sont vert pâle ou rosées, quelquefois pubescentes en dessus ; mais les poils qu'elles portent sont toujours extrêmement courts.

Le bourgeonnement, toujours cotonneux, est blanc ou rosé, non pas sur la feuille, mais sur les poils, et les jeunes feuilles ont fréquemment un parenchyme bronzé.

Le V. Berlandieri est très fertile ; les variétés mâles sont bien moins nombreuses que les variétés fertiles ; les grappes atteignent quelquefois de fort jolies dimensions (15 à 20 centimètres). Elles sont simples ou ailées, et constamment plutôt serrées : elles sont donc peu sensibles à la coulure. Les grains sont petits, ronds ou discoïdes, noirs et de maturité très tardive, mais régulière.

Le tronc est grêle ; il se développe à peu près comme le tronc du V. Riparia. Les racines, au contraire, sont fortes, charnues et grises. Le chevelu paraît être peu abondant.

Aptitudes. — Le V. Berlandieri est une espèce des régions chaudes ; elle supporte, en effet, des températures très élevées, et elle supporte aussi quelquefois, paraît-il, des froids très intenses. C'est une espèce tardive, et quand elle mûrit bien ses bois, comme au Texas, elle peut très bien résister à des froids intenses. Il n'en est plus de même en France. Ici ses sarments ne s'aoûtent pas toujours très bien, même dans le Midi ; dans les contrées plus froides, telles que le Centre, l'Ouest et l'Est, ils s'aoûtent très souvent imparfaitement, et alors ils succombent aux moindres froids de l'hiver, surtout quand ils proviennent de terrains frais et riches. Si on veut cultiver cette espèce comme pied-mère, il faut toujours la placer aux expositions les plus ensoleillées et dans les sols plutôt secs.

Cette insuffisance de maturation des bois coïncide peut-être avec un aoûtement moindre des racines ; mais cela est sans doute sans inconvénient ; et les Berlandieri greffés avec les variétés du V. Vinifera peuvent — peut-être — aussi bien se développer dans les pays froids que les autres espèces américaines. Toutefois, ce point n'est pas encore établi ; et avant de se prononcer, il faut attendre que les faits contraires à cette opinion aient été vérifiés ou infirmés.

La région où le V. Berlandieri croît à l'état spontané est calcaire. Elle vit, en effet, dans des terres crayeuses, peut-être très chlorosante sous un climat pluvieux : le climat sec et chaud du Texas doit les rendre peu nocives ; et ce qui le montre dans une certaine mesure, c'est que le V. Cinerea et le V. Cordifolia et quelques autres espèces très calcifuges lui sont associés. Elle croît aussi dans les alluvions des rivières ; et les variétés de cette provenance sont tout aussi calcicoles que celles qui proviennent de la craie pure. La nature du milieu n'a pas modifié leurs aptitudes. Elles y ont pris un développement assez considérable, qu'elles perdent naturellement dans les sols maigres ou très calcaires. Ceci montre que le V. Berlandieri n'est pas calciphile, contrairement à ce qu'on a prétendu. S'il croît dans la craie, il croît encore mieux dans les terres dépourvues de calcaire ; mais il vit d'autant plus longtemps et reste d'autant plus sain que le sol est plus sec : un excès d'humidité, en empêchant la maturation de ses bois, en abrège la durée. Néanmoins, il n'y a pas lieu de le cultiver dans les sols non calcaires : il y est manifestement inférieur à d'autres espèces. Il ne peut rendre des services que dans les sols très chlorosants, où ces dernières ne peuvent prospérer, et aussi — peut-être — dans les terres qui craignent beaucoup la sécheresse.

Y a-t-il des différences considérables entre les aptitudes des représentants de cette espèce ? Il semble que non. Il est clair que les variétés vigoureuses viennent mieux dans la craie. de même que dans tout autre terrain, que les variétés faibles ; et ce sont elles qu'il faut exclusivement employer. A ce point de vue, il en est du V. Berlandieri comme de toutes les autres espèces. A égalité de développement aérien et souterrain, une fois *greffées*, toutes les variétés se valent. J'en ai eu la preuve par les essais que j'ai entrepris dans cette voie dans les champs d'essais des Charentes. Plantées côte à côte, dans un terrain homogène et en même temps, les nombreuses variétés que j'ai expérimentées, et, parmi elles. les plus vantées par la réclame, se sont comportées sensiblement de la même façon : les différences constatées sont de même ordre et de même importance que celles qu'on observe sur une même variété, mais dont les représentants sont de diverses provenances. Il faut sans doute « sélectionner », mais la sélection telle que les vignerons peuvent la pratiquer n'a pas les vertus qu'on lui attribue. On a expliqué beaucoup d'insuccès par une *mauvaise sélection* des variétés employées. C'est évidemment à tort ; quand une variété pure et vigoureuse ne croît pas dans un milieu donné, il ne faut pas croire que cela est dû à une sélection imparfaite, cela tient tout uniment à ce que cette variété appartient à une *espèce* à laquelle le milieu ne convient pas. On verra plus loin quelles sont les variétés qui peuvent donner les meilleurs résultats.

Les sarments, plutôt grêles, sauf dans les terrains fertiles ou bien encore quand ils sont peu nombreux sur une même souche, donnent des tiges également grêles. Les *sujets* du V. Berlandieri se comportent sensiblement comme les sujets du Riparia ; ils ne se développent jamais autant en diamètre que les variétés du V. Vinifera. Aussi, leurs greffes. contrairement à ce qu'on a dit, présentent-elles des différences de dimensions très sensibles entre le sujet et le greffon ; et fréquemment, au point de soudure, on remarque un bourrelet très marqué. Que le sujet soit plus grêle que le greffon, cela est sans importance pour la plante : elle est seulement un peu moins résistante aux vents, et il convient de la soutenir par un piquet, au moins les premières années. Quant au bourrelet, peut-être a-t-il pour conséquence une diminution de la vigueur de la souche, ainsi qu'une amélioration de la fructification ; qu'il existe ou non, il n'y a pas lieu de s'en préoccuper.

Les sarments — à bois dur — s'enracinent difficilement dans les conditions ordinaires. Ils donnent de 5 à 10 racinés pour 100 boutures, quand le Riparia en donne au moins 90. Cette proportion est tout à fait insuffisante pour la pratique ; et c'est pourquoi cette espèce n'a pas pu être utilisée, malgré ses réelles qualités.

La mauvaise réussite au bouturage tient au long intervalle qui sépare l'éclosion et le développement des bourgeons de l'apparition des racines. Les premiers ont quelquefois 15 centimètres quand les racines ne se sont pas encore montrées. Qu'arrive-t-il ? C'est que les jeunes rameaux épuisent la bouture en matières nutritives et surtout en eau ; ils se *dessèchent* et la bouture avec eux ; et celle-ci ne tarde pas à pourrir. Si. par un moyen quelconque, on diminue leur transpiration — en les maintenant couverts de sable par exemple, — ils peuvent persister jusqu'après l'apparition des racines ; et. dans ce cas. le jeune plant mis avec précaution en pépinière peut très bien se développer dans la suite. Mais ce procédé est d'une application délicate.

D'autres ont été conseillés ou essayés. L'un d'eux, qui m'a donné de bons résultats, consiste dans la suppression de la cause du non enracinement que j'ai indiquée : c'est-à-dire dans le rapprochement des époques de sortie des bourgeons et des racines. On peut y arriver de deux façons : en hâtant la sortie des racines par le chauffage — procédé insuffisant, — ou mieux en retardant l'épanouissement des bourgeons. On y parvient en plaçant la base de la bouture dans un milieu humide, et son sommet dans un milieu *très sec,* ce qui est facile à réaliser.

D'autre part, les boutures herbacées — qui sont à l'état de vie active — s'enracinent facilement; et si on ne les utilise pas en pratique, c'est qu'il est difficile de les préserver de la pourriture. Mais au lieu de faire usage de sarments verts, on peut employer des sarments soit avant l'aoûtement complet, soit, au printemps, lorsqu'ils ont déjà émis sur la souche des pousses courtes de 1 à 2 centimètres. Cette dernière méthode de bouturage est appelée *bouturage en pousse :* sa réussite est irrégulière. L'autre peut être appliquée de deux façons : ou bien on taille les sarments hâtivement, en octobre, et on les conserve dans le sable sec ; ou bien on les met aussitôt en pépinière. Les deux manières d'opérer conviennent à des régions différentes. J'ai imaginé et proposé la première pour les pays froids et pluvieux. M. Couderc a proposé la seconde pour les pays chauds.

Mais la mise en œuvre de tous ces procédés de bouturage implique des soins spéciaux, qui doivent être donnés au moment opportun ; sans quoi tout échoue. Aussi, sauf exception, a-t-on renoncé à utiliser le V. Berlandieri. Aujourd'hui, la solution de cette question ne s'impose plus. Les hybrides de Berlandieri créés depuis quelques années l'ont rendue inutile.

Une fois enracinée, la jeune plante développe inégalement ses appareils aériens et souterrains. La partie aérienne pousse lentement ; la partie souterraine, au contraire, se développe puissamment. Les chiffres suivants le montrent :

Poids du système radiculaire	Poids de la partie aérienne
18.52	4.32

Ainsi, pendant les premières années, la plante développe son système radiculaire ; sa partie aérienne reste grêle ; et cela explique que le Berlandieri ait pu être considéré comme une plante *très faible au début.*

Si on remplace, dès le principe, la partie aérienne par une autre, les choses changent et le développement aérien des greffons paraît être tout aussi puissant que sur le V. Riparia, par exemple.

Si cette vigne reprend mal au bouturage, elle se greffe, par contre, très bien ; elle forme facilement du tissu de soudure. Par la suite, elle nourrit bien ses greffons ; elle porte des greffes de vigueur moyenne, mais fertiles ; elles coulent moins que les greffes sur Rupestris. Les fruits mûrissent régulièrement.

Le V. Berlandieri résiste très bien aux maladies cryptogamiques ; il ne porte jamais que quelques petites taches de mildiou ; l'oïdium ne l'atteint qu'à la fin de la végétation, et il ne craint pas le black-rot. Dans les régions froides et humides, il est sensible aux broussins.

On a vu que le plus grand nombre des représentants de cette espèce sont hermaphrodites et que les fleurs sont bien constituées. Elles nouent en effet presque toutes ;

aussi donnent-elles souvent des grappes assez volumineuses et très serrées. Les grains, petits, contiennent peu de jus ; ils sont occupés en entier par des pépins, mais ce jus est très coloré, sucré, un peu acide, plutôt agréable. Bien que les grappes soient très nombreuses, on ne peut songer à les utiliser pour la vinification, d'autant plus d'ailleurs qu'elles mûrissent très tard. Croisée avec des bonnes variétés de V. Vinifera ou d'autres espèces très fertiles, à gros grains, cette espèce pourrait donner des hybrides producteurs intéressants. D'après M. Couderc, ses hybrides, avec le V. Vinifera, ont des fruits de très bonne qualité ; et M. Davin en a obtenu de très intéressants, dont les mérites n'ont pas encore été mis suffisamment en lumière.

Ainsi le V. Berlandieri est une espèce remarquable. Par elle-même, elle n'a pas rendu de grands services, à cause de quelques défauts d'importance capitale. Croisée avec d'autres espèces, elle a été et elle sera d'une grande utilité pour les viticulteurs qui ont à reconstituer les terrains calcaires. Elle a été introduite en France par M. Elie Douysset, et ses propriétés calcicoles sont connues depuis longtemps. M. le Dr Davin les a signalées le premier : dans un terrain très mauvais, seul un exemplaire de cette espèce a pu se développer convenablement. M. Planchon, un peu plus tard, a appelé sur elle l'attention des viticulteurs ; et M. Viala a constaté un peu après sa présence en Amérique dans les terres crayeuses du Texas. Les expériences qui ont été faites par la suite ont justifié les assertions de ces observateurs.

VARIÉTÉS

a. Rameaux duveteux avec poils en massue.

1. B. PLANCHON. — **Caractères.** — Feuille adulte : angles des nervures : 100, 40 = 140, 30 ; 5-lobée, à sinus latéraux : supérieur peu marqué, inférieur très peu marqué ; dents arrondies, très larges ; rapports des nervures : 0.86, 0.71, 0.48 ; aranéeuse-pubescente en dessous sur nervures **1, 2, 3, 4** ; aranéeuse, un peu bullée, peu luisante, plane ; nervures vert-pâle et pubescentes en dessous ; longue, moyenne.

Feuilles jeunes duveteuses, à liséré rose.

Bourgeonnement cotonneux, à liséré rose.

Rameaux duveteux et avec poils massifs, rayés de rouge.

Grappe à grains ronds, noirs, petits, à contenu très coloré, pulpeux, âpre ou acide ; à vrille caduque, peu serrée.

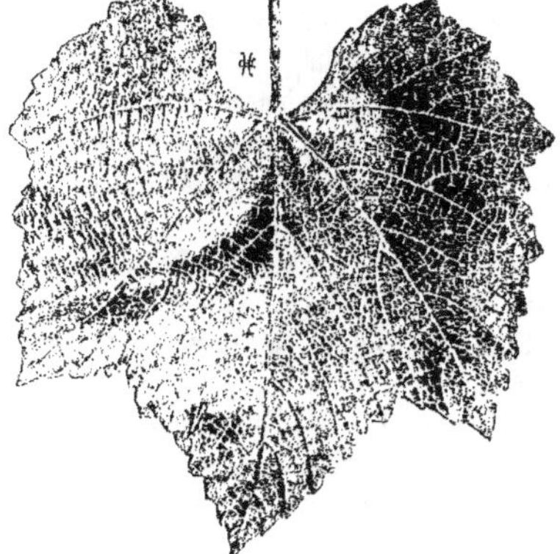

Fig. 164. — Feuille de B. Planchon.

Aptitudes. — Variété vigoureuse, qu'on a cru, un moment, alliée au V. Candicans, et pour cette raison exclue des expériences. Peut être utilisée, si le V. Berlandieri doit l'être.

RAVAZ; *Vignes américaines.*   21

2. B. From Chalky α (Munson). — **Caractères**. — Feuille adulte : angles des nervures : 105, 37 = 142, 32, 11 ; 3-lobée, à sinus latéraux : supérieur marqué ; dents anguleuses, très larges ; pubescente sur nervures de tout ordre en dessous ; aranéeuse-pubescente, bullée, à bords infléchis en dessous, vert pâle, nervures rouges pubescentes à la base en dessus ; aussi large que longue.

Fig. 165. — Feuille de From Chalky.

Feuilles jeunes cotonneuses blanches, à liséré rose.

Bourgeonnement blanc, à liséré rosé.

Rameaux duveteux, avec quelques poils massifs vert-violacé.

Grappe à grains ronds, noirs, petits, pulpeux, très colorés, âpres, astringents ; petite, ailée, lâche.

Aptitudes. — Plante trouvée, avec beaucoup d'autres, dans les terrains crayeux du Texas par Munson. C'est une des plus belles.

3. B. Nº 7 (Salomon). — **Caractères**. — Feuille adulte : angles des nervures : 122, 21 = 143, 40 ; 5-lobée, à sinus latéraux : supérieur profond, inférieur profond ; dents anguleuses, larges ; rapports des nervures : 0.90, 0.74, 0.30 ; aranéeuse et très pubescente en dessous ; aranéeuse, presque unie, vert-blanchâtre, nervures à peine rosées en dessus , aussi longue que large, assez grande.

Feuilles jeunes duveteuses un peu rosées.

Bourgeonnement cotonneux blanc.

Rameaux cotonneux, avec quelques poils en massue rouges, vert-violacé.

Grappe à grains ronds, noirs, petits.

Fig. 166. — Feuille de B. Nº 7 (Salomon).

Aptitudes. — De vigueur moyenne, paraît alliée à une autre espèce de vigne.

b. Rameaux duveteux.

1. B. Nº 9 Las Sorres. — **Caractères**. — Feuille adulte : angles des nervures : 88, 45 = 133, 40 ; 3-lobée, à sinus latéraux : supérieur à peine marqué ; dents angu-

leuses, très larges ; rapports des nervures : 0.92, 0.72, 0.36 ; aranéeuse et pubescente sur toutes les nervures en dessous ; aranéeuse et bullée, vert foncé, luisante, nervures rosées à la base, un peu pubescentes en dessus ; plus large que longue, moyenne.

Feuilles jeunes cotonneuses carminées sur le coton, bronzées en dessous.

Bourgeonnement cotonneux blanc, à liséré rose.

Rameaux cotonneux vert-violacé.

Plante mâle.

Aptitudes. — Variété sélectionnée par M. Durand, au Mas de Las Sorres. Elle rentre dans le groupe des Berlandieri N° 2 de M. Mazade. C'est une variété vigoureuse.

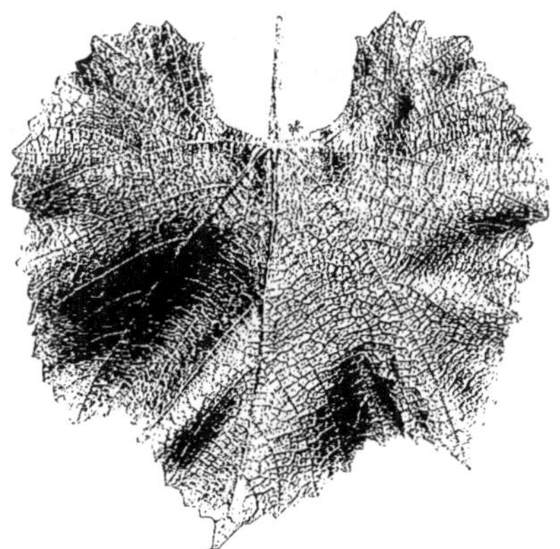

Fig. 167 — Feuille de B. Las Sorres.

2. B. Ecole. — **Caractères.** — Feuille adulte : angles des nervures : 94, 41 = 135, 32 ; 3-lobée, à sinus latéraux : supérieur à peine marqué ; dents anguleuses, larges ; rapports des nervures : 0.77, 0.71, 0.41 ; pubescente et aranéeuse en dessous sur nervures 1, 2 ; aranéeuse, unie, à bords infléchis en dessous, vert pâle, luisante, nervures vert pâle en dessus ; plus large que longue.

Feuilles jeunes duveteuses, à liséré rose, cuivrées.

Bourgeonnement carminé sur toute la surface.

Rameaux duveteux rouge-violet.

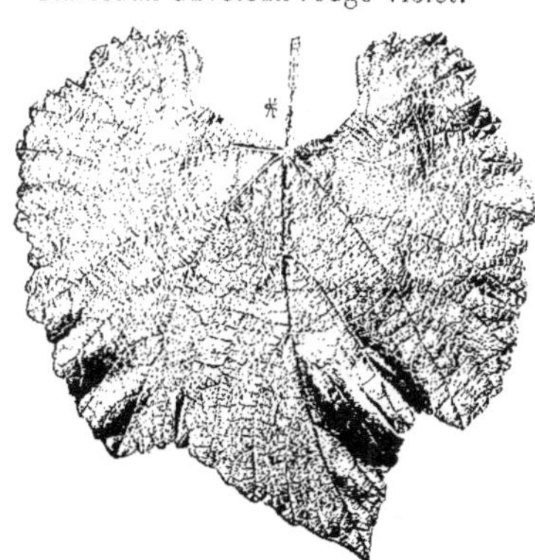

Fig. 168. — Feuille de B. Boutin C.

Grappe à grains ronds, noirs, petits, serrés ; petite ou moyenne ; pédoncule pourvu d'une vrille.

Aptitudes. — Variété obtenue de semis par M. G. Foëx à l'Ecole d'agriculture de Montpellier. Plante plutôt faible.

3. B. Boutin C. — **Caractères.** — Feuille adulte : angles des nervures : 25, 33 = 128, 50 ; 3-lobée, à sinus latéraux : supérieur à peine marqué ; dents arrondies très larges ; rapports des nervures : 0.83, 0.80, 0.45 ; aranéeuse, pubescente sur nervures 1, 2, 3, 4 en dessous ; unie, un peu infléchie en dessous, nervures à peine rosées en dessus ; grande.

Feuilles jeunes duveteuses rosées.

Bourgeonnement carminé.

Rameaux duveteux violacés.

Aptitudes. — Variété provenant d'Amérique et très belle dans les collections de l'École d'agriculture de Montpellier.

4. B. DES CALCAIRES (Viala). — **Caractères**. — Feuille adulte : angles des nervures : 96, 31 = 128, 41, 40 ; 3-lobée, à sinus latéraux : supérieur à peine marqué ; dents larges, arrondies ; rapports des nervures : 0.87, 0.78, 0.42 ; pubescente en dessous sur les nervures de tout ordre ; aranéeuse, un peu bullée ou épaisse, molle, vert-jaunâtre, nervures à peine rosées en dessous ; large, moyenne.

Feuilles jeunes cotonneuses blanches.

Bourgeonnement cotonneux blanc, à liséré rose sur les poils.

Rameaux cotonneux vert-violacé.

Plante mâle, très florifère.

Aptitudes. — Plante de vigueur moyenne, et dont quelques caractères rappellent le V. Candicans.

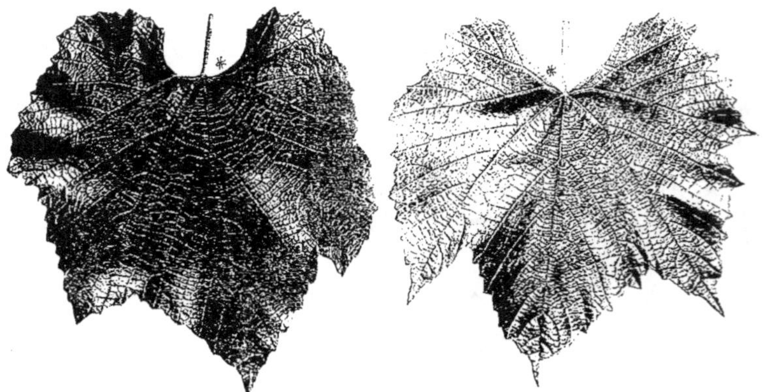

Fig. 169. — Feuille de B. des calcaires.   Fig. 170. — Feuille de B. Macquin N° 2.

5. B. N° 2 (Macquin). — **Caractères**. — Feuille adulte : angles des nervures : 101, 36 = 137, 32 ; 5-lobée, à sinus latéraux : supérieur assez profond, inférieur bien marqué ; dents anguleuses, étroites ; rapports des nervures : 0.94, 0.76 ; pubescente en dessous ; à peine bullée, vert franc, nervures légèrement rosées à la base en dessus ; large.

Feuilles jeunes duveteuses bronzées.

Bourgeonnement duveteux, rosé sur toute la surface.

Rameaux à côtes fines vert-violacé.

Plante mâle.

Aptitudes. — Plante sélectionnée par M. Macquin ; assez vigoureuse. Hybride.

6. **B. N° 2** (Rességuier). — **Caractères**. — Feuille adulte : angles des nervures : 102, 48 = 150, 31 ; 3-lobée, à sinus latéraux : supérieur à peine marqué ; dents arrondies, très larges ; rapports des nervures : 0.87, 0.72, 0.46 ; pubescente sur nervures **1, 2, 3, 4** en dessous ; aranéeuse, bullée, lisse, vert foncé, luisante, à nervures un peu rouges à la base ; large.

Feuilles jeunes duveteuses bronzées.

Bourgeonnement duveteux rouge.

Rameaux duveteux violacés, larges.

Grappe à grains ronds, noirs, petits. à contenu pulpeux très coloré, âpre et acide ; ailée, peu serrée.

Aptitudes. — Plante vigoureuse à gros sarments, sélectionnée chez M. Rességuier, et actuellement une des

Fig. 171. — Feuille de B. Rességuier N° 2.

plus répandues dans les vignobles. Est une des meilleures variétés de V. Berlandieri. Vigoureuse ; nourrit des greffes fertiles. Reprend un peu de bouture.

7. **B. Tyers** (Munson). — **Caractères**. — Feuille adulte : angles des nervures : 103, 51 = 154, 38 ; 3-lobée, à sinus latéraux : supérieur à peine indiqué ; dents arrondies, très larges ; rapports des nervures : 0.81. 0.73, 0.31 ; pubescente sur nervures de tout ordre en dessous ; aranéeuse, bullée, vert très luisant, nervures vertes à la base en dessus ; longue.

Feuilles jeunes duveteuses, à liséré rose.

Bourgeonnement blanc, à liséré rose.

Rameaux duveteux vert-violacé.

Plante mâle.

Aptitudes. — Variété sélectionnée par M. Munson. Vigoureuse.

8. **B. From Chalky β** (Munson). — A côté de la variété précédente, et d'ailleurs d'une même origine, doit être placée une

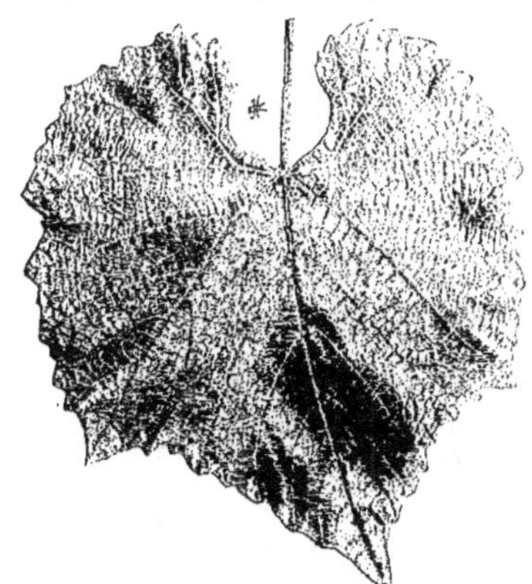

Fig. 172. — Feuille de B. Tyers.

variété relativement glabre, se rapprochant du N° 2 Rességuier. Voici quelques-uns de ses caractères.

Feuille à peine 3-lobée, à dents arrondies presque nulles ; très pubescente en dessous ; aranéeuse, pubescente, rugueuse, nervures pubescentes et rouges en dessus.

Feuilles jeunes duveteuses vert-jaunâtre.

Bourgeonnement duveteux, à liséré rose.

Rameaux duveteux rouge-violacé.

Ces deux variétés, de même que toutes celles qui sont de même provenance, ne se distinguent par aucun caractère spécial des variétés originaires d'autres régions.

9. B. MAZADE (Malègue). — **Caractères.** — Feuille adulte : angles des nervures : 106, 32 = 138, 43 ; 3-lobée, à sinus latéraux : supérieur à peine indiqué ; dents arrondies, très larges ; rapports des nervures : 0.93, 0.67, 0.43 ; pubescente sur nervures **1, 2, 3, 4** en dessous ; aranéeuse et pubescente, rugueuse, unie, lisse, plane, très luisante, nervures vert pâle en dessus ; aussi large que longue, moyenne.

Feuilles jeunes duveteuses bronzées.

Bourgeonnement cotonneux blanc.

Rameaux duveteux vert-rougeâtre.

Plante mâle.

Fig. 173. — Feuille de B. Mazade.

Aptitudes. — Très jolie variété de V. Berlandieri sélectionnée par M. Malègue et dédiée par lui à M. Mazade. Le brillant de son feuillage la distingue même de loin des autres variétés. Bonne variété.

10. B. N° 1 (Rességuier). — **Caractères.** — Feuille adulte : angles des nervures : 107, 36 = 143, 17 ; 5-lobée, à sinus latéraux : inférieur marqué, supérieur à peine marqué ; dents arrondies, très longues ; rapports des nervures : 0.93, 0.63, 0.43 ; pubescente sur nervures **1, 2, 3, 4** en dessous ; aranéeuse et pubescente, rugueuse, unie, plane, mince, vert peu foncé, nervures vert pâle en dessus ; longue, assez grande.

Feuilles jeunes duveteuses un peu bronzées.

Bourgeonnement duveteux un peu rosé.

Rameaux duveteux verts, rayés de violet.

Grappe à grains ronds, noirs, petits, à contenu pulpeux, très coloré, âpre ou acide ; ailée (20 centimètres), peu serrée.

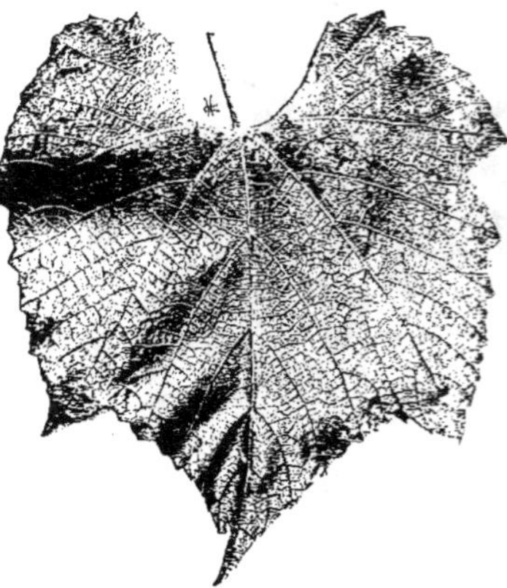

Fig. 174. — Feuille de B. Rességuier N° 1.

Aptitudes. — Plante sélectionnée chez M. Rességuier. Très vigoureuse, mais à rameaux plus grêles que ceux du N° 2 du même pépiniériste; a été délaissée pour cette dernière. Sa résistance à la chlorose est tout aussi élevée.

11. B. N° 3 (Macquin). — **Caractères**. — Feuille adulte : angles des nervures : 106, 37 = 143, 50, 26 ; 3-lobée, à sinus latéraux: supérieur à peine marqué ; dents arrondies, larges ; rapports des nervures: 0.81, 0.75, 0.58 ; pubescente-duveteuse en dessous; pubescente-aranéeuse, un peu bullée, vert franc, luisante, nervures rosées à la base en dessus ; large.

Feuilles jeunes duveteuses bronzées.

Bourgeonnement cotonneux, rosé sur toute la surface.

Rameaux duveteux rouge-violet, grêles.

Plante mâle.

Aptitudes. — Variété à faible développement.

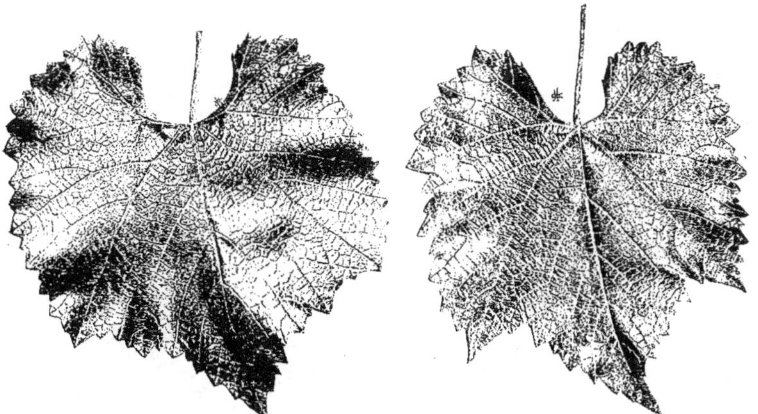

Fig. 175. — Feuille de B. N° 3 (Macquin).   Fig. 176. — Feuille de B. Lafont N° 9.

12. B. Lafont N° 9 (Ravaz). — **Caractères**. — Feuille adulte : angles des nervures : 107, 40 = 147, 22 ; 3-lobée, à sinus latéraux : supérieur à peine marqué ; dents anguleuses, larges ; rapports des nervures : 0.83, 0.68, 0.29 ; aranéeuse, pubescente, bullée, plane ou un peu infléchie en dessous ; bullée, vert foncé, un peu luisante, nervures rosées à la base en dessus ; grande.

Feuilles jeunes duveteuses rosées sur les poils, bronzées en dessous.

Bourgeonnement duveteux rosé.

Rameaux duveteux vert-rosé.

Aptitudes. — Variété provenant d'Amérique, et cultivée dans le domaine de Lafont, à Madame Jules Robin. Je l'ai sélectionnée au milieu d'une foule d'autres variétés. C'est sans doute la variété de Berlandieri la plus vigoureuse connue jusqu'à présent. Dans le calcaire jurassique, elle est toujours restée très verte. La figure ci-dessus représente une feuille non encore adulte.

13. B. N° 43 (Malègue). — **Caractères.** — Feuille adulte : angles des nervures :. 107, 43 = 150, 43 ; 5-lobée, à sinus latéraux : supérieur marqué, inférieur à peine marqué ; dents anguleuses, très larges ; rapports des nervures : 0.97, 0.73, 0.37 ; pubescente sur nervures **1, 2, 3, 4** en dessous ; aranéeuse et pubescente, rugueuse, à peine bullée, verte, luisante, nervures vert pâle en dessus ; large.

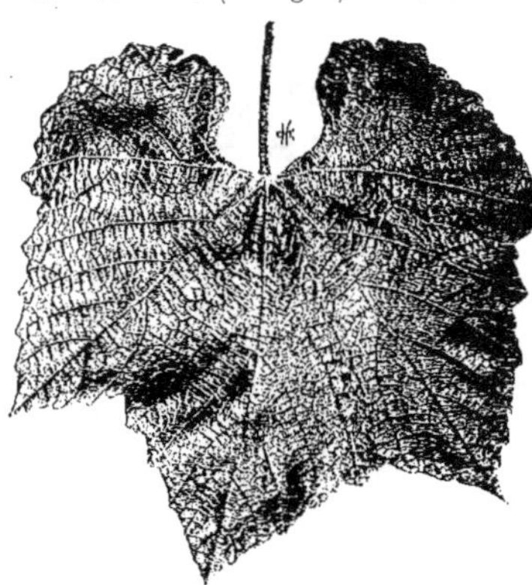

Fig. 177. — Feuille de B. N° 43 (Malègue).

Feuilles jeunes duveteuses un peu bronzées.

Bourgeonnement duveteux, rosé sur les poils.

Rameaux duveteux rouges.

Grappe à grains ronds, noirs, petits, à contenu très coloré, pulpeux, âpre et acide ; conique, serrée (12 centimètres).

Aptitudes. — Plante sélectionnée par M. Malègue. Est vigoureuse dans les collections de l'École d'agriculture de Montpellier.

14. B. N° 91 (Malègue). — **Caractères.** — Feuille adulte : angles des nervures : 109, 30 = 139, 35, 50 ; 3-lobée, à sinus latéraux : supérieur peu marqué ; dents arrondies, très larges ; rapports des nervures : 0.98, 0.81, 0.28 ; pubescente sur nervures **1** à **4** en dessous ; aranéeuse et pubescente, rugueuse, légèrement bullée, plane, vert foncé, luisante, nervures à peine violacées à la base en dessus ; large, assez grande.

Feuilles jeunes duveteuses un peu bronzées.

Bourgeonnement duveteux rouge-violet.

Grappe à grains ronds, noirs, petits, pulpeux, très colorés, âpres, acides ; compacte, moyenne, ailée.

Fig. 178. — Feuille de B. N° 91 (Malègue).

Aptitudes. — Variété vigoureuse, sélectionnée par M. Malègue.

15. B. N° 4 (Malègue). — **Caractères.** — Feuille adulte : angles des nervures : 109, 32 = 141, 39 ; 3-lobée, à sinus latéraux : supérieur peu marqué ; dents arrondies, très larges ; rapports des nervures : 0.86, 0.82, 0.35 ; pubescente sur nervures **1, 2, 3, 4** en dessous ; aranéeuse, légèrement rugueuse, un peu bullée, gaufrée au centre, vert foncé, luisante, nervures à peine rosées à la base ; large, moyenne.

Feuilles jeunes duveteuses bronzées.

Bourgeonnement cotonneux blanc.

Rameaux duveteux vert-rougeâtre.

Aptitudes. — Variété sélectionnée par M. Malègue. Vigoureuse dans les collections de l'École d'agriculture de Montpellier.

Fig. 179. — Feuille de B. N° 4 (Malègue).

16. B. N° 5 (Rességuier. — **Caractères.** — Feuille adulte : angles des nervures : 110, 43 = 153 ; 3-lobée, à sinus latéraux : supérieur peu marqué ; dents arrondies, très larges ; rapports des nervures : 0.90, 0.65, 0.29 ; aranéeuse et pubescente sur nervures **1, 2, 3, 4** en dessous : aranéeuse, pubescente, rugueuse, bullée, plane, vert foncé, nervures à peine rosées à la base en dessous ; longue.

Feuilles jeunes duveteuses vert pâle.

Bourgeonnement duveteux blanc.

Rameaux très duveteux verts, rayés de violet.

Grappe à grains ronds, noirs, petits, pulpeux, très colorés, âpres, acides.

Aptitudes. — Variété sélectionnée chez M. Rességuier. N'a pas été propagée. Très vigoureuse. À étudier.

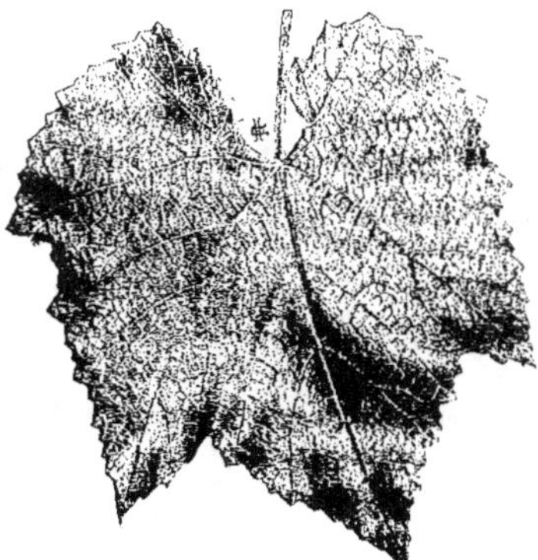

Fig. 180. — Feuille de B. N° 6 Salomon).

17. B. N° 6 (Salomon). — **Caractères.** — Feuille adulte : angles des nervures : 110, 58 = 168, 48 ; 5-lobée, à sinus latéraux : supérieur bien marqué ; inférieur à peine indiqué ; dents anguleuses, larges ; rapports des nervures : 0.91, 0.70, 0.35 ; pubescente sur nervures de tout ordre en dessous ; aranéeuse, pubescente, rugueuse, faiblement bullée, plane, vert pâle, nervures rouges à la base en dessous ; longue.

Feuilles jeunes cotonneuses rosées.

Bourgeonnement cotonneux, rouge sur toute la surface.

Rameaux très violacés, très duveteux et pubescents, violacés.

Plante mâle.

Aptitudes. — Variété introduite par M. Salomon. Vigueur moyenne.

18. B. N° 1 (Salomon). — **Caractères.** — Feuille adulte : angles des nervures : 111, 37 = 148, 48 ; 3-lobée, à sinus latéraux : supérieur à peine marqué ; dents arrondies, très larges ; rapports des nervures : 0.90, 0.74, 0.30 ; pubescente-duveteuse en dessous ; duveteuse, bullée, vert-jaunâtre, nervures un peu rosées à la base en dessus ; nervures pétiolaires nues ; presque aussi longue que large.

Feuilles jeunes cotonneuses.

Bourgeonnement cotonneux blanc, à liséré rose.

Rameaux cotonneux-pubescents rouge-violet.

Plante mâle.

Aptitudes. — Variété importée par M. Salomon, de Thomery. Vigoureuse.

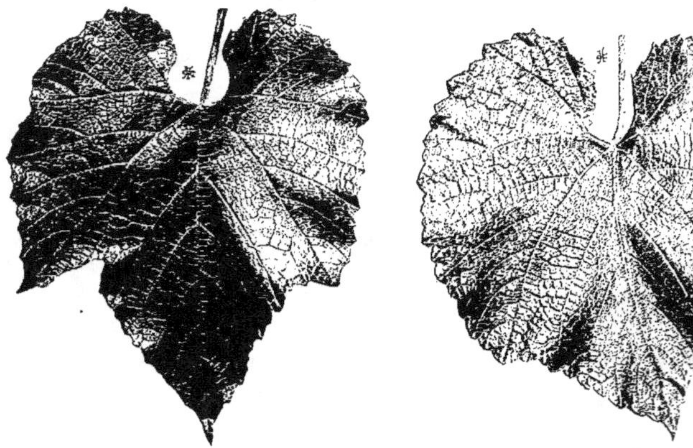

Fig. 181. — Feuille de B. N° 1 (Salomon).   Fig. 182. — Feuille de B. Gaillard.

19. B. Gaillard (Gaillard). — **Caractères.** — Feuille adulte : angles des nervures : 112, 38 = 150, 37, 42 ; 3-lobée, à sinus latéraux : supérieur très peu marqué ; dents arrondies, très larges ; rapports des nervures : 0.82, 0.81, 0.26 ; aranéeuse et pubescente sur nervures **1, 2, 3, 4** en dessous ; aranéeuse, ondulée, bullée, vert peu foncé, terne, nervures violacées à la base en dessus ; aussi large que longue, moyenne.

Feuilles jeunes duveteuses un peu bronzées.

Bourgeonnement cotonneux, à liséré rose.

Rameaux duveteux violacés, longs, grêles

Grappe à grains ronds, petits, noirs, à contenu pulpeux très coloré ; petite, vrilles peu serrées.

Aptitudes. — Plante sélectionnée par M. Gaillard, de Brignais. A pris un beau développement dans les collections de l'Ecole d'agriculture de Montpellier.

20. B. Millardet (Munson). — **Caractères.** — Feuille adulte : angles des nervures : 114, 41 = 155, 32 ; 3-lobée, à sinus latéraux : supérieur peu marqué ; dents arrondies, très larges ; rapports des nervures : 0.90, 0.65, 0.27 ; pubescente sur ner-

vures **1, 2, 3, 4** en dessous ; aranéeuse, presque unie, lisse, vert pâle, à nervures vert pâle en dessus ; longue, moyenne.

Feuilles jeunes duveteuses rosées, bronzées.

Bourgeonnement duveteux rosé.

Rameaux duveteux verts, à peine violacés.

Grappe à grains sphériques, noirs, petits ; petite, peu serrée.

Aptitudes. — Variété sélectionnée par M. Munson et dédiée à M. Millardet. Elle reprend un peu mieux de bouture que les autres variétés de Berlandieri ; mais elle est peut-être aussi plus sensible au calcaire, ce qui semble indiquer qu'elle est alliée à une autre espèce de vigne. Non propagée.

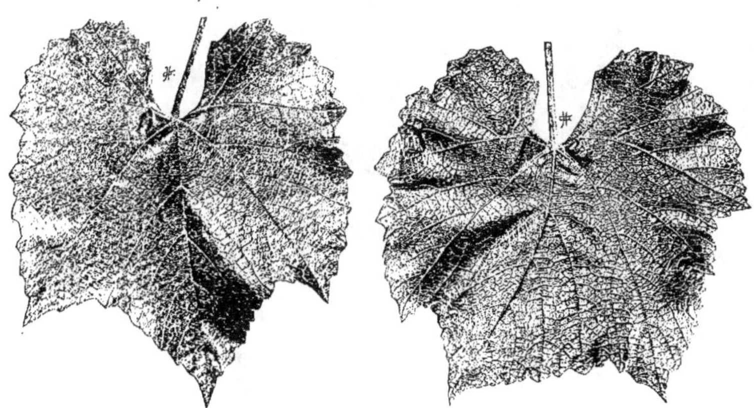

Fig. 183. — Feuille de B. Millardet.   Fig. 184. — Feuille de B. N° 21 (Malègue).

21. B. N° 21 (Malègue).— **Caractères.**— Feuille adulte : angles des nervures : 117, 27 = 144, 41 ; 5-lobée, à sinus latéraux : supérieur marqué ; inférieur à peine indiqué ; dents anguleuses, très larges ; pubescente sur nervures **1, 2, 3, 4** en dessous ; aranéeuse, pubescente, rugueuse, gondolée, infléchie en dessous, à peine bullée, vert foncé, luisante, nervures vert pâle en dessus ; large, assez grande.

Feuilles jeunes duveteuses vert pâle.

Bourgeonnement duveteux blanc.

Rameaux duveteux violacés.

Plante mâle.

Aptitudes. — Variété sélectionnée par M. Malègue. Vigoureuse dans les collections de l'École d'agriculture.

22. B. N° 112 (Malègue). — **Caractères.** — Feuille adulte : angles des nervures : 117, 37 = 147, 45, 50 ; 5-lobée, à sinus latéraux : supérieur marqué, inférieur à peine indiqué ; dents arrondies, très larges : rapports des nervures : 0.93, 0.75, 0.23 ; pubescente sur nervures **1, 2, 3, 4** en dessous ; aranéeuse, ondulée, bullée, vert foncé, un peu brillante, nervures un peu violacées à la base en dessus; nervure péliolaire nue; large, assez grande.

Feuilles jeunes duveteuses un peu bronzées.

Bourgeonnement duveteux, rouge intense sur toute la surface.

Rameaux duveteux rouge-violet.

Plante mâle.

Aptitudes. — Variété vigoureuse sélectionnée par M. Malègue.

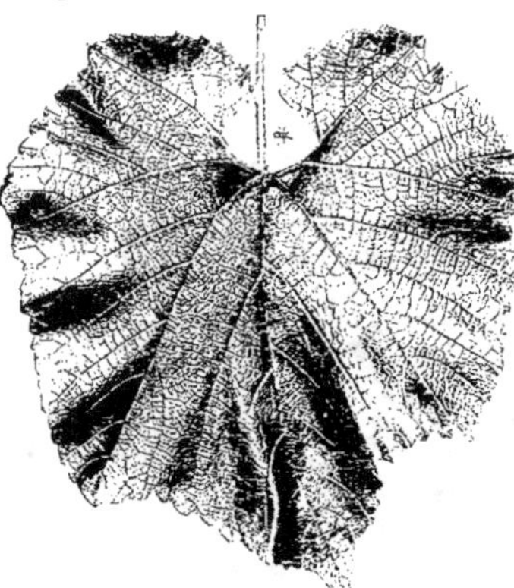

Fig. 185. — Feuille de B. 112 (Malègue).

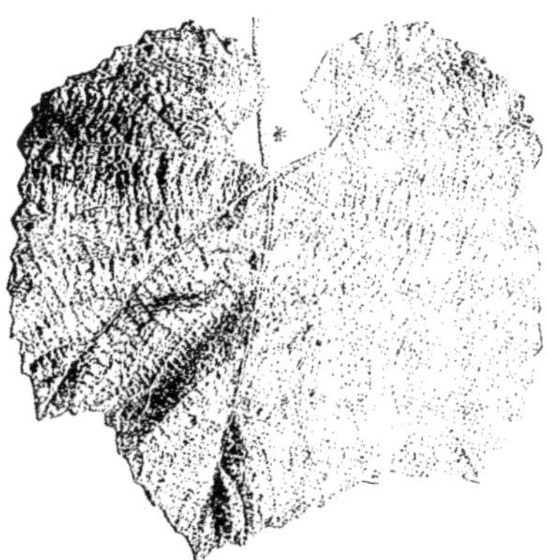

Fig. 186. — Feuille de B. N° 5 (Salomon).

23. B. N° 5 (Salomon). — **Caractères**. — Feuille adulte : angles des nervures : 119. 35 = 154, 40, 60, 30 ; 3-lobée, à sinus latéraux : supérieur à peine indiqué ; dents arrondies, presque nulles; pubescente en dessous ; aranéeuse, bullée, vert foncé, nervures rouges et pubescentes à la base en dessus.

Feuilles jeunes cotonneuses, à liséré rose, bronzées.

Bourgeonnement cotonneux, à liséré rose.

Rameaux cotonneux rouge-violet.

Grappe à grains ronds, noirs, petits, pulpeux, très colorés, âpres, acides : lâche.

Fig. 187. — Feuille de B. N° 1 (Macquin).

Aptitudes. — Variété importée par M. Salomon. Vigoureuse.

24. B. N° 1 (Macquin). — **Caractères**. — Feuille adulte : angles : 119, 40 = 159, 54 ; 3-lobée, à sinus latéraux : supérieur à peine marqué ; dents arrondies, très lar-

ges ; rapports des nervures : 0.86, 0.76, 0.30 ; pubescente-aranéeuse en dessous ; aranéeuse, bullée, vert-jaunâtre, luisante, nervures rosées à la base en dessus ; aussi longue que large.

Feuilles jeunes duveteuses blanchâtres.

Bourgeonnement cotonneux blanc, à liséré rose.

Rameaux cotonneux violacés.

Grappe à grains ronds, noirs, petits, serrés.

Aptitudes. — Variété sélectionnée par M. Macquin, dans son vignoble de Pavie (Gironde). Elle croît très bien dans les calcaires marneux du Saint-Émilionnais, et dans les collections de l'École elle est parmi les plus vigoureuses.

25. B. N° 120 (Malègue). — **Caractères.** — Feuille adulte : angles des nervures : 119, 43 = 162, 43 ; 5-lobée, à sinus latéraux : supérieur peu marqué, inférieur à peine indiqué ; dents anguleuses, très larges ; rapports des nervures : 0.93, 0.69, 0.29 ; pubescente sur nervures **1, 2, 3, 4** en dessous ; aranéeuse, un peu bullée ; aranéeuse, vert foncé, brillante, nervures un peu violacées à la base en dessus ; aussi longue que large, assez grande.

Feuilles jeunes duveteuses légèrement bronzées.

Bourgeonnement duveteux, rouge sur toute la surface.

Rameaux duveteux rouge-violet.

Plante mâle.

Aptitudes. — Variété sélectionnée par M. Malègue. Vigoureuse.

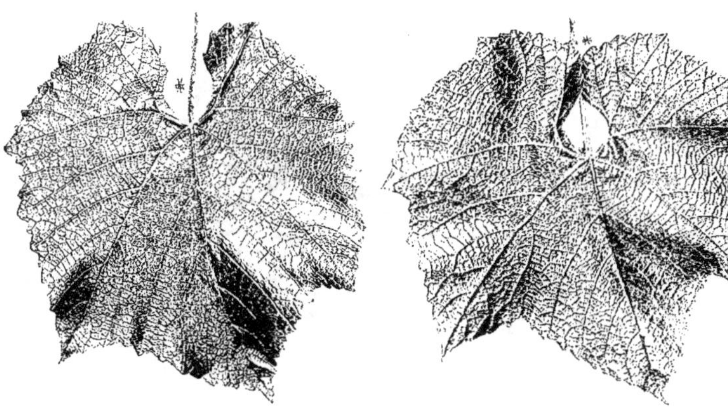

Fig. 188.— Feuille de B. N° 120 (Malègue).   Fig. 189. — Feuille de B. N° 6 (Malègue).

26. B. N° 6 (Malègue).— **Caractères.**— Feuille adulte : angles des nervures : 119, 52 = 171, 61 ; 5-lobée, à sinus latéraux : supérieur marqué, inférieur à peine indiqué ; dents arrondies, très larges ; rapports des nervures : 0.97, 0.85, 0.23 ; aranéeuse et pubescente sur nervures **1, 2, 3, 4** ; aranéeuse, pubescente, rugueuse, bullée, vert foncé, luisante, nervures vert pâle en dessus ; large.

Feuilles jeunes duveteuses bronzées.

Bourgeonnement duveteux blanc.

Rameaux duveteux violacés.

Grappe à grains ronds, noirs, petits, pulpeux, très colorés, âpres ; compacte avec vrille.

Aptitudes. — Plante vigoureuse, sélectionnée par M. Malègue. Est peut-être alliée au V. Cinerea.

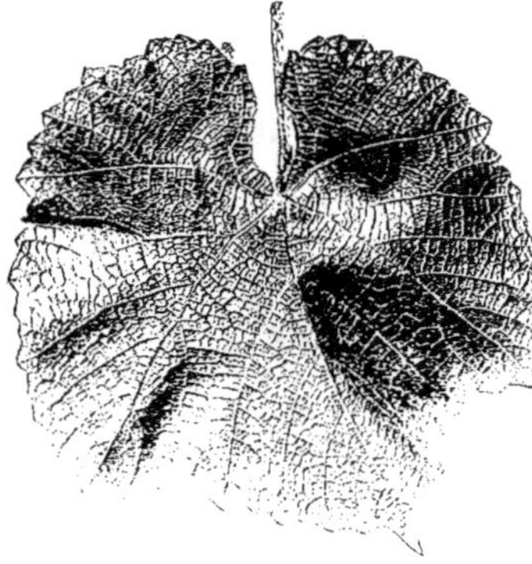

Fig. 190. — Feuille de B. Nᵒ 3 (Salomon).

27. B. Nᵒ 3 (Salomon). — **Caractères**. — Feuille adulte : angles des nervures : 123, 52 = 175, 35 ; 3-lobée, à sinus latéraux : supérieur à peine marqué ; dents arrondies, très larges ; rapports des nervures : 0.89, 0.72, 0.27 ; pubescente en dessous ; duveteuse, bullée, vert pâle, luisante, nervures rosées et pubescentes en dessus ; large.

Feuilles jeunes duveteuses, à liséré rose, bronzées.

Bourgeonnement carminé sur toute la surface.

Rameaux cotonneux-pubescents violacés.

Plante mâle.

Aptitudes. — Variété importée par M. Salomon. Vigueur moyenne.

28. B. VIALA. — **Caractères**. — Feuille adulte : angles des nervures : 125, 47 = 172, 31 ; 3-lobée, à sinus latéraux : supérieur marqué ; dents arrondies, très larges ; rapports des nervures : 0.80, 0.78, 0.32 ; aranéeuse-pubescente en dessous ; aranéeuse avec quelques poils raides, gaufrée, bullée, vert foncé, luisante, nervures rouges à la base en dessus ; allongée, grande.

Feuilles jeunes duveteuses, rosées sur tous les poils et bronzées sur toute la surface.

Bourgeonnement cotonneux très rouge.

Rameaux cotonneux violet-rouge, côtes bien marquées.

Grappe à grains ronds, noirs, petits ; serrée, ailée, presque moyenne.

Fig. 191. — Feuille de B. Viala.

Aptitudes. — Variété sélectionnée par M. Munson, à Denison (Texas). Elle paraît être alliée à une autre espèce. Mais laquelle ? Reprend mieux de bouture que les variétés du même groupe. N'a pas été propagée.

29. B. Léné. — **Caractères.** — Feuille adulte : angles des nervures : 126, 35 = 161, 31 ; 5-lobée, à sinus latéraux : supérieur bien marqué, inférieur à peine indiqué ; dents arrondies, très larges ; rapports des nervures : 1, 0.83, 0.22 ; pubescente et aranéeuse en dessous ; aranéeuse, bullée, gaufrée, vert brillant, nervures rosées à la base ; nervures pétiolaires nues ; large, moyenne.

Feuilles jeunes cotonneuses, rosées sur les poils.

Bourgeonnement cotonneux blanc-rosé.

Rameaux cotonneux rouge-violet.

Grappe à grains ronds, noirs, petits, assez serrés ; vrille sur le pédoncule.

Aptitudes. — Variété sélectionnée par M. Léné, de Brie-sous-Archiac (Charente). Elle est vigoureuse et végète bien dans la craie des Charentes.

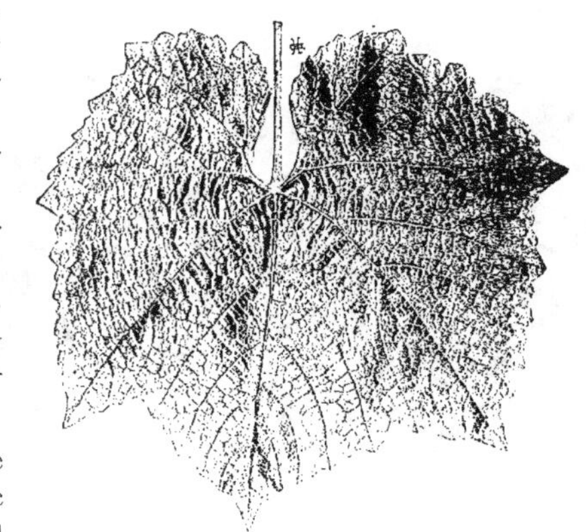

Fig. 192. — Feuille de B. Léné.

30. B. N° 5 (Macquin). — **Caractères.** — Feuille adulte : angles des nervures : 127, 47 = 174, 40 ; 5-lobée, à sinus latéraux : supérieur peu marqué, inférieur à peine indiqué ; dents arrondies, très larges ; pubescente en dessous ; aranéeuse-pubescente, rugueuse, bullée, luisante, nervures rosées à la base en dessus ; longue.

Feuilles jeunes duveteuses, à liséré rose.

Bourgeonnement cotonneux blanc, à liséré rose.

Rameaux duveteux vert-rougeâtre.

Plante mâle.

Aptitudes. — Variété sélectionnée par M. Macquin. Est peu vigoureuse dans les collections de l'Ecole d'agriculture.

31. B. Alazard (Alazard). — **Caractères.** — Feuille adulte : angles des nervures, 131, 48 = 179, 48, 43 ; 3-lobée, à sinus latéraux : supérieur peu marqué ; dents anguleuses, larges ; rapports des nervures : 0.95, 0.74, 0.23 ; aranéeuse et pubescente sur nervures **1, 2, 3, 4** en dessous ; aranéeuse, gaufrée, bullée, vert foncé, luisante, nervures violacées à la base en dessus, large, assez grande.

Feuilles jeunes duveteuses très bronzées.

Bourgeonnement duveteux et très rouge.

Rameaux duveteux violets.

Aptitudes. — Très voisine du B. Viala ; paraît être un hybride de V. Vinifera. Très vigoureuse, mais à résistance phylloxérique inconnue.

32. B. D'ANGEAC. — **Caractères**. — Feuille adulte : angles des nervures : 132, 51 = 183, 40 ; 3-lobée, à sinus latéraux : supérieur à peine marqué ; dents arrondies, larges ; rapports des nervures : 0.81, 0.68, 0.34 ; très pubescente et aranéeuse en des-

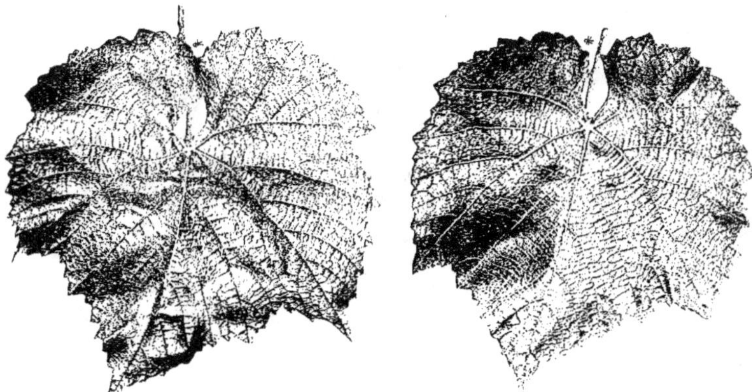

Fig. 193. — Feuille de B. Alazard.   Fig. 194. — Feuille de B. d'Angeac.

sous ; aranéeuse, bullée, vert terne, nervures pubescentes rosées à la base ; allongée, moyenne.

Feuilles jeunes duveteuses, à liséré rose, bronzées.

Bourgeonnement carminé sur toute la surface.

Rameaux duveteux rouge-violet.

Plante mâle.

Observations. — Variété obtenue de semis par M. G. Foëx, à l'École d'agriculture de Montpellier. Je l'ai sélectionnée dans le champ d'expériences que j'ai établi à Angeac (Charente), d'où son nom. C'est une variété d'une bonne vigueur et qui a seule survécu à un grand nombre de plantes de même origine plantées en même temps. Elle n'a été propagée que par M. Filloux, qui, dans la craie des Charentes, en a obtenu de bons résultats.

33. B. N° 1 (Macquin). — **Caractères**. — Feuille adulte : angles des nervures : 144, 70 = 214, 42 ; 5-lobée, à sinus latéraux : supérieur peu marqué, inférieur à peine indiqué ; dents arrondies, presque nulles ; rapports des nervures : 0.89, 0.74, 0.23 ; aranéeuse et très pubescente sur nervures de tout ordre en dessous ; nettement bullée, vert foncé, luisante, nervures vertes, pâles, pubescentes à la base en dessus ; large.

Feuilles jeunes duveteuses, rouges sur toute la surface.

Bourgeonnement rouge sur toute la surface.

Rameaux duveteux verts, rayés de rouge.

Plante mâle.

Aptitudes. — Variété peu vigoureuse, sélectionnée par M. Macquin. Paraît alliée au V. Æstivalis.

34. B. N° 4 (Salomon). — Variété alliée au V. Cinerea, assez vigoureuse.

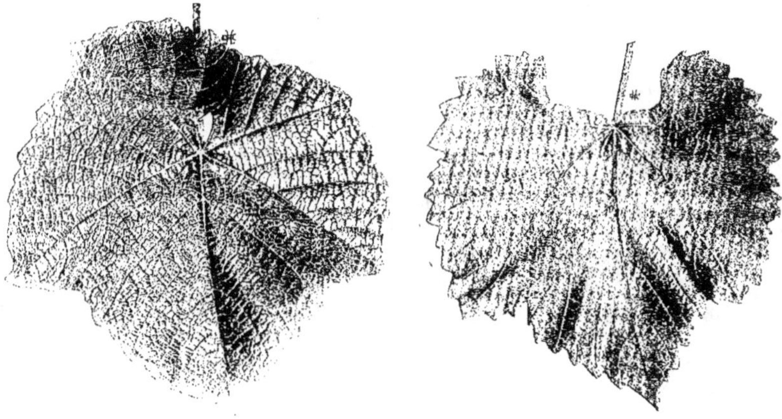

Fig. 195. — Feuille de B. N° 4 (Macquin)   Fig. 196. — Feuille de B. Gourdin.

35. B. 27 R. BELL (Munson). — Variété cueillie dans le comté de Bell (Etats-Unis) par M. Munson. De vigueur moyenne, ne paraît pas supérieure aux autres variétés de Berlandieri.

VARIÉTÉS EXCLUES

1. BERLANDIERI GOURDIN (Mourgues), qui, ainsi que le montre la figure 196, est un hybride de V. Rupestris et peut-être de toute autre chose que de Berlandieri.

2. B. FOURCAUD, qui est un Vinifera-Berlandieri.

3. B. TIBBAL 1, 2, 3, qui sont alliées au V. Cordifolia et au V. Candicans.

4. B. DE GRASSET, BOUISSET, VERMOREL, qui sont des hybrides de V. Candicans.

c. Feuille cordée-tronquée.

V. CINEREA ENGELM.

Synonymes. — V. Æstivalis var. Cinerea Engelm., V. Canescens Eng. Vulgo : *Sweet Winter grape, Downy grape, Ashy grape*.

Caractères. — Sarments côtelés, très pubescents, vert pâle à l'état herbacé, gris à l'aoûtement, très longs, rampants.
Stipules de 5 millimètres environ.
Feuille cordée-tronquée; 1-3-5-lobée, longue; angles des nervures grands; duveteuse-pubescente sur toutes les nervures en dessous ; aranéeuse, gaufrée ou très bullée, vert foncé, terne, nervures vert pâle, pubescentes en dessus ; longue.
Feuilles jeunes cotonneuses-pubescentes vert-blanchâtre.

RAVAZ; *Vignes américaines*.   23

Bourgeonnement cotonneux.

Grappe à grains ronds, petits ou moyens, noirs, assez sucrés, neutres, assez serrés; longue, grosse, ramifiée.

Graine allongée, à chalaze circulaire, raphé proéminent.

Tronc assez fort.

Racines très grosses, charnues, grises.

Fig. 197.— Graine de V. Cinerea.

Habitat. — Dans les vallées et les régions crayeuses de l'Illinois, du Kansas, du Texas, et même jusqu'en Floride (?).

Observations. — Cette espèce avait d'abord été rapportée au V. Æstivalis par Engelmann; mais il ne tarda pas à l'en disjoindre à la suite des remarques de M. Millardet et pour les raisons suivantes : « Intimement allié à l'Æstivalis, auquel je l'avais rattaché d'abord comme une variété, à peu près de même taille, rarement plus élancée, le V. Cinerea s'en distingue par sa pubescence blanchâtre ou grisâtre, qui persiste même en hiver surtout sur les petites branches ; par les petites branches angulaires, la pubescence étant spécialement développée sur les angles ; par les feuilles cordiformes souvent entières ou légèrement 3-lobées, plus ou moins couvertes d'un duvet gris, ressemblant souvent à une feuille de tilleul, avec un sinus habituellement assez étroit; par l'inflorescence grande, lâche, qui ouvre ses fleurs un peu plus tard qu'aucune autre de nos espèces ; par les grains noirs, petits, d'environ quatre lignes de diamètre, sans fleur, d'un goût acide agréable, jusqu'à ce que la gelée les rende doux; et par la graine petite, épaisse, à bec court » (1).

C'est sans doute à cause des caractères de la graine qu'Engelmann avait fait du V. Cinerea une variété du V. Æstivalis. Ces caractères n'ont pas la signification qui leur a été donnée, car on les trouve aussi nets sur des grains qui appartiennent à des espèces manifestement très éloignées du V. Æstivalis. Le feuillage est bien différent de celui de cette dernière espèce.

Au fond, le V. Cinerea ne présente des analogies qu'avec le V. Berlandieri, qui, d'après Munson, serait un hybride de V. Cinerea et de V. Monticola; on a vu que cette opinion n'est pas justifiée. L'un et l'autre ont les sarments côtelés, mais ils ne sont pubescents que chez le V. Cinerea. Ils fleurissent et mûrissent très tard. Mais les feuilles du V. Cinerea sont toujours longues, très bullées et nettement tronquées : elles « sont remarquables par le réseau de nervures et de veines imprimées en creux à leur face supérieure »(2) et en relief en dessous. Les angles des nervures sont plus ouverts que chez le V. Berlandieri; les rapports des nervures sont différents. Si j'ajoute que les aptitudes de ces deux espèces sont très différentes, leur distinction est bien justifiée.

Aptitudes. — On a vu que le V. Cinerea était une espèce tardive. D'autre part, il habite des régions plutôt chaudes, puisqu'on le trouve jusqu'au Texas et en Floride (?) Aussi ne mûrit-il ses fruits que rarement dans le Midi de la France ; et ses bois s'aoûtent mal dans les régions septentrionales.

D'autre part, ses grappes ont des grains trop petits pour être utilisés dans la vinification. A ce point de vue, le V. Cinerea est sans intérêt.

(1) ENGELMANN. — In *Catalogue de Bush et Meissner.*
(2) PLANCHON. — *Monographie des Ampélidées*, page 343.

D'après Munson, cette vigne cohabite avec le V. Cordifolia dans la vallée du Missouri ; elle affectionne, paraît-il, les parties les plus basses. Mais elle existe aussi sur les plateaux, constitués par des terres noires reposant sur de la craie. On l'a même vue pousser dans des terres très crayeuses, et pour cette raison elle a été proposée comme porte-greffe des terres très chlorosantes. Elle redoute la chlorose autant que le V. Cordifolia. Dans la craie des Charentes, les variétés de cette espèce disparaissent l'année même de la plantation ; et non pas seulement celles qui proviennent des vallées, mais encore celles des coteaux calcaires du Texas.

Si elle ne peut rendre aucun service pour la reconstitution des vignobles à terrains très calcaires, elle pourrait être utilisée avec profit dans les terres compactes siliceuses. C'est une vigne vigoureuse, au moins quand elle est bien enracinée ; son système radiculaire est un des plus puissants ; elle paraît bien adaptée à ces terres dures et sèches où le V. Riparia pousse mal. Les greffes sont très vigoureuses et fertiles. Malheureusement elle s'enracine fort mal, ses sarments ne reprennent guère mieux de bouture que ceux du V. Berlandieri, et elle ne présente pas assez d'avantages pour qu'on puisse passer sur cet inconvénient. Sa résistance au phylloxera paraît très élevée et suffisante dans tous les cas : elle est cependant inférieure à celle du V. Riparia et du V. Rupestris.

Son feuillage et ses fruits sont exempts de maladies cryptogamiques.

En résumé, espèce peu utilisée jusqu'ici, mais qui pourrait donner par croisement des hybrides intéressants.

VARIÉTÉS

1. Cin. BEGONIŒFOLIA (Muséum). — **Caractères**. — Feuille adulte : angles des nervures : 135, 54 = 189, 45 ; 3-lobée. à sinus latéraux : supérieur marqué ; dents arrondies. très longues ; duveteuse-pubescente en dessous ; aranéeuse - pubescente, très bullée, vert foncé terne en dessus ; longue.

Feuilles jeunes, à duvet blanc.

Bourgeonnement cotonneux blanc, avec liséré rose.

Plante vigoureuse.

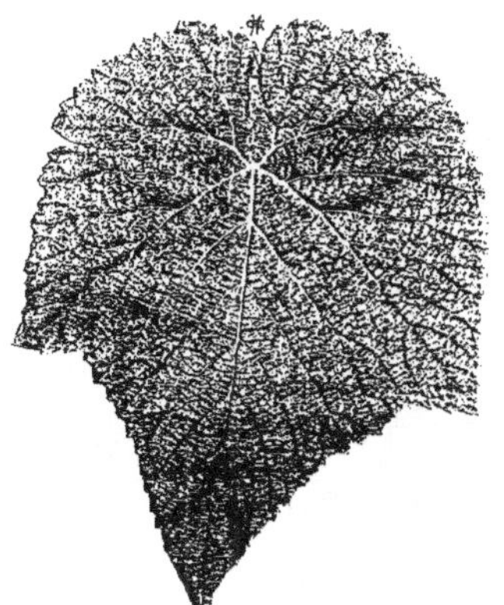

Fig. 198. — Feuille de Cin. Begoniœfolia.

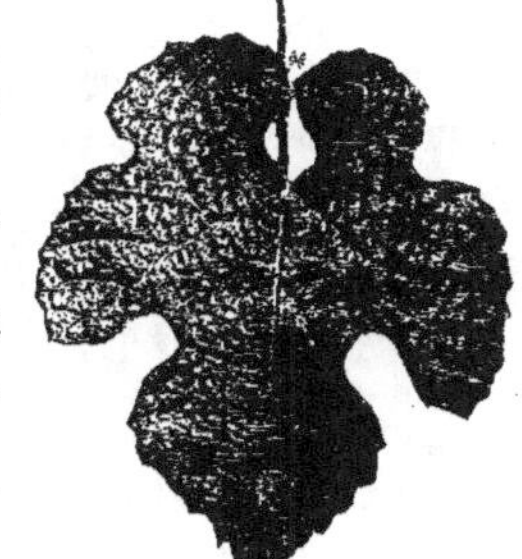

Fig. 199. — Feuille de Cin. Canescens.

2. Cin. CANESCENS (Muséum). — **Caractères**. — Feuille adulte : angles des nervures : 132, 50 = 182, 25 ; 5-lobée, à sinus latéraux : supérieur et inférieur presque profonds ; dents arrondies, très larges ; duveteuse-pubescente en dessous ; aranéeuse-pubescente, bullée, vert foncé terne en dessus ; longue.

LES HYBRIDES

D'après les lois quelque peu contradictoires qui régissent actuellement l'hybridité, les caractères des espèces composantes peuvent être diversement répartis dans les plantes hybrides. Ils peuvent être ou bien mélangés intimement et en proportions variables, ou bien assemblés en mosaïque à éléments d'importance également variable, ou bien encore superposés, les uns étant apparents, les autres à l'état latent. Suivant qu'on adopte l'une ou l'autre de ces conceptions, on doit préjuger de façons très différentes les qualités des hybrides. Dans la première, les hybrides sont toujours intermédiaires aux espèces génératrices, et ils en ont à la fois, mais *atténués*, tous les caractères et toutes les propriétés. Dans les deux autres, les caractères et les propriétés de l'une des espèces peuvent être masqués ou supprimés par les caractères et les propriétés des autres ; et il peut en résulter des plantes ayant en *entier* une ou plusieurs des qualités de ses composantes, ou, pour prendre un exemple, des plantes ayant les racines d'une vigne américaine et la « tête » de la vigne européenne.

Je ne veux point entrer ici dans la discussion de ces lois ; je me bornerai à remarquer que, jusqu'à présent, les hybrides de vignes connus présentent à la fois, dans leur partie aérienne comme dans leur partie souterraine, les caractères de leurs espèces génératrices ; on peut donc toujours, et d'autant plus facilement que l'hybride est de composition plus simple, déterminer ces dernières, qui, étant connues, nous font connaître, avec une approximation suffisante, les *propriétés* de l'hybride.

Dans ce qui va suivre, les hybrides sont classés non pas dans l'ordre alphabétique ou numérique ; cela n'aurait aucun sens. Ils sont rangés dans les groupes naturels auxquels ils appartiennent.

ROTUNDIFOLIA-LINCECUMII

Observations. — Le V. Rotundifolia n'a donné jusqu'ici que très peu d'hybrides authentiques. M. Munson paraît en avoir obtenu quelques-uns de très intéressants, et qui, d'après lui, ouvrent une nouvelle voie à l'hybridation. Les variétés suivantes sont le résultat de la fécondation du V. Rotundifolia par une variété ou un hybride de V. Lincecumii. A en juger par leur description et par les dessins qui les représentent, elles sont toutes les deux bien voisines du V. Rotundifolia qui a servi de mère ; et il faut se défier des hybrides qui ressemblent trop à leur mère. En tout cas, elles ont des grappes presque passables et plus fortes que celles de la variété Scuppernong que nous avons décrites à la page 48. Elles constituent donc des gains intéressants et curieux ; et c'est pourquoi je donne ci-après, d'après l'obtenteur, les caractères et les qualités de chacune d'elles.

1. La Salle (Munson). — « Aussi vigoureux que le Scuppernong, mais ne reprenant pas de bouture ; absolument résistant à toutes les maladies ; résiste très bien au froid et supporte 18° au-dessous de zéro. Ressemble beaucoup plus au V. Rotundifolia qu'au Post-Oak. Feuillage lisse ; fleurit et mûrit très tard ; grappes deux à trois fois plus grandes que celles du Scuppernong, mais encore petites, comparées à celles du Concord et de l'Ives, à court pédoncule ; grains gros ou très gros, noirs, se détachant facilement à maturité, pulpe de même qualité que celle du Scuppernong, très juteuse: de bonne saveur, très productive à la taille longue ».

2. San-Jacinto (Munson). — « Très voisine de la variété précédente, mais avec des grappes un peu plus grosses, et de maturité plus hâtive ; de qualité excellente ; le meilleur des raisins connus de l'auteur. Supporte 18° de froid ».

LABRUSCA-RIPARIA

La plupart des plantes de ce groupe sont des hybrides naturels ; quelques-unes seulement sont le résultat de l'intervention de l'homme. Elles ont été sélectionnées ou produites en vue de leur utilisation, non pas comme sujet, mais bien comme producteurs-directs. Elles portent, en effet, des grappes nombreuses et assez volumineuses, mais elles sont moins productives que le V. Labrusca, qui est un des générateurs ; et l'on devait s'y attendre. Seulement l'intervention du V. Riparia leur a donné une résistance aux maladies cryptogamiques élevée, qui est nécessaire dans les vignobles américains, où les champignons parasites ont une action d'ordinaire très grande. En France, quelques-unes ont été ou sont encore cultivées pour leurs fruits ; on les a surtout utilisées comme porte-greffes au début de la reconstitution, — et pas toujours avec succès.

Elles possèdent à la fois, mais *atténués*, les caractères, les qualités et les défauts des deux espèces génératrices. Les feuilles rappellent à la fois le V. Riparia et le V. Labrusca par leur forme, leur épaisseur, la villosité qui les recouvre à peu près toujours. Les vrilles sont sub-continues, et ce caractère est constant ; c'est lui qui révèle le plus sûrement l'intervention du V. Labrusca. Les sarments sont un peu duveteux et striés. Ils portent des « yeux » multiples, dont 2-3 bourgeons se développent au printemps, chacun portant jusqu'à 3-4 grappes. La fertilité de ces vignes est donc considérable. Mais les grappes n'ont pas toujours de fortes dimensions ; chez les souches les plus voisines du V. Riparia, elles sont même quelquefois très petites et à petits grains, enfin, beaucoup d'entre elles ont des fleurs mal constituées et coulent à la floraison ; malgré leur nombre, le rendement par souche est peu élevé. Aussi, si quelques-unes de ces variétés ont paru néanmoins suffisantes aux viticulteurs américains, elles ne pouvaient l'être en France, et jamais elles n'ont été vinifiées. Les autres, soit qu'elles se rapprochent davantage du V. Labrusca, soit que les fleurs de la grappe soient bien constituées, donnent des productions satisfaisantes. Mais leurs grains, blancs, rosés ou noirs, ont encore la saveur du V. Labrusca ; — la saveur du V. Riparia est neutre et non perceptible. Ils sont donc un peu foxés. — Il semble bien que ces deux espèces ont une puissance d'assimilation plus grande que celle de notre V. Vinifera ; aussi les fruits de leurs hybrides sont-ils d'ordinaire très sucrés et produisent-ils des vins riches en alcool, mais toujours à goût un peu foxé.

Les sarments reprennent très bien de bouture, ce qui ne peut surprendre, et, propriété qu'ils tiennent du V. Labrusca, très bien à la greffe, — beaucoup mieux que le V. Riparia ; c'est même ce qui a valu à l'un de ces hybrides l'extension qu'il a prise dans quelques régions viticoles. En général, ils donnent des souches assez puissantes, qui se développent presque autant que le greffon qu'elles portent, et qui ne présentent jamais, au niveau de la soudure, ces différences de dimensions si importantes chez les greffes sur V. Riparia. Le système radiculaire est très puissant et à chevelu très abondant. La plante se développe vigoureusement, aussi bien sous terre qu'à l'extérieur, franche de pied comme à l'état de sujet ; elle donne beaucoup de vigueur aux variétés-greffons qu'elle porte, les rendant même sensibles à la coulure, au moins pendant les premières années. Dans la suite, ce défaut disparaît, voici pourquoi : Si le V. Riparia a une résistance phylloxérique élevée, il n'en est pas de même du V. Labrusca ; tous les hybrides de ces deux espèces se sont montrés jusqu'ici sensibles aux piqûres du phylloxera, ce qui pouvait être facilement prévu. Or, l'intervention de l'insecte a pour conséquence d'affaiblir la plante, il la rend plus fertile et moins sensible à la coulure.

Mais il arrive fréquemment que l'action phylloxérique est telle que la plante succombe. Aussi les hybrides de ce groupe n'ont-ils de chances de durée que sous les climats ou dans les terrains où le phylloxera se multiplie peu, où, d'autre part, la vigne végète puissamment. C'est donc sous les climats pluvieux de l'Ouest, du Centre, de l'Est, que leur durée peut être suffisante, et encore seulement dans les sols sablonneux ou frais, ou profonds et riches. Voilà les conditions dans lesquelles, franches de pied, ces vignes peuvent résister suffisamment aux attaques du phylloxera. Greffées, l'aire de leur culture est plus réduite, car le terrain doit être encore plus favorable à la plante et plus défavorable à l'insecte.

Il est des sols cependant où, même en l'absence du phylloxera, elles ne peuvent prospérer : ce sont les sols calcaires. Le V. Riparia redoute déjà beaucoup le calcaire ; le V. Labrusca le redoute encore plus. De leur union ne peut guère résulter que des plantes très sensibles à la chlorose. On voit que la culture de ces vignes serait forcément limitée, si elle s'imposait, aux terres *non calcaires*, sablonneuses, fraîches, profondes, riches, des régions à climat pluvieux.

Ces vignes sont sensibles aux gelées de printemps, après le débourrement, à peu près comme toutes les autres variétés. Mais quand elles sont gelées, elles émettent encore des pousses pourvues de 1, 2, 3 grappes bien constituées. C'est qu'elles portent, sur ce qu'on appelle le *vieux bois*, des yeux latents qui renferment des grappes. Cette propriété, elles la tiennent à la fois du V. Riparia et du V. Labrusca. Elles donnent donc toujours, même après les plus fortes gelées de printemps, une production suffisante pour payer au moins les frais de culture.

Les maladies cryptogamiques les atteignent peu. Le mildiou est à peu près inoffensif pour elles, de même que l'oïdium ; le black-rot ne leur cause aucun dégât appréciable, et il en est de même de l'anthracnose. Ces vignes peuvent donc être cultivées comme autrefois sans tous ces soins de défense contre les maladies qu'on est obligé de donner aux variétés du V. Vinifera ; et c'est ce qui en justifie ou plutôt en explique la culture, en tant que producteurs-directs, dans beaucoup de régions.

1. Montefiore (Rommel). — **Caractères.** — Feuille adulte : angles des nervures : 102, 27 = 129, 35 ; 3-lobée, à sinus latéraux : supérieur marqué ; dents anguleuses, étroites ; rapports des nervures : 0.99, 0.70, 0.32 ; à coton roux en dessous ; glabre, bullée, vert foncé, terne, nervures vert pâle en dessus.

Feuilles jeunes cotonneuses blanches.

Bourgeonnement cotonneux, à liséré rose.

Grappe à grains ronds, noirs, moyens, pulpeux, un peu foxés, serrés ; moyenne.

Aptitudes. — Vigne obtenue par Rommel d'une graine de Taylor, paraît-il. A fait retour au V. Labrusca. Elle a été néanmoins assez estimée en Amérique, où son raisin a «un arome délicat et un goût délicieux». En France, elle s'est montrée peu fertile et peu vigoureuse. Abandonnée partout.

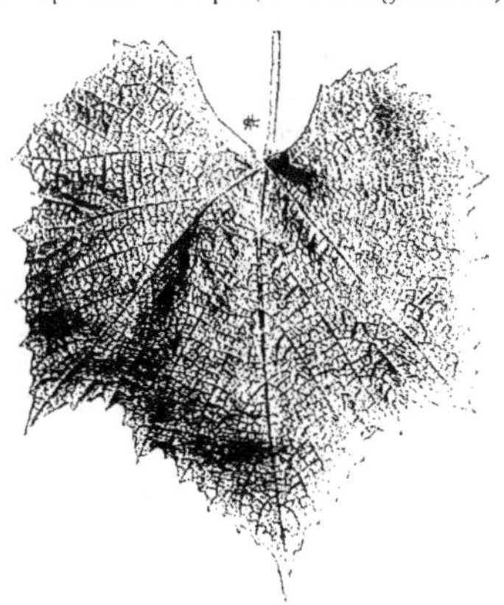

Fig. 200. — Feuille de Montefiore.

2. Amber (Rommel). — **Caractères.** — Feuille adulte : angles des nervures : 103, 18 = 121, 29 ; 5-lobée, à sinus latéraux : supérieur profond, inférieur marqué ; dents anguleuses, étroites ; rapports des nervures : 0.86, 0.68, 0.82 ; aranéeuse et un peu pubescente en dessous ; glabre, bullée, vert franc, nervures bien rouges en dessus ; longue.

Feuilles jeunes aranéeuses vert pâle.

Rameaux glabres vert-rosé.

Grappe à grains ronds, rosés, moyens, pulpeux, foxés, peu serrés ; moyenne.

Observations. — C'est un semis de Taylor, obtenu par J. Rommel. Il ressemble beaucoup à son générateur, mais il fait retour vers le Labrusca, au moins par le feuillage.

Fig. 201. — Feuille de Amber.

Aptitudes. — Vigne très vigoureuse en Amérique, où elle donne des grappes assez longues et nombreuses, à grains presque agréables. Craint cependant les sécheresses des régions méridionales. En France, elle «donne de jolis raisins fort agréables de goût ; mais de fertilité variable et parfois insuffisante». Elle coule en effet. La résistance phylloxérique n'est pas très élevée. Par contre, elle craint peu les maladies cryptogamiques.

3. GREIN's GOLDEN N° 4 (Grein). — **Caractères**. — Feuille adulte : angles des nervures : 90, 20 = 110, 43 ; 3-lobée, à sinus latéraux : supérieur profond ; dents anguleuses, étroites ; rapports des nervures : 0.91, 0.78, 0.68 ; duveteuse en dessous ; à peine bullée, vert foncé, luisante, nervures à peine rosées en dessus.

Feuilles jeunes duveteuses vert pâle.

Bourgeonnement cotonneux blanc.

Rameaux aranéeux vert-rosé.

Grappe à grains ronds, blanc-rosé, sous-moyens, foxés, pulpeux, serrés ; petite.

Aptitudes. — Rappelle le V. Riparia. Donne un vin bouqueté et alcoolique. Non cultivée en France.

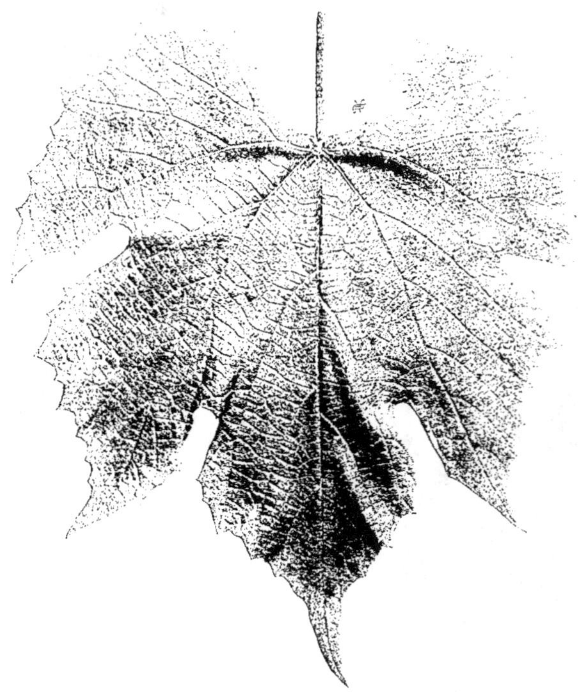

Fig. 202. — Feuille de Pearl.

4. PEARL (Rommel). — **Caractères**. — Feuille adulte : angles des nervures : 99, 43 = 142, 24 ; 5-lobée, à sinus latéraux : supérieur profond, inférieur profond ; dents anguleuses, larges ; cotonneuse en dessous ; ondulée, bullée, vert foncé, nervures à peine rosées en dessus.

Feuilles jeunes cotonneuses vert-blanchâtre.

Bourgeonnement cotonneux rouge, à liséré rose.

Rameaux duveteux, vrilles sub-continues.

Grappe à grains ronds. blancs, moyens, serrés, pulpeux, foxés ; moyenne ou petite.

Aptitudes. — Encore un semis de Taylor, obtenu par Rommel ; rustique mais peu fertile. Peu apprécié en Amérique, encore moins en France.

5. ULHAND (Weidemeyer). — **Caractères**. — Feuille adulte : angles des nervures : 98, 45 = 143 ; 3-lobée, à sinus latéraux : supérieur profond ; dents anguleuses, étroites ; rapports des nervures : 0.91, 0.62, 0.44 ; duveteuse, très pubescente en dessous ; glabre, ondulée, bullée. brillante, nervures un peu rosées en dessus.

Feuilles jeunes aranéeuses, liséré rose.

Bourgeonnement duveteux rosé.

Rameaux glabres vert-rouge.

Grappe à grains ronds, blanc-verdâtre, sous-moyens, peu serrés, pulpeux, un peu foxés ; petite.

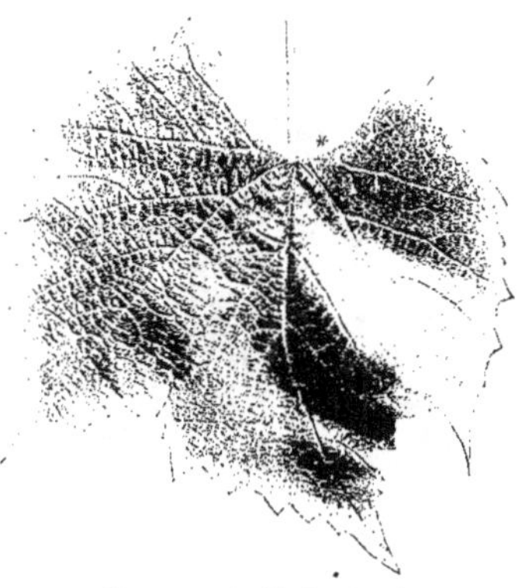

Fig. 203. — Feuille de l'Ulhand.

Observations. — Plante issue d'une graine de Taylor. Elle fait plus retour par son feuillage au V. Labrusca qu'au V. Riparia ; par ses grappes, elle ressemble au Taylor.

Aptitudes. — C'est une vigne à végétation moins puissante que celle du Taylor. Elle produit beaucoup de grappes, qui restent malheureusement petites. En Amérique, elle n'a donné aucun résultat. et en France, elle n'est pas sortie des collections.

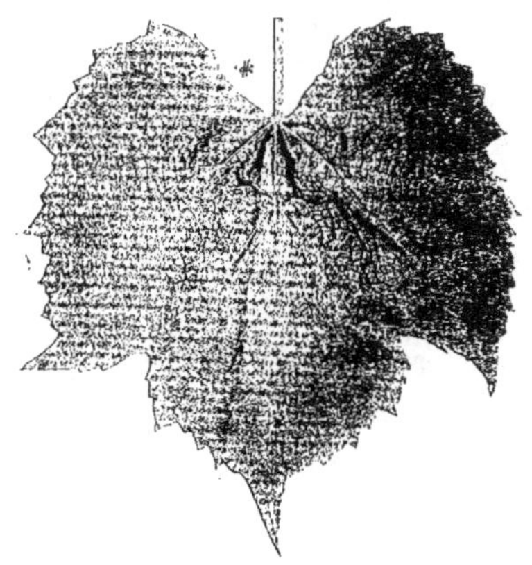

Fig. 204. — Feuille d'Oporto.

6. OPORTO. — **Caractères**. — Feuille adulte : angles des nervures : 100, 37 = 137 ; 3-lobée, à sinus latéraux : supérieur marqué ; dents anguleuses, larges ; rapports des nervures : 0.84, 0.69, 0.45 ; aranéeuse en dessous, finement bullée, vert foncé, nervures un peu rosées en dessus ; grande.

Feuilles jeunes duveteuses vert pâle.

Bourgeonnement cotonneux, à liséré rose.

Rameaux aranéeux vert pâle.

Grappe à grains ronds, noirs. moyens, un peu pulpeux, foxés, sucrés ; petite.

Observations. — D'abord proposée comme producteur-direct ; ne produit que des grappillons. Les Américains lui attribuent fort peu de valeur. En France, où elle est très vigoureuse, elle a été utilisée comme sujet dans les mêmes milieux qui conviennent au Vialla. Elle paraît seulement un peu moins sensible à la chlorose, et reprend moins bien à la greffe que cette dernière : aptitudes qui indiquent la prédominance du V. Riparia. Abandonnée actuellement.

7. FAITH (Rommel). — **Caractères.** — Feuille adulte : angles des nervures : 106, 33 = 139, 37 ; 3-lobée, à sinus latéraux : supérieur profond ; dents anguleuses, larges ; cotonneuse en dessous ; bullée, vert pâle, nervures à peine rosées en dessus.

Feuilles jeunes cotonneuses vert pâle.

Bourgeonnement cotonneux rosé

Rameaux duveteux vert pâle.

Grappe à grains ronds, blanc-jaunâtre, petits, pulpeux, foxés, se ridant vite, assez serrés ; sous-moyenne.

Aptitudes. — Vigne issue d'une graine de Taylor. Vigoureuse, assez fertile, donnant des grappes agréablement parfumées, dit-on, et ne craignant pas les maladies cryptogamiques. N'a pas été propagée en Amérique ni en France.

Fig. 205. — Feuille de Faith.

8. GREIN's N° 1 (Grein). — **Synonyme.** — *Missouri Riesling.*

Caractères. — Feuille adulte : angles des nervures : 106, 37 = 143, 37 : 3-lobée, à sinus latéraux : supérieur marqué ; dents anguleuses, larges ; rapports des nervures : 0.84, 0.79, 0.40 ; duveteuse en dessous ; glabre, finement bullée, vert foncé ; nervures rouges en dessus ; large.

Feuilles jeunes duveteuses vert pâle.

Bourgeonnement duveteux.

Rameaux aranéeux vert pâle.

Grappe à grains ronds, blanc-rosé, moyens, pulpeux, foxés, peu serrés ; moyenne.

Aptitudes. — Vigne obtenue par Grein, d'un semis de Taylor, très probablement. Donne, paraît-il, un bon vin en Amérique. N'a pas été propagée en France.

Voici comment Champin apprécie les hybrides de Grein. « Ils donnent tous de jolis raisins blancs ou verts, dorés, parfois rosés, d'un goût agréable. Le N° 1 (Missouri Riesling) peut être comparé, par sa vigueur et sa fertilité, au Noah, qu'il dépasse peut-être comme qualité. C'est un cépage de cuve et un excellent porte-greffe. Le N° 2 a des raisins bien dorés. Les N° 3 et 4 sont, dit-on, supérieurs au N° 1 ».

9. Grein's N° 3. — **Caractères.** — Feuille adulte : angles des nervures : 108, 18 = 128 ; 3-lobée, à sinus latéraux : supérieur profond ; dents arrondies, larges ; rapports des nervures : 0.89, 0.68, 0,20 ; cotonneuse en dessous ; ondulée, bullée, vert foncé ; nervures rosées en dessus.

Bourgeonnement cotonneux vert-blanchâtre.

Rameaux duveteux vert pâle.

Grappe à grains ovoïdes, blanc-rosé, moyens, pulpeux, foxés, serrés ; petite.

Aptitudes. — Produit un vin de bonne qualité et alcoolique. Non cultivé en France.

10. Taylor (Taylor). — **Synonymes.** — *Bullit, Taylor's Bullit.*

Fig. 206. — Feuille de Grein's N° 3.

Caractères. — Feuille adulte : angles des nervures : 108, 25 ; 3-lobée, à sinus latéraux : supérieur marqué ; dents anguleuses, larges ; rapports des nervures : 0.88, 0.72, 0.30 ; glabre, brillante en dessous ; glabre, bullée, épaisse, infléchie en dessus et pliée en cornet, vert franc, luisante, nervures rosées en dessus ; aussi large que longue.

Feuilles jeunes glabres vert pâle, brillantes.

Bourgeonnement glabre.

Rameaux glabres rosés, vrilles subcontinues.

Grappe à grains ronds, petits, rosés, serrés, pulpeux et foxés ; petite.

Observations. — Hybride naturel signalé pour la première fois par le juge Taylor. Les caractères du V. Labrusca y sont nettement apparents, notamment la continuité des vrilles, le goût foxé des

Fig. 207. — Feuille de Taylor.

fruits, et on les trouve encore plus marqués chez les variétés issues des semis de Taylor. Les caractères du V. Riparia sont les plus accusés dans la feuille et le port de la plante. Mais une propriété spéciale que possède cet hybride montre qu'il est dû à l'intervention d'une troisième espèce. Le Taylor résiste, en effet, beaucoup plus à la chlorose que les vignes du même groupe et plus même que le V. Riparia. J'en conclus qu'une autre espèce, à résistance à la chlorose élevée, doit être, pour une faible part, un de ses générateurs ; et cette espèce serait le V. Monticola que je n'en serais pas surpris.

Aptitudes. — C'est aussi un producteur-direct mais bien peu fertile. Les grappes nombreuses, mais très petites, sont constituées par des fleurs souvent défectueuses, qui coulent à la floraison ; on a proposé de ne le cultiver qu'associé à d'autres variétés ; il bénéficierait ainsi de la pollinisation croisée. Malgré les qualités de son vin qui est corsé, parfumé, « ressemblant au célèbre Riesling », il n'a pas été cultivé sur des étendues importantes en Amérique.

En France, il a d'abord servi de porte-greffe et il existe encore, notamment à l'Ecole d'agriculture de Montpellier, des vignes greffées sur Taylor depuis 28 ans et très prospères. Cependant on a bientôt renoncé à l'utiliser. C'est que malgré la facilité avec laquelle il reprend de bouture et à la greffe, malgré la puissance de sa souche, il ne tarde pas à faiblir sous l'action du phylloxera.

C'est seulement dans les terres profondes, où la souche prend une grande puissance, dans les terres fraîches et sablonneuses, où le phylloxera se multiplie mal, qu'il peut être encore employé comme sujet. Il nourrit, dans ces conditions, des greffes fertiles et vigoureuses. Il supporte aussi une plus haute dose de calcaire que le Clinton ; mais, dans les sols superficiels ou secs, il ne résiste que peu de temps. Abandonné partout actuellement.

Le Taylor a donné naissance, par semis, à de nombreuses variétés qui sont décrites dans ce chapitre. La plupart ont été obtenues par Rommel.

11. **NOAH** (Wasserzicher). — **Caractères**. — Feuille adulte : angles des nervures : 110, 33 = 143 ; 3-lobée. à sinus latéraux : supérieur peu marqué ; dents anguleuses, larges ; rapports des nervures : 0.89, 0.66, 0.43 ; cotonneuse-pubescente en dessous ; glabre, bullée, vert foncé ; nervures un peu rosées en dessous ; aussi large que longue.

Feuilles jeunes duveteuses vert pâle.

Bourgeonnement cotonneux rouge.

Rameaux duveteux vert pâle.

Grappe à grains ronds, blanc-verdâtre, moyens, serrés, pulpeux, foxés, très sucrés ; moyenne, cylindro-conique.

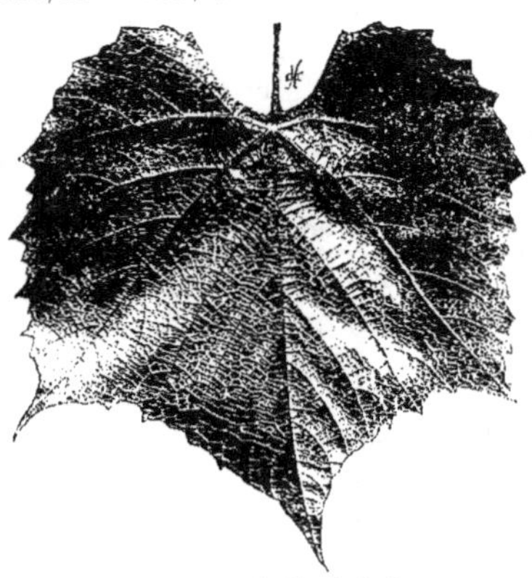

Fig. 208. — Feuille de Noah.

Observations. — Hybride issu d'une graine de Taylor semée par O. Wasserzicher en 1869. Il semble faire retour surtout vers le V. Labrusca. La forme de la feuille est bien encore celle du V. Riparia ; mais la couleur du bourgeonnement, le duvet qui couvre les feuilles de tout âge et même le sarment, la grosseur des grains et leur goût foxé le rattachent davantage au V. Labrusca. Il a perdu du même coup sa résistance à la chlorose.

Aptitudes. — Producteur-direct très fertile. Il porte de nombreuses grappes — jusqu'à 3 ou 4 par sarment et à fleurs bien constituées — qui ont des dimensions moyennes. Vigoureux, rustique, au feuillage ample, craignant peu les maladies; résistant aussi aux gelées d'hiver.

Très apprécié d'abord par les Américains à cause de sa vigueur, de sa rusticité, de la richesse alcoolique de son vin, il ne s'est cependant pas beaucoup répandu dans son pays d'origine. En France il a d'abord joui d'une certaine faveur. Voici comment Champin l'apprécie : « Fils du Taylor et frère de l'Elvira, bien supérieur à ses parents. Un des cépages les plus vigoureux, les plus fertiles et les meilleurs pour la cuve et pour l'alambic. Commence seulement à être connu et apprécié comme il le mérite. Quand personne n'en voulait, j'en ai greffé de grandes quantités, soit à l'atelier, soit en place, avec des hybrides Bouschet, des Durif et des Portugais bleus. C'est un solide et vigoureux porte-greffe, mais je me garde bien maintenant de faire regreffer les quelques rares manquants, regrettant presque qu'il n'en ait pas manqué davantage. Son vin, très alcoolique, perd très vite le petit goût spécial que lui donnent les pellicules quand on le fait cuver avec elles ; mais le meilleur moyen de l'obtenir franc de goût est de le presser avant la fermentation ».

Dans le Midi de la France, il a été bientôt abandonné, malgré la bonne opinion qu'en avait Champin. Mais il a gagné du terrain dans le Sud-Ouest, où on l'a cultivé en vue de la production des eaux-de-vie. — Transformé en sujet pendant quelques années, il reprend actuellement sa place de producteur-direct. Non pas tant à cause de ses réelles qualités fructifères, de sa résistance aux gelées de printemps, que de sa résistance aux maladies cryptogamiques. Le Sud-Ouest a été ravagé, voici 7 ou 8 ans, par le black-rot, qui a détruit en entier la récolte de vastes régions. Le Noah s'est montré beaucoup plus résistant que les vignes du pays, et il est revenu en faveur comme producteur-direct. Il peut donner des rendements élevés s'il est conduit à la taille longue ou en cordons. Son vin est toujours foxé ; mais on le mélange avec celui des variétés locales. Il donne une eau-de-vie à bouquet spécial.

J'ai déjà dit que la plante rappelait plus le V. Labrusca que le V. Riparia. Les sarments sont par suite plutôt forts ; ils s'enracinent très bien, ils reprennent également bien à la greffe et donnent des souches vigoureuses, à tronc puissant. Il en résulte que le sujet s'accroît sensiblement autant que le greffon, et qu'au point de soudure, il n'y a aucun bourrelet. Pour toutes ces raisons, on l'a utilisé comme sujet ; et il nourrit des greffes vigoureuses, toutefois un peu sensibles à la coulure.

Mais ces bons résultats, il ne les donne que dans les sols siliceux et sablonneux. Il craint en effet beaucoup la chlorose ; et d'autre part sa résistance phylloxérique n'est suffisante que là où l'insecte se développe peu. Dans les terres superficielles ou sèches, comme dans les terres calcaires, il disparaît très vite. Voilà pourquoi il n'a pas pu être utilisé dans le Midi de la France et pourquoi aussi il s'est mieux développé dans les vignobles du Sud-Ouest.

En tant que porte-greffe, il n'a plus de raison d'être. Producteur-direct, il ne peut être cultivé seul ; son vin doit être mélangé au vin de nos variétés locales, car s'il est très alcoolique, il est légèrement foxé. Et puis, il exige la taille longue, car il produit peu à la taille courte.

12. ETTA (Rommel). — **Caractères**. — Feuille adulte : angles des nervures : 110, 50 ; 5-lobée, à sinus latéraux : supérieur marqué, inférieur à peine marqué ; dents anguleuses, étroites ; rapports des nervures : 0.90, 0.71, 0.40 ; duveteuse en dessous ; glabre, bullée, vert pâle, nervures à peine rosées à la base en dessous ; aussi large que longue.

Feuilles jeunes duveteuses vert-jaunâtre.

Bourgeonnement duveteux rosé.

Rameaux duveteux vert-jaunâtre.

Grappe à grains ronds, moyens, blanc-verdâtre, serrés, pulpeux et foxés ; ailée, sous-moyenne.

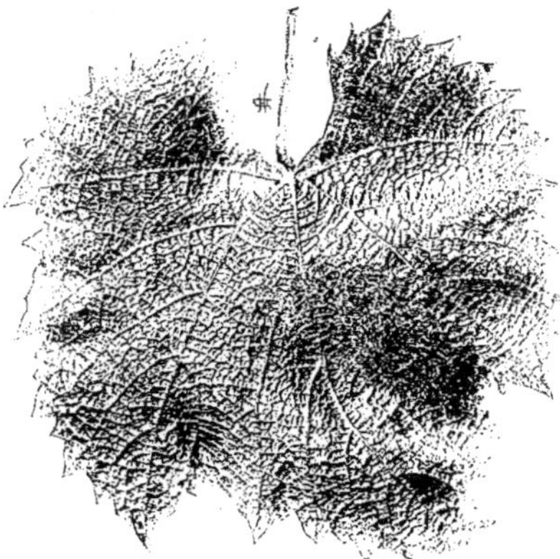

Fig. 209. — Feuille de Etta.

Aptitudes. — Semis d'Elvira obtenu par Rommel. Serait une Elvira améliorée. Ses grains ne se fendent pas comme ceux de cette dernière. Mais, quant au reste, elle ne vaut ni plus ni moins que l'Elvira, au moins en France. En Amérique, on la considère comme meilleure. N'a pas été propagée en France.

13. CLINTON (White). — **Synonymes**. — *Worthington* (Downing), *Plant Pouzin*, *Plant des Carmes*.

Caractères. — Feuille adulte : angles des nervures : 110. 51 = 161 ; à sinus latéraux : supérieur bien marqué ; dents anguleuses, étroites ; rapports des nervures : 0.81, 0.62, 0.45 ; pubescente sur nervures **1, 2, 3** en dessous ; glabre, un peu bullée, vert terne, nervures pubescentes rosées à la base en dessus.

Feuilles jeunes vert pâle, pubescentes.

Bourgeonnement aranéeux, un peu vert.

Rameaux à vrilles sub-continues, glabres, vert pâle.

Grappes à grains ronds, noirs, moyens, serrés, peu foxés, à jus très coloré ; moyenne, simple.

Observations. — Le Clinton est un hybride naturel qui, d'après Strong, fut planté pour la première fois, en 1821, par M. Hugh White, dans le domaine du professeur Noyes, à College Hill. Planchon l'a rattaché au V. Cordifolia et Engelmann au V. Riparia ; et pendant longtemps il a été rangé dans le groupe des Riparia cultivés. C'est M. Millardet qui a le premier établi sa parenté, d'une part avec le V. Riparia, et d'autre part avec le V. Labrusca. Les feuilles le rattachent davantage à la première espèce : elles sont un peu allongées, sans duvet ni coton, seulement pubescentes, peu bullées, avec les dents étroites. Mais, au bourgeonnement, le V. Labrusca se révèle déjà par le duvet rosé qui entoure le bourgeon terminal. Il se retrouve aussi dans l'épaisseur de la feuille et dans les valeurs angulaires des nervures.

Les vrilles sont plutôt intermittentes, mais chez quelques rameaux elles sont sub-continues.

Les grappes sont plus voisines des grappes du V. Riparia que de celles du V. Labrusca. Les fruits ont un léger goût foxé peu agréable. Les sarments sont grêles ; ils forment des souches relativement grêles ; les racines sont assez charnues, très nombreuses, à chevelu abondant. En somme, dans les caractères extérieurs les plus perceptibles, c'est le V. Riparia qui domine ; mais l'intervention du V. Labrusca, moins apparente, n'est cependant nullement douteuse.

Aptitudes. — « C'est un cépage d'une vigueur, d'une rusticité proverbiales aux Etats-Unis. A première vue, ses sarments très grêles surprennent nos vignerons d'Europe et leur donnent mauvaise opinion de la plante ; mais les sarments sont si nombreux qu'ils forment sur la charpente des ceps, conduite en cordon ou sur échalas, des touffes serrées et souvent entassées de pampres. L'abondance des raisins, d'autre part, compense ce qui leur manque du côté de la dimension des grappes ».—Pl., *loc. cit.*

Fig. 210. — Feuille de Clinton.

D'après M. Millardet (1), « le Clinton est un des cépages les plus vigoureux que l'on connaisse. Ses pousses peuvent atteindre annuellement 6 à 7 mètres de longueur. Dans un sol fertile, il est difficile de le maintenir dans les limites d'une végétation convenable ; aussi les auteurs américains conseillent-ils de le planter de préférence dans un terrain médiocre. D'après M. Fuller, sa rusticité et sa vigueur sont telles qu'il réussit là où d'autres cépages ne peuvent végéter. Il demande de l'espace et une taille généreuse. M. Hussmann conseille d'en régler la taille de telle façon que les coursons destinés à donner du fruit soient portés par des branches de 2 à 3 ans ; ils doivent être taillés à 2 ou 3 yeux. Il est nécessaire de pincer avec soin, pendant l'été, afin de maintenir la végétation dans des dimensions convenables et de favoriser l'accroissement du raisin ».

Ecoutons encore Bush et Meissner (2) : « Le Clinton est vigoureux, rustique ; il fait un joli vin rouge foncé, ressemblant au bordeaux, mais d'un goût légèrement désagréable, qui pourtant s'améliore avec l'âge ».

La faveur dont il jouissait en Amérique l'a fait accueillir avec enthousiasme en

(1) A. MILLARDET. — *Histoire des principales espèces, etc....* page 4.
(2) BUSH et MEISSNER. — *Catalogue, etc...*

France. Il n'a pas tenu toujours tout ce qu'il promettait. «Trop vanté d'abord, nous dit Champin, trop décrié depuis, a toujours des détracteurs acharnés et toujours des serviteurs fidèles. Prospérant et multipliant dans l'Ardèche, la Drôme et ailleurs. Très fertile en le laissant s'étendre librement sur des tonnelles, de longs supports ou même des arbres. Vin très alcoolique et d'une magnifique couleur, bien mauvais d'abord, mais s'améliorant très vite et se vendant fort cher. Bon porte-greffe».

Si ce cépage, si vanté par de nombreux vignerons, n'a pas pris l'extension qu'on aurait pu prévoir, cela ne tient pas seulement à ce que son vin n'était pas très buvable. «Son vin, par sa belle couleur, que l'on a comparée à celle du vin de Roussillon, par sa force alcoolique et ses qualités sapides, constituerait un adjuvant précieux de certains vins plats du Languedoc». Il aurait donc pu constituer un vin de coupage «se vendant fort cher». Mais il semble bien qu'on n'a pas su lui faire produire tout ce qu'il pouvait donner. On l'a conduit trop souvent sur souche basse, et sur souche basse il est peu fertile. Il aurait fallu le conduire sur cordon ou en treille. Et puis, il s'est montré difficile sur le terrain. En sols calcaires, il a jauni et il a succombé fréquemment au phylloxera.

Ne pouvant ou ne voulant le cultiver pour ses fruits, on l'a cultivé pour ses racines. «Bon porte-greffe», dit Champin. Je crois bien que cette opinion a été partagée par beaucoup de personnes au début de la reconstitution. Il a fallu bientôt déchanter, et il a été trop souvent plus mauvais porte-greffe encore que mauvais producteur-direct. Sa vigueur, sa résistance phylloxérique, ses facultés d'adaptation au sol ont été encore réduites par la greffe, et il n'a pu constituer de vignobles durables que dans les sols non calcaires, de bonne qualité, sablonneux ou frais. Ailleurs, on a dû l'arracher. Actuellement, le Clinton n'est employé nulle part comme sujet.

Les premières tentatives de reconstitution avec ce cépage ont donc presque toutes abouti à des insuccès, qui l'ont fait abandonner pour d'autres variétés meilleures. Cependant, dans la Drôme, dans l'Ardèche, en raison du climat et du terrain, il a résisté davantage au phylloxera ; et comme on a su lui donner la taille qui lui convenait, on en a obtenu des rendements très satisfaisants, atteignant même 150 hectolitres à l'hectare.

Il n'aurait cependant pas beaucoup gagné de terrain si de nouvelles maladies cryptogamiques n'étaient venues frapper les variétés de V. Vinifera. Le mildiou a fait de tels dégâts dans les régions où la vigne est une culture accessoire qu'on a dû renoncer à cultiver les variétés locales. Mais il s'est trouvé — ce qui ne saurait surprendre — que le Clinton est à peu près à l'abri de cette maladie comme du black-rot et de l'anthracnose ; et il a pris la place des variétés locales non seulement dans la Drôme et l'Ardèche, mais encore ailleurs. Non plus, il est vrai, sous le nom de Clinton, sous lequel il était «brûlé», mais sous celui de *Plant Pouzin* d'abord, puis sous celui de *Plant des Carmes*, qui sonne encore mieux que le précédent. Plant Pouzin et Clinton sont bien identiques, tout le monde en convient. Le Plant des Carmes serait un semis de Clinton ou un Clinton amélioré. Je les cultive tous côte à côte. Je n'ai pu trouver entre eux la moindre différence. Quoi qu'il en soit, sous l'une ou l'autre de ces appellations, le Clinton se trouve partout actuellement, constituant non pas des vignobles étendus, mais occupant des parcelles restreintes, cultivées sommairement et produisant, nonobstant les gelées, les maladies, le vin nécessaire à la consommation familiale. Ce vin, très coloré, très alcoolique, prend en vieillissant un goût particulier. Il est utilisé pour le coupage des petits vins de plaine, auxquels il donne du corps et de la couleur et même un bouquet agréable.

En résumé, ce cépage reprend bien de bouture et à la greffe. En raison de sa sensibilité au phylloxera et à la chlorose, il ne peut être cultivé comme producteur-direct ou porte-greffe que dans les sols non calcaires, sablonneux ou frais, profonds et riches. Producteur-direct, il ne convient qu'aux régions où la vigne est une culture accessoire.

15. Marion. — Caractères. — Feuille adulte: angles des nervures: 111,54 = 165; 3-lobée, à sinus latéraux : supérieur marqué; dents anguleuses, étroites; rapports des nervures: 0.81, 0.66, 0.28; duveteuse en dessous; ondulée, bullée, vert foncé, nervures rouges en dessus; grande.

Feuilles jeunes duveteuses vert-jaunâtre.

Bourgeonnement cotonneux rouge.

Rameaux duveteux vert-violacé, à vrilles le plus souvent intermittentes.

Grappes à grains ronds, noirs, moyens, parfumés, peu serrés; petite, courte.

Observations. — Hybride de Riparia et de V. Labrusca, d'après M. Millardet. Quelquefois, en effet, les vrilles sont subcontinues. Il est donc allié au V. Labrusca.

Mais il est encore plus sûrement allié à une autre espèce qui doit être le V. Æstivalis ou le V. Lincecumii. En tous cas, ce sont les caractères du V. Riparia qui dominent.

Fig. 211. — Feuille de Marion.

Aptitudes. — Le Marion est néanmoins insuffisamment résistant au phylloxera; il est très sensible à la chlorose; et il n'a été utilisé ni comme porte-greffe, ni comme greffon.

16. Transparent (Rommel). — Caractères. — Feuille adulte: angles des nervures: 115, 27 = 142, 42; 3-lobée, à sinus latéraux : supérieur marqué; dents anguleuses, très étroites; rapports des nervures: 0,97, 0,58, 0,25; pubescente avec quelques poils aranéeux en dessous; glabre, unie, repliée en dessus, vert foncé, luisante, nervures rosées à la base en dessus.

Feuilles jeunes vert pâle.

Bourgeonnement vert-jaunâtre.

Rameaux glabres vert-rosé.

Grappe à grains ronds, sous-moyens, blancs, assez serrés, pulpeux, foxés; petite, cylindro-conique.

Observations. — C'est un semis de Rommel, issu, sans aucun doute, d'une graine de Taylor. Il ressemble beaucoup à ce dernier, comme on peut le voir, par tous ses caractères du feuillage; il fait cependant un peu retour au V. Labrusca.

Aptitudes. — On lit dans le *Catalogue de Bush et Meissner*: «Vigne à végétation très forte, à mérithalles assez longs; ressemblant à son parent pour la feuille et la végétation, mais nouant bien son fruit; on le croit à l'abri du mildiou et de la carie noire; promet de devenir un raisin de cuve de grand mérite». Voici ce qu'il a tenu: «Cette vigne n'est pas adoptée au Texas, où elle est faible et se défeuille vite». Et, plus loin, «dans d'autres régions que la nôtre, elle pourra rendre des services». En fait, elle n'en a rendu nulle part, bien qu'elle résiste au mildiou, au black-rot et qu'elle fructifie mieux que le Taylor. N'a pas été utilisée, en France, ni comme porte-greffe, ni comme producteur-direct.

Fig. 212. — Feuille de Transparent.

17. VIALLA (Laliman). — **Synonymes**. — *Clinton-Vialla, La Touratte* (Millardet).

Caractères. — Feuille adulte; angles des nervures : 117,39 = 156,54: 3-lobée, à sinus latéraux : supérieur peu marqué; dents arrondies, larges; rapports des nervures: 0.83, 0.65, 0.21; duveteuse en dessous; glabre, finement bullée, plane, vert terne, nervures à peine rosées en dessus.

Feuilles jeunes cotonneuses vert rosé en dessous.

Bourgeonnement cotonneux rosé.

Rameaux aranéeux vert rosé.

Grappe à grains ronds, noirs, moyens, pulpeux, foxés, serrés; petite.

Observations. — L'origine de ce cépage est un peu obscure. Pour les uns, il serait originaire d'Amérique. Pour les autres, il serait issu d'un semis de M. Durieu de Maisonneuve, directeur du Jardin des Plantes de Bordeaux. Et voici l'opinion de M. Millardet sur ce sujet:

Fig. 213. — Feuille de Vialla.

«Le cépage que nous étudions sort d'un semis de graines de Clinton fait, il y a une quinzaine d'années, par M. Laliman. Frappé de la dissemblance qu'offrait avec la plante-mère celle qui nous occupe. il l'éleva avec soin et lui donna le nom de *Semis de Clinton*. Dans mes Études sur les vignes d'origine américaine, qui furent présentées à l'Académie, à la fin de novembre 1874, je changeai, pour plus de précision, ce nom en celui de *La Touratte*, du nom même de la propriété où cette plante a pris naissance. Cependant, dans l'intervalle qui s'écoula entre la présentation de mon mémoire et sa publication, M. Laliman répandit ce cépage sous le nom de *Vialla*, en l'honneur du président actuel de la Société d'agriculture de l'Hérault. Ce nom a prévalu ».

Quoi qu'il en soit, le *Vialla* est sûrement un hybride de V. Lubrusca et de Riparia. L'intervention de la première espèce est manifeste dans la disposition des inflorescences ou des vrilles sur les rameaux et dans le goût et la grosseur des baies; celle du V. Riparia, moins apparente, se retrouve facilement dans la forme de la feuille, l'allure de la plante, etc.

Aptitudes. — Vigne vigoureuse, à sarments longs et forts, à tronc puissant et à système radiculaire très développé ; reprenant très bien de bouture et à la greffe. — Assez de qualités, comme on le voit, recommandaient ce cépage à l'attention des viticulteurs, et il ne tarda pas à être cultivé sur des étendues importantes. Non pas partout cependant. Dans le Midi de la France, il ne donna guère que des insuccès. Mais dans l'Est, notamment dans les vignobles du Beaujolais, ainsi que dans les vignobles du Sud-Ouest. il devint bientôt le porte-greffe préféré, et il prit la place des variétés du V. Riparia. C'est que les sols de ces diverses régions lui conviennent très bien : ils sont sablonneux ou frais et dépourvus de calcaire. Il n'a donc pas à y subir des attaques violentes du phylloxera et de la chlorose; et comme il a un système radiculaire puissant, il y vient mieux que les Riparia aux racines grêles.

Dans les régions sèches, ou à sols calcaires ou superficiels, il dépérit très vite sous l'influence du phylloxera et de la chlorose.

Ce que cette vigne présente de remarquable, c'est la facilité avec laquelle elle forme le tissu de soudure. Elle produit des calus très volumineux, qui assurent une très bonne reprise des greffes. Tandis que le Riparia donne, par exemple, 40 o/o de bonnes soudures, le Vialla en donne 80 o/o. Et ces greffes prennent un rapide développement ; le sujet grossit presque autant que le greffon ; la plante est vigoureuse, trop quelquefois. car elle craint la coulure, et exige une taille généreuse.

En tant que porte-greffe, le Vialla donne de bons résultats dans les terrains sablonneux, où le phylloxera se multiplie peu ; partout ailleurs il doit être abandonné.

18. ELVIRA (Rommel).— **Caractères**. — Feuille adulte : angles des nervures : 118, 54 = 172, 37 ; 3-lobée, à sinus latéraux : supérieur marqué ; dents anguleuses, très larges ; rapports des nervures : 0.77, 0.70, 0.12 ; duveteuse et pubescente en dessous; bullée, vert foncé, luisante, nervures un peu rosées en dessus; grande.

Feuilles jeunes cotonneuses vert-blanchâtre.

Bourgeonnement duveteux vert pâle, à liséré rose.

Rameaux aranéeux vert pâle.

Grappe à grains ronds, jaune-verdâtre, moyens ou gros, pulpeux, foxés, serrés ; moyenne.

Observations. — Une des nombreuses variétés obtenues par Rommel, en semant des graines de Taylor. Elle serait donc un descendant direct de ce dernier. Mais M. Foëx pense qu'elle est le résultat de l'intervention accidentelle, au moment de la floraison, d'une variété étrange, qu'il a appelée *Sphinx*. Quoi qu'il en soit, l'Elvira est bien un hybride de V. Labrusca et de V. Riparia, qui fait retour vers le premier par ses feuilles et ses grappes.

Fig. 211. — Feuille d'Elvira.

Elle a des sarments gros, un tronc fort, des racines charnues qui la rapprochent encore davantage du V. Labrusca.

Aptitudes. — Aussi ne présente-t-elle une résistance phylloxérique suffisante que dans les sols sablonneux ou frais. Elle craint aussi beaucoup la chlorose. Son utilisation est donc limitée. Comme porte-greffe, elle a été adoptée dans quelques localités du Sud-Ouest. Elle porte de très belles greffes — quand le sol s'oppose à la multiplication du phylloxera. Ailleurs elle disparaît très vite. — En Amérique, «l'Elvira fait un «excellent» vin blanc, mais son raisin, à cause de sa peau qui est très mince, éclate facilement» (Bush et Meissner), et tout le monde s'accorde à la reconnaître comme une variété très fertile et très bonne. Ses raisins conviennent même pour la table, mais non pour le marché.

En France, l'Elvira est un producteur-direct peu répandu. Elle est très fertile et peut produire, dans les bonnes terres, jusqu'à 150 et 200 hectolitres à l'hectare; mais son vin est trop foxé. Elle n'a pas non plus la vigueur du Noah, ni peut-être la résistance aux maladies cryptogamiques.

19. BLACK-PEARL (G. Schraidt). — **Caractères.** — Feuille adulte : angles des nervures : 126, 50 = 176, 43; 3-lobée, à sinus latéraux : supérieur marqué; dents anguleuses, très larges; rapports des nervures : 0.86, 0.73, 0.20; duveteuse en dessous; glabre, bullée, vert foncé, brillante, nervures vert pâle en dessus.

Feuilles jeunes duveteuses vert pâle.

Bourgeonnement duveteux rosé.

Rameaux aranéeux vert clair.

Grappe à grains ronds, noirs, moyens, serrés, pulpeux, foxés; courte.

Aptitudes. — Probablement issue d'une graine de Clinton ou de Taylor, cette vigne fait retour au V. Labrusca par son feuillage. En Amérique, assez estimée pour le vin, qui est d'une belle couleur, et pour sa résistance aux maladies cryptogamiques. Résistance phylloxérique assez élevée. En France, elle donne, surtout à la taille longue, beaucoup de grappes, qui sont petites. Producteur-direct très médiocre. Comme porte-greffe, elle n'est suffisante que dans les sols sablonneux, frais et non calcaires, c'est-à-dire où le Vialla donne de bons résultats.

Aughwich. — **Aptitudes.** — Variété à grappes petites, ailées ; à grains ronds, noirs, moyens, serrés, à jus très foncé. Très voisine du Clinton, en diffère par ses grains qui sont plus gros et de moins bonne qualité. Très rustique, mais moins productive que le Clinton. Ne craint ni le mildiou, ni le black-rot. En France, cette vigne s'est montrée vigoureuse, fertile à la taille longue, donnant un vin très coloré, médiocre d'abord, mais qui perd son goût spécial en vieillissant.

Bacchus. — **Aptitudes.** — Variété à grappe petite, compacte, un peu ailée ; à grains sphériques, petits, noirs, à jus très coloré, à saveur un peu foxée.

Semis de Clinton, obtenu par Rickett. Très voisin du Clinton, dont il ne peut guère être distingué. Il paraît cependant donner des grappes de meilleure qualité.

Plante vigoureuse, produit un grand nombre de petites grappes à la taille longue, a goût un peu foxé, qui se retrouve dans le vin, mais qui disparaît à mesure que le vin vieillit. Partout où on l'a essayée en Amérique, elle a donné de bons résultats. C'est, en effet, une vigne rustique qui, sauf dans les sols très secs et superficiels, résiste suffisamment au phylloxera ; elle est à l'abri des maladies cryptogamiques. En France, elle vaut ni plus ni moins que le Clinton.

Blue Dyer. — **Aptitudes.** — Variété à grappe moyenne, à grains ronds, noirs, petits, à jus foncé et à saveur foxée. Voisine du Black Pearl, mais donne un vin d'une couleur très foncée, d'où son nom. N'a nullement tenu les promesses annoncées par Hussmann. Résistance phylloxérique assez élevée. N'a été employée nulle part comme porte-greffe.

Clinton rose. — Hybride très voisin du Clinton. N'a pas été propagé dans les vignobles.

Conquéror. — Vigne sans intérêt. Peu vigoureuse même en Amérique, et peu fertile.

Franklin. — **Caractères.** — Feuille 3-lobée, à sinus latéraux : supérieur marqué ; dents anguleuses ; aranéeuse, vert pâle en dessous ; glabre, bullée, plane, vert terne, nervures vert pâle en dessus.

Feuilles jeunes aranéeuses vert pâle.

Bourgeonnement duveteux rosé.

Rameaux glabres vert pâle, vrilles sub-continues.

Grappe à grains ronds, noirs, moyens, foxés ; petite, de maturité hâtive.

Aptitudes. — Vigne voisine du Vialla, paraît en avoir les qualités. N'a pas été multipliée, sans doute à cause d'une résistance phylloxérique insuffisante.

JANESWILLE. — Vigne vigoureuse, peu estimée comme producteur en Amérique. Non utilisée en France.

PRESLY. — Hybride d'*Elvira* et de *Champion* obtenu par Munson, et produisant des grappes à grains noirs ou pourpres et foxés.

WINSLOW. — Clinton perfectionné, né dans le jardin de Ch. Winslow. Le fruit mûrit de bonne heure, et serait plus moelleux que celui du Clinton. N'a pas été propagé en France, non plus qu'en Amérique.

LABRUSCA-ÆSTIVALIS

Je classe dans ce groupe non seulement les Labrusca-Æstivalis, mais encore les Labrusca-Lincecumii : on sait pour quelle raison.

Les aptitudes, de même que les caractères de ces hybrides, sont assez variées. C'est que les uns se rapprochent beaucoup de l'une des espèces composantes et les autres de l'autre espèce. Nous en avons donc qui font retour au V. Labrusca et d'autres chez lesquels le V. Æstivalis domine. Les premiers sont plus fertiles que les seconds, ils donnent de plus belles grappes, mais ils ont un goût foxé très marqué. En outre, ils sont moins résistants aux maladies cryptogamiques et au phylloxera.

Les seconds, moins fertiles, plus sensibles à la coulure, donnent des vins de très bonne qualité, à parfum agréable et souvent remarquablement colorés, ce qui les fait rechercher pour le coupage. Ils résistent davantage aux maladies et au phylloxera. Mais ils reprennent mal par bouture.

Les uns et les autres sont, en général, vigoureux, à gros et longs sarments, à tronc fort, à système radiculaire puissant; ils ne se plaisent que dans les terres peu ou pas calcaires, sablonneuses ou argileuses, meubles ou compactes, mais fraîches. Ailleurs, ils succombent rapidement à la chlorose et au phylloxera. Ils ne peuvent être utilisés comme porte-greffes. Producteurs-directs, ils donnent une récolte après les gelées de printemps. Ceux qui tiennent surtout du V. Æstivalis doivent être conduits à la taille longue et pincés ou incisés à la floraison ; un ou deux traitements sont suffisants pour les défendre du mildiou.

Quelques-uns d'entre eux sont intéressants en tant que variétés-greffons pour les régions de l'Est et de l'Ouest.

1. DIANA (D. Crehore). — **Caractères**. — Feuille adulte : angles des nervures : 106, 32 = 138 ; 3-lobée, à sinus latéraux : supérieur bien marqué ; dents anguleuses, très larges ; rapports des nervures : 0.96, 0.65, 0.60 ; cotonneuse en dessous ; aranéeuse, bullée, vert foncé, nervures à peine rosées en dessous ; grande.

Feuilles jeunes cotonneuses vert pâle.

Bourgeonnement cotonneux.

Rameaux duveteux vert pâle.

Grappe à grains ronds, gros, rosés, pulpeux, à jus incolore, foxés ; moyenne, compacte.

Observations. — C'est une plante obtenue d'une graine de Catawba par Madame Diana Crehore. Elle est très voisine du V. Labrusca, dont elle possède la plupart des caractères, des qualités et des défauts.

Aptitudes. — Elle ne paraît pas supérieure au Catawba, au moins en tant que production. Ses fruits sont préférés par quelques personnes ; ils tiennent longtemps sur la souche, même après les gelées. Sans intérêt pour l'Europe.

Fig. 215. — Feuille de Diana.

2. HERMANN (P. Langendœrfer). —
Caractères. — Feuille adulte : angles des nervures : 107, 50 = 157, 40 ; 5-lobée, à sinus latéraux : supérieur profond, inférieur marqué ; dents anguleuses ; rapports des nervures : 0.82, 0.79, 0.30 ; aranéeuse, duvet roux, pubescente, très glauque en dessous ; aranéeuse, bullée, vert foncé, nervures rosées en dessus ; grande.

Feuilles jeunes duveteuses rosées.

Bourgeonnement duveteux rouge.

Rameaux aranéeux vert glauque, vrilles intermittentes.

Grappe à grains ronds ou discoïdes, petits, noirs, très pruinés, juteux, à jus incolore, très serrés ; moyenne, longue, cylindro-conique.

Observations. — Semis de Cynthiana obtenu par P. Langendœrfer, d'Hermann. Il est plus voisin du V. Æstivalis que le Cynthiana : c'est presque un Æstivalis pur, tant par les caractères du feuillage que par ceux du fruit.

Aptitudes. — Très apprécié d'abord par les Américains à cause de la finesse et du parfum de son vin, qui est réellement de bonne qualité.

Il ne s'est pas cependant répandu dans le vignoble des États-Unis, sans doute parce qu'il est de maturité tardive.

En France, il n'existe plus nulle part. Voici comment Champin l'apprécie : « Résistance (au phylloxera) complète. Feuillage brillant et gaufré. Raisins longs et serrés en fusée de maïs. Vin gris, très franc de goût. Mais sa propagation est entravée par sa maturité tardive, son manque de couleur et la difficulté de faire reprendre ses boutures ». Mérite d'être expérimenté à nouveau, non pas comme producteur-direct, mais comme greffon.

3. HOPKINS (Munson). — **Caractères.** — Feuille adulte : angles des nervures : 115, 46 = 161, 46 ; 5-lobée, à sinus latéraux : supérieur profond, inférieur à peine

marqué ; dents anguleuses, larges ; rapports des nervures : 0.84, 0.74, 0.22 ; aranéeuse, pubescente et très glauque en dessous ; bullée, vert pâle, nervures rosées à la base en dessus ; grande.

Feuilles jeunes cotonneuses, à liséré rose.

Bourgeonnement cotonneux un peu rosé.

Rameaux duveteux vert-violacé.

Grappe à grains ronds, noirs, moyens, à peau mince, juteux, de bonne qualité ; grande.

Observations. — C'est un hybride de V. Lincecumii et de Norton. Par suite, c'est presque une variété pure de V. Æstivalis ou de V. Lincecumii. Le V. Labrusca n'y est pas apparent.

Aptitudes. — Vigne vigoureuse et fertile, résistante aux maladies cryptogamiques. Donne un beau vin rappelant celui du Cynthiana. Peu cultivée en France.

4. Cynthiana (Norton). — **Synonymes**. — *Red-River, Norton, Norton's Virginia.*

Caractères. — Feuille adulte : angles des nervures : 115, 69 = 184, 30 ; 3-lobée, à sinus latéraux : supérieur bien marqué ; dents anguleuses, étroites ; rapports des nervures : 0.85, 0.62, 0.33 ; aranéeuse, à duvet roux, glauque en dessous ; aranéeuse, poils roux, bullée, vert franc luisant, nervures couvertes de poils fauves en dessus.

Feuilles jeunes duveteuses, à poils roux, rosées sur les bords.

Bourgeonnement duveteux rouge.

Rameaux aranéeux (poils roux) vert-rougeâtre.

Grappe à grains ronds, petits, noirs, pruinés, peu serrés, juteux, à jus coloré, agréables ; petite, cylindro-conique.

Observations. — Vigne sauvage recommandée pour la cuve par le Dr Norton. Elle est très voisine du V. Æstivalis, aussi bien par le feuillage que par le fruit. Elle n'a guère du V. Labrusca que la sub-continuité des vrilles, et, d'après M. Millardet, quelques stomates saillants.

Aptitudes. — Cette vigne s'est beaucoup répandue dans le Missouri et dans quelques autres régions de l'Amérique du Nord, où, d'après Bush et Meissner, on l'a considérée comme le plus sûr et le meilleur raisin à vin rouge quand elle mûrit bien ses fruits.

En France, elle n'a pas donné tout d'abord d'aussi bons résultats. Dans les vignobles méridionaux, elle a vécu très peu de temps, peut-être parce qu'elle craint les fortes chaleurs. Le feuillage du V. Æstivalis paraît en effet très sensible aux fortes chaleurs. Mais il est plus probable que la cause de la non-réussite de cette vigne réside dans sa résistance phylloxérique, qui n'est pas suffisante dans les sols secs ou superficiels, et dans ses facultés d'adaptation au sol : elle craint beaucoup les terres calcaires.

Aussi, dans les régions plus fraîches, à sols sablonneux ou frais et non calcaires, le *Cynthiana* prend un développement merveilleux. C'est une plante vigoureuse, qui produit un grand nombre de grappes, malheureusement petites et sujettes à la coulure. Il est de toute nécessité de la conduire à la taille longue et de pincer ses rameaux ; encore ne donne-t-elle jamais des productions régulières et élevées. Mais son vin est réellement remarquable par son intensité colorante et par son parfum. C'est un vin de coupage de premier ordre.

Le Cynthiana est de plus en plus abandonné, malgré les qualités qui viennent d'être énumérées et malgré sa résistance aux maladies cryptogamiques (anthracnose exceptée). C'est qu'il produit trop peu, et c'est aussi qu'il est difficile de le multiplier par bouture.

5. Gold-Coin (Munson). — **Caractères**. — Feuille adulte : angles des nervures : 117, 43 = 160. 16 ; 5-lobée, à sinus latéraux : supérieur marqué, inférieur à peine marqué ; dents arrondies, larges ; rapports des nervures : 0.77. 0.61, 0.40 ; duveteuse, duveteu en dessous ; aranéeuse, bullée, vert sombre, nervures pâles à la base en dessus ; moyenne.

Feuilles jeunes cotonneuses vert-jaunâtre, fauve.

Bourgeonnement très fauve.

Rameaux duveteux à duvet roux.

Grappe à grains ronds, jaune doré, gros, serrés, pulpeux, à peau mince, à saveur parfumée ; moyenne, à peine ailée.

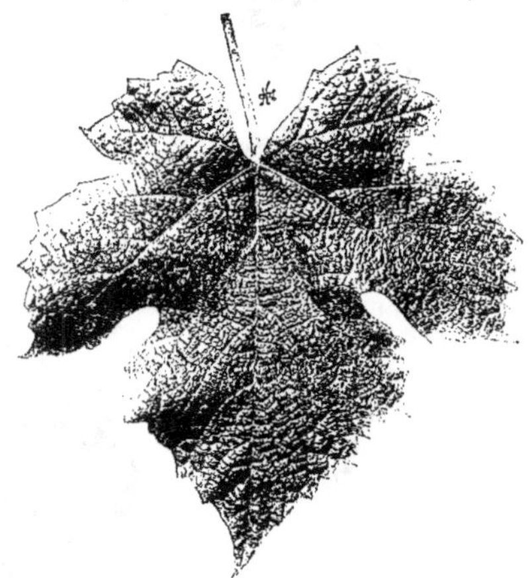

Fig. 216. — Feuille de Gold-Coin.

Aptitudes. — Cet hybride a été obtenu par M. Munson, en fécondant le *Cynthiana* par le *Martha*. Il se rapproche donc beaucoup du V. Labrusca. D'après Munson, c'est une vigne vigoureuse, à fleurs bien constituées et par suite non coulardes, très productive et donnant des raisins de bonne qualité. Doit être trop foxée en France.

6. Iona (Grant). — **Caractères**. — Feuille adulte : angles des nervures : 120, 45 = 165 ; 5-lobée, à sinus latéraux : supérieur bien marqué, inférieur à peine marqué ; dents anguleuses, très larges ; rapports des nervures : 0.97, 0.69, 0.36 ; cotonneuse en dessous ; à peine bullée, vert foncé, nervures un peu rosées en dessus ; grande.

Feuilles jeunes cotonneuses vert-blanchâtre.

Bourgeonnement cotonneux blanc.

Rameaux duveteux vert pâle.

Grappe à grains ovoïdes, rosés, gros, pulpeux, foxés ; moyenne, serrée.

Observations. — Obtenue par le docteur C. W. Grant, de l'île d'Iona (New-York), d'une graine de Catawba. Elle a dans son feuillage beaucoup de ressemblance avec ce dernier. Elle donne de jolies grappes à jolis grains, et les Américains la considèrent comme une des meilleures variétés; mais elle mûrit inégalement, elle est de faible croissance, et pour ces raisons elle a été abandonnée.

Fig. 217. — Feuille d'Iona.

7. YORK'S-MADEIRA.— **Synonymes**. — *Black-German, Large German, Marion Port, Wolpe, Monteith, Tryon, Worlington, York-Madeira, Petit noir parfumé* (comte Odart).

Caractères.— Feuille adulte : angles des nervures : 121,34 = 155,33; 3-lobée, à sinus latéraux : supérieur à peine marqué; dents arrondies, larges; rapports des nervures: 1.02, 0.75, 0.32; cotonneuse en dessous; aranéeuse, finement bullée, vert sombre, involutée, nervures vert pâle en dessus.

Feuilles jeunes cotonneuses, à liséré rose.

Bourgeonnement cotonneux rosé.

Rameaux duveteux, avec poils massifs, vert pâle.

Grappe à grains ronds, noirs, sous-moyens, pulpeux, foxés; compacte, petite.

Observations. — Originaire d'York, le York-Madeira serait issu d'une graine d'Isabelle. Si cela est exact, c'est une graine d'Isabelle pollinisée par une autre espèce.

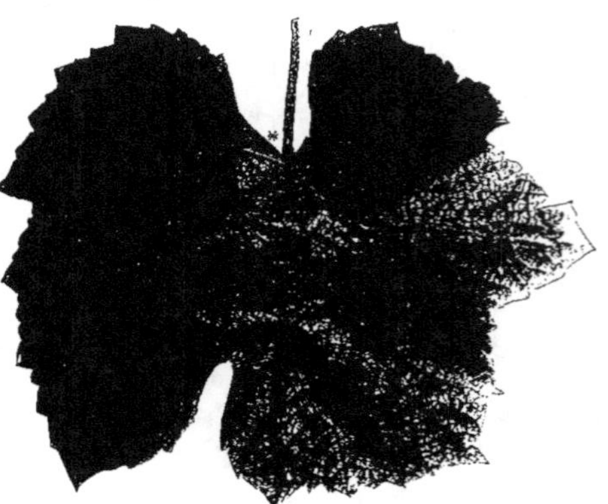

Fig. 218. — Feuille de York-Madeira.

Cette dernière serait, d'après M. Millardet, le V. Æstivalis. «Jusqu'à la publication de *Ma question des vignes américaines*, dit-il, les auteurs s'accordaient à classer le *York-Madeira* parmi les Labrusca purs. Depuis, mon opinion sur la nature hybride de ce cépage a été assez généralement adoptée. La description qui précède établit nettement les affinités de ce cépage pour le V. Æstivalis. Il possède, en effet, l'intermittence des vrilles, une partie de la dureté des bois et de la difficulté à la reprise de boutures de cette dernière espèce. Il a son périderme solide et adhérent, qui ne se laisse pas enlever en lames minces, comme chez le V. Labrusca, et sa moelle relativement étroite. Enfin, les stomates offrent la plus grande analogie, tantôt avec ceux du V. Labrusca, tantôt avec ceux du V. Æstivalis ».

Le York-Madeira existe en France depuis fort longtemps. Le comte Odart l'a décrit dans son *Ampélographie universelle*. « Le nom qu'on lui a donné, dit-il, porte à croire qu'il est considéré par les Américains comme propre à produire de bon vin, ou peut-être parce qu'il est provenu de pépins de raisins de Madère..... Les grappes sont de médiocre grosseur; les grains petits et peu serrés, d'un beau noir, d'une saveur singulière, vineuse, relevée et assez agréable ». Et déjà à cette époque il existait dans beaucoup de collections. Dans l'Italie septentrionale, il s'est même répandu dans les vignobles; et, soit seul, soit en mélange avec l'Isabelle, il a donné un vin qui a été accepté par les populations rurales pauvres.

L'invasion phylloxérique eut pour conséquence d'attirer l'attention sur lui. En 1869, M. Laliman constata le premier sa résistance phylloxérique; et, dès ce moment, il fut utilisé comme porte-greffe et comme producteur-direct. Il n'a pas donné les résultats qu'on attendait de lui: on va voir pour quelles raisons.

Aptitudes. — Le York-Madeira est une vigne plutôt faible, à sarments courts et à nœuds rapprochés. Le tronc grossit lentement, mais le système radiculaire, qui est constitué par des racines charnues et fortes, est puissant. On a cru pendant longtemps qu'il pourrait prospérer dans tous les sols. « Tous les sols lui conviennent, écrivait M. Millardet en 1885, sauf les terrains froids par excès d'humidité ou par absence de coloration »; et on l'a recommandé pour les terrains très maigres. Il n'a pas, à ce point de vue, les qualités qui lui ont été prêtées. Il redoute les terrains calcaires, où il jaunit très vite, et il n'est supérieur aux variétés de Riparia, par exemple, que dans les terres *non calcaires* et compactes. La résistance phylloxérique a paru d'abord très bonne; pendant plusieurs années, le York-Madeira a été le *Bayard* de la vigne américaine. C'est que le phylloxera délaisse les radicelles, où on le cherche habituellement, pour se porter sur les racines, où on ne le cherche pas. Or, seules les lésions des racines sont graves. Aussi cette vigne a-t-elle succombé bien vite sous l'action du phylloxera. Les vignobles reconstitués dont elle a été le sujet ont à peu près tous disparu et d'autant plus vite que le terrain était plus sec ou plus superficiel. Ce n'est que dans les sols sablonneux ou humides qu'elle a une résistance suffisante. Elle porte alors des greffes de vigueur moyenne et assez fertiles.

Le feuillage est assez résistant aux maladies cryptogamiques. Le mildiou ne détermine que de rares taches sans importance. Ce cépage craint peu les gelées. Mais comme ses grappes sont petites, quoique serrées, et que le pied est faible, la production est en somme peu abondante. Le vin est bien coloré, à goût de foxé ou de cuit, et plutôt très désagréable seul. A ce point de vue, le York-Madeira ne présente aucun intérêt.

Cépage à abandonner.

8. LAUSSEL (Munson). — **Caractères.** — Feuille adulte: angles des nervures: 125, 40 = 165, 38; 3-lobée, à sinus latéraux: supérieur profond, supérieur marqué; dents anguleuses, larges; rapports des nervures: 0.81, 0.77, 0.21; à duvet roux en dessous; bullée, ondulée, vert foncé, nervures un peu rosées en dessus; grande.

Feuilles jeunes cotonneuses, rosées sur les poils.

Bourgeonnement cotonneux rouge.

Rameaux aranéeux rouge-violet, rappelant le V. Æstivalis.

Grappe à grains ronds, rouge-violet, gros, pulpeux, parfumés; sur-moyenne.

Aptitudes. — Hybride obtenu par M. Munson par le croisement du *Gold-Coin* avec une variété du V. Lincecumii. C'est une plante sensiblement 3/4 de sang Lincecumii. Les caractères dominants sont en effet ceux de cette dernière espèce; le V. Labrusca est surtout apparent dans le fruit. Elle est vigoureuse et fertile. Non propagée en France.

9. Dr Collier (Munson). — **Caractères**. — Feuille adulte : angles des nervures : 130, 45 = 175, 29 ; 5-7-lobée, à sinus latéraux : supérieur et inférieur profonds; dents anguleuses, étroites; rapports des nervures: 0.88, 0.80, 0.33; à duvet blanc-roussâtre et glauque en dessous; presque unie, vert foncé, très brillante, à nervures rouges en dessus; grande.

Feuilles jeunes duveteuses carminées.

Bourgeonnement duveteux, à poils massifs violets.

Rameaux duveteux vert pâle, rayés de pourpre.

Grappe à grains ronds, rouges, gros, serrés, pulpeux, foxés; grosse, conique.

Aptitudes. — Hybride de V. Lincecumii fécondé par le Concord. Vigne de croissance moyenne, à très grandes feuilles très découpées. Très fertile ; malheureusement rappelle trop le V. Labrusca, surtout dans ses fruits. Les grains tombent hâtivement. Paraît peu résistant à la sécheresse.

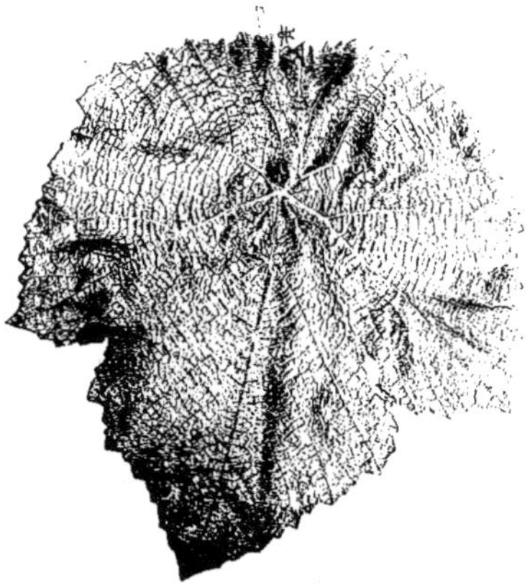

Fig. 219. — Feuille de Catawba.

10. Catawba (Adlum). — **Synonymes**. — *Catawba Tokay, Red Muncy*.

Caractères. — Feuille adulte : angles des nervures: 130, 55 = 185, 35 ; 5-lobée, à sinus latéraux : supérieur marqué, inférieur presque nul ; dents arrondies, très larges ; rapports des nervures : 0.79, 0.74, 0.19; cotonneuse en dessous; bullée, vert foncé, nervures vert pâle en dessus ; grande.

Feuilles jeunes cotonneuses, rosées en dessous.

Bourgeonnement cotonneux rosé.

Rameaux duveteux et à poils en massue, vert pâle, vrilles sub-continues.

Grappe à grains ronds, noirs, gros, pulpeux, foxés; moyenne. serrée.

Observations. — Très ancienne variété originaire de la Caroline du Nord. Elle est sûrement alliée au V. Æstivalis, bien que le V. Labrusca soit dominant.

Aptitudes. — Cette variété a été cultivée pendant longtemps, aux États-Unis, pour la production de vins de table et de vins mousseux. Mais elle a dû être abandonnée, en beaucoup d'endroits, à cause de sa faible résistance au phylloxera et à diverses maladies cryptogamiques. Quand elle est placée dans un sol et sous un climat qui lui conviennent, elle produit beaucoup, et son vin n'est pas sans qualités. « Là où le mildiou ne règne pas, disent Bush et Meissner..., le Catawba est encore et restera avec raison pendant longtemps la principale variété pour le marché et pour la cuve ». N'a pas donné et ne pouvait pas donner de bons résultats en France.

ADMIRABLE (Munson). — Vigne obtenue par Munson en croisant le V. Lincecumii avec le V. Æstivalis. C'est donc, si on veut, un Æstivalis ou un Lincecumii pur. Je le place ici en raison de ses caractères qui le rapprochent beaucoup des Labrusca-Æstivalis à Æstivalis dominant.

Plante à feuilles amples, 3-lobées, à sinus latéraux : supérieur profond ; dents anguleuses ; à duvet roux et glauque en dessous ; gaufrée, bullée, vert pâle en dessus.

Feuilles jeunes duveteuses rosées.

Bourgeonnement duveteux rosé.

Rameaux aranéeux vert glauque.

Grappes moyennes, assez compactes, à grains ronds, petits, noirs, agréables.

ALETHA. — Grappe moyenne, à longs pédoncules, peu serrée, à grains foxés, charnus.

Issue d'une graine de Catawba et remarquée à Iowa (Illinois), cette vigne ne s'est pas répandue sans doute à cause du goût trop foxé de ses fruits. Elle mûrit dix jours plus tôt que l'Hartford prolific.

ANNA. — Grappe peu serrée, moyenne, à grains moyens, ambrés, pulpeux. Maturité en même temps que celle du Catawba.

Semis de Catawba obtenu, en 1852, par Élie Hasbrough (New-York). Dans l'Ohio, il se montre rustique, mais de végétation modérée. Dans le Missouri, il est trop délicat et chétif.

BEACON (Munson). — Hybride obtenu par Munson en croisant le V. Lincecumii avec le Concord. Il produit de belles grappes, de meilleure qualité que celles du Concord : grandes, longues ; à grains ronds, noirs, très gros ; à goût spécial et un peu foxé ; résistant au black-rot. — Beau feuillage. Est estimé au Texas, où il ne paraît pas craindre la sécheresse.

BERKS. — **Synonyme.** — *Lehigh*. — Grappe grosse, ailée, compacte, grains gros, ronds, rouges, de bonne qualité ; aussi vigoureux que le Catawba, dont il est issu.

BIRD'S EGG. — Issu, dit-on, d'une grappe de Catawba. Sans intérêt.

CALAMAZOO (Dixon). — Encore un descendant du Catawba, mais plus fertile et à plus gros fruits. Non répandu.

DÉTROIT. — Semis de Catawba, croit-on, à belles grappes de maturité hâtive.

DON-JUAN (Ricketts). — Issu d'une graine d'Iona. Très bon raisin, dit-on.

FERN (Munson). — Hybride de V. Lincecumii et de Catawba, très vigoureux, résistant aux maladies cryptogamiques. Donne de belles grappes, à gros grains rouge foncé et d'assez bonne qualité. Donne de bons résultats dans les régions chaudes.

HYBRIDE DE VIVIE (Vivie). — Hybride obtenu en France par M. de Vivie. N'a pas été propagé.

HOLMES. — Hybride naturel de V. Æstivalis et de Labrusca. Très vigoureux. Fertilité médiocre.

JEFFERSON (Ricketts). — Hybride de Concord et d'Iona, rustique, vigoureux, fertile et portant de belles grappes. « C'est un des plus beaux raisins rouges ». Le « Jefferson de Ricketts pourrait, avec juste raison, être appelé le Muscat d'Amérique et distingué comme tel ». Telles sont les opinions de quelques viticulteurs américains. Voici celle de Champin : « Quel dommage que ce soit encore un fils de Concord et d'Iona, et que son raisin, réellement magnifique de tournure et de couleur, ait encore, bien que fortement atténué, ce parfum de l'Iona qui n'a, jusqu'à présent, en France, que de rares amateurs. Souche vigoureuse et très fertile ».

MANSFIELD (Pringle). — Hybride de Concord et d'Iona. C'est presque un Labrusca. Il est plus hâtif que le Concord.

MOTTED (Carpenter). — « Semis de Catawba, mais plus précoce et moins sujet au mildiou et à la carie noire que son parent ». Et Downing ajoute: « Producteur prodigue, mûrit comme le Delaware, tient à la grappe longtemps après la maturité et se conserve exceptionnellement bien ». N'a pas donné de bons résultats partout.

NORFOLK. — Vigne très précoce rappelant le Catawba et mûrissant avant Moore Early ; très fertile et de bonne qualité.

OWASSO (Goodhue). — On croit que cette vigne est issue d'une graine de Catawba. Elle produit des grappes à grains jaune doré.

ROCHESTER (Ellivanger et Barry). — Vigne à allure rappelant le Diana, et très voisine du V. Labrusca.

WHITE MUSCAT DE NEWBURG (Culbert). — Hybride d'Hartford prolific et d'Iona, et très voisin par conséquent du V. Labrusca. N'a pas été propagé.

WOODRUFF'S RED (Woodruff). — Issu, dit-on, du croisement du Catawba et du Concord. C'est donc presque un Labrusca pur. On le dit exempt de maladies dans son lieu d'origine. Non propagé.

LABRUSCA-VINIFERA

Les qualités du V. Vinifera sont connues. Il prospère, comme on sait, dans tous les terrains. Il a une grande vigueur et il produit en abondance des fruits d'excellente qualité. Par contre, il résiste mal aux maladies cryptogamiques et au phylloxera.

Ses qualités devaient le faire préférer à toutes les autres espèces de vignes, même par les viticulteurs du Nouveau Monde; et, en fait, c'est avec ses variétés qu'ont été tentés les premiers essais de culture de la vigne aux États-Unis d'Amérique. Le succès n'a pas répondu aux espérances; et, à cause de leur insuffisante résistance au phylloxera et aux maladies cryptogamiques, on a dû renoncer à utiliser les variétés du V. Vinifera.

Les viticulteurs américains ont donc dû faire appel à leurs variétés sauvages, et c'est le V. Labrusca qui en a fourni le plus grand nombre. C'est que les variétés de cette espèce, indépendamment d'une grande vigueur, ont une résistance phylloxérique plus élevée que celle du V. Vinifera, une réceptivité plus faible aux maladies cryptogamiques, une grande fertilité, chaque rameau pouvant porter 3-4 grappes, ainsi qu'on l'a vu. Seulement, si les grappes qu'elles produisent sont fort belles, elles ont aussi une saveur foxée, qu'on ne trouve pas toujours agréable et qui les rend inférieures aux grappes du V. Vinifera.

Les viticulteurs américains ont voulu superposer aux qualités du V. Labrusca les qualités du V. Vinifera, et c'est pourquoi ils ont créé, par l'hybridation, une multitude de variétés, dont les plus importantes sont décrites ou énumérées plus loin. Le but à atteindre était donc celui-ci : création de plantes à grappes de V. Vinifera et à racines et feuillage de V. Labrusca. Il n'a pas été atteint comme on l'eût désiré. Mais il est cependant résulté de ces efforts des plantes intéressantes, dont il est facile de prévoir les propriétés générales : résistance phylloxérique insuffisante, sauf dans les terres sablonneuses ou humides ; résistance à la chlorose médiocre ; résistance aux maladies cryptogamiques assez élevée ; grande vigueur ; fertilité très bonne, même sur les sarments nés sur vieux bois, ce qui les rend peu sensibles aux gelées de printemps ; production de grappes très sucrées à goût plus ou moins foxé.

On voit que ces hybrides ne peuvent guère être utilisés que comme greffons; sur leurs propres racines, ils ne sauraient prospérer qu'exceptionnellement.

SENASQUA (Underhill). — **Caractères**. — Feuille adulte: angles des nervures: 107, 50 = 157, 26 ; 5-lobée. à sinus latéraux: supérieur profond, inférieur assez profond ; dents anguleuses, larges ; rapports des nervures : 0.84, 0.74, 0.37 ; cotonneuse en dessous ; ondulée, très bullée, vert foncé, tachée de rouge, nervures rosées en dessus ; grande.

Feuilles jeunes cotonneuses vert-blanchâtre.

Bourgeonnement cotonneux blanc fauve.

Rameaux duveteux, à poils massifs, vert-rouge.

Grappe à grains ronds, noirs, moyens, pulpeux, peu foxés, serrés : grosse, cylindro-conique.

Observations. — Hybride de Clinton et de Black-Prince. Rappelle surtout le V. Labrusca par son feuillage ; sa grappe est plutôt Vinifera.

Fig. 220. — Feuille de Senasqua.

Aptitudes. — Trop tardive pour beaucoup de régions des États-Unis, cette vigne y a été peu propagée.

En France, elle a été plus appréciée. « Presque aussi recherchée, dit Champin, que l'Othello dans quelques régions de l'Est et du Centre, à cause de la beauté de ses raisins et surtout de son débourrage tardif, qui la met à l'abri des gelées printanières ».

Elle n'a pas réussi dans les régions méridionales ; elle ne s'est maintenue vigoureuse que dans quelques terres sablonneuses de l'Est, où on l'estime pour les raisons qu'a données Champin.

Mûrit tard. Pourrait être cultivée greffée sur racines résistantes. Elle donne un vin coloré. Craint peu les maladies cryptogamiques.

N° 32 (Rogers). — **Caractères.** — Feuille adulte : angles des nervures : 119, 55 = 174 ; 3-lobée, à sinus latéraux : supérieur profond ; dents anguleuses, très larges ; rapports des nervures : 0.87, 0.78, 0.25 ; à coton blanc en dessous ; bullée, vert terne, nervures à peine rosées en dessus ; grande.

Feuilles jeunes cotonneuses blanches.

Bourgeonnement cotonneux, à liséré rose.

Rameaux à poils massifs, rayés de rouge.

Grappe à grains ronds, rosés, presque noirs, très gros, pulpeux, foxés, peu serrés ; grosse.

Observations. — Cette variété n'a été propagée nulle part.

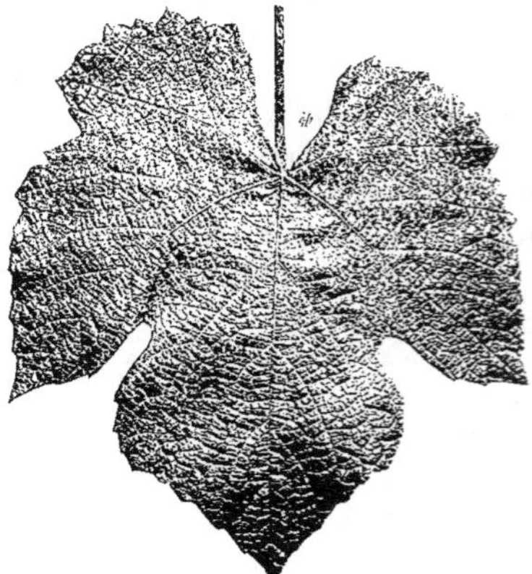

Fig. 221. — Feuille de N° 32 Rogers.

IRWING (Underhill). — **Synonyme.** — *Hybride d'Underhill N°⁸ 8-20.*

Caractères. — Feuille adulte : angles des nervures : 120, 50 = 170, 31 ; 5-lobée, à sinus latéraux : supérieur profond, inférieur à peine marqué ; dents anguleuses, larges : rapports des nervures : 0.87, 0.80, 0,41 ; cotonneuse en dessous ; bullée, vert foncé, terne, nervures vert pâle en dessus ; grande.

Feuilles jeunes cotonneuses vert pâle.

Bourgeonnement cotonneux blanc.

Rameaux duveteux, à poils massifs, vert-rosé.

Grappe à grains ronds, blanc-jaunâtre ou à peine rosés, très gros, pulpeux, foxés ; grosse.

Observations. — Hybride obtenu par Underhill en croisant le Concord avec le Muscat de Frontignan. Très belle variété, qui ne s'est répandue nulle part.

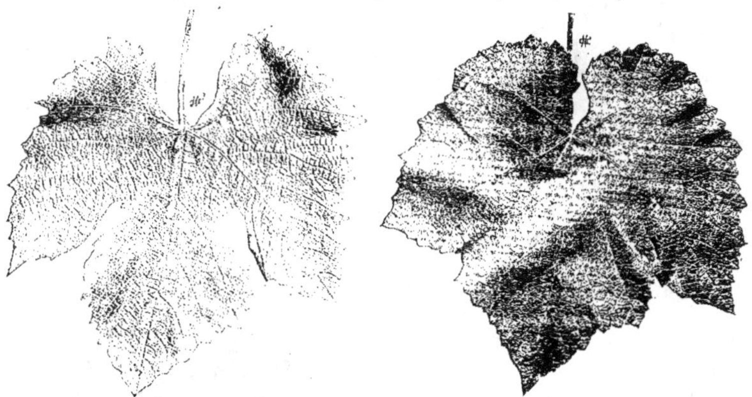

Fig. 222. — Feuille d'Irwing.   Fig. 223. — Feuille de Massassoït.

MASSASSOÏT (Rogers). — **Synonyme.** — *Hybride Rogers N° 3.*

Caractères. — Feuille adulte : angles des nervures : 120, 55 = 175, 45 ; 3-lobée, à sinus latéraux : supérieur profond ; dents arrondies, très larges ; rapports des nervures : 0.92, 0.59, 0.30 ; à coton blanc en dessous ; aranéeuse, bullée, vert franc, nervures vert pâle en dessus ; grande.

Feuilles jeunes cotonneuses vert pâle.

Bourgeonnement cotonneux.

Rameaux verts, rayés de rose.

Grappe à grains ronds, rosés, gros, pulpeux, foxés, peu serrés ; moyenne.

Observations. — Variété de vigueur moyenne, assez fertile, précoce, donnant des grappes de bonne qualité. On l'a dit meilleure que le Delaware. Estimée pour la table et pour le marché. N'a pas été propagée en France.

BLACK-EAGLE (Underhill). — **Synonyme.** — *Underhill's 8-12.*

Caractères. — Feuille adulte : angles des nervures : 121, 59 = 180, 32 ; 5-lobée, à sinus latéraux : supérieur et inférieur profonds ; dents anguleuses, larges ; rapports des nervures : 0.86, 0.83, 0.24 ; à coton blanc en dessous ; bullée, vert foncé, brillante, nervures nues vert-rosé en dessus ; grande.

Fig. 224. — Feuille de Black-Eagle.

Feuilles jeunes duveteuses cuivrées.

Bourgeonnement duveteux rosé.

Rameaux aranéeux vert-rosé.

Grappe à grains ronds, noirs, gros, serrés, pulpeux, foxés ; moyenne.

Observations. — Vigne obtenue par S. Underhill par croisement du V. Labrusca avec le V. Vinifera. Elle a surtout des affinités avec la première espèce. C'est une plante vigoureuse, à beau feuillage, assez rustique, mais non résistante au phylloxera. Produit beaucoup en Amérique. En France, elle s'est montrée sujette à la coulure ; elle donne des raisins très foxés, qui sont estimés en Amérique.

TRIUMPH (Campbell). — **Synonyme**. — *N° 6 de Campbell*.

Caractères. — Feuille adulte : angles des nervures : 129, 52 = 181, 25 ; 3-lobée, à sinus latéraux : supérieur bien marqué ; dents anguleuses, étroites ; rapports des nervures : 0.87, 0.79, 0.30 ; cotonneuse en dessous ; gaufrée, bullée, ondulée, vert foncé, nervures rosées en dessus ; grande.

Feuilles jeunes duveteuses bronzées.

Bourgeonnement cotonneux, liséré rose.

Rameaux vert-rougeâtre.

Grappe à grains ronds, jaune doré, gros, pulpeux, serrés, foxés ; grande.

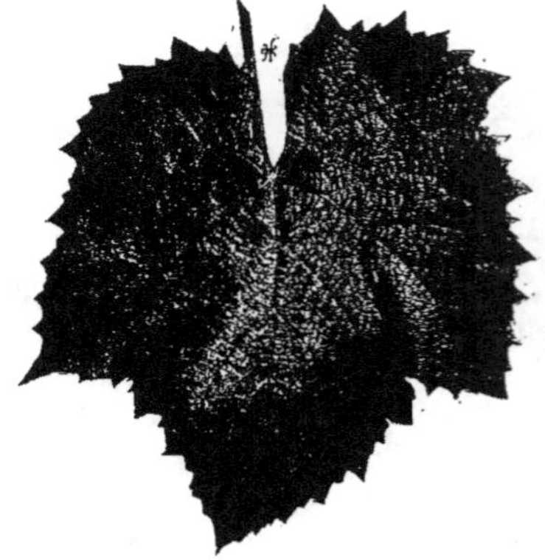

Fig. 225. — Feuille de Triumph.

Observations. — Serait, paraît-il, un hybride de Concord et de Chasselas doré. Son feuillage, sa végétation en font un Labrusca, de même d'ailleurs que la grappe, qui a un goût foxé assez marqué ; pourtant ce n'est pas un Labrusca pur et il doit être allié au V. Vinifera.

Aptitudes. — Cette vigne n'a guère justifié son nom en Amérique. Elle est trop tardive dans le Vermont et au Colorado ; elle réussit mieux dans le Sud, où ses fruits arrivent à maturité, mais elle n'occupe nulle part une surface importante. Voici comment Champin l'apprécie : « Ce fils d'un nègre et d'une blanche a eu le bon esprit de ne ressembler qu'à sa mère et d'être plus beau qu'aucun Chasselas. Il est autant au-dessus du Noah que celui-ci est au-dessus de l'Elvira. Très vigoureux, très fertile, magnifique feuillage ».

C'est, en effet, une très belle variété, qui n'a pas été propagée en France à cause du goût foxé de la grappe et sa résistance insuffisante au phylloxera.

BLACK-DEFIANCE (Underhill). — **Synonyme.** — *N° 8-8 Underhill.*

Caractères. — Feuille adulte : angles des nervures : 129, 55 = 184, 33 ; 5-lobée, à sinus latéraux : supérieur très profond, inférieur profond ; dents anguleuses, larges ; rapports des nervures : 0.92, 0.71, 0.24 ; cotonneuse en dessous ; finement bullée, vert foncé, tachée de rouge, infléchie en dessous, nervures vert pâle en dessus.

Feuilles jeunes cotonneuses, zone rosée, cuivrées.

Bourgeonnement cotonneux rosé.

Rameaux duveteux vert pâle rugueux.

Grappe à grains ronds, noirs, pruinés, gros, serrés, à saveur peu foxée, presque agréable, de maturité moyenne ou tardive ; ailée, grosse.

Observations. — Produit par Underhill en croisant le Black-Saint-Peters avec le Concord. Les caractères du V.

Fig. 226. — Feuille de Black-Defiance.

Labrusca dominent dans le port et le feuillage, ils sont atténués dans le fruit.

Aptitudes. — Cette vigne s'est d'abord peu répandue en Amérique. Bush et Meissner ne lui consacrent que quelques lignes, d'ailleurs élogieuses :

« Splendide raisin de table, tardif, à peu près le meilleur raisin de table que nous ayons chez nous. Réussit bien et plaît aussi en France ». Dans la plupart des vignobles américains, il ne s'est pas répandu. En France, il en a été de même. Très recommandé par M. Piola, il a été accepté avec *défiance* par les vignerons. Champin, toutefois, n'en méconnaît pas la valeur : « S'il tient seulement le quart de ses promesses, ce sera le phénix des hôtes de nos vignes. Il commence à tenir ses promesses, il mûrit bien, il a des raisins plus beaux que ceux de l'Othello ; son magnifique feuillage n'est point endommagé par les cryptogames aériennes. Vin riche en couleur et en alcool et parfaitement neutre ».

En France il ne pouvait *résister*, et il n'a pas résisté, au moins dans tous les sols où il y a du phylloxera. Mais dans les terres d'alluvions sablonneuses, ou fraîches, il vit assez longtemps. Greffé, il pourrait rendre des services. Il est très fertile, résiste bien aux gelées d'hiver et de printemps et aux maladies cryptogamiques, et il se développe puissamment.

Gœthe (Rogers). — **Synonyme**. — *Hybride Rogers N° 1*.

Caractères. — Feuille adulte : angles des nervures : 131, 44 = 185, 23 ; 3-lobée, à sinus latéraux : supérieur marqué ; dents arrondies, larges ; rapports des nervures : 0.79, 0.75, 0.32 ; à duvet blanc en dessous ; aranéeuse ; bullée, vert foncé, brillante, nervures vert pâle en dessus ; grande.

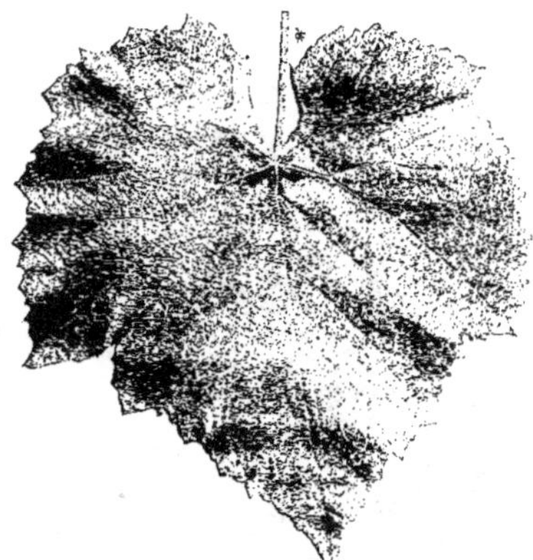

Fig. 227. — Feuille de Gœthe.

Feuilles jeunes cotonneuses blanches.

Bourgeonnement duveteux, un peu rosé.

Rameaux aranéeux vert pâle.

Grappe à grains ronds, rosés ou presque noirs, gros, pulpeux, serrés, foxés ; moyenne.

Observations. — Hybride obtenu par Rogers. Par son feuillage, il rappelle le V. Labrusca. Ses fruits, quoique foxés, rappellent plutôt le V. Vinifera. Aussi est-il un des meilleurs hybrides obtenus par Rogers. On s'accorde, en Amérique, à lui reconnaître beaucoup de qualités. D'après Bush, cette vigne donne « d'excellents raisins dans les États de l'Atlantique ». Ricketts dit que c'est le plus beau raisin de sa collection, qu'elle produit tellement qu'il faut l'ébourgeonner et éclaircir les grappes.

Il est recommandé de la conduire à la taille courte. Quand elle n'est pas trop chargée, elle donne de belles grappes, à saveur agréable, qui sont très estimées pour la table ou pour le marché.

Elle n'est pas résistante au phylloxera, et comme, d'autre part, elle donne un vin foxé, elle n'a pas été propagée en France.

Barry (Rogers). — **Synonyme**. — *Hybride Rogers N° 43*.

Caractères. — Feuille adulte : angles des nervures : 131, 53 = 184, 37 ; 3-lobée, à sinus latéraux :

Fig. 228. — Feuille de Barry.

supérieur à peine marqué ; dents arrondies, très larges ; rapports des nervures : 0.90, 0.73, 0.18 ; à coton blanc en dessous ; à peine bullée ; vert foncé, brillante, infléchie en dessous, nervures légèrement rosées en dessus ; grande.

Feuilles jeunes cotonneuses, à zone rosée.

Bourgeonnement cotonneux rosé.

Rameaux duveteux vert pâle.

Grappes à grains ronds, noirs, gros, pulpeux, foxés; moyenne, courte, de maturité hâtive.

Observations. — Hybride de Rogers obtenu par croisement du Black-Hambourg avec une variété de Labrusca. C'est le Labrusca qui domine dans le feuillage et dans le fruit. Vigne vigoureuse, très fertile. Ses grappes sont très appréciées pour la table et pour le marché. Elle craint relativement peu les maladies cryptogamiques, mais elle ne résiste pas au phylloxera. Craint un peu la sécheresse. Ne peut être cultivée en France.

REQUA (Rogers). — **Synonyme**. — *Hybride Rogers N° 28.*

Caractères. — Feuille adulte : angles des nervures : 132, 47 = 179 ; 3-lobée, à sinus latéraux : supérieur à peine marqué ; dents anguleuses, presque nulles ; rapports des nervures : 0.84, 0.71, 0.33 ; cotonneuse en dessous ; bullée ; vert foncé, nervures un peu rosées en dessus ; ample.

Feuilles jeunes duveteuses vert-jaunâtre cuivrées.

Bourgeonnement cotonneux fauve.

Rameaux verts, rayés de rouge.

Grappes à grains ronds, rosés, pulpeux, foxés, peu serrés ; grande, simple.

Aptitudes. — Variété donnant de belles grappes, à grains d'un beau rose, un peu trop foxés. Prospère seulement dans les terres humides ou sablonneuses. Disparaît très vite dans les régions sèches.

Fig. 229. — Feuille de Requa.

N° 7 (Rogers). — **Caractères**. — Feuille adulte : angles des nervures : 133, 34 = 167, 40 ; 3-lobée, à sinus latéraux : supérieur assez profond ; dents anguleuses, très larges ; rapports des nervures : 0.95, 0.65, 0,35 ; à coton blanc en dessous ; bullée, vert pâle, terne, nervures rosées en dessus ; grande.

Feuilles jeunes cotonneuses vert-blanchâtre.

Bourgeonnement cotonneux blanc.

Rameaux vert-rouge.

Grappe à grains ronds, rosés, pulpeux, peu serrés, foxés, gros ; moyenne.

Observations. — Variété vigoureuse, à fruits très foxés. N'a pas été propagée.

N° 30 (Rogers). — **Caractères.** — Feuille adulte : angles des nervures : 133, 55 = 188, 46 ; 3-lobée, à sinus latéraux : supérieur marqué ; dents anguleuses, très larges ; rapports des nervures : 0.78, 0.73, 0.26 ; à coton blanc en dessous ; finement bullée, vert foncé, brillante, nervures vert pâle en dessous ; grande.

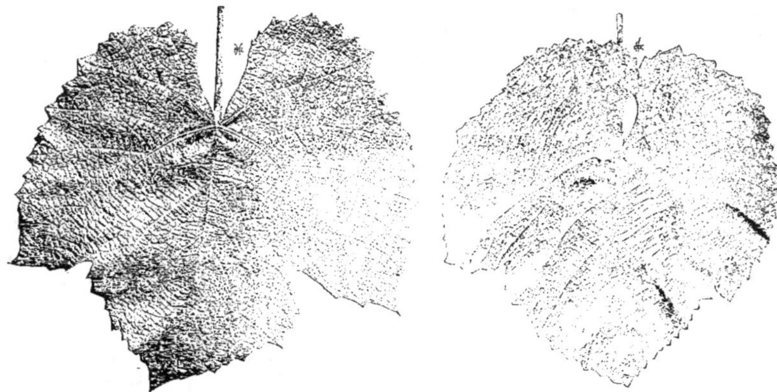

Fig. 230. — Feuille de N° 7 (Rogers).   Fig. 231. — Feuille de N° 30 (Rogers).

Feuilles jeunes cotonneuses, à liséré rose.
Bourgeonnement cotonneux rosé.
Rameaux duveteux vert pâle.
Grappe à grains ronds, rosés, gros, pulpeux, peu serrés, foxés ; grosse.

Observations. — Non propagée.

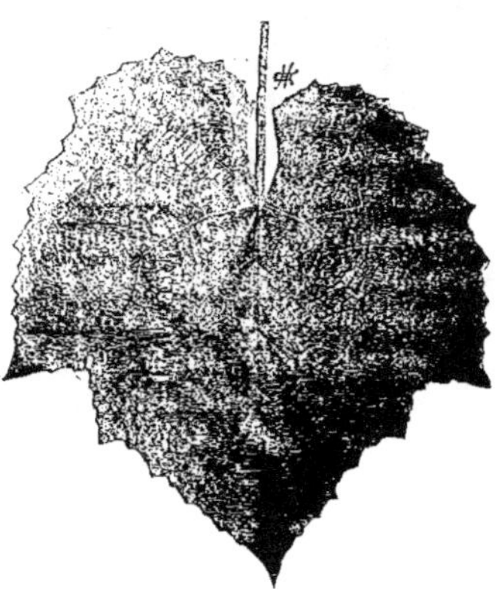

Fig. 232. — Feuille de N° 2 (Rogers).

N° 2 (Rogers). — **Caractères.** — Feuille adulte : angles des nervures : 134, 53 = 187 ; 3-lobée, à sinus latéraux : supérieur marqué ; dents anguleuses, larges ; rapports des nervures : 0.80, 0.70. 0.33 ; cotonneuse en dessous ; gaufrée, bullée, vert foncé, épaisse, nervures à peine rosées en dessus ; grande.

Feuilles jeunes cotonneuses vert-blanchâtre.

Bourgeonnement cotonneux rosé.

Rameaux aranéeux violacés.

Grappes à grains ronds, noirs, gros, rosés, pulpeux, foxés, assez serrés ; moyenne.

Observations. — Vigne vigoureuse et fertile, rappelant le V. Labrusca beaucoup plus que le V. Vinifera. Craindrait la sécheresse.

MERIMACK (Rogers). — **Synonyme**. — *Hybride Rogers N° 19*.

Caractères. — Feuille adulte : angles des nervures: 136, 26 = 162, 43 ; 3-lobée, à sinus latéraux : supérieur marqué ; dents arrondies, larges ; rapports des nervures : 0.85, 0.64. 0.33 ; duveteuse en dessous. tourmentée, à peine bullée, unie, luisante, infléchie en dessous, nervures vert pâle en dessus ; grande.

Feuilles jeunes cotonneuses vert pâle.

Bourgeonnement cotonneux, à liséré rose.

Rameaux aranéeux. à poils massifs, vert pâle.

Grappe à grains ronds. noirs. très gros, serrés, pulpeux, foxés ; petite.

Observations. — Variété inférieure au Wilder, d'après Bush et Meissner, mais remarquablement vigoureuse ; craint la sécheresse dans les régions chaudes, telles que le Texas, où elle se montre peu fertile. Dans le Colorado elle produit beaucoup, mais mûrit trop tard.

N° 33 (Rogers). — **Caractères**. — Feuille adulte : angles des nervures : 136, 49 = 185. 34 ; 3-lobée, à sinus latéraux : supérieur marqué ; dents anguleuses, larges ; rapports des nervures: 0.88, 0.68, 0.18 ; cotonneuse en dessous ; aranéeuse, finement bullée. vert foncé, nervures vert pâle en dessus ; large.

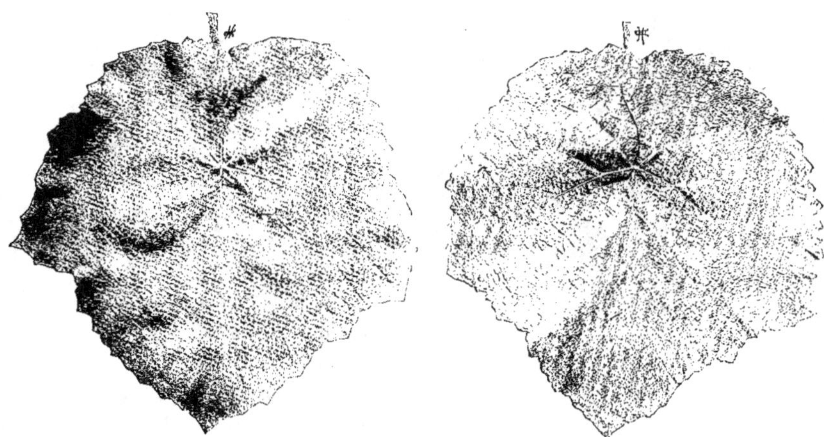

Fig. 233. — Feuille de N° 33 (Rogers).   Fig. 234. — Feuille d'Agawam.

Feuilles jeunes cotonneuses, à zone rosée.

Bourgeonnement cotonneux rosé.

Rameaux aranéeux verts, rayés de rose.

Grappes à grains ronds, noirs, gros, pulpeux, foxés, serrés ; moyenne.

Cet hybride n'a pas été propagé, dans la culture, ni en Amérique ni en France.

AGAWAM (Rogers). — **Synonyme**. — *Hybride de Rogers N° 15*.

Caractères. — Feuille adulte : angles des nervures : 136, 54 = 190, 39 ; 3-lobée, à sinus latéraux : supérieur à peine marqué; dents arrondies, larges ; rapports des nervures : 0.89, 0.72, 0.24 ; à coton blanc en dessous; presque unie, vert foncé, luisante, nervures vert pâle en dessus ; grande.

Feuilles jeunes duveteuses vert-jaunâtre.

Bourgeonnement vert pâle.

Rameaux aranéeux vert pâle.

Grappe à grains ronds, rosés, pulpeux, serrés, foxés ; courte, ailée.

Observations. — Très voisin du V. Labrusca, dont il est issu par croisement avec Muscat de Hambourg, ce cépage en a les qualités et les défauts. Plante de grande vigueur, résistante au mildiou, mais non au black-rot ; très fertile et donnant de beaux raisins rosés ou gris. Ne s'est pas répandue en France, non plus qu'en Amérique.

LINDLEY (Rogers). — **Synonyme.** — *Hybride Rogers N° 9.*

Caractères. — Feuille adulte : angles des nervures : 139, 50 = 189 ; 3-lobée, à sinus latéraux : supérieur marqué ; dents anguleuses, larges ; rapports des nervures :

Fig. 235. — Feuille de Lindley.

0.88, 0.60, 0.25 ; cotonneuse en dessous ; gaufrée, bullée, vert foncé, nervures à peine rosées en dessus ; grande.

Feuilles jeunes cotonneuses rosées et cuivrées.

Bourgeonnement cotonneux, à liséré rose.

Rameaux duveteux vert pâle, à poils massifs.

Grappe à grains ronds, rosés, gros, pulpeux, foxés, peu serrés ; moyenne ou petite.

Observations. — Hybride de Wild Mammoth et de Chasselas doré ; mais très voisin du V. Labrusca.

Aptitudes. — Plante d'une végétation vigoureuse, «égalant le Delaware en qualité», donnant un beau vin blanc, et résistant au black-rot. Champin en parle de la manière suivante : «Semblable au Triumph, s'en distingue, cependant, à ses jeunes feuilles. Petit raisin à gros grains. Peu fertile, peut-être à cause de sa vigueur exubérante...».

SALEM (Rogers). — **Synonyme.** — *Hybride Rogers N° 53.*

Caractères. — Feuille adulte : angles des nervures : 141, 51 = 192, 34 ; 3-lobée, à sinus latéraux : supérieur marqué ; dents anguleuses, larges ; rapports des nervures : 1, 0.66, 0.23 ; cotonneuse en dessous ; bullée, vert franc, nervures rosées en dessus ; grande.

Feuilles jeunes cotonneuses vert-blanchâtre.

Bourgeonnement cotonneux, à liséré rose.

Rameaux verts, rayés de rouge.

Grappe à grains ronds, gros, noirs, pulpeux, foxés, serrés ; moyenne, ailée.

Observations. — Hybride d'une variété indigène de V. Labrusca, le Wild Mammoth et du Black-Hambourg. Rappelle un peu trop le V. Labrusca.

Aptitudes. — Assez répandu en Amérique, où il est assez estimé à cause de sa grande vigueur et de sa fertilité. Dans l'État de New-York, il couvre une surface égale à 6 o/o de celle qu'occupe le Concord. Dans les régions chaudes, il est moins estimé. Non cultivé en France.

Fig. 236. — Feuille de Salem.

WILDER (Rogers). — **Synonyme.** — *N° 4 de Rogers.*

Caractères. — Feuille adulte : angles des nervures : 142, 40 = 182, 32 ; 3-lobée, à sinus latéraux : supérieur marqué ; dents anguleuses, larges ; rapports des nervures : 0.93, 0.64, 0.25 ; duveteuse en dessous ; tourmentée, bullée, presque lisse, très luisante, nervures rosées en dessus ; grande.

Feuilles jeunes cotonneuses vert-blanchâtre.

Bourgeonnement cotonneux rosé.

Rameaux aranéeux vert pâle, rayé de rose.

Grappe à grains ronds, noirs, pulpeux, foxés, serrés ; moyenne.

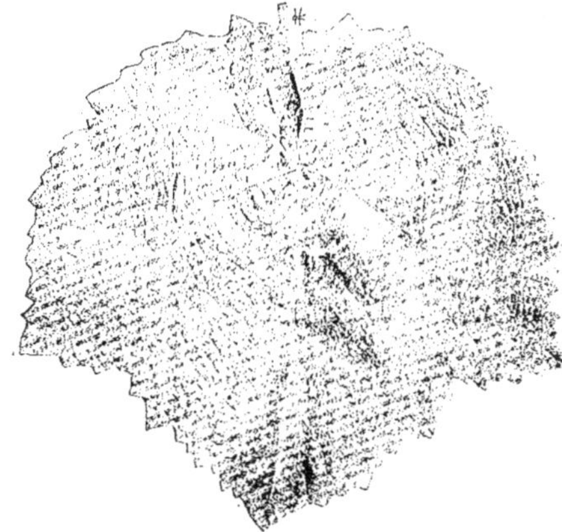

Fig. 237. — Feuille de Wilder.

Observations. — Bush et Meissner s'expriment ainsi sur cette variété : «C'est l'une des variétés les plus avantageuses et les plus populaires pour la vente au marché, sa grosseur et sa beauté égalant sa vigueur, sa maturité et sa fertilité là où la carie noire et le mildew sont encore inconnus et permettent la culture des hybrides». D'autres viticulteurs américains la jugent ainsi: «Mûrit avant le Concord et est presque aussi grosse et aussi bonne que Black-Hambourg. Bonne pour la table et le marché et faisant un agréable vin rouge». Elle ne convient pas sans doute à tous les climats, car, dans quelques localités, elle «est une vigne à lente et pauvre croissance...». Elle occupe une place assez importante dans les vignobles d'Amérique. Non cultivée en France.

Fig. 238. — Feuille de Tokalon.

TOKALON (Spofford). — **Synonymes.** — *Wyman, Spofford Seedling Carter.*

Caractères. — Feuille adulte : angles des nervures : 146, 45 = 191, 36 ; 3-lobée, à sinus latéraux : supérieur assez marqué ; dents arrondies, larges ; rapports des nervures : 0.84, 0.74, 0.14 ; à coton blanc en dessous ; bullée, vert foncé terne, à peine rosée en dessus ; grande.

Feuilles jeunes cotonneuses.

Bourgeonnement cotonneux.

Rameaux duveteux vert pâle.

Grappe à grains ronds, noirs, gros, serrés, pulpeux, foxés ; sur-moyenne, cylindro-conique.

Observations. — Obtenu par le Dr Spofford. Est classé dans les Vinifera-Labrusca ; c'est à peu près sûrement un Labrusca pur. Il craint, en Amérique, le mildiou et les rots. En France, il est vigoureux et assez fertile.

LADY WASHINGTON (Ricketts). — **Caractères.** — Feuille adulte : angles des nervures : 154, 52 = 206 ; 5-lobée, à sinus latéraux : supérieur assez profond, inférieur bien marqué ; dents anguleuses, larges ; rapports des nervures : 0.91, 0.75, 0.25 ; cotonneuse en dessous, gaufrée, bullée, vert foncé, brillante, nervures rouges à la base en dessus.

Feuilles jeunes cotonneuses blanches.

Bourgeonnement cotonneux blanc.

Rameaux duveteux verts, rayés de rouge.

Grappe à grains ronds, moyens, peu serrés, foxés.

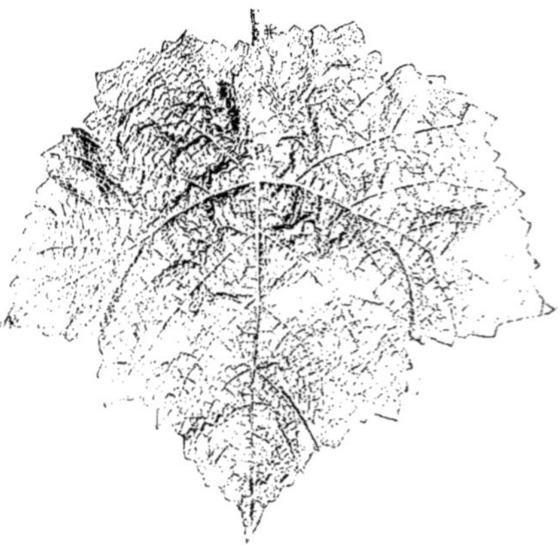

Fig. 239. — Feuille de Lady Washington.

Observations. — C'est un trois quarts de sang Labrusca, obtenu en croisant l'Allen's hybride avec le Concord. Il a, en effet, l'allure du V. Labrusca. Vigne très vigoureuse, à beau feuillage, à belles et grandes grappes, à grains moyens. Très estimée dans le Colorado, quand elle arrive à maturité. Elle donne aussi de bons résultats dans le Texas. Non propagée en France.

ADELAÏDE (Ricketts). — Hybride de Concord et de Muscat de Hambourg, à raisins rouges et d'assez bonne qualité.

AMBER QUEEN. — Grappe moyenne, à grains moyens, un peu oblongs, rouge foncé, agréables, assez précoce. Plante peu vigoureuse, de résistance nulle au phylloxera et médiocre aux maladies cryptogamiques. Peu fertile.

AMINIA. — **Synonyme**. — *Roger's hybride N° 39* (?).
Grappes moyennes, un peu ailées, peu compactes. Grains moyens ou gros, noir-violacé, à chair fondante, sucrée, un peu foxée, presque agréable et de belle apparence, maturité très hâtive.
C'est un hybride obtenu par Rogers, et appelé Aminia par Bush. Vigne de vigueur moyenne, très fertile. Non résistant au phylloxera, mais très peu attaqué par les maladies cryptogamiques. Le raisin se conserve bien. Est diversement apprécié en Amérique. Dans le Missouri, c'est un des plus précoces et des meilleurs hybrides de Rogers. Il produit des raisins de table délicieux et de belle apparence. Au Texas, il a une croissance très faible. Dans le Colorado, il est peu estimé. Ses fruits sont trop foxés pour plaire en France.

AUGUST-GIANT (Rogers). — Variété obtenue par Rogers ; bien précoce, à grappes moyennes, lâches, à grains moyens, noirs ; très fertile dans les régions froides ; faible et peu rustique dans les régions chaudes.

BEAUTY. — Grappe petite, compacte, grains moyens, ovoïdes, peau épaisse, à chair tendre, sucrée, à saveur agréable.
Semis de G. Rommel, qui paraît être le résultat du croisement du Delaware (?) et du Mataxawney. Il est très vigoureux, mais craint la sécheresse, le mildiou et le black-rot. Non essayé en France.

BURNETT (Dempsey). — Hybride de Black-Hambourg et de Concord, à grosses et bonnes grappes, mûrissant plus tôt que le Concord.

CLARA. — Hybride sans valeur, qui n'a d'ailleurs jamais été cultivé.

CONCORD-CHASSELAS (Campbell). — Variété non fixée, paraît-il, très voisine du Chasselas doré, mais peu sensible aux maladies cryptogamiques.

CONCORD-MUSCAT (Campbell). — Vigne très vigoureuse résistant au mildiou. Produit des grappes de bonne qualité, à saveur musquée.

Early-Golden (Munson). — Hybride d'un semis de Campbell et de Triumph. Le V. Labrusca y domine. Il produit de belles grappes serrées, à grains moyens, blancs, de bonne qualité pour la table ; s'affaiblit vite au Texas.

El dorado (Ricketts). — Hybride de Concord et d'Allen's hybride. C'est donc un trois quarts de sang Labrusca. Il a d'ailleurs beaucoup de ressemblance avec le Concord. Il produit de belles grappes, à grains gros, ronds, jaune doré, à parfum très marqué, bonnes pour la table et pour le marché.

Essex (Rogers). — **Synonyme.** — *Hybride Rogers N° 41.*
Hybride obtenu par Rogers. Vigne vigoureuse et fertile, à grappe moyenne, mais à très gros grains, ronds, noirs et foxés. Estimée où elle mûrit.

Gill Wylie. — Hybride de Concord et de V. Vinifera. Promettait beaucoup, mais n'a pas tenu.

Gov. Ross (Munson). — Hybride obtenu par M. Munson. Vigoureux, à grappes moyennes, à grains gros, ovales et de bonne qualité, au moins dans le climat du Texas.

Green Mountain. — Produit de grosses grappes, souvent doubles, peu compactes, à grains moyens, blanc-verdâtre, délicats et un peu musqués ; très bon raisin de table. C'est une des variétés blanches les plus hâtives. Aussi, dans le nord des États-Unis, donne-t-elle de bons résultats.

Haskell's Seedling (Haskell). — Hybrides de Vinifera et de V. Labrusca qui n'ont pas été répandus.

Herbert (Rogers). — **Synonyme.** — *N° 44 de Rogers.*
Hybride de V. Labrusca et de Black-Hambourg. Vigoureux, rustique et sain, produisant de belles grappes à grains ronds et gros. Ne s'est pas répandu ni en Amérique ni en France.

Highland (Ricketts). — **Synonyme.** — *N° 57 de Ricketts.*
Obtenu par le croisement du Concord et du Muscat. Produit de très beaux raisins à gros grains. C'est un des meilleurs hybrides de Ricketts.

Goertner (Rogers). — **Synonyme.** — *N° 14 de Rogers.*
Hybride de Chasselas et de V. Labrusca. N'a pas été propagé.

Golden Berry (Culbert). — Variété rustique, qui n'a pas été propagée.

Hybride d'Allen (Allen). — Issu du croisement du Chasselas doré avec l'Isabelle. Sujet au mildiou et au black-rot ; peu recommandable.

Imperial (Ricketts). — Belle variété à raisin blanc, à arome agréable.

Moore Diamond. — Variété à croissance faible, à grains blancs, moyens, doux et un peu musqués. Sans valeur.

Niagara (Hoag et Clark). — Variété obtenue en 1869, par croisement du Concord et du Cassady. Ne paraît pas, cependant, un Labrusca pur. Produit de belles grappes, serrées, à gros grains oblongs, blanc-verdâtre et à saveur agréable. C'est un bon raisin de table, supportant bien les transports. Au Texas, cette vigne a une végétation faible, — ce qui ne doit pas surprendre.

Norfolk (White). — Variété faible et très sensible au grillage. Produit des grappes compactes, à grains gros, rouge pourpre, à pulpe tendre et juteuse.

Oneida (Thacker). — Semis de Merimack, à excellents raisins et se conservant bien l'hiver. Ne s'est pas répandu.

Opal. — Vigne vigoureuse, à grosses grappes, à grains moyens, blancs, serrés, à saveur agréable. Craint la sécheresse.

Planet (Ricketts). — D'après Husmann, très bon raisin. Obtenu par croisement du Concord et du Muscat d'Alexandrie. N'a pas été répandue.

Purple Bloom (Culbert). — Issu du croisement de l'Hartfold prolific avec le Gén. La Marmora ; rustique, à grandes et bonnes grappes.

Rochester. — Vigne peu vigoureuse dans les régions chaudes et peu fertile. Craint la sécheresse.

Silver-Dason (Culbert). — Beau raisin blanc, obtenu par le croisement de l'Israella avec le Muscat d'Hambourg.

Ulster prolific. — Vigne à grappes petites, portant des grains petits, mais à gros pépins. Peu vigoureux.

Underhill (Underhill). — **Synonymes**. — *Underhill's seedling, Underhill's celestial.*
Vigne rustique et fertile, mais donnant des fruits de médiocre qualité.

Willis (Jones). — On dit cette vigne très résistante au black-rot, fertile et à grappes très serrées et agréables.

Woodruff red. (Woodruff). — Très vigoureuse et très belle variété à raisins de table ; grappe à grains assez gros.

RIPARIA-RUPESTRIS

101⁴⁴ (Mill. de Gr.). — **Caractères**. — Feuille adulte : angles des nervures : 94, 37 = 131 ; 3-lobée, à sinus latéraux: supérieur à peine marqué ; dents anguleuses, rapports des nervures: 0,81, 0.81, 0.41 ; pubescente aux angles des nervures **1, 2** en dessous ; unie, épaisse, vert franc, nervures rosées pubescentes en dessus.
Feuilles jeunes pliées en gouttière, un peu pubescentes.

Bourgeonnement vert pâle, brillant.

Rameaux glabres, unis, rouge-violet.

Grappe à grains ronds, noirs, petits ; petite, courte.

Observations. — Hybride de V. Riparia et de V. Rupestris, obtenu par MM. Millardet et de Grasset. Le V. Rupestris a joué le rôle de père. Ses caractères rappellent à la fois les deux espèces composantes, surtout le V. Riparia.

Aptitudes. — Plante vigoureuse, à sarments forts et longs, d'aoûtement facile. Reprend bien de bouture et donne des souches à tronc assez fort et à système radiculaire très ramifié, grêle, plus voisin du Riparia que du Rupestris. La résistance phylloxérique est bonne, bien que les nodosités soient souvent très nombreuses. Les tubérosités sont aussi fréquentes, mais elles n'intéressent guère que les jeunes racines. D'ailleurs elles sont peu pénétrantes.

Fig. 210. — Feuille de 101¹¹.

Les facultés d'adaptation au sol ne sont pas très grandes. On a exagéré sa résistance à la chlorose. Il jaunit autant que le Riparia, j'en ai eu souvent la preuve tant dans mes essais des Charentes que dans le Midi de la France. Il ne faut donc pas le classer parmi les plantes calcicoles. En réalité, ce sont les terres à Riparia qui lui conviennent, les terres argileuses. Là, en raison de sa vigueur, il porte des greffes fort belles et très fertiles. Il est un bon porte-greffe pour les bons terrains. Mais où le calcaire est en quantité notable, et dans les sols caillouteux, il est inférieur à 3306 et 3309.

Il reprend bien à la greffe.

RIP.-RUP. L. DE L'ARBOUSSET. — **Caractères.** — Feuille adulte : angles des nervures : 95, 24 = 119, 30 ; 3-lobée, à sinus latéraux : supérieur à peine indiqué ; dents anguleuses, étroites ; rapports des nervures : 0.87, 0.76, 0.57 ; paquets de poils raides aux angles des nervures **1, 2** ; glabre, ondulée, vert-jaunâtre, nervures rouges en dessus ; sur-moyenne, rappelant le V. Riparia.

Feuilles jeunes pliées en gouttière, brillantes, vert-jaunâtre.

Bourgeonnement glabre, brillant, vert-jaunâtre.

Rameaux glabres, unis, vert-rosé.

Grappe à grains ronds ou discoïdes, noirs, sous-moyens, serrés ; petite, ailée.

Observations. — Hybride de V. Riparia et de V. Rupestris, chez lequel le V. Riparia domine. Vigne vigoureuse, à allure rappelant le V. Riparia. Peut être un bon porte-greffe dans les sols peu calcaires.

3310 (Couderc). — **Caractères.** — Feuille adulte : angles des nervures : 95, 32 = 127, 28 ; entière, dents anguleuses, étroites ; rapports des nervures 0.81, 0.72, 0.36; pubescente sur nervures **1, 2, 3**, avec paquets de poils aux angles ; à peine bullée, vert pâle, nervures pubescentes et rosées en dessous ; moyenne.

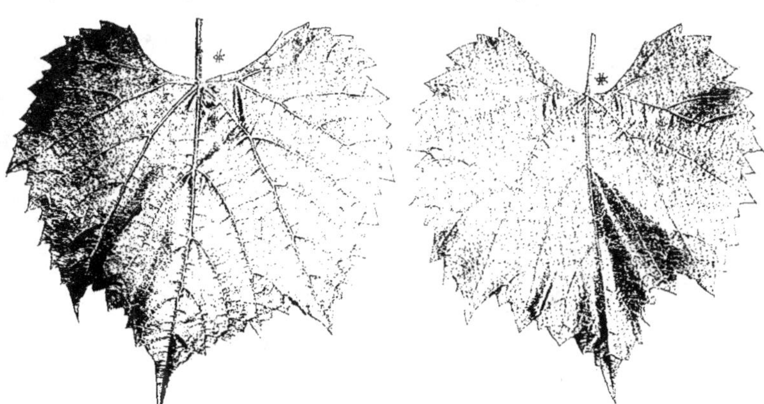

Fig. 211.— Feuille de Rip.-Rup. L. de l'Arboussel.   Fig. 212.— Feuille de 3310.

Feuilles jeunes, un peu pubescentes, pliées en gouttière, luisantes.
Bourgeonnement luisant, vert-jaunâtre.
Rameaux glabres, vert-rosé, unis.
Plante mâle.

Observations. — Issu de la même hybridation que 3306 et 3309; est par le feuillage plus voisin du V. Riparia que du V. Rupestris.

Aptitudes.— À peu près semblables à celles de 3309. Dans les groies des Charentes, où je l'ai cultivé il y a long-temps, il s'est montré supérieur à ce dernier.

Fig. 213.— Feuille de 3309.

3309 (Couderc). — **Caractères.** — Feuille adulte : angles des nervures : 100, 30 = 130, 49; entière ; dents arrondies, étroites; rapports des nervures : 0.82, 0.73, 0.64 ; pubescente aux angles des nervures **1, 2** en dessous; gaufrée au centre, unie, épaisse, très brillante, nervures rouges à la base en dessous ; moyenne.

Feuilles jeunes un peu pubescentes, luisantes, pliées en gouttière, brillantes.

Bourgeonnement vert pâle, unicolore, brillant.
Rameaux glabres unis, vert-violacé.
Plante mâle.

Observations. — Hybride de Riparia et de Rupestris, obtenu par M. Couderc. Son obtenteur le croit également allié au V. Monticola ; la glaçure de sa feuille en serait une preuve, sa résistance à la chlorose en serait une autre. Quoi qu'il en soit, ce sont le Riparia et le Rupestris qui dominent dans cette plante.

Aptitudes. — Vigne vigoureuse, à sarments longs, rampants, ramifiés ; reprenant très bien de bouture ; à système radiculaire ramifié, grêle et un peu charnu. La résistance phylloxérique est très élevée, malgré la présence fréquente de nodosités assez nombreuses et de tubérosités, qui, d'ailleurs, ne se produisent guère que sur les jeunes racines et restent toujours superficielles. Ses facultés d'adaptation au sol sont assez étendues. *3309* vient, en effet, dans des sols où le Riparia gloire jaunit d'une manière intense ; il est un peu plus résistant à la chlorose que le Solonis. On voit par là quels services il peut rendre. Car, indépendamment de cette propriété, il en possède d'autres qui en font un excellent porte-greffe. Il reprend bien à la greffe, beaucoup mieux que le V. Rupestris, et il nourrit très bien les variétés européennes qu'on lui donne comme greffon. Il en atténue même la tendance à la coulure.

En résumé, 3309 est un bon porte-greffe pour les terres à Riparia et à Solonis ; il rendra aussi des services dans celles où la sécheresse est un peu à craindre. Le feuillage est indemne de mildiou, il craint seulement l'*anthracnose maculée*.

3306 (Couderc). — **Caractères.** — Feuille adulte : angles des nervures : 101, 37 = 138, 42 ; 3-lobée, à sinus latéraux : supérieur à peine marqué ; dents anguleuses, étroites ; rapports des nervures : 0.87, 0.74, 0.40 ; pubescente sur nervures **1, 2, 3, 4, 5** en dessous ; gaufrée au centre, unie, vert foncé, brillante, nervures rosées, pubescentes en dessus ; moyenne.

Feuilles jeunes pubescentes vert-jaunâtre, à stipules longs.

Bourgeonnement vert-jaunâtre brillant.

Plante mâle.

Observations. — Hybride de Riparia et de Rupestris obtenu par M. Couderc ; il serait également allié au V. Monticola.

Fig. 244. — Feuille de 3306.

Aptitudes. — Ce cépage est vigoureux. Ses sarments longs, rampants, pubescents, deviennent assez gros. Ils s'enracinent facilement. Le système radiculaire est plutôt grêle, jaunâtre et un peu charnu. Cette vigne vient dans les terres à Solonis, c'est-à-dire dans les terres relativement calcaires, où le Riparia jaunit ; elle paraît, mais cela n'est pas certain, se plaire mieux dans les argiles calcaires fraîches que dans les terres sèches ou cailllouteuses. Elle reprend bien à la greffe et forme des souches très fertiles.

RIP.-RUP. A. BLANC (A. Blanc). — **Caractères.** — Feuille adulte : angles des nervures : 103, 40 = 143, 40 ; 3-lobée, à sinus latéraux : supérieur à peine marqué, dents anguleuses, larges ; rapports des nervures : 1, 0.71, 0.43 ; pubescente sur nervures **1, 2**, avec paquets de poils aux angles ; glabre, un peu gaufrée, vert foncé, unie, nervures rouges en dessus ; moyenne.

Feuilles jeunes vert-jaunâtre brillantes.

Bourgeonnement glabre vert-jaunâtre, à stipules longs.

Rameaux glabres rouge-violet.

Grappe à grains ronds ou discoïdes, noirs, petits, serrés ; courte, petite.

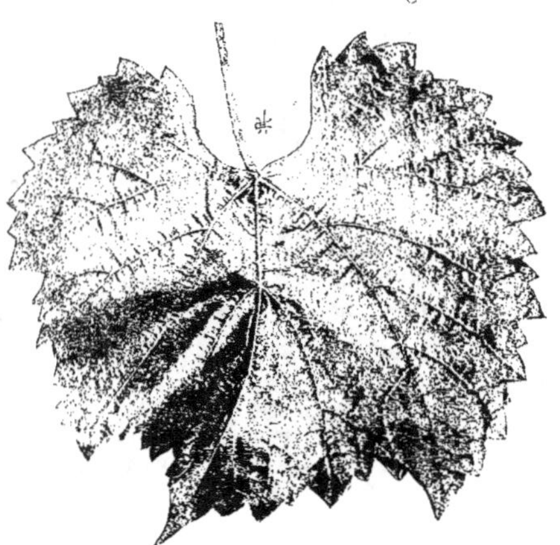

Fig. 245. — Rip.-Rup. A. Blanc.

Observations. — Variété sélectionnée par M. A. Blanc. Elle est très vigoureuse ; elle paraît avoir les aptitudes du groupe auquel elle appartient ; mais elle n'a point la résistance à la chlorose de 3309 et 3306. Elle ne convient donc qu'à un petit nombre de terrains.

GIGANTESQUE (Mill.-de Gr.). — **Caractères.** — Feuille adulte : angles des nervures : 108, 39 = 147 ; entière ; dents arrondies, très larges ; rapports des nervures : 1, 0.81, 0.44 ; pubescente sur nervures **1** en dessous, gaufrée, ondulée, vert glauque, épaisse, nervures pubescentes rouges en dessus ; moyenne.

Feuilles jeunes glabres vert-jaunâtre brillantes.

Fig. 246. — Feuille de Gigantesque.

Bourgeonnement vert pâle brillant.

Rameaux glabres, vert-rosé, pruineux.

Plante mâle.

Observations. — Sélectionnée par MM. Millardet et de Grasset dans un envoi de Riparia-Rupestris provenant de M. Jæger. Dans le feuillage, c'est le V. Rupestris qui domine ; le V. Riparia est peut-être apparent dans le port de la plante. Mais une autre espèce entre sans doute dans cet hybride ; et c'est probablement le V. Æstivalis.

Aptitudes. — Plante très vigoureuse, à gros et longs sarments, qui s'enracinent assez facilement. Ils donnent, par la suite, des souches à tronc puissant, et c'est pourquoi, sans doute, MM. Millardet et de Grasset ont appelé cette vigne Gigantesque. Le système radiculaire est très développé. Mais il est très atteint par le phylloxera, surtout sur les radicelles et sur les jeunes racines. Les nodosités sont nombreuses et les tubérosités fréquentes, ce qui indique déjà l'intervention d'une espèce autre que le Riparia.

L'aire d'adaptation au sol est très réduite. Cette vigne craint beaucoup le calcaire, et beaucoup plus que chacune de ses composantes. Dans les sols où elle croît, elle donne de belles greffes fertiles. Mais je ne vois pas bien dans quelles conditions sa culture s'impose, et, à mon sens, Gigantesque doit être banni de la liste des porte-greffes.

RIPARIA-ÆSTIVALIS

Les Riparia-Æstivalis qui existent en France sont, les uns, le produit d'une hybridation artificielle, les autres, le résultat de croisements accidentels. Ce sont des plantes vigoureuses, à sarments longs et forts, et reprenant assez bien de bouture en pépinière, plutôt mal en plein champ ; à système radiculaire puissant, un peu charnu, adapté aux sols secs ou compacts silico-argileux ; à résistance phylloxérique élevée, à peu près partout suffisante ; reprenant bien à la greffe et donnant des souches presque sans bourrelet, ce qui indique que le sujet grossit autant que le greffon qu'il porte ; résistant à la sécheresse ; de fertilité moyenne.

Le feuillage est très résistant aux maladies cryptogamiques. Les fruits sont petits et inutilisables.

ÆSTIVALIS FRUCTIFÉRE (E. M.). — **Caractères**. — Feuille adulte : angles des nervures : 103, 37 = 140 ; 3-lobée, à sinus latéraux : supérieur peu marqué ; dents arrondies, larges ; rapports des nervures : 0.85, 0.56, 0.40 ; très pubescente sur nervures **1, 2, 3, 4** en dessous ; bullée, vert foncé, brillante, nervures un peu rosées à la base en dessus.

Feuilles jeunes bronzées.

Bourgeonnement duveteux.

Rameaux glabres vert-violacé.

Grappe à grains ronds, noirs, petits, peu serrés, pulpeux ; moyenne.

Observations. — C'est un hybride naturel de V. Æstivalis et de V. Riparia sélectionné dans les collections de l'École de Montpellier ; assez vigoureux ; non expérimenté jusqu'ici.

199[16] (Mill-de Gr.). — **Caractères.** — Feuille adulte : angles des nervures : 115, 43 = 158, 40 ; 5-lobée, à sinus latéraux : supérieur profond, inférieur bien marqué ; dents anguleuses, étroites ; rapports des nervures : 0,99 (?), 0 65. 0.35 ; pubescente sur nervures **1, 2, 3, 4** en dessous, gaufrée, bullée, vert foncé, nervures rosées en dessus.

Feuilles jeunes duveteuses rosées.

Bourgeonnement cotonneux carminé.

Rameaux glabres violacés.

Grappe à grains ronds, noirs, petits, peu serrés ; petite.

Observations. — Hybride d'Esti-valis sauvage du Missouri et de Ripa-ria, obtenu par MM. Millardet et de Grasset. L'Estivalis a servi de mère. Les caractères des composantes sont bien apparents ; 199-16, par son feuil-lage, paraît être à égale distance du V. Riparia et du V. Æstivalis.

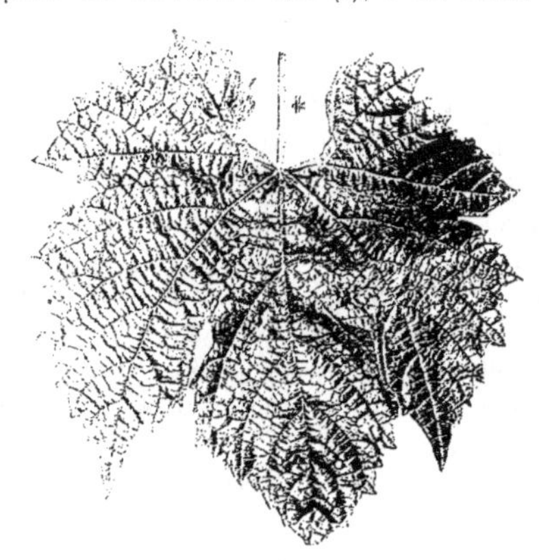

Fig. 217. — Feuille de 199[16].

Aptitudes. — Vigne de vigueur moyenne, à longs sarments, assez gros. Elle reprend assez bien de bouture dans un terrain frais et meuble, mal en sol sec. Le système radiculaire est puissant, charnu. Peu cultivée jusqu'ici. Dans les quelques champs d'essais où elle a été placée, elle est, en sol siliceux, inférieure aux Rupestris, etc., et elle redoute beaucoup les sols calcaires. A l'École d'agriculture de Montpellier, elle jaunit plus que le Riparia.

Fig. 218. — Feuille d'Azémar.

HYBRIDE AZÉMAR (Millardet). — **Caractères.** — Feuille adulte : angles des nervu-res : 113, 62 = 175. 30 ; 3-lobée, à sinus latéraux : supérieur à peine marqué ; dents anguleuses, étroites ; rapports des nervures : 0.78, 0.78, 0.30 ; pubescente en dessous sur nervures **1, 2, 3** et aux angles ; aranéeuse, bullée, vert foncé, brillante, nervures ro-sées (?) à la base en dessus.

Feuilles jeunes duveteuses rosées.

Bourgeonnement duveteux rosé.

Rameaux glabres violet foncé.

Grappe à grains ronds, petits, noirs, peu serrés ; petite.

Observations. — Issu d'un semis de graines de V. Æstivalis provenant du Missouri, fait par M. Azémar, à Perpignan. Ce semis donna plusieurs plantes du même groupe, qui furent déterminées par M. Millardet et qui décrivit la plus belle sous le nom d'hybride Azémar.

L'hybride Azémar présente les caractères des deux espèces composantes : l'allure de la végétation rappelle le V. Riparia ; la forme et les caractères des feuilles tiennent à la fois des deux espèces.

Aptitudes. — « L'Æstivalis × Riparia de M. Azémar, dit M. Millardet, est une plante d'une végétation inouïe ; bien que je l'aie vue à la quatrième feuille, en grande culture, la tige, à la base, était de la grosseur du poignet d'un homme robuste et les sarments formaient une magnifique gerbe de verdure sur laquelle ont dû être coupées, au minimum, quatre cents boutures ordinaires par cep..... Les sécheresses excessives des années 1881, 1882 et 1883 n'ont eu qu'une influence favorable sur le développement de cet hybride ; les grandes chaleurs n'ont jamais fait jaunir ni tomber une seule feuille. La végétation continue activement jusqu'aux gelées... L'hybride Azémar n'a qu'un défaut à ma connaissance dans les terrains froids. Au total, je suis convaincu que cette plante constitue l'un des meilleurs porte-greffes, sinon le meilleur, pour les sols calcaires et argilo-calcaires les plus secs et les plus chauds du Midi de la France..... » (1).

Et dans les *Notes sur les Vignes américaines*, 1888, M. Millardet ajoute : «1° L'Azémar est un porte-greffe très supérieur au Riparia pour la vigueur qu'il communique au greffon ; 2° sur l'*Azémar*, le bourrelet est beaucoup moins fort proportionnellement que sur Riparia.....

» Tous ces faits m'autorisent suffisamment, je pense, à proposer ce porte-greffe pour les diverses variétés de sols argileux, qui ne sont ni humides, ni de couleur pâle, ni trop superficiels, que l'argile y soit mêlée à la silice, au calcaire ou même à la marne. Dans les terrains de ce genre, où le Riparia souffre de la sécheresse du sol en été et de sa ténacité en toute saison, l'Azémar rendra, j'en suis convaincu, les plus grands services. D'après ses affinités pour le V. Æstivalis, cette faculté d'adaptation pouvait être prévue. La théorie se trouve donc ici d'accord avec l'expérience ».

L'hybride Azémar est en effet assez vigoureux : il atteint ou dépasse les plus beaux Riparia, au moins après trois ou quatre années de plantation, car les premières années il se développe plutôt lentement. Il craint peu la sécheresse, et c'est là son principal mérite. Mais même dans les sols non calcaires, les seuls qui lui conviennent, il est inférieur en développement aux hybrides de Cordifolia. D'autre part, il pousse mal dans les sols calcaires, et, par suite, il ne présente plus aucun intérêt, malgré les qualités que M. Millardet a signalées.

RIPARIA-MONTICOLA

Les hybrides de V. Riparia et de V. Monticola sont actuellement assez nombreux. Les uns, produits naturellement en Amérique, sont parvenus accidentellement en France sous le nom de Colorado. C'est M. Millardet qui les a distingués et répandus

---

(1) *Histoire des Vignes américaines*, page 167.

dans les champs d'expériences. Mais pendant longtemps on les a crus de simples variétés de Riparia, ou encore des hybrides de Riparia et de Rupestris. J'ai montré le premier que beaucoup d'entre eux étaient issus du V. Monticola.

Les autres sont le produit de croisements artificiels divers. Tantôt le V. Monticola a servi de mère (hybrides Castel), tantôt il a servi de père (hybrides Ravaz). Les premiers font manifestement retour au V. Riparia, les seconds au V. Monticola.

Toutes ces vignes ont une vigueur très satisfaisante, quelquefois même très grande. Elles reprennent bien de bouture ; le système radiculaire est assez développé, mais sa résistance au phylloxera doit être surveillée. Leurs facultés d'adaptation au sol sont assez étendues. On aurait pu croire que ces hybrides conviendraient encore mieux aux terrains calcaires que les Riparia-Berlandieri ; les quelques essais qui en ont été faits jusqu'ici, quoique insuffisants, ne semblent point justifier ces espérances.

Mais ce que ces vignes ont surtout contre elles, c'est leur mauvaise reprise à la greffe sur place. Elles donnent quelquefois des insuccès complets ; sur table, la reprise est meilleure.

En résumé, ces porte-greffes, surtout ceux qui ont été obtenus en France, méritent d'être expérimentés; il se peut que parmi eux il y en ait de très bons.

18808 (Castel). — **Caractères.** — Feuille adulte : angles des nervures : 86, 28 = 114, 35 ; 3-lobée, à sinus latéraux : supérieur à peine indiqué ; dents anguleuses, larges ; rapports des nervures : 0,93, 0.78. 0.52 ; pubescente sur nervures 1,2 en dessous ; glabre, unie, vert foncé, brillante, nervures rosées en dessus.

Feuilles jeunes légèrement pubescentes vert tendre.

Bourgeonnement glabre vert pâle.

Rameaux glabres vert-rosé.

Grappe à grains ronds, noirs, petits, très colorés, peu serrés ; petite, ailée.

Observations. — Issu d'une graine de V. Monticola fécondé par du pollen de V. Riparia, et

Fig. 249. — Feuille de N° 18808.

obtenu par M. Castel. Si la glaçure du feuillage rappelle, en effet, cette dernière espèce, il n'en est pas de même de la forme générale de la feuille. Les rapports et les angles des nervures rappellent le V. Rupestris plutôt que le V. Monticola.

Aptitudes. — Plante d'une très grande vigueur dépassant de beaucoup les meilleures variétés de V. Riparia, à gros et surtout longs sarments, qui s'enracinent facilement et émettent un système radiculaire très ramifié, plutôt grêle et dur.

Jusqu'à présent, il a été difficile de se prononcer sur la valeur de cette vigne en tant que porte-greffe. Elle est de création récente et expérimentée depuis deux ou trois ans seulement. Les résultats qu'elle m'a donnés sont inférieurs à ce qu'on aurait pu prévoir d'après sa composition théorique. A étudier.

COLORADO C. (Mill^t-de Gr.). — **Caractères.** — Feuille adulte : angles des nervures : 92, 45 = 137, 39 ; 3-lobée, à sinus latéraux : supérieur à peine indiqué ; dents anguleuses, étroites ; rapports des nervures : 0.81, 0.63, 0.67 ; un peu pubescente sur nervures **1, 2, 3** en dessous ; unie, vert clair, nervures à peine rosées à leur insertion en dessus.

Fig. 250. — Feuille de Colorado C.

Feuilles jeunes vert pâle.

Bourgeonnement vert pâle.

Rameaux glabres vert-rosé.

Observations. — Très voisin du V. Riparia ; il y a évidemment très peu de V. Monticola dans la feuille représentée par la figure 250.

Aptitudes. — Variété vigoureuse, mais dont les propriétés ne doivent pas être très différentes de celles des variétés de V. Riparia. N'a pas été propagée.

1 R. (Ravaz). — **Caractères.** — Feuille adulte : angles des nervures : 92, 54 = 146, 60 ; 3-lobée, à sinus latéraux : supérieur à peine marqué ; dents anguleuses, larges ; rapports des nervures : 0.88, 0.63, 0.35 ; quelques poils raides sur nervures **1, 2, 3** en dessus ; unie, vert foncé, épaisse, luisante, nervures rosées à la base en dessous.

Feuilles jeunes aranéeuses vert clair.

Bourgeonnement vert pâle.

Rameaux anguleux, aranéeux, vert-violacé.

Observations. — Hybride obtenu en 1892 à la Station viticole de Cognac en fécondant des grappes de V. Riparia par du pollen de V. Monticola. Le bourgeon-

Fig. 251. — Feuille de N° 1 R.

nement, les jeunes pousses rappellent surtout le V. Riparia ; dans les feuilles adultes, le V. Monticola domine. Les racines sont intermédiaires à celles des deux espèces composantes.

Aptitudes. — Cette vigne est vigoureuse ; elle égale les plus belles variétés de Riparia, au moins tant qu'elle est franche de pied. Elle reprend assez facilement de bouture. Le système radiculaire est un peu charnu, très ramifié ; il est attaqué par le phylloxera qui y produit des nodosités nombreuses et des tubérosités superficielles. Il se peut néanmoins que la résistance phylloxérique de cette vigne soit suffisante.

Quant à ses facultés d'adaptation, elles devraient être très étendues ; et au moins devrait-elle constituer, en raison de sa composition, un bon porte-greffe pour les sols crayeux. Ce point n'a pas encore été établi. Et si j'ai décrit ici cette vigne, c'est qu'elle est un hybride bien authentique de Riparia et de Monticola.

COLORADO-COGNAC (Ravaz). — **Caractères.** — Feuille adulte : angles des nervures : 95. 55 = 140, 40 ; 3-lobée, à sinus latéraux : supérieur peu marqué ; dents angu-leuses, étroites ; rapports des nervures : 0.80, 0.73, 0.40 ; pubescente en des-sous sur nervures **1, 2, 3, 4** ; unie, vert clair, épaisse, peu brillante, nervures rosées à la base en dessus.

Feuilles jeunes aranéeuses vert clair.

Bourgeonnement duveteux vert pâle.

Rameaux rouge-violet.

Grappe à grains discoïdes, noirs, petits, assez serrés ; petite, ailée.

Observations. — Cette plante m'a été envoyée par M. de Grasset sous le nom de Colorado. Depuis, les Colorados se sont multipliés, et, pour le distinguer des autres, je l'ai appelée Colorado-Cognac.

Fig. 252. — Feuille de Colorado-Cognac.

La composition de cette plante est restée longtemps indécise. On y a vu d'abord un mélange de Riparia et de Rupestris. J'ai montré qu'elle était un hybride de Riparia et de Monticola. Il suffit, d'ailleurs, pour s'en convaincre, de comparer la figure 252 à la figure 251.

Aptitudes. — Cultivée dans la craie des Charentes (à Juillac-le-Coq et à Marsville), elle jaunit d'une manière intense, mais moins que le V. Riparia ; elle m'a paru égaler, en tant que résistance à la chlorose, beaucoup de Vinifera-Rupestris. La reprise de bouture est bonne, la résistance phylloxérique élevée. Cette vigne pourrait donc cons-tituer un bon porte-greffe si elle était plus vigoureuse. N'a pas été propagée, étant infé-rieure aux Riparia-Berlandieri.

18815 (Castel). — **Caractères.** — Feuille adulte : angles des nervures : 98, 42 = 140, 51 ; 3-lobée, à sinus latéraux : supérieur peu marqué ; dents anguleuses, larges ; rapports des nervures : 0.83, 0.52, 0.40.

Observations. — Hybride de V. Monticola et de Riparia grand glabre obtenu par M. Castel. Ici, le V. Monticola est assez apparent, comme le montre la figure 253.

Aptitudes. — Plante très vigoureuse. Peut faire un bon porte-greffe dans les terrains un peu calcaires ; mais est encore peu connue.

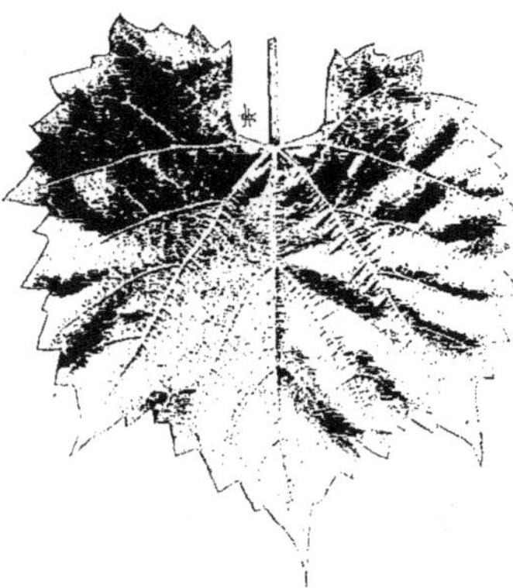

Fig. 253. — Feuille de N° 1880:5.   Fig. 254. — Feuille de N° 548-1.

548-1 (Couderc). — **Caractéres.** — Feuille adulte : angles des nervures : 102, 30 = 132, 48 ; 3-lobée, à sinus latéraux: supérieur marqué ; dents anguleuses, très étroites ; rapports des nervures : 0.85, 0.69, 0.63 ; quelques poils raides sur nervures **1, 2, 3,** bullée, vert foncé, nervures vert pâle en dessus.

Feuilles jeunes pubescentes vert cuivré.

Bourgeonnement glabre vert cuivré.

Rameaux anguleux vert pâle.

Grappe à grains ronds, noirs, petits, assez serrés, très colorés ; petite.

Observations. — Issu, d'après M. Couderc, d'une graine de Riparia provenant du Texas. Ses feuilles ont bien la forme générale des feuilles de cette espèce, mais elles sont aussi plus épaisses. Je crois que M. Couderc le considère comme un hybride de V. Monticola, et cela n'est pas impossible ; mais une troisième espèce a dû intervenir, j'ignore laquelle.

Aptitudes. — Porte-greffe peu vigoureux, reprenant bien de bouture et à la greffe ; à résistance phylloxérique élevée, mais à aire d'adaptation peu étendue. Vient dans les terrains qui conviennent aux Riparia-Rupestris, tout en étant un peu inférieurs à ces derniers. N'a pas été propagé.

COLORADO B. — Feuille adulte : angles des nervures : 108, 51 = 159, 40 ; 3-lobée, à sinus latéraux : supérieur peu marqué ; dents anguleuses, larges ; rapports des nervures : 0.92, 0.63, 0.35 ; pubescente sur nervures **1, 2, 3** en dessous, unie, vert clair, brillante, nervures rosées à la la base en dessus.

Feuilles jeunes vert clair.

Bourgeonnement vert pâle.

Rameaux rouges vineux.

Grappe à grains ronds, noirs, petits, serrés, pulpeux; petite.

Observations. — Voisin de Colorado-Cognac. Vigoureux, mais non propagé.

Fig. 255. — Feuille de Colorado B.   Fig. 256. — Feuille de Colorado-Jardin.

COLORADO-JARDIN (Malègue). — **Caractères.** — Feuille adulte: angles des nervures: 110, 50 = 160, 59; 3-lobée, à sinus latéraux: supérieur marqué; dents anguleuses, très étroites; rapports des nervures: 0.90, 0.65. 0.34; pubescente sur nervures **1, 2, 3** en dessous, unie, vert foncé, brillante, nervures rosées en dessus.

Feuilles jeunes aranéeuses vert clair.

Bourgeonnement duveteux vert clair.

Rameaux rouges vineux.

Grappe à grains discoïdes, noirs, pulpeux, peu serrés; petite, ailée.

Observations. — Plante sélectionnée par M. Malègue dans un paquet de jeunes plants provenant de chez M. Millardet. Je ne crois pas qu'elle soit sortie des champs d'essais.

RIPARIA-CORDIFOLIA

Les hybrides de ce groupe sont peu nombreux. Ceux qui ont dû se produire en Amérique n'ont jamais retenu l'attention; on en retrouve cependant quelques-uns en France, soit sous le nom de Cordifolia, soit sous le nom de Riparia. Comme ils se développent un peu lentement au début et exigent des terrains spéciaux, qui ne sont pas les plus nombreux dans nos vignobles, ils n'ont pas été propagés.

Ce sont des plantes vigoureuses, à longs sarments, au feuillage ample. Le tronc est fort, le système radiculaire puissant, charnu, jaunâtre. Ils reprennent assez bien de bouture en général, quelques-uns même très bien, mais ils ne se développent vigoureusement qu'à partir de la troisième année. Leur résistance phylloxérique est très élevée et bonne partout. Ils constituent donc des porte-greffes de « tout repos » si on les place dans les sols qui leur conviennent. Ce sont les terres siliceuses, argileuses, argilo-siliceuses ou sablonneuses, peu ou pas calcaires, caillouteuses ou non, maigres ou fertiles, et craignant la sécheresse. Là ils nourrissent très bien leurs greffes. La réussite au greffage sur place est très bonne ; elle doit être encore meilleure avec le greffage sur table.

Le feuillage est sain et la maturation des bois s'effectue très bien à peu près dans toutes les régions. Porte-greffes à propager.

125-1 (Mill-de Gr.). — **Caractères.** — Feuille adulte : angles des nervures : 94, 72, 41 ; 3-lobée, à sinus latéraux : supérieur peu marqué : dents anguleuses, étroites ; rapports des nervures : 0.87, 0.79, 0.35 ; pubescente en dessous sur nervures **1, 2,** tourmentée, ondulée, unie, épaisse, vert pâle, glaucescente, nervures rouges à la base en dessus ; large, moyenne.

Feuilles jeunes glabres vert-jaunâtre cuivré.

Bourgeonnement glabre vert cuivré.

Rameaux glabres vert-rosé.

Plante mâle.

Observations. — Cet hybride, de même que les suivants, est, d'après M. Millardet,

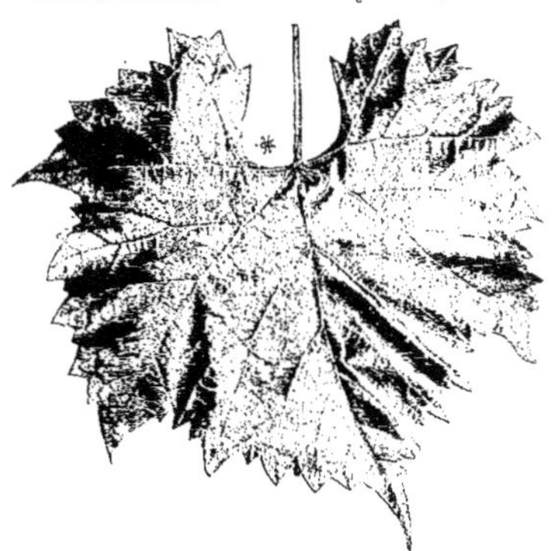

Fig. 257. — Feuille de N° 125-1.

le produit du croisement du V. Cordifolia et du V. Riparia (Cord. × Rip.). Je n'y contredis point, mais les caractères ci-dessus ne répondent pas à une telle hybridation. En effet, rien dans le feuillage ne rappelle le V. Cordifolia ; le bourgeonnement est plutôt celui du V. Riparia ou du V. Rupestris ; il en est de même des jeunes feuilles ; quant aux feuilles adultes, on voit clairement par la figure 257 que le V. Cordifolia n'y est point représenté. Ce sont plutôt des feuilles de Riparia-Rupestris, ou encore, à la rigueur, si on veut, de Rupestris-Cordifolia. Le V. Cordifolia et le V. Riparia ne peuvent guère produire par croisement une feuille plutôt courte, épaisse et à contour de Riparia ; ils ne peuvent donner qu'une feuille allongée, à angles des nervures plutôt ouverts et à rapport des nervures $\dfrac{I'}{I}$ assez faible. Ici, c'est tout le contraire, et les feuilles se rapprochent plus du V. Rupestris que du V. Cordifolia. Il en est de même des rameaux.

Par contre, le système radiculaire n'est ni Riparia ni Rupestris, il est presque entièrement Cordifolia : charnu, jaunâtre, très développé. Pour ces raisons, cette plante, de même que toutes celles de la même hybridation, ne peut guère être le produit d'un Cordifolia pur et d'un Riparia pur. Je serais porté à croire que le Riparia qui a joué le rôle de père était allié au V. Rupestris.

Quoi qu'il en soit, 125-1 est une plante curieuse. On admet que les générateurs, au lieu de fusionner, peuvent quelquefois être disjoints dans l'hybride qu'ils ont produit. Les cas de ce genre bien constatés sont peu nombreux ; 125-1 en est peut-être un.

Aptitudes. — Cette plante est très vigoureuse : elle dépasse les plus belles variétés de Riparia, même les premières années. Elle produit de beaux sarments, qui donnent des souches à tronc gros. Leur enracinement est facile, non seulement en pépinière bien cultivée, mais encore en plein champ. On peut donc les mettre en œuvre directement, sans les faire au préalable raciner. C'est là une qualité qui ne rappelle guère le V. Cordifolia. Le système radiculaire est très développé, charnu, jaunâtre, formé de nombreuses racines et radicelles. Sa résistance phylloxérique est très élevée. Sans doute, l'insecte produit des nodosités sur les radicelles, mais on sait qu'elles sont inoffensives ; quant aux tubérosités, elles sont très rares, et si petites, quand elles existent, qu'elles ne peuvent en rien nuire à la plante. 125-1 a donc une résistance phylloxérique très élevée et suffisante dans tous les cas. Ses facultés d'adaptation sont plutôt faibles. Il ne prospère point dans les sols calcaires. Où le Riparia reste vert, il jaunit d'une manière intense, ce qui est le propre du V. Cordifolia. Il faut donc l'exclure des terres calcaires. Dans les terres siliceuses, il domine tous les autres porte-greffes ; il l'emporte même sur les Vinifera-Rupestris, et c'est ce qu'on peut voir dans les champs d'essais de Grandmont et de Couran. Là, il est aussi d'un beau vert ; tandis que les autres variétés y sont plus ou moins pâlies par la sécheresse, il reste d'un beau vert foncé. En conséquence, il constitue un excellent porte-greffe pour tous les terrains caillouteux ou non, secs, maigres, mais non calcaires, et cela était prévu. Le Riparia, malgré la gracilité de ses racines, utilise très bien l'humidité du sol ; le V. Cordifolia est aussi une espèce réfractaire à la sécheresse ; on voit ce que pouvait donner leur union.

La reprise à la greffe est bonne. Sujet et greffon se développent à peu près également ; ils ne présentent sur la ligne de soudure aucun bourrelet marqué. Les greffes sont vigoureuses et fertiles. Le feuillage est sain.

125-2 (Mill⁻-de Gr.) et 125-4 (Mill⁻-de Gr.). — Paraissent avoir les qualités de 125-1 ; mais l'un et l'autre ont été peu étudiés jusqu'ici.

RIPARIA-BERLANDIERI

Les deux espèces génératrices ne cohabitent nulle part en Amérique, et elles fleurissent à des époques trop éloignées pour que leur croisement spontané soit possible. Aussi leurs hybrides sont-ils tous, jusqu'ici, le produit de l'hybridation artificielle. Ils ont été créés pour suppléer, dans tous les terrains très chlorosants, le V. Berlandieri, que sa non-reprise de bouture rendait inutilisable. « Le V. Monticola (V. Ber--landieri), écrit M. Millardet en 1887, vient au Texas sur la formation crétacée. Chez M. le Dʳ Dawins, à Pignan (Var), il a pris, depuis dix ans, un superbe développement dans un calcaire blanc où presque aucune vigne ne peut végéter. J'ai songé à en faire un porte-greffe pour les terrains crayeux des Charentes, en le croisant avec les V. Rupestris et Riparia, qui lui donnent la faculté de reprendre de bouture. Ce sera pour moi une grande désillusion si ce nouveau porte-greffe ne rend pas quelque service signalé à la viticulture ». M. Couderc, M. Castel, l'École de Montpellier ont poursuivi le même but ; et actuellement les Riparia-Berlandieri sont nombreux.

Ce sont des vignes — il s'agit ici, bien entendu, des meilleures d'entre elles — de vigueur assez grande, égalant les meilleures variétés de Riparia. Elles portent des sarments longs, rampants, anguleux, qui s'enracinent facilement : ils donnent une proportion de reprise de 60 à 80 o/o en pépinière, 40 à 60 o/o en plein champ. Le système radiculaire est un peu charnu, ramifié, plutôt traçant ; attaqué par le phylloxera sur ses radicelles, peu atteint sur ses racines. La résistance phylloxérique est, en somme, suffisante à peu près partout. L'aire d'adaptation au sol est étendue. Ils croissent, cela va sans dire, très bien dans les terres argilo-siliceuses, peu ou pas calcaires. Mais leur place n'est pas là. C'est pour les sols crayeux très chlorosants qu'ils ont été produits, et c'est là qu'ils rendent les plus grands services. Ils ont en effet, comme je l'ai montré le premier, une haute résistance à la chlorose, qui égale, *en pratique*, celle du V. Berlandieri, et qui est suffisante pour la généralité des terrains crayeux. Quand les franco-américains furent devenus très suspects au point de vue de la résistance phylloxérique, les Riparia-Berlandieri m'apparurent comme les porte-greffes les plus sûrs pour les terrains difficiles ; et partout où je les ai expérimentés, partout ils ont donné de bons résultats. Ils se chlorosent même moins que les meilleurs Vinifera-Rupestris, tels que 1202, 33, etc.; et cela ne pouvait guère être prévu.

Il y a des croisements qui paraissent faire apparaître, chez les plantes qui en proviennent, de nouvelles propriétés. C'est ainsi que j'ai expliqué la résistance à la chlorose des Riparia-Rupestris, etc., qui, comme on sait, est supérieure à celle de chacune des espèces composantes. Cette explication n'est pas applicable ici. La raison de la supériorité imprévue des Riparia-Berlandieri est le fait de la sélection. Les Vinifera-Rupestris employés ou essayés comme porte-greffes sont tous déjà sélectionnés au point de vue de la résistance phylloxérique ; ce sont les plus résistants qu'on utilise, et, par conséquent, les plus rapprochés du V. Rupestris. Que leurs facultés d'adaptation au sol soient de ce fait amoindries, cela ne saurait surprendre.

Pour les Riparia-Berlandieri, la sélection phylloxérique ne s'est pas imposée ; on a donc pu faire usage de ceux d'entre eux qui se rapprochent le plus du V. Berlandieri.

Ce qui contribue à augmenter encore la valeur de ces hybrides, c'est que leur premier développement est plus rapide que celui du V. Berlandieri; et les plantes qui croissent vigoureusement dès le début souffrent moins de la chlorose que celles dont le premier développement est lent.

Quoi qu'il en soit, les Riparia-Berlandieri sont des porte-greffes de premier ordre pour les sols calcaires. Avec eux, on peut reconstituer les vignobles des régions les plus chlorosantes : Charentes, Champagne, etc...; et ils doivent être d'autant plus em-

ployés qu'ils reprennent très bien à la greffe — beaucoup mieux que le V. Riparia —
et qu'ils suppriment la coulure — comme leurs générateurs — et qu'ils mûrissent
régulièrement leurs fruits. Peut-être aussi sont-ils très résistants à la sécheresse.
M. P. Gervais conseille même de les employer dans les sols non calcaires qui produisent des vins de haute qualité, mais où les effets de la sécheresse sont à redouter.

34 E. M. (Foëx). — **Caractères.** — Feuille adulte: angles des nervures : 91, 41
= 132, 40 ; 3-lobée, à sinus latéraux: supérieur peu marqué ; dents anguleuses,
étroites ; rapports des nervures: 0.91, 0.57, 0.55 ; pubescente sur nervures **1, 2, 3, 4**
en dessous ; unie, infléchie en dessous, vert clair, luisante, nervures rosées à la base
en dessous.

Feuilles jeunes duveteuses vert pâle.

Bourgeonnement duveteux, à liséré rose.

Rameaux anguleux, pubescents. verts rayés de rouge.

Observations. — 33 et 34 sont désignés dans le catalogue des anciennes collections
de l'École d'agriculture de Montpellier : Semis de Berlandieri de 1890. Or, cette
année-là, il a été semé : 1° des graines de
V. Berlandieri d'origine inconnue ; et 2° des
graines d'un pied de V. Berlandieri Ecole,
élevé sous abri, et dont M. G. Foëx utilisait
les grappes pour l'hybridation. Quelques-
unes de ces grappes avaient été fécondées en
1899 par du pollen de V. Riparia ; mais, à
la récolte, elles ne purent être cueillies,
leurs numéros d'hybridation ayant disparu.
Néanmoins, les pépins de toute la souche de
Berlandieri Ecole furent cueillis et semés
l'année suivante ; et il est de toute évidence
que 33 et 34 ne sont pas des hybrides dus
au hasard, mais bien des hybrides artificiels.
Ce qui le montre, d'ailleurs, c'est leur grande
ressemblance avec le B. Ecole. Ils en ont,

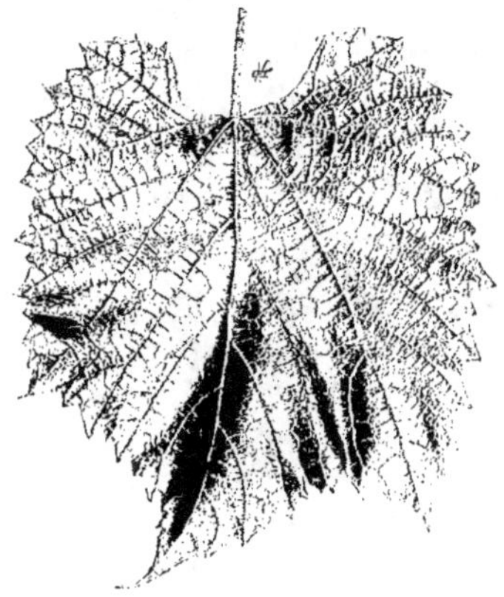

Fig. 258. — Feuille de N° 34 E. M.

surtout 34, les caractères essentiels. Les feuilles sont unies, brillantes, infléchies en
dessous, comme celles du B. Ecole ; elles en ont aussi la forme.

Aptitudes. — 34 est un hybride vigoureux, à sarments forts et longs. Il reprend
bien de bouture (60 à 80 o/o en pépinière, un peu moins en plein champ). Son système radiculaire est médiocrement charnu, mais il est très ramifié. Le chevelu est
abondant, presque comme chez le V. Riparia. La résistance phylloxérique est sans
doute suffisante à peu près partout. Les nodosités sont nombreuses et les tubérosités
assez fréquentes. On sait que les premières sont sans importance. Les secondes sont
plutôt superficielles ; je n'en ai jamais vu jusqu'ici pénétrant profondément dans les
tissus. On ne pourrait donc redouter une résistance quelquefois insuffisante que dans
les terres caillouteuses trop sèches.

Les facultés d'adaptation au sol sont celles des hybrides du même groupe. Il est cependant plus résistant qu'aucun d'eux à la chlorose. A Marsville, où je l'ai surtout expérimenté, il a moins jauni que 420 B. et que 1202. C'est donc un cépage très peu chlorosant. Les terrains calcaires, caillouteux, très secs, lui conviennent peu, de même que les marnes compactes. C'est dans les terres légères, mais fraîches, superficielles ou profondes, telles que celles qui dérivent de la craie des Charentes ou de la Champagne, qu'il se développera le mieux.

Il reprend très bien à la greffe, beaucoup mieux que le V. Riparia, à peu près comme le Vialla. Pas de coulure sur les greffes ; maturité toujours très bonne et régulière dans tous les sols ; production abondante.

Le bois mûrit bien dans toute la région méridionale de la France. En Champagne et en Côte-d'Or, l'aoûtement peut être quelquefois insuffisant.

157ᵘ (Couderc). — Caractères. — Feuille adulte : angles des nervures : 99, 40 = 139, 40, 38 ; 3-lobée, à sinus latéraux : supérieur à peine marqué ; dents anguleuses, étroites ; rapports des nervures : 0.82, 0.72, 0.40 ; à peine pubescente sur nervures **1, 2, 3** en dessous ; ondulée, un peu bullée, vert foncé, très brillante, nervures vert-jaunâtre en dessus ; grande.

Feuilles jeunes duveteuses vert-jaunâtre.

Bourgeonnement duveteux blanc, stipules 5 millimètres.

Rameaux aranéeux, anguleux, vert à peine rosé.

Grappe à grains ronds, noirs, pulpeux, assez serrés ; petite ou sous-moyenne.

Observations. — Hybride obtenu par M. Couderc en fécondant une variété sélectionnée de Berlandieri Las Sorres par Riparia gloire de Montpellier. Les caractères de ce

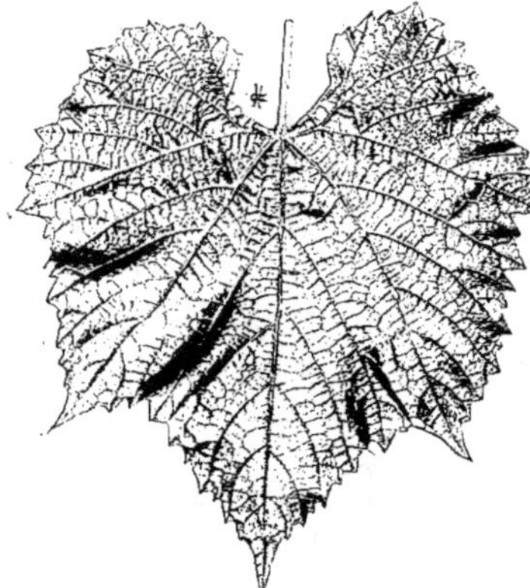

Fig. 259. — Feuille de 157-ᵘ.

dernier sont nettement apparents dans les feuilles adultes : elles sont, en effet, plutôt larges, à dents aiguës et nettement ondulées. Le Berlandieri se retrouve dans l'épaisseur et l'état de la surface de la feuille, ainsi que dans les rameaux.

Le système radiculaire tient à peu près également des deux espèces composantes.

Aptitudes. — 157ᵘ est très vigoureux. La beauté de ses feuilles, qui sont d'un vert clair très brillant, la grosseur et la longueur de ses rameaux retiennent l'attention. Il possède une forte tige et un système radiculaire bien développé, un peu charnu et ramifié. Sa résistance phylloxérique est bonne ; les tubérosités des racines, quoique assez fréquentes, sont superficielles ; les nodosités, nombreuses, sont encore ici inoffensives. Et si 157ᵘ me paraît moins résistant que 420 B., il égale sensiblement 34, etc. Il me semble, par suite, qu'il peut être cultivé dans tous les terrains, sauf peut-être dans ceux qui sont caillouteux et très secs.

L'aire d'adaptation de ce cépage est très étendue. Il croît vigoureusement dans les terres argilo-siliceuses ; mais il croît encore très bien dans les terres très calcaires, et quelle qu'en soit la nature. Dans la craie des Charentes, il porte de belles greffes ; dans les calcaires du Midi de la France, soit à l'Ecole de Montpellier, soit aux Causses, chez M. P. Gervais, il se maintient, greffé, plus vert que 1202, dont la haute résistance à la chlorose est bien connue.

Il reprend très bien à la greffe, seulement assez bien de bouture, surtout quand ses sarments se sont mal aoûtés. C'est là un des défauts de ce cépage : dans les régions pluvieuses ou dans les terrains frais, il ne donne pas toujours des sarments de bonne qualité. Les pieds-mères doivent être cultivés dans les sols secs et exposés au soleil.

Les greffes sur 157¹¹ sont vigoureuses et fertiles, ne redoutant pas la coulure et mûrissant régulièrement leurs fruits.

420 C. (Mill^t-de Gr.). — **Caractères.** — Feuille adulte : angles des nervures : 99, 50 = 149, 42 ; 3-lobée, à sinus latéraux : supérieur à peine marqué ; dents arrondies, larges ; rapports des nervures : 0.75, 0.71, 0.43 ; pubescente sur nervures **1, 2, 3** en dessous ; unie, luisante, vert foncé, nervures pubescentes et à peine rosées en dessus, longue.

Feuilles jeunes duveteuses vert-blanchâtre.

Bourgeonnement duveteux, à liséré rouge.

Rameaux glabres vert-rougeâtre.

Observations. — Hybride obtenu par MM. Millardet et de Grasset en fécondant une variété de Berlandieri par du pollen de Riparia. Le catalogue de ces hybrideurs n'indique pas la variété de Riparia qui a été utilisée ; quelques personnes admettent que c'est le R. gloire de Montpellier. Quoi qu'il en soit, *420 C.*, au moins par le feuillage, est plus Riparia que Berlandieri. Il est moins vigoureux que 420 A. ; et c'est sans doute pour cette raison que M. Millardet ne l'a proposé qu'en 3ᵉ ligne.

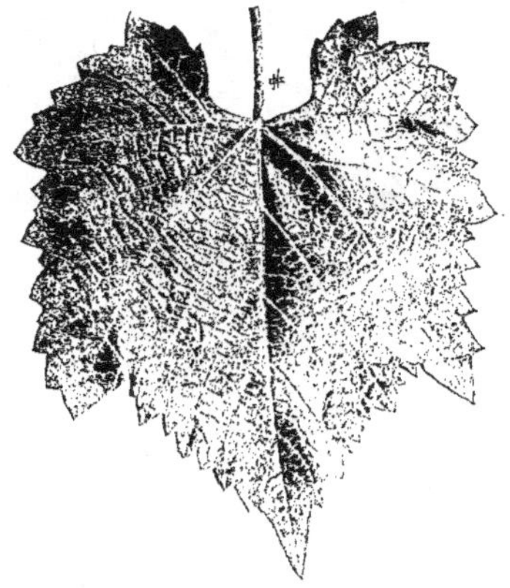

Fig. 260. — Feuille de N° 420 C.

Aptitudes. — Les aptitudes de 420 C. sont peu connues ; il a été très peu étudié jusqu'ici. Ce que j'en sais, c'est qu'il reprend très bien à la greffe et que ses greffes sont vigoureuses. Est-il très résistant à la chlorose ? On ne le sait pas encore.

7605 (Castel). — **Caractères.** — Feuille adulte : angles des nervures : 99, 52 = 151, 47 ; 3-lobée, à sinus latéraux : supérieur peu marqué ; dents anguleuses, larges ; rapports des nervures : 0.88, 0.66, 0.35 ; pubescente, poils longs, sur nervures **1, 2, 3** en dessous ; aranéeuse, bullée, vert foncé, brillante ; nervures à peine rosées en dessus.

Feuilles jeunes duveteuses vert pâle.

Bourgeonnement duveteux rosé.

Rameaux anguleux, aranéeux, vert-rosé.

Grappe à grains ronds, noirs, petits, très peu serrés; petite, ailée, courte.

Observations. — Hybride de Riparia et de Berlandieri obtenu par M. Castel. Le V. Berlandieri me paraît dominer.

Aptitudes. — Hybride très vigoureux, reprenant bien de bouture. Il reprend aussi très bien à la greffe, et donne des souches fortes et fertiles.

La résistance phylloxérique de cette plante n'est pas encore exactement connue, non plus que sa résistance à la chlorose. Mérite d'être étudiée.

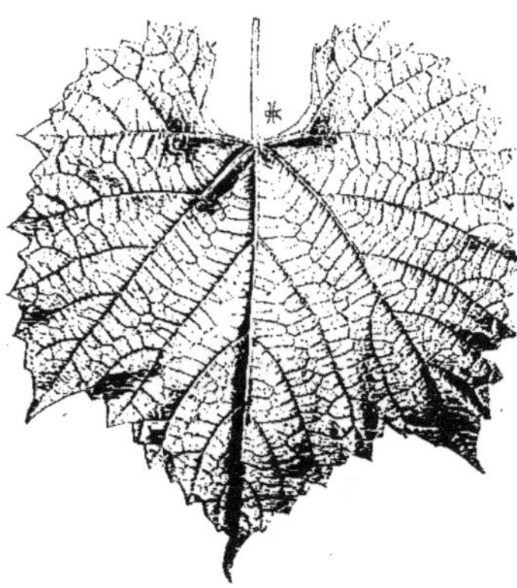

Fig. 261. — Feuille de N° 7605.

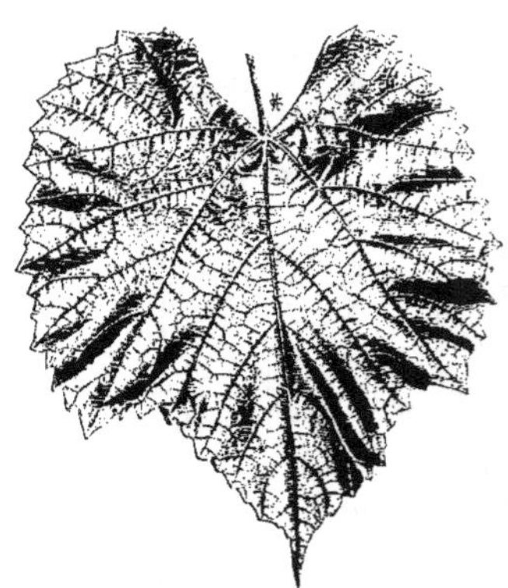

Fig. 262. — Feuille de N° 33 E. M.

33 E. M. (Foëx). — **Caractères.** — Feuille adulte : angles des nervurres : 102, 51 = 153, 65; 3-lobée, à sinus latéraux : supérieur à peine marqué; dents anguleuses, larges; rapports des nervures : 0.74, 0.68, 0.54; aranéeuse sur nervures **1, 2, 3** en dessous; bullée, vert foncé, brillante, infléchie en dessous, nervures vert pâle en dessus.

Feuilles jeunes duveteuses vert-jaunâtre.

Bourgeonnement duveteux, à liséré rose, stipules 5 millimètres.

Plante mâle.

Observations. — Obtenue en même temps que le 34, cette vigne se rapproche plus du V. Riparia que du B. École.

Aptitudes. — Plante vigoureuse, à gros et longs sarments, reprenant très bien de bouture. Le système radiculaire est peu charnu, mais ramifié. Sa résistance phylloxérique paraît suffisante; l'aire d'adaptation au sol est peu étendue. Il craint le calcaire beaucoup plus que 34, 420, 157[11], etc.; il ne peut être cultivé avec succès que dans les terres à Solonis ou à Jacquez. Mais, même là, il n'est guère supérieur à 34, et, par suite, il ne mérite pas d'être utilisé.

420 A. (Mill^t-de Grasset). — **Caractères**. — Feuille adulte : angles des nervures :
105, 36 = 141, 49 ; 3-lobée, à sinus latéraux : supérieur à peine marqué, dents arrondies. étroites ; rapports des nervures : 0.92, 0.72, 0.23 ; pubescente sur nervures **1, 2**
en dessous ; bullée, vert foncé, brillante, épaisse, nervures à peine rosées à la base en
dessus ; large.

Feuilles jeunes aranéeuses, vert-jaunâtre, très brillantes.

Bourgeonnement duveteux un peu rosé.

Rameaux anguleux verts, rayés de rouge, violets sur les nœuds.

Plante mâle.

Observations. — Hybride de Berlandieri et de Riparia obtenu par MM. Millardet
et de Grasset. Il est probable que la variété de Riparia qui a servi de père est le R.
gloire. Ses feuilles sont, en effet, légèrement ondulées comme celles de cette variété.
Quoi qu'il en soit, par le feuillage, *420
A.* a plus d'affinités pour le V. Berlandieri que pour V. Riparia. Les feuilles sont très larges, épaisses et bullées :
autant de caractères qui appartiennent
à la première espèce. Dans le port, le
V. Riparia devient plus apparent ; le
système radiculaire a les caractères des
deux composantes.

Aptitudes. — Vigne très vigoureuse
à beaux et longs sarments, dont l'accroissement se continue jusqu'aux premières gelées. Ils reprennent bien de
bouture ; en pépinière on obtient de
70 à 85 o/o de plants racinés, bien
développés, et à belles et nombreuses

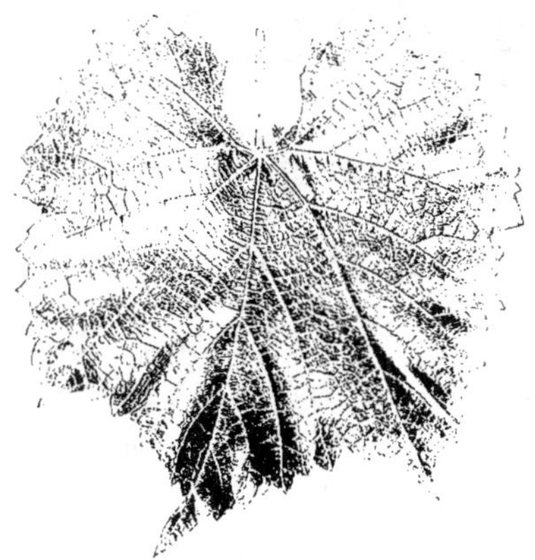

Fig. 263. — Feuille de N° 420 A.

racines un peu charnues. La résistance phylloxérique est élevée, sans égaler toutefois
celle du V. Riparia. Les radicelles portent des nodosités assez nombreuses et quelquefois des tubérosités. Ces dernières sont nettement apparentes, bien en relief, mais
leur altération reste superficielle (1). Je crois que sans égaler le 420 B, 420 A. est suffisamment résistant au phylloxera dans tous les terrains.

Sa résistance au calcaire est élevée. Il me paraît encore supérieur à 1202. Dans
les Charentes, il est un des rares cépages qui n'aient pas succombé à la chlorose à la
deuxième année de plantation. Dans le champ d'expériences que j'avais établi en 1891
chez M. Fillioux, à Angeac (Charente), il a seul survécu, avec quelques Rupestris-
Berlandieri, à une forte chute de grêle qui a rendu encore plus nocive l'action de la
chlorose. Je le crois, cependant, plus sensible à cette affection que 420 B. Néanmoins,

---

(1) L. Ravaz. — *Recherches sur la résistance phylloxérique,* in *Ann. École nat. agr.* Montpellier, 1901.
  Ravaz; *Vignes américaines.*   31

sa belle végétation, la beauté de son feuillage qui se conserve d'un beau vert jusqu'aux premières gelées, sa grande production en bois, la facilité avec laquelle il reprend de bouture et à la greffe, la vigueur et la fertilité qu'il communique à ses greffons en font un sujet de premier ordre pour tous les sols très calcaires et surtout pour les sols calcaires meubles, superficiels ou profonds.

Les sarments s'aoûtent très bien, même dans les régions pluvieuses.

Fig. 261. — Feuille de N° 45 E. M.

45 E. M. (Foëx). — **Caractères.** — Feuille adulte : angles des nervures : 105, 44, = 149, 64 ; 3-lobée, à sinus latéraux : supérieur à peine marqué ; dents anguleuses, larges ; rapports des nervures : 0,75, 0.78, 0.34 ; aranéeuse et pubescente sur nervures **1, 2, 3** ; aranéeuse, un peu ondulée, infléchie en dessous, unie, vert clair, nervures à peine rosées en dessus.

Feuilles jeunes duveteuses vert-jaunâtre.

Bourgeonnement duveteux, à zone rosée.

Rameaux anguleux, duveteux, vert-violacé.

Observations. — Hybride de Solonis et de V. Berlandieri obtenu par M. G. Foëx, à l'Ecole d'agriculture de Montpellier. Le Solonis y est peu apparent. Ce qui domine dans cet hybride, c'est le V. Riparia. Il a tous les caractères des Riparia-Berlandieri, et c'est pourquoi je le place ici.

Aptitudes. — Vigne vigoureuse, à gros et longs sarments, reprenant bien de bouture et à la greffe. Résistance au phylloxera suffisante ; résistance à la chlorose élevée. Nourrit très bien les variétés qu'on lui fait porter. Mérite d'être expérimentée.

7501 (Castel). — **Caractères.** — Feuille adulte : angles des nervures : 108, 52 = 160 ; entière, dents anguleuses, larges ; rapports des nervures : 0.80, 0.75, 0.48 ; pubescente en dessous ; bullée, vert foncé, brillante, nervures rosées à la base en dessus.

Feuilles jeunes duveteuses vert-jaunâtre brillant.

Bourgeonnement duveteux, à liséré rose.

Rameaux anguleux, aranéeux, verts rayés de rouge.

Plante mâle.

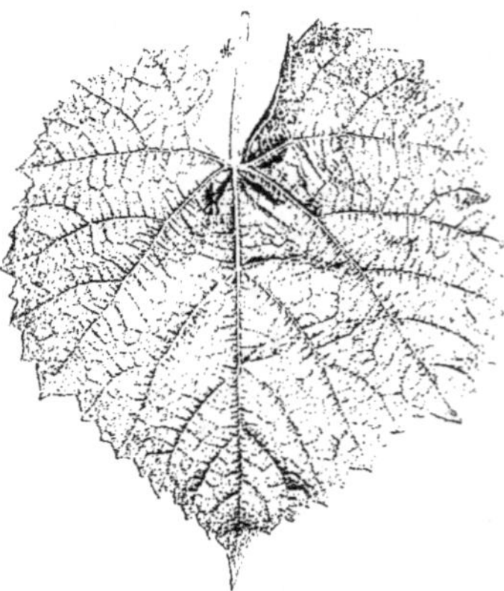

Fig. 263. — Feuille de N° 7501.

Observations. — Cet hybride a été obtenu par M. Castel. Il paraît être exactement intermédiaire aux deux espèces composantes, ou peut être plus rapproché du V. Berlandieri qui est le père.

Aptitudes. — Il est encore peu répandu dans les champs d'expériences, et on ne connaît pas encore très bien ses aptitudes. A l'Ecole de Montpellier, il est très vigoureux, franc de pied ou greffé. Ses sarments sont gros, et ils s'enracinent facilement. La résistance phylloxérique n'est pas connue, non plus que la résistance à la chlorose. Il mérite néanmoins d'être expérimenté,

420 B. — **Caractères**. — Feuille adulte : angles des nervures : 109, 30 = 148, 38 ; 3-lobée, à sinus latéraux : supérieur marqué ; dents anguleuses, larges ; rapports des nervures : 0.77, 0.65, 0.36 ; un peu pubescente sur nervures **1**, **2**, **3** en dessous : bullée, vert foncé, luisante, nervures vert pâle en dessus.

Feuilles jeunes duveteuses bronzées.

Bourgeonnement duveteux, à liséré rose, stipules 5 millimètres.

Rameaux anguleux, aranéeux, vert-rosé.

Grappe à grains ronds, noirs, petits. peu serrés, pulpeux ; petite.

Observations. — Hybride obtenu par MM. Millardet et de Grasset en même temps que 420 A. Il est par le feuillage aussi Riparia que Berlandieri.

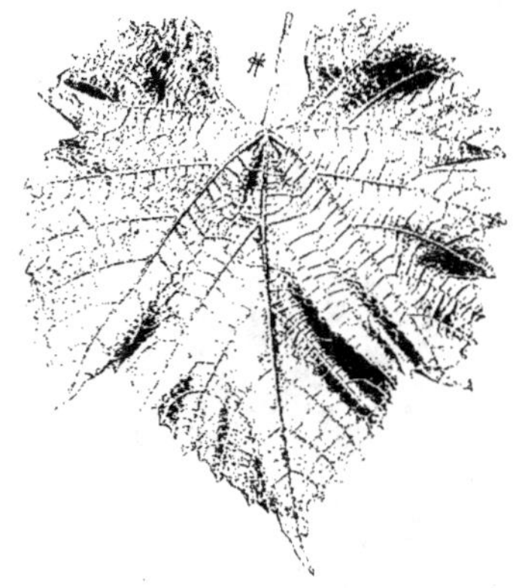

Fig. 266. — Feuille de N° 420 B.

Aptitudes. — Plante de végétation moyenne surtout pendant les premières années. Elle donne d'abord des sarments grêles. A quatre ou cinq ans, elle est suffisamment développée et donne des sarments assez longs et assez forts. Ses boutures s'enracinent facilement et donnent des racines peu charnues, très ramifiées et presque dures. C'est la plante de ce groupe qui m'a paru la plus résistante au phylloxera : peu de nodosités et seulement de rares tubérosités toujours très petites, superficielles et par conséquent inoffensives. Sa résistance à la chlorose est élevée ; elle dépasse celle du 1202 dans la craie tendre. Ses greffes sont fertiles et très développées. A l'Ecole de Montpellier, elles égalent sensiblement les greffes sur 34, 157[u].

Pour tirer le meilleur parti de ce cépage, qui est un bon porte-greffe, il convient de n'utiliser pour la multiplication que les sarments de fort calibre : on obtient ainsi des racinés vigoureux qui deviennent vite de belles souches. Sa reprise à la greffe est très bonne.

RIPARIA-BERLANDIERI ROUSSET et GAUTHIER sont très voisins l'un de l'autre, s'ils ne sont pas identiques. — A côté des N°ˢ 33 et 34 il y avait d'autres Riparia-Berlandieri issus du même semis. L'un d'eux. qui a d'ailleurs été supprimé, m'a paru identique à ces deux variétés.

RIPARIA-VINIFERA

Toutes ces plantes sont des hybrides artificiels, créés en vue de leur utilisation comme producteurs-directs. Le V. Riparia, qui est peu fertile en général, donne des grappes à grains petits, il est vrai, mais sans goût spécial trop marqué, et de maturité très hâtive. Il possède en outre une résistance élevée aux maladies cryptogamiques et au phylloxera. Il constitue donc un élément d'hybridation de premier ordre. Soit qu'on ait utilisé des variétés de Riparia mâles ou à fleurs mal constituées, soit pour des raisons d'un autre ordre, aucun Riparia-Vinifera producteur-direct ne s'est répandu dans les vignobles, au moins jusqu'ici. En continuant les recherches dans cette voie, on obtiendrait certainement quelque hybride fertile, produisant de bons fruits, très hâtif — qui étendrait ainsi l'aire de culture de la vigne ; — résistant dans

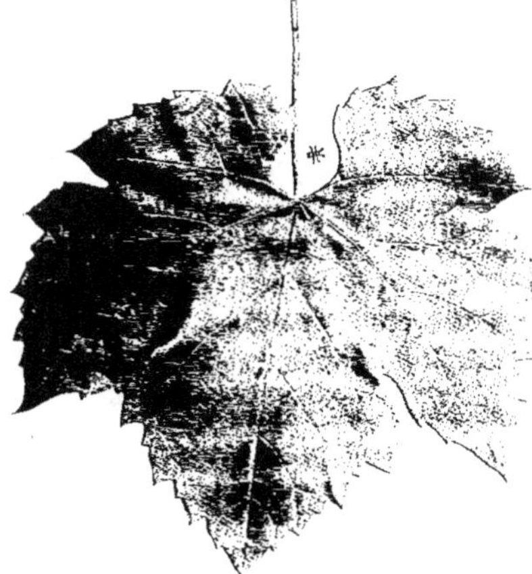

Fig. 267. — Feuille de Riparia-Vinifera.

une certaine mesure aux maladies cryptogamiques, et échappant en partie aux gelées de printemps. La résistance phylloxérique importe peu, parce que, par la greffe, on la donne facilement et au degré qu'on veut.

Beaucoup d'entre eux, stériles ou peu fertiles, ont été proposés pour servir de porte-greffe dans les terrains calcaires. Ils possèdent, en effet, une aire d'adaptation étendue, qui est due au V. Vinifera. Ils jaunissent moins dans la craie, ainsi que je m'en suis assuré, que les Vinifera-Rupestris (1202 excepté) et ils supportent 25 o/o environ de calcaire crayeux. Cela ne doit pas surprendre, car le V. Riparia, comme on l'a vu, résiste plus à la chlorose que le V. Rupestris. — Ils reprennent bien de bouture, très bien à la greffe, et constituent des souches vigoureuses. Seulement la résistance phylloxérique est insuffisante. Dans les Charentes, où je les ai plus spécialement étudiés, ils ont disparu non pas sous l'action de la chlorose, mais bien sous l'influence des piqûres du phylloxera. Et ceux qui ont été mis dans le commerce, il y a quelques années, sont actuellement abandonnés partout.

142 E. M. (Foëx). — **Caractères.** — Feuille adulte : angles des nervures : 100, 40 = 140, 28 : 3-lobée, à sinus latéraux : supérieur marqué ; dents anguleuses, très étroites ; rapports des nervures : 0.84, 0.71, 0.36 ; glabre en dessous ; unie, vert foncé, tachée de rouge, nervures un peu rosées en dessus ; grande.

Feuilles jeunes vert pâle, glabres.

Bourgeonnement vert pâle, glabre.

Rameaux glabres vert-rosé.

Grappe à grains ronds, noirs, petits, juteux, très colorés, âpres, peu serrés; longue.

Observations. — Hybride obtenu par M. G. Foëx en fécondant le Petit-Bouschet par du pollen de Riparia. Le feuillage rappelle beaucoup cette dernière espèce, qui domine encore trop dans le fruit. Le système radiculaire est intermédiaire à celui des deux espèces composantes.

Aptitudes. — Vigne très vigoureuse, à sarments longs et forts, reprenant très bien de bouture, et donnant un système radiculaire charnu et bien développé.

Sa résistance phylloxérique est médiocre; aussi ce cépage ne peut-il être cultivé, même franc de pied, dans les sols secs et superficiels. D'ailleurs, en tant que producteur-direct, il présente peu d'intérêt. Si les grappes sont assez volumineuses, elles sont com-

Fig. 268. — Feuille de N° 142 E. M.

posées de grains plutôt petits, peu serrés ; en outre, elles sont peu nombreuses sur chaque rameau. C'est donc une vigne peu fertile. Comme porte-greffe, il possède des facultés d'adaptation assez étendues. Il supporte 25 o/o environ de calcaire crayeux; mais on ne peut l'utiliser, pour les raisons que j'ai données plus haut, que dans les sols frais ou sablonneux.

141 (Mill^t-de Gr.). — Hybrides de Riparia et d'Alicante-Bouschet, insuffisamment résistants au phylloxera et abandonnés.

143 (Mill^t-de Gr.) — Hybrides de Riparia et d'Aramon. 143 B. est le plus résistant à l'insecte, mais il est très peu vigoureux.

2501 (Couderc). — N'a pas été propagé.

RUPESTRIS-ÆSTIVALIS

Les hybrides de ce groupe se sont produits spontanément. Jæger en a cependant créé quelques-uns pour avoir des vignes résistantes au phylloxera et aux maladies cryptogamiques ; et ils ont tous ces qualités. Seulement, ils produisent peu et donnent un vin très coloré, mais de mauvaise qualité, surtout quand le V. Rupestris domine.

L'*America*, elle-même, qui est un des plus fertiles, ne saurait être conseillée en France. En tant que porte-greffes, ils sont aussi sans intérêt. Si le phylloxera les affaiblit peu, ils sont difficiles sur la nature du terrain : il leur faut des sols pauvres en calcaire, pour lesquels les bons porte-greffes ne manquent pas. Leur reprise de bouture laisse quelquefois à désirer; et, en somme, ces vignes ne présentent aucun intérêt immédiat. Elles ont été utilisées pour la création d'hybrides fertiles ; la plupart des hybrides Seibel descendent partiellement de ce groupe.

RUPESTRIS TAYLOR (Marès). — **Caractères**. — Feuille adulte: angles des nervures : 111, 48 = 159, 41 ; 3-lobée, à sinus latéraux : supérieur peu marqué ; dents anguleuses, très larges ; rapports des nervures : 1.02, 0.74, 0.35 : pubescente sur nervures **1** en dessous; à peine ondulée, unie, vert foncé, nervures à peine rosées en dessus ; petite, large.

Feuilles jeunes pubescentes vert pâle, brillantes.

Bourgeonnement glabre ou pubescent, à liséré rose.

Rameaux glabres vert-violacé.

Grappe à grains ronds, noirs, petits, pulpeux, fades, peu serrés ; petite.

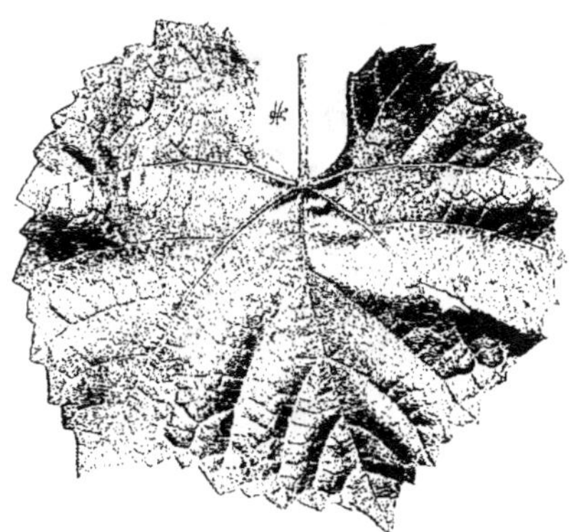

Fig. 269. — Feuille de R. Taylor.

Observations. — Variété sélectionnée par M. Marès. Rappelle un peu, par le feuillage, le Taylor, d'où son nom ; mais elle n'a rien de commun avec le V. Labrusca. Vigoureuse à puissant système radiculaire, attaquée par le phylloxera sur ses radicelles, peu ou pas sur ses racines, en tout cas suffisamment résistante. Prend bien de bouture et à la greffe, nourrit bien son greffon. Peut faire un bon porte-greffe dans les terres compactes silico-argileuses. N'a pas été propagée. Ne vaut rien comme producteur-direct.

AMERICA (Munson). — **Caractères**. — Feuille adulte: angles des nervures : 112, 44, 36 ; 3-lobée, à sinus latéraux : supérieur marqué ; dents anguleuses, larges ; rapports des nervures : 0.84, 0.68, 0.40 ; aranéeuse, très pubescente sur nervures **1, 2, 3** et un peu glauque en dessous ; bullée, vert pâle, luisante, nervures un peu rosées en dessous ; moyenne.

Feuilles jeunes aranéeuses.

Bourgeonnement duveteux.

Rameaux aranéeux vert pâle.

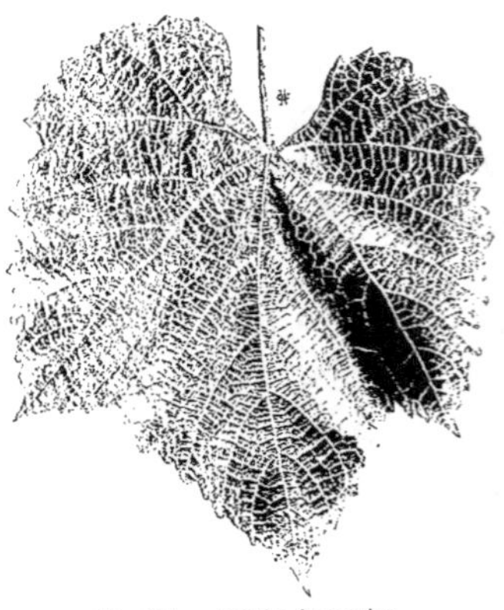

Fig. 270. — Feuille d'America.

Grappe à grains ronds, noirs, moyens, assez serrés, pulpeux, fades, peu agréables ; moyenne.

Observations. — Cette vigne est issue, d'après Munson, d'une graine de Rupestris-Æstivalis N° 70 de Jæger. En Amérique, elle produit de belles grappes, mais sans doute, seulement dans des conditions bien déterminées ; car, dans quelques localités, on lui reproche d'être coularde. En France, elle a des fleurs généralement mal conformées et doit être associée à d'autres variétés ; elle est très sujette au rabougrissement. Son vin est médiocre. Producteur-direct, elle est sans valeur, bien que résistante aux maladies cryptogamiques ; porte-greffe, elle est inférieure à beaucoup d'autres.

RUPESTRIS-ÆSTIVALIS DE LÉZIGNAN (Millardet). — M. Millardet dit de cette variété : « Le meilleur des Rupestris-Æstivalis que je connaisse actuellement, au point de vue de l'adaptation aux sols calcaires, est celui qui a été sélectionné par MM. Marron-Martin et Joulia, de Lézignan, dans un terrain argilo-calcaire et marneux de couleur grisâtre, à sous-sol de marne lacustre blanchâtre, impénétrable aux racines, où aucune vigne américaine n'a pu venir jusqu'à présent, pas même le Jacquez. Cultivé depuis huit ans dans le sol détestable dont il vient d'être question, il y a pris un superbe développement et y supporte de très belles greffes. Plusieurs essais faits depuis quatre années dans de très mauvais terrains calcaires confirment sa haute résistance à la chlorose. Il est assez difficile de distinguer cette plante d'un autre Rupestris-Æstivalis dont la résistance à la chlorose est également fort appréciée, le *Rupestris-Taylor*. On y arrivera cependant par la comparaison des bois des plantes. Celui du R. de Lézignan est arrondi, tandis que celui du R. Taylor est aplati et présente un sillon très marqué étendu d'un nœud à l'autre, sillon qui manque presque absolument au *R. de Lézignan*. Enfin, tandis que cette dernière plante est le plus souvent indemne de phylloxera, les racines du R. Taylor sont couvertes d'abondantes nodosités.

«Insuffisant dans la craie, le R. de Lézignan semble devoir réussir dans la plupart des mauvais sols calcaires ».

Je connais les terrains de Lézignan où MM. Marron-Martin et Joulia l'ont remarqué. Ils ont pour sous-sol une marne jaune très calcaire; mais le sol, sur une épaisseur de 40 à 60 centimètres, est caillouteux et peu calcaire. Or, j'ai montré que le sous-sol influe peu sur le développement de la chlorose; en conséquence, le R. de Lézignan n'a pas eu à souffrir de cette maladie. La preuve en est d'ailleurs fournie par d'autres vignes très calcifuges : à côté de ce Rupestris-Æstivalis étaient plantés des *Cordifolia-Rupestris* dont la sensibilité à la chlorose est très grande : ils étaient fort beaux et très verts. Ces terrains conviennent peu aux vignes à système radiculaire grêle et traçant ; et c'est pourquoi les Riparia n'ont pu y prospérer. Quant au Jacquez, il y a succombé comme partout au phylloxera.

Le Rupestris de Lézignan est donc très peu résistant à la chlorose, comme toutes les vignes du même groupe. Il est aussi très attaqué par le phylloxera.

70 (Jæger). — Hybride de V. Rupestris et de V. Lincecumii sélectionné par Jæger. Est devenu le père d'une foule de producteurs directs.

RUPESTRIS-ARIZONICA

262 (Mill*-de Gr.). — **Caractères.** — Feuille adulte pubescente sur nervures 1
en dessous ; unie, vert glauque, nervures rosées en dessus ; petite.

Feuilles jeunes aranéeuses pubescentes vert tendre.

Bourgeonnement duveteux.

Rameaux aranéeux pubescents vert-rosé.

Les plantes de ce groupe que j'ai pu étudier sont nettement intermédiaires aux
espèces composantes, mais toutes sont faibles. Elles reprennent assez bien de bouture
et à la greffe ; seulement, elles ne constituent que des souches peu développées qui
ne paraissent pas avoir, au moins jusqu'ici, des facultés d'adaptation spéciales. Il est
probable — car elles sont encore peu connues — qu'aucune d'elles ne jouera jamais
un rôle important en tant que porte-greffe.

RUPESTRIS-MONTICOLA

Les hybrides de ce groupe, obtenus d'ailleurs par l'hybridation artificielle, sont encore à l'étude. Mais la plupart d'entre eux montrent peu de vigueur. Il est facile de
prévoir leur propriété. Si la résistance phylloxérique en est assez élevée, ils pourront fournir quelques bons porte-greffes.

Pukwana (Munson). — Hybride de Rupestris et de Monticola obtenu par M. Munson. De vigueur moyenne, très attaqué par le phylloxera, il ne paraît pas devoir être
propagé. Est probablement allié à une autre espèce.

RUPESTRIS-CORDIFOLIA

La plupart de ces hybrides sont le résultat de l'hybridation naturelle ; ils sont nombreux dans les parties de l'Amérique où les deux espèces cohabitent. Ils ont été
sélectionnés par MM. Jæger, de Grasset et Millardet, etc. Quelques-uns sont le produit
de l'hybridation artificielle ; ils sont dus surtout à M. Millardet.

Ce sont en général des plantes vigoureuses, à sarments gros et rampants, plus ou
moins ramifiés, et donnant des souches puissantes. L'enracinement est satisfaisant
dans les pépinières bien cultivées et établies en sol frais ; il laisse parfois à désirer en
plein champ. Mais le système radiculaire, une fois constitué, se développe puissamment. Pendant les premières années, il l'emporte même sur la partie aérienne. Il est
charnu, de couleur jaunâtre, à chevelu abondant et à racines principales fortes. Le
phylloxera, contrairement à ce qu'on a cru, attaque racines et radicelles, même des
variétés les plus résistantes. Il produit sur celles-ci des nodosités peu marquées, et
sur celles-là des tubérosités peu développées, et qui sont surtout fréquentes sur les
racines de l'année. En somme, ces vignes résistent partout au phylloxera, quel que
soit l'état du sol.

Par contre, comme on pouvait s'y attendre, leurs facultés d'adaptation sont peu étendues. Dès que le carbonate de chaux est un peu abondant dans le sol, elles jaunissent et disparaissent. Dans la craie des Charentes, elles disparaissent l'année même de la plantation. Leur place est donc seulement dans les terrains siliceux ou argileux. Ces derniers, s'ils sont meubles ou frais, peuvent convenir tout aussi bien à d'autres porte-greffes (Riparia, etc.); mais s'ils sont compacts, durs et secs, ils ne se prêtent plus qu'à la culture des cépages à racines puissantes. C'est là que les Cordifolia-Rupestris ont leur raison d'être; c'est là qu'ils peuvent rendre des services. J'en connais qui sont greffés depuis fort longtemps dans un sol caillouteux, sec, où il ne pousse qu'une maigre végétation spontanée; ils y ont pris un développement plus grand que celui du R. Ganzin, du Gamay Couderc, etc., — et tel que leurs greffes en sont un peu coulardes. — La reprise à la greffe laisse quelquefois à désirer; mais ce défaut n'appartient pas sans doute à tous les représentants de ce groupe. En tout cas, la soudure effectuée, le sujet nourrit très bien les greffons qu'on lui fait porter. Il porte des greffes vigoureuses, dont on a quelquefois à combattre la tendance à la coulure.

En résumé, les Cordifolia-Rupestris sont d'excellents porte-greffes pour les sols où la sécheresse est à craindre, mais qui ne contiennent que de faibles doses de carbonate de chaux. Ils ont été trop délaissés jusqu'ici. Il convient de les mettre en œuvre, en les plaçant dans les conditions où ils sont supérieurs à tous les autres cépages.

Rup.-Cord. Jardin (Malègue). — **Caractères**. — Feuille adulte : angles des nervures : 89, 40 = 129, 37; entière; dents arrondies, larges; rapports des nervures : 0.88, 0.79. 0.37; pubescente aux angles des nervures en dessous; ondulée, unie, vert pâle, nervures un peu rosées à la base en dessus; petite.

Feuilles jeunes vert brillant, cuivrées.

Bourgeonnement glabre vert bronzé.

Rameaux glabres vert pâle, rayé de rouge.

Grappe à grains ronds ou discoïdes, noirs, petits, peu serrés, pulpeux, âpres; cylindrique, courte.

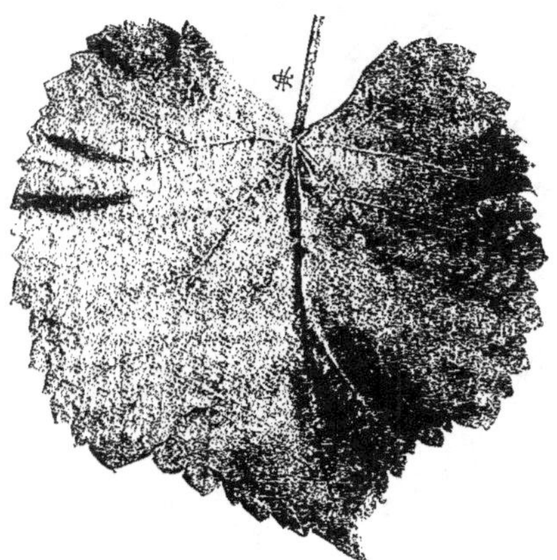

Fig. 271. — Feuille de R.-C. Jardin (Malègue).

Observations. — Vigne sélectionnée par M. Malègue. Elle est sensiblement intermédiaire aux deux espèces composantes, comme en témoigne la figure 271.

Aptitudes. — Plante de vigueur plutôt faible, au moins pendant les deux premières années. Plus tard, d'après M. Malègue, elle prend un développement aérien très satisfaisant. Et ainsi en a-t-il été dans le champ d'expériences de l'Ecole de Montpellier.

La reprise de bouture est satisfaisante, surtout dans un terrain bien préparé et maintenu frais ou meuble. Le système radiculaire est un peu charnu et puissant, et d'une faible réceptivité phylloxérique. Reprend bien à la greffe et paraît mieux mûrir son bois que C. R. de Grasset. Feuillage sain.

CORDIF.-RUP. DE GRASSET N° 1 (Mill[t]). — **Caractères**. — Feuille adulte : angles des nervures: 97, 37 == 134, 36; entière; dents arrondies très larges ; rapports des nervures : 0.92, 0.77, 0.44; pubescente (poils longs) en dessous; ondulée, unie, vert pâle, nervures un peu rosées à la base en dessous ; moyenne.

Feuilles jeunes un peu bronzées, pubescentes.

Bourgeonnement vert pâle.

Rameaux verts, rayés de violet.

Plante mâle.

Observations. — « Au milieu d'un lot de Cordifolias provenant du Territoire Indien et de l'Arkansas, M. de Grasset distingua, dès 1880, une demi-douzaine de plantes d'une vigueur exceptionnelle.

« En 1881, il me fit part de son appréciation sur leur nature hybride. Je les étudiais attentivement et n'eus, en fin de compte, qu'à confirmer l'exactitude de sa détermination.... De ces six souches, l'une est encore plus vigoureuse que les autres ; M. de Grasset l'a marquée du N° 1. J'ai passé, en 1882, une demi-journée à examiner l'état des racines de ces plantes vraiment phénoménales ; sur toutes j'ai trouvé quelques rares nodosités, sauf sur la plante N° 1 où il m'a été impossible d'en découvrir la moindre trace. Cet individu est donc indemne. Il sera désigné désormais sous le nom de Cordifolia-Rupestris de Grasset N° 1 ». — (Millardet).

Fig. 272. — Feuille de Cordif.-Rup. de Grasset N° 1.

Telle est l'origine de cette vigne. Elle est peut-être plus voisine du V. Rupestris que du V. Cordifolia, au moins par le feuillage ; mais les caractères des deux espèces composantes sont bien apparents.

Aptitudes. — Vigne vigoureuse à gros sarments qui s'enracinent assez facilement. Le système radiculaire, de couleur jaunâtre, est un peu charnu et puissant. Mais il n'est pas indemne de phylloxera. Il en porte, d'après mes expériences et observations, plus que celui du Riparia ou du Rupestris. On trouve des nodosités sur les radicelles et même quelques petites tubérosités sur les racines de l'année. En tout cas, les unes et les autres sont sans importance pour la vie de la plante, dont la résistance phylloxéri-

que est ainsi suffisante partout. Sa reprise à la greffe laisse à désirer, soit par suite
de la prédominance du V. Rupestris, soit parce que les sarments s'aoûtent mal, surtout dans les sols frais et dans les régions pluvieuses. C'est là un des défauts les plus
graves de cette vigne; — mais les greffes, une fois soudées, se développent puissamment. Elle est un bon porte-greffe dans les sols secs ou silico-argileux.

107¹¹ (Mill¹-de Gr.). — **Caractères.** — Feuille adulte : angles des nervures : 110,
50 = 160, 52 ; 3-lobée, à sinus latéraux : supérieur marqué ; dents anguleuses,
étroites ; rapports des nervures : 0.85, 0.68, 0.50 ; pubescente sur nervures **1, 2, 3, 4**
en dessous ; ondulée, bullée, vert foncé, nervures finement pubescentes et rosées en
dessus ; moyenne.

Feuilles jeunes très bronzées brillantes.

Bourgeonnement bronzé.

Rameaux glabres violets.

Grappe à grains ronds, noirs, petits, peu serrés, âpres ; grande, ailée.

Observations. — Hybride de V. Rupestris et de Cordifolia (Rupestris × Cordifolia)
obtenu par MM. Millardet et de Grasset. Ses feuilles, qu'un accident m'a empêché de
faire figurer ici, ont bien à la fois les caractères des composantes. Les angles des
nervures sont plus ouverts que dans le V. Rupestris ; les rapports des nervures $\dfrac{I^t}{I}$
plus élevés que chez le V. Cordifolia ; si bien que les feuilles ont exactement la forme,
peut-être cependant un peu raccourcie, de celles du V. Riparia. 107¹¹ est ainsi un
hybride dont la feuille rappelle une espèce qui est tout à fait étrangère à sa constitution. Cela pouvait d'ailleurs être facilement prévu.

Dans le bourgeonnement, c'est le V. Cordifolia qui domine. Il domine aussi dans le
fruit, qui n'a à peu près rien du V. Rupestris.

Aptitudes. — Plante d'une très grande vigueur, à gros et longs sarments et donnant de belles souches. La reprise de bouture est satisfaisante ; le système radiculaire très puissant, très peu attaqué par le phylloxera. 107¹¹ est donc un porte-greffe
de valeur. La reprise à la greffe est bonne. Il porte des greffes vigoureuses et fertiles
dans tous les sols qui sont dépourvus de calcaire, caillouteux ou silico-argileux compacts. Cependant il n'a pas la résistance à la sécheresse de quelques autres hybrides.
Le feuillage est sain.

RUPESTRIS-CANDICANS — CHAMPIN

Les Rupestris-Candicans forment actuellement un groupe d'hybrides qu'on a
appelés des *Champins*, en l'honneur de l'éminent viticulteur qui les a reçus et observés le premier. Les uns ont un feuillage glabre ou presque glabre ; et si le V. Candicans y est cependant apparent, c'est le V. Rupestris qui domine et de beaucoup.
Ceux-ci sont donc bien des Rupestris-Candicans. Ils n'offrent d'ailleurs aucun intérêt,
et aucun d'eux n'a été propagé.

Les autres ont des affinités surtout pour le V. Candicans ; ils en ont le port, le feuillage, le tomentum, et aussi le défaut de ne pas s'enraciner de bouture. La résistance au phylloxera est bonne. Ces vignes pourraient rendre des services dans les sols compacts, secs et peu calcaires, si leurs sarments s'enracinaient facilement.

Munson a réuni sous le nom de V. Champin des hybrides divers de V. Candicans.

CHAMPIN var. *a* (Planchon).— **Caractères.** — Feuille adulte : angles des nervures : 110, 35 = 145 ; entière, à dents anguleuses larges ; rapports des nervures : 0.80, 0.79, 0.47 ; aranéeuse en dessous ; aranéeuse, bullée, vert foncé, brillante en dessus ; petite.

Feuilles jeunes duveteuses brillantes.

Bourgeonnement duveteux rosé.

Rameaux anguleux vert-rosé.

Observations. — C'est le V. Candicans qui domine dans cette plante. Elle en a la puissance du développement, l'allure, les qualités comme aussi les défauts. Le V. Rupestris y est peu apparent.

Aptitudes. — Plante vigoureuse, à gros et longs sarments, qui s'enracinent très difficilement. Le Champin *a* ne peut guère être multiplié que par le marcottage. Il possède un puissant système radiculaire, charnu, dont la résistance au phylloxera n'est peut-être pas très élevée, mais est suffisante à peu près partout. En raison de sa vigueur, il vient dans les terrains un peu calcaires. Quand le sol lui convient, il nourrit de très belles greffes, qui dépassent même les greffes sur V. Rupestris.

Variété peu répandue, à cause de la difficulté avec laquelle elle reprend de bouture.

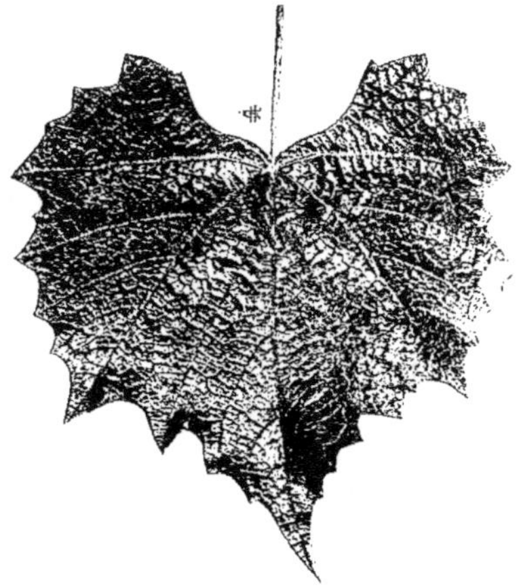

Fig. 273. — Feuille de Champin.

RUPESTRIS-CINEREA

Ces vignes sont toutes des hybrides naturels. Elles ne se sont pas répandues dans les vignobles ; on ne les trouve guère que dans les champs d'expériences.

C'est que si leur résistance phylloxérique est bonne, elles n'ont qu'une aire d'adaptation peu étendue. Il n'y a pas lieu, en effet, de les utiliser dans les bonnes terres, d'autres cépages s'y développent plus puissamment ; elles ne peuvent être placées non plus dans les sols calcaires, à cause de leur sensibilité à la chlorose. C'est seulement dans les terres silico-argileuses compactes, ou encore caillouteuses et sèches qu'elles peuvent rendre des services. La culture en est donc très limitée.

Rupestris-Cinerea (Munson). — **Caractères**. — Feuille adulte : angles des nervures : 107, 47 = 154, 53 ; entière ; dents arrondies, très larges ; rapports des nervures : 0.86, 0.82, 0.40 ; aranéeuse, très pubescente en dessus ; ondulée, bullée, pubescente, vert-blanchâtre, nervures à peine rosées en dessus ; petite, ronde.

Feuilles jeunes pubescentes, à liséré rose.

Bourgeonnement aranéeux vert, à liséré rose.

Rameaux aranéeux très pubescents vert pâle.

Grappe à grains ronds, noirs, petits, peu serrés, pulpeux, âpres ; petite, cylindro-conique.

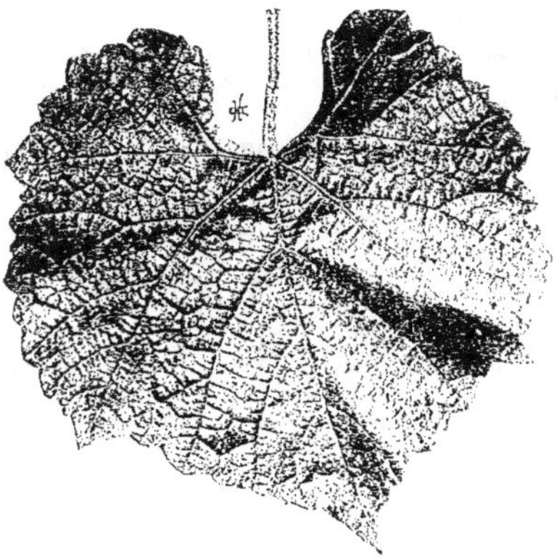

Fig. 274. — Feuille de Rupestris-Cinerea (Munson).

Observations. — Variété sélectionnée par M. Munson. Les deux générateurs sont également apparents dans les organes extérieurs.

Aptitudes. — Plante peu vigoureuse. Elle donne de nombreux sarments, qui restent grêles. Leur enracinement est assez difficile, et ils donnent des souches dont le premier développement est très lent, mais dont le tronc devient assez gros.

Par contre, le système radiculaire est très puissant, ramifié, charnu. La résistance phylloxérique est très bonne. En raison de son faible développement, cette vigne ne peut guère rendre des services que dans les sols compacts ou caillouteux qui craignent la sécheresse, à la condition qu'ils ne soient pas calcaires ; ailleurs, d'autres cépages doivent lui être préférés.

Les greffes sont fertiles, mais de vigueur médiocre, au moins pendant les premières années.

Le feuillage est sain. Les bois mûrissent bien seulement dans les régions méridionales.

Rupestris-Cinerea de Grasset (Mill⁹). — **Caractères**. — Feuille adulte : angles des nervures : 112, 39 = 151, 18 ; 3-lobée, à sinus latéraux : supérieur à peine marqué ;

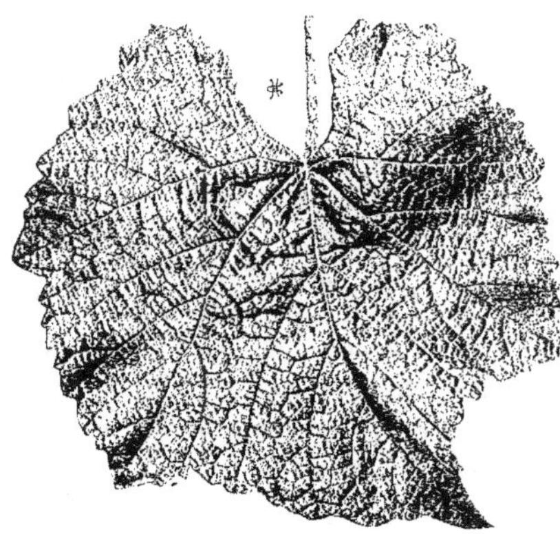

Fig. 275. — Feuille de Rupestris-Cinerea de Grasset.

dents arrondies, très larges ; rapports des nervures : 0.90, 0.59, 0.33 ; pubescente sur nervures **1, 2, 3, 4** en dessous ; bullée, brillante, nervures à peine rosées à la base en dessus; moyenne.

Feuilles jeunes pubescentes vert-blanchâtre.

Bourgeonnement vert pâle.

Rameaux anguleux aranéeux, pubescents, rouge vineux.

Grappe à grains ronds, noirs, petits, pulpeux, peu serrés, fades ; moyenne, ailée.

Observations. — Hybride naturel sélectionné chez M. de Grasset. Il est un peu plus Cinerea que Rupestris.

Aptitudes. — Vigne de vigueur moyenne, à sarments plutôt grêles. La résistance phylloxérique est élevée, bien que les racines portent quelquefois des tubérosités superficielles. Reprise de bouture médiocre, mais suffisante en pépinière. Les greffes sont assez vigoureuses, fertiles. Cépage pour les sols non calcaires compacts et secs.

RUPESTRIS-BERLANDIERI

Ce que j'ai dit des Riparia-Berlandieri s'applique en grande partie aux Rupestris-Berlandieri. Ce sont des plantes d'une vigueur très suffisante dans tous les milieux. Leur végétation est un peu buissonnante, comme celle du V. Rupestris ; mais elles ne donnent qu'un petit nombre de beaux sarments : ce ne sont pas des «vignes de pépiniéristes ». L'enracinement est plutôt facile ; la proportion des boutures qui s'enracinent s'élève, en pépinière, à 80 o/o en moyenne. Le système radiculaire est charnu, un peu «plongeant», ramifié, c'est-à-dire à chevelu abondant. Il est, en général, très attaqué par le phylloxera ; les nodosités sont nombreuses et les tubérosités fréquentes. La résistance à l'insecte paraît toutefois suffisante. Cette grande réceptivité phylloxérique ne s'explique guère. Les variétés pures de Rupestris sont presque indemnes, et le V. Berlandieri a paru jusqu'ici assez solide. Elle doit tenir, à mon sens, à ce que les générateurs mis en œuvre n'ont pas toujours été des variétés pures, notamment chez les variétés de Rupestris. Ils fleurissent à des époques si éloignées que, pour leur croisement, on est obligé d'utiliser les variétés qu'on a sous la main et non celles que l'on juge les meilleures. C'est pourquoi il n'y a pas dans les Rupestris-Berlandieri l'uniformité qu'on constate chez les Riparia-Berlandieri.

La résistance à la chlorose du V. Rupestris dans les variétés pures est moindre que celle du V. Riparia, et les hybrides du premier sont à ce point de vue inférieurs aux hybrides du second. Il n'en sera pas longtemps ainsi : les hybrides de R. du Lot et d'un Berlandieri vigoureux et bien pur doivent égaler et même dépasser ces derniers.

Les Rupestris-Berlandieri peuvent être cultivés dans tous les sols calcaires. En raison de la direction plongeante de leurs racines, ils me paraissent convenir spécialement aux terres caillouteuses et perméables. C'est là que, jusqu'ici, ils donné les meilleurs résultats.

301[43-152] (Mill' de Gr.). — **Caractères.** — Feuille adulte : angles des nervures : 101, 40 = 141, 50; 3-lobée, à sinus latéraux : supérieur à peine marqué ; dents anguleuses ; rapports des nervures : 0.94, 0.77, 0.46 ; pubescente sur nervures **1**, **2** en dessous ; ondulée, bullée, vert pâle, unie, vert pâle en dessus ; petite.

Feuilles jeunes aranéeuses pubescentes, cuivrées.

Bourgeonnement duveteux rosé.

Rameaux anguleux aranéeux, vert-rosé.

Grappe à grains ronds, noirs, petits, peu serrés, pulpeux, âpres ; très petite.

Aptitudes. — Variété inférieure à 301-37. Elle craint encore plus le calcaire crayeux.

301[37-152] (Mill[t]-de Gr.). — **Caractères.** — Feuille adulte : angles des nervures : 99, 47 = 146, 42 ; 3-lobée, à sinus latéraux : supérieur à peine marqué ; dents arrondies, étroites ; rapports des nervures : 0.85, 0.84, 0.34 ; pubescente sur nervures **1**, **2** en dessous ; ondulée, bullée, vert pâle, nervures à peine rosées ; sur-moyenne.

Feuilles jeunes aranéeuses vert pâle.

Bourgeonnement aranéeux.

Rameaux aranéeux anguleux, vert-rosé.

Grappe à grains ronds, noirs, petits, très peu serrés, pulpeux, âpres ; sous-moyenne, ailée.

Observations. — Variété obtenue par MM. Millardet et de Grasset. Le feuillage rappelle surtout le V. Berlandieri.

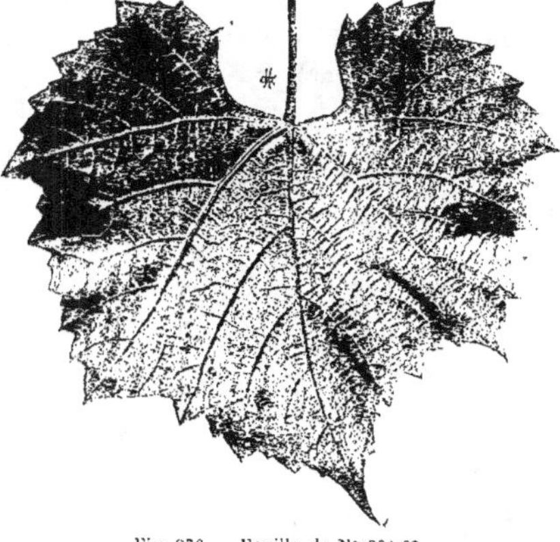

Fig. 276. — Feuille de N° 301-37.

Aptitudes. — C'est une vigne de vigueur moyenne, à sarments ramifiés, gros, plutôt courts, et à reprise facile. Le système radiculaire est un peu charnu et ramifié. Les radicelles portent de nombreuses nodosités phylloxériques, et les racines présentent souvent des tubérosités plutôt superficielles. Il ne me paraît pas cependant que la résistance phylloxérique puisse être en défaut. Au reste, cette vigne, qui a mis en lumière, à Marsville, les qualités des Rupestris-Berlandieri, est moins résistante à la chlorose que 219 A. et d'autres variétés du même groupe. Elle doit donc être délaissée. Le feuillage craint la mélanose.

301[4-152] (Mill[t]-de Gr.). — **Caractères.** — Feuille adulte : angles des nervures : 122, 49 = 171, 60 ; entière ; dents arrondies, très larges ; rapports des nervures : 0.93, 0.66, 0.25 ; pubescente sur nervures **1**, **2** ; unie, vert pâle, nervures rosées en dessus.

Feuilles jeunes pubescentes aranéeuses, vert pâle, très brillantes.

Bourgeonnement aranéeux rosé.

Rameaux anguleux aranéeux, vert-rosé.

Observations. — Hybride de V. Rupestris et de V. Berlandieri obtenu par MM. Millardet et de Grasset. Les feuilles amples, unies, rappellent celles du V. Rupestris.

Aptitudes. — Plante vigoureuse, à beaux sarments. Elle reprend bien de bouture et donne une forte proportion de bonnes soudures. Les greffes sont vigoureuses et fertiles.

301 A. (Mill¹-de Gr.). — **Caractères**. — Feuille adulte : angles des nervures : 118, 48 = 166, 40 ; 3-lobée, à sinus latéraux : à peine marqué ; dents arrondies, très larges ; rapports des nervures : 0.98, 0.82. 0.36 ; à peine pubescente sur nervures **1, 2, 3** ; ondulée, unie, vert pâle, nervures rosées en dessus.

Feuilles jeunes aranéeuses, bronzées, luisantes.

Bourgeonnement aranéeux rosé.

Rameaux anguleux, aranéeux-pubescents, rouges.

Observations. — Hybride de V. Rupestris et de V. Berlandieri obtenu par MM. Millardet et de Grasset. Le V. Berlandieri domine dans le feuillage.

301 A. est, d'après M. Millardet, le meilleur des 301. C'est, en effet, celui qui a paru le plus vigoureux jusqu'ici ; et c'est aussi sans doute le moins attaqué par le phylloxera. Peu répandu encore, on ne peut pas l'apprécier en pleine connaissance de cause. Les caractères, les affinités montrent qu'il doit constituer un bon porte-greffe pour les terrains calcaires.

Fig. 277. — Feuille de N° 301 C.

301 C. (Mill¹-de Gr.). — **Caractères**. — Feuille adulte : angles des nervures : 104, 45 = 149, 43 : entière ; dents arrondies, larges ; rapports des nervures : 0.98, 0.78, 0.38.

Feuilles jeunes aranéeuses.

Bourgeonnement aranéeux.

Rameaux anguleux.

Observations. — Hybride de Rupestris et de Berlandieri obtenu par MM. Millardet et de Grasset. Les caractères du V. Berlandieri dominent dans le feuillage.

Aptitudes. — Plante de vigueur moyenne, ramifiée, à sarments gros, mais peu nombreux. Reprend assez bien de bouture et bien à la greffe. Les greffes qu'elle porte sont vigoureuses. Elle est encore peu répandue. Convient surtout aux terrains calcaires chlorosants, cailloutoux, mais perméables.

17-37 (Mill^t-de Gr.). — **Caractères**. — Feuille adulte: angles des nervures : 100, 36 = 136, 35 ; entière ; dents anguleuses très larges; rapports des nervures : 1.02, 0.83, 0.42 ; aranéeuse-pubescente sur nervures **1, 2, 3** en dessous; unie, vert glauque, nervures à peine rosées en dessus.

Feuilles jeunes duveteuses vert pâle.

Bourgeonnement duveteux, un peu rosé.

Rameaux duveteux violacés.

Observations. — Hybride naturel provenant d'un semis de Berlandieri, et sélectionné par MM. Millardet et de Grasset. C'est le Rupestris qui domine dans le feuillage. En dehors du Berlandieri, il y a dans cette plante du sang d'une troisième espèce, qui est probablement le V. Candicans.

Aptitudes. — Plante remarquable par sa vigueur. Elle donne de gros sarments un peu ramifiés, qui s'enracinent assez bien. Le système radiculaire est charnu. La résistance phylloxérique n'est pas déterminée. Quant aux facultés d'adaptation au sol, elles sont moindres que celles des Rupestris-Berlandieri purs. Elle jaunit dans la craie, où elle n'est guère supérieure à 3309. Elle pourrait peut-être rendre des services dans les marnes compactes. Reprend bien à la greffe et porte des greffes fertiles.

219 A. (Mill^t-de Gr.). — **Caractères**. — Feuille adulte: angles des nervures: 91, 44 = 135, 51 ; 3-lobée, à sinus latéraux: supérieur peu marqué ; dents anguleuses, étroites; rapports des nervures: 0.90, 0.74, 0,54 ; pubescente sur nervures **1, 2, 3, 4**; ondulée, presque unie, vert foncé terne, nervures rosées à la base en dessus : large.

Feuilles jeunes aranéeuses-pubescentes, vert cuivré.

Rameaux anguleux aranéeux, vert-rosé.

Grappe à grains ronds, noirs, petits, peu serrés, pulpeux, âpres ; très petite.

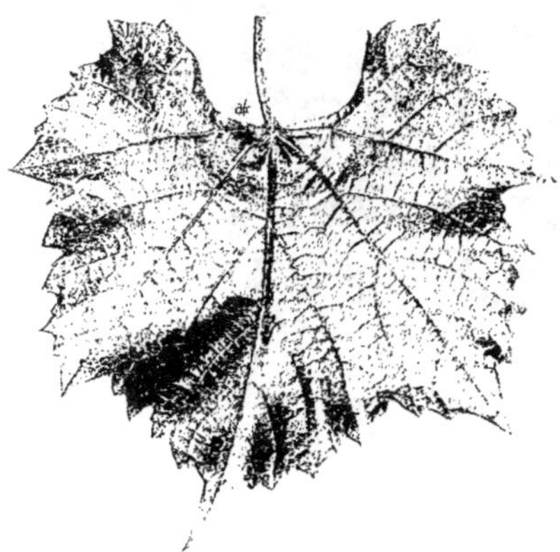

Fig. 278. — Feuille de N° 219 A.

Observations. — Hybride de Rupestris et de Berlandieri obtenu par MM. Millardet et de Grasset. Les caractères du V. Berlandieri sont nettement apparents dans le feuillage ; ils sont aussi accusés dans le système radiculaire. Cette plante semble avoir plus d'affinités pour le V. Berlandieri que pour le V. Rupestris.

Aptitudes. — Plante vigoureuse, donnant quelques gros sarments ramifiés ; la tige est puissante et grossit à peu près autant que celle du V. Vinifera. Les sarments reprennent assez bien de bouture. Le système radiculaire, un peu plongeant, est charnu et ramifié. Il est très attaqué par le phylloxera, ses radicelles se couvrent de nodosités, et les tubérosités sont fréquentes sur les racines, mais elles sont peu pénétrantes. La résistance phylloxérique me paraît suffisante. C'est dans les terrains calcaires très chlorosants que cette vigne doit être placée. Dans les terres meubles et fraîches, les Riparia-Berlandieri doivent être préférés ; dans celles qui sont cail|outeuses, mais perméables, sèches à la surface, 219 A. viendra très bien. Dans les groies des Charentes, où je l'ai spécialement étudié, il porte des greffes très belles et très vertes.

La reprise à la greffe est bonne, — bien meilleure que sur Rupestris ; les souches sont fertiles. Les sarments s'aoûtent bien, même dans l'Ouest de la France. Seulement ils produisent peu de belles boutures. Le feuillage est sain.

RUPESTRIS-VINIFERA

Tous les Rupestris-Vinifera connus ont été obtenus en France ; presque tous sont le produit de l'hybridation artificielle. Ils sont très nombreux et beaucoup d'entre eux sont déjà utilisés soit comme porte-greffes, soit comme producteurs-directs. Pourquoi a-t-on cherché à les obtenir ? Pourquoi a-t-on tenu à créer un groupe de vignes qui n'avait auparavant aucun représentant naturel ?

C'est qu'*à priori*, d'après les lois de l'hybridité connues, les hybrides de ce groupe, ou plutôt quelques-uns d'entre eux, peuvent avoir, d'une part, la résistance phylloxérique — ou les racines — du V. Rupestris, et, d'autre part, les qualités fructifères — la tête — du V. Vinifera. Il s'agit donc de donner à nos Vinifera les racines du V. Rupestris, c'est-à-dire de créer des plantes dont la culture ne nécessiterait plus l'intervention du greffage : les Producteurs-directs.

Fig. 279. — Feuille de Rupestris-Vinifera.

Ce but a été poursuivi de plusieurs côtés à la fois : l'École de Montpellier, MM. Millardet et de Grasset, M. Couderc, M. Castel, etc., ont obtenu un grand nombre de plantes de ce groupe. La plupart n'ont pas répondu aux espérances du début, et en cherchant des producteurs-directs on a obtenu tout d'abord... des porte-greffes.

Ceux-ci possèdent les qualités que la théorie permet de prévoir. Ils sont vigoureux, quelques-uns d'entre eux sont aussi puissants que les plus belles variétés de Vinifera. Ils reprennent très bien de bouture et émettent un système radiculaire très puissant, plongeant plutôt que traçant, qui chemine facilement dans tous les terrains. La résistance phylloxérique, au moins jusqu'ici, n'a pas été aussi élevée qu'on l'eût désiré.

Aucun d'eux n'a des racines exclusivement américaines ; elles ont toutes les caractères des deux espèces composantes et, par conséquent, elles offrent une résistance à
l'insecte intermédiaire, plus ou moins voisine de celle du V. Rupestris. Cette résistance n'a pas encore été fixée avec précision ; elle n'est peut-être pas suffisante dans
tous les terrains : elle peut suffire au moins dans les terres profondes, ou fraîches, ou
sablonneuses.

Les facultés d'adaptation au sol sont assez étendues. Ces vignes ont une haute résistance à la chlorose, ce qui en permet la culture dans beaucoup de terrains calcaires ;
elles viennent aussi très bien dans les terres non calcaires, compactes ou non. Si,
dans ces dernières, on donne encore la préférence aux variétés du V. Riparia, etc.,
c'est que les greffes sur Rupestris-Vinifera, indépendamment de l'incertitude de leur
durée, ou bien se soudent mal et donnent un nombre de reprises trop faible, ou bien,
par suite de leur vigueur, ont une tendance à la coulure. On sait comment on combat
ce défaut.

Les producteurs-directs qui ont été obtenus laissent en général à désirer au point
de vue de la régularité de la production. Ils sont nécessairement très fertiles, c'est-à-
dire qu'ils produisent un grand nombre
de grappes sur chaque rameau, même
sur ceux qui naissent du vieux bois ; et
à ce point de vue, les Rupestris-Vinifera
sont très intéressants pour les régions
exposées à souffrir des gelées de printemps.
Il n'est pas rare de compter 4 grappes
sur chaque pousse ; on en a même compté
5 et 6. Seulement ces grappes n'ont pas
toujours des fleurs bien constituées ; et
elles coulent, ou bien elles portent des
grains qui restent petits et verts. Le fruit,
comme toute la plante, a des affinités
pour les deux espèces génératrices ; par
suite, il n'est pas de très bonne qualité,

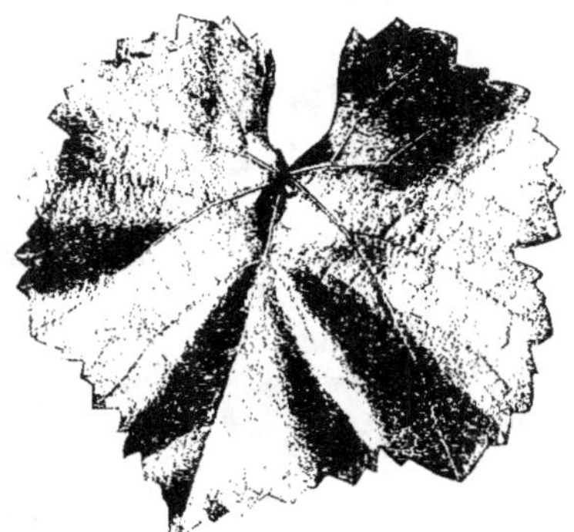

Fig. 280. — Feuille de Rupestris-Vinifera.

et il donne rarement un vin qui puisse être bu tel quel ; il est d'ordinaire trop coloré
et ne convient que pour le coupage.

Par contre, les fruits et le feuillage sont très résistants aux maladies cryptogami-
que, et cela montre encore que nous n'avons pas obtenu une « tête » entièrement
Vinifera.

Pour s'en rapprocher davantage, il suffit de faire dominer cette dernière espèce dans
le produit de l'hybridation. On y parvient facilement par la création des trois quarts
de sang. Ceux-ci ont pour la plupart, des qualités fructifères excellentes. On ne peut
rien reprocher à leurs grappes, dont quelques-unes sont bien meilleures que celles de
quelques variétés de V. Vinifera. Mais s'il y a eu gain d'un côté, il y a eu trop souvent
perte de l'autre. L'amélioration du fruit a eu pour conséquence une diminution de la
résistance aux maladies cryptogamiques. Quant à la résistance au phylloxera......
attendons.

81-2 (Couderc). — **Caractères**. — Feuille adulte : angles des nervures : 92, 46 = 138, 56 ; 3-lobée, à sinus latéraux : supérieur bien marqué ; dents arrondies, larges ;

rapports des nervures : 1.02, 0,73, 0.37 ; à peine pubescente sur nervures **1**, **2** en dessous ; unie, plane, vert glauque en dessus.

Observations. — « Rupestris de semis », d'après M. Couderc, obtenu en 1888 ; mais il est sûrement allié au V. Vinifera ; la forme de la feuille et des dents rappelle le V. Vinifera.

Aptitudes. — Variété très vigoureuse, à gros et longs sarments, qui reprennent très bien de bouture. Le système radiculaire est puissant, charnu, ramifié. Mais il

Fig. 281. — Feuille de N° 81-2.

est aussi très attaqué par le phylloxera, sur les radicelles comme sur les racines. C'est donc une vigne à résistance phylloxérique insuffisante dans la plupart des sols.

Par contre, la résistance à la chlorose est élevée, et c'est pourquoi il a pu être conseillé pour les terres calcaires.

Auxerrois-Rupestris. — **Synonymes**. — *Rupestris Lacoste, Hybride Pardes, Hybride Soulages*.

Caractères. — Feuille adulte : angles des nervures : 97, 23 = 120, 40 ; 3-lobée, à sinus latéraux : supérieur à peine marqué ; dents anguleuses, peu aiguës ; rapports des nervures : 1, 0.81, 0.31 ; bouquets de poils raides aux angles des nervures **1**, **2** en dessous ; plane, lisse, vert pâle, peu brillante ; large.

Feuilles jeunes vert tendre.

Bourgeonnement vert bronzé sur les bords.

Rameaux glabres, rayés de rouge vineux.

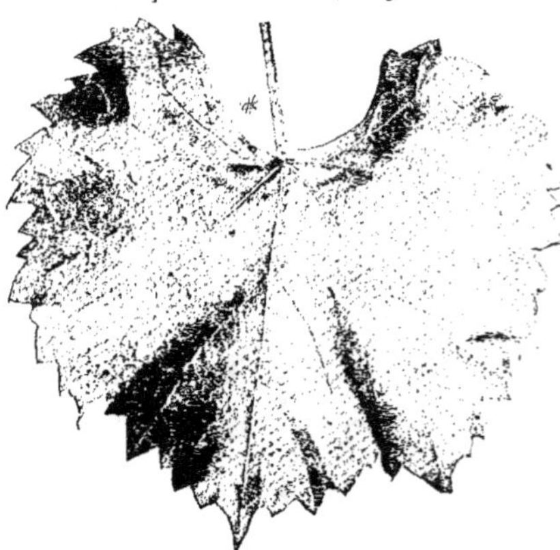

Fig. 282. — Feuille de Rup. Lacoste.

Plante très fertile, de 4 à 5 grappes par rameau.

Grappe à grains ronds, petits, noirs, plutôt agréables ; ailée, peu serrée, moyenne.

Observations. — Hybride d'origine inconnue. Trouvé à la fois, semble-t-il, dans le département du Lot par deux viticulteurs, MM. Pardes et Lacoste, et propagé depuis quatre ans comme producteur-direct. L'ensemble du feuillage, la charpente de la feuille, les angles et le rapport des nervures le rapprochent beaucoup du V. Rupestris ; et ce sont évidemment les caractères de cette espèce qui dominent. Ils dominent dans les qualités fructifères. Chaque rameau principal porte de 4 à 5 grappes et les bourgeons du « vieux bois » sont également fertiles. La grappe est courte, petite, serrée, quand elle ne coule pas ; seulement elle coule presque toujours. Le V. Rupestris domine aussi jusque dans les facultés d'adaptation au sol.

Aptitudes. — Vigne vigoureuse, à gros sarments et à système radiculaire charnu, rappelant le V. Vinifera. Elle porte sur ses racines de nombreuses tubérosités, souvent pénétrantes. La résistance phylloxérique est donc au moins douteuse dans les terrains maigres et secs. Elle craint les calcaires tendres et frais où elle jaunit, comme on pouvait le prévoir du reste d'après sa composition.

Elle est très fertile. Chaque *œil* peut donner 3-4 rameaux tous fertiles ; les rameaux principaux portent jusqu'à 5 grappes, dont les fleurs sont pour la plupart bien constituées. En est-il de même du pollen et de l'ovaire ? C'est ce qu'on ne sait pas. En tout cas, elle « coule » beaucoup dès que les conditions de milieu ne sont pas très favorables ; et en année pluvieuse il ne reste que quelques grains sur les grappes. Malgré le grand nombre de grappes qu'elle porte, le rendement est plutôt peu élevé, mais le vin est de bonne qualité. C'est un des meilleurs vins de Vinifera-Rupestris. Elle résiste bien aux maladies cryptogamiques : oïdium, mildiou, black-rot.

PLANT JOUFFREAU. — Serait une sélection de Rupestris Lacoste, à grappes denses non coulardes ; ne me paraît différer en *rien* du précédent.

124-20 (Couderc). — **Caractères**. — Feuille adulte : angles des nervures : 98, 33 = 131 ; 5-lobée, à sinus latéraux : supérieur et inférieur profonds ; dents anguleuses, larges ; rapports des nervures : 1, 0.73, 0.48 ; glabre en dessous ; ondulée, gaufrée, bullée, vert foncé, nervures rosées à la base en dessus.

Feuilles jeunes aranéeuses vert pâle, brillantes.

Bourgeonnement aranéeux vert pâle.

Rameaux glabres vert-violacé.

Fig. 283. — Feuille de N° 124-20.

Grappe à grains ronds, noirs, moyens, peu serrés, saveur neutre ou agréable ; ailée, moyenne.

Observations. — 124-20 est un trois quarts de sang Vinifera obtenu, en 1890, par M. G. Couderc. Le V. Vinifera est dominant et de beaucoup dans le feuillage de cette vigne.

Aptitudes. — D'après M. Couderc : « Noir, 2ᵉ et 3ᵉ époque; grains 16-17 millimètres; craint assez le mildiou, mais est bien résistant au black-rot; devient très fertile avec l'âge. Un des trois quarts de sang les plus résistants au phylloxera. Il n'est pas indemne, mais il paraît, au moins pour le moment, aussi résistant que le Jacquez. A l'Ecole de Montpellier, il est peu atteint et a bien maintenu sa vigueur; il n'a pas non plus beaucoup souffert de la pourriture. Il craint aussi le mildiou et l'oïdium. Sa fertilité laisse à désirer». Vigne de vigueur moyenne, plutôt peu fertile. Il donne un vin de 7 à 8° avec 24 d'extrait sec, neutre.

241-125. — **Caractères**. — Feuille adulte : angles des nervures : 98, 82 = 180, 40; 5-lobée, à sinus latéraux : supérieur très profond, inférieur assez profond; dents arrondies, très larges ; rapports des nervures : 0.92, 0.72, 0.16 ; aranéeuse en dessous; presque unie, vert foncé, brillante, épaisse, nervures rouge-violet à la base en dessus ; grande.

Feuilles jeunes aranéeuses vert-jaunâtre, un peu rosées. brillantes.

Bourgeonnement duveteux vert-blanchâtre.

Rameaux vert-rougeâtre.

Grappe à grains ronds, noirs, moyens, croquants, serrés; longue, à goût neutre.

Aptitudes. — Trois quarts de sang Vinifera obtenu, en 1893, par M. G. Couderc. Très peu résistant au phylloxera, au mildiou et à l'oïdium; fertilité médiocre ; ne paraît pas devoir s'imposer comme producteur-direct.

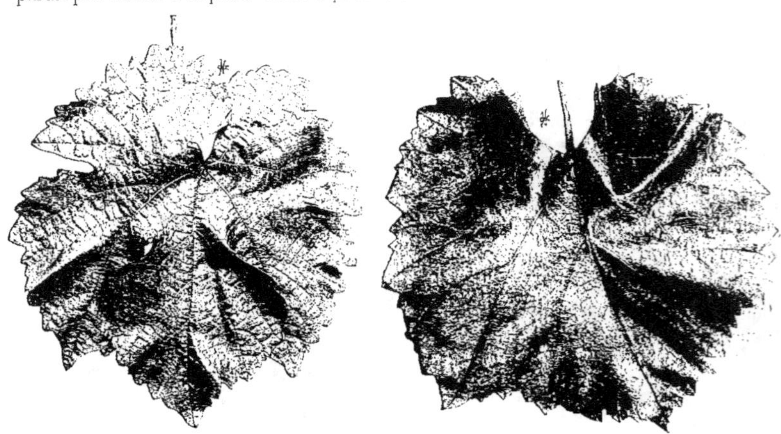

Fig. 284. — Feuille de N° 241-125.
Fig. 285. — Feuille de N° 136 E. M.

136 E. M. (Foëx). — **Caractères**. — Feuille adulte : angles des nervures : 99, 45 = 144; 3-lobée, à sinus latéraux : supérieur à peine marqué; dents anguleuses,

larges; rapports des nervures : 0.96, 0.71, 0.43 ; glabre en dessous; unie, vert pâle, brillante, nervures vert pâle en dessous ; moyenne.

Observations. — Hybride d'Alicante-Bouschet×Rupestris obtenu à l'Ecole de Montpellier par M. G. Foëx. Vigne très vigoureuse, à tronc très développé et à système radiculaire charnu et puissant. Résistance phylloxérique peut-être suffisante dans les sols profonds, sablonneux ou frais; aire d'adaptation peu étendue. 136 craint la chlorose. Non propagé jusqu'ici.

CLAIRETTE DORÉE (Ganzin). — **Caractères.** — Feuille adulte : angles des nervures : 100, 37 — 137 ; 3-lobée, à sinus latéraux : supérieur assez profond ; dents anguleuses, étroites; rapports des nervures: 0.94, 0.65, 0.28 ; glabre en dessous, unie, vert pâle, nervures vertes en dessus.

Feuilles jeunes aranéeuses rouge bronzé, brillantes.

Bourgeonnement aranéeux vert pâle, à liséré rouge.

Rameaux glabres vert-rosé.

Grappe à grains ovoïdes, blancs, sur-moyens, juteux, neutres, agréables, peu serrés ; longue, grande.

Observations. — Trois quarts de sang obtenu par M. V. Ganzin.

Aptitudes. — Vigne de vigueur moyenne, très fertile, jusqu'à 10 tuteurs par cep, donnant de belles et longues grappes de bonne qualité. Seulement elles mûrissent très tard. Craint le calcaire; la résistance phylloxérique est douteuse. Elle ne paraît pas supérieure à celle du Jacquez. Pourrait rendre des services, franche de pied, dans les terres sablonneuses de l'Algérie et aussi comme greffon.

Fig. 286. — Feuille de Clairette dorée.   Fig. 287. — Feuille d'Alicante Ganzin.

ALICANTE GANZIN (Ganzin). — **Caractères.** — Feuille adulte : angles des nervures : 102, 38 — 140, 32 ; 3-lobée, à sinus latéraux : supérieur profond, inférieur marqué ; dents anguleuses, très étroites; rapports des nervures: 0.94, 0.77, 0.21 ; large.

Feuilles jeunes aranéeuses vert pâle, cuivrées.

Bourgeonnement aranéeux vert pâle.

Rameaux vert pâle, un peu violacés.

Grappe à grains ovoïdes, noirs, moyens, peu serrés, juteux, très colorés, francs de goût ; ailée, longue, conique.

Observations. — Hybride d'Alicante-Bouschet × Aramon-Rupestris Ganzin obtenu par M. V. Ganzin. Le V. Vinifera est dominant dans tous les organes extérieurs.

Aptitudes. — Vigne plutôt faible, de fertilité médiocre et produisant des grappes longues, mais peu serrées. La production est faible. Mais le vin est franc de goût et d'une belle coloration. C'est le plus beau vin de coupage qui existe. Il a titré, en effet, en 1900, quoique provenant de vignes à leur 2ᵐᵉ feuille: 8° d'alcool, 3 d'extrait sec, avec une intensité colorante très grande.

Ses racines sont attaquées par le phylloxera. Il est à craindre qu'il ne soit pas suffisamment résistant, il ne paraît guère plus résistant que le Jacquez ; mais il pourra toujours être utilisé avec profit comme variété-greffon. Il sera bon de le greffer sur Rupestris du Lot. Très sensible au mildiou et à l'oïdium, mais résiste assez bien à la pourriture.

Aᴙᴀᴍᴏɴ × Rᴜᴘᴇsᴛʀɪs Gᴀɴᴢɪɴ N° 1 (Ganzin). — **Caractères.** — Feuille adulte : angles des nervures : 101, 30 = 131 ; 3-lobée, à sinus latéraux : supérieur peu marqué ; dents anguleuses, larges ; rapports des nervures : 0.94, 0.74, 0.34 ; aranéeuse sur nervures **1, 2** en dessous, presque unie, vert foncé, terne se tachant de rouge, nervures violacées à la base en dessus ; moyenne.

Fig. 288. — Feuille d'Aramon × Rup.-Ganzin N° 1.

Feuilles jeunes glabres bronzées.

Bourgeonnement aranéeux, rouge.

Rameaux verts, rayés de violet.

Plante mâle.

Observations. — Hybride d'Aramon × Rupestris Ganzin obtenu par M. V. Ganzin en 1879. La feuille est plus Rupestris que Vinifera ; peut-être en est-il de même du système radiculaire.

Aptitudes. — Plante très vigoureuse, à gros et longs sarments. La reprise de bouture est très bonne. Système radiculaire charnu, un peu rougeâtre, très puissant, ramifié. La résistance phylloxérique de cette vigne est assez élevée; ce n'est pas qu'elle soit peu envahie par l'insecte, au contraire, elle porte fréquemment sur les racines de nombreuses et volumineuses tubérosités, qui sont parfois très pénétrantes ; les radicelles sont peu atteintes ; mais sa grande vigueur lui permet de réparer rapidement les altérations des tissus qui en sont la conséquence. On voit tout de suite qu'elle se développera bien, même en présence du phylloxera, dans les sols frais, sablonneux ou riches, et qu'elle risque d'être insuffisante dans les terres sèches ou superficielles. La résistance à la chlorose est assez élevée : elle est un peu supérieure à celle du R. du Lot et inférieure à celle de 1202.

La reprise à la greffe est aussi mauvaise que chez les variétés pures de Rupestris. Quand on obtient 60 o/o de bonnes soudures avec le Vialla, Aramon Ganzin N° 1 en donne 25 o/o. Pour réussir, il faut prendre les précautions qui ont été indiquées pour le V. Rupestris. Mais toutes les variétés du V. Vinifera — et cela ne peut surprendre — se développent bien sur ce vigoureux porte-greffe ; elles ont une belle végétation et une fructification très satisfaisante.

Le feuillage craint peu le mildiou ; dans les régions humides, il sera bon néanmoins de faire un ou deux sulfatages.

132-11 (Couderc). — **Caractères**. — Feuille adulte : angles des nervures: 106, 47 = 153, 57; 5-lobée, à sinus latéraux : supérieur très profond, inférieur bien marqué; dents anguleuses, larges; rapports des nervures: 0.87, 0.82, 0.37 ; glabre en dessous; ondulée, bullée, vert pâle, épaisse, nervures à peine rosées à la base en dessus ; moyenne.

Feuilles jeunes aranéeuses vert pâle.

Bourgeonnement aranéeux vert, à liséré rose.

Rameaux aranéeux vert-rosé.

Grappe à grains ronds, noirs, petits, serrés ou entremêlés de grains verts, juteux, colorés ; courte, moyenne.

Observations. — Obtenu en 1890 par M. G. Couderc. L'obtenteur n'en a pas fait connaître la composition, mais le V. Rupestris et le V. Vinifera y dominent.

Aptitudes. — Voici comment M. Couderc apprécie cette vigne: « Noir, 2ᵉ et 3ᵉ époque; grains 14 à 15 millimètres, bon goût, vigueur et ensemble de 1202, avec fertilité atteignant le double de celle de J. 503, 603, 4401. Paraît n'être accessible à aucune maladie, sauf à quelques taches insignifiantes de mélanose sur les feuilles. Très résistant à la pourriture. (Pourrait, à plus juste titre que 28-112, être appelé Bayard)».

132-11 est une vigne vigoureuse, à très gros sarments qui restent longtemps dressés. La souche est forte. Le système radiculaire est puissant; mais la résistance phylloxérique n'est pas encore exactement connue. Jusqu'ici, à l'Ecole de Montpellier, ses racines sont indemnes, dans un terrain très phylloxéré et au milieu de beaucoup d'autres variétés très atteintes. Il est très résistant au mildiou. Cette année, son feuillage n'a pas été atteint par la maladie ; il est un peu plus sensible à l'oïdium. En somme, il se pourrait bien que M. Couderc ait eu raison de l'appeler Bayard.

Il est très fertile, comme le dit très bien M. Couderc. Ses grappes sont compactes, mais elles sont sujettes au millerandage, et alors elles portent un trop grand nombre de petits grains verts; elles mûrissent tardivement. Le vin est bien coloré, il titre de 8 à 10° d'alcool, 20 à 22 d'extrait sec. C'est un beau vin.

Hybride Fournié. — **Caractères**. — Feuille adulte : angles des nervures: 109-56 = 165, 45 ; 5-lobée, à sinus latéraux : supérieur et inférieur marqués ; dents anguleuses, larges ; rapports des nervures: 0.94, 0.82, 0.22; glabre en dessous ; gaufrée, ondulée, vert terne, nervures rosées à la base en dessus; large.

Feuilles jeunes glabres vert-jaunâtre, très brillantes.

Bourgeonnement glabre vert pâle, brillant.

Rameaux glabres vert-violacé.

Grappe à grains ronds, noirs, sous-moyens, peu serrés, juteux, très colorés, goût fade du Rupestris; petite.

Observations. — Obtenu par M. Fournié. Serait un hybride de Portugais bleu et de V. Rupestris. Par sa feuille il est très Vinifera, et par son fruit plutôt Rupestris.

Aptitudes. — Vigne plutôt faible et à sarments courts, dressés. Très fertile. Elle donne beaucoup de petites grappes. Le vin est coloré, peu alcoolique, 7 à 9°, peu riche en extrait sec. Craint peu le mildiou. Sensible à l'oïdium.

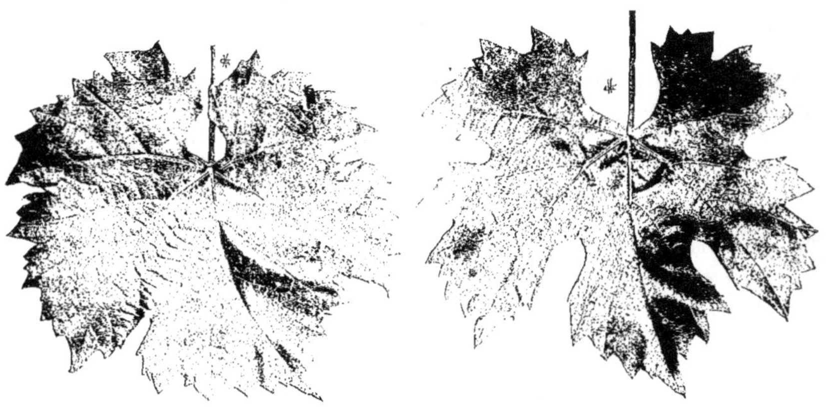

Fig. 289. — Feuille d'hybride Fournié.   Fig. 290. — Feuille de N° 4101.

4101 (Couderc). — **Caractères.** — Feuille adulte : angles des nervures : 110, 43 = 153, 52; 5-lobée, à sinus latéraux : supérieur profond, inférieur assez profond ; dents anguleuses, larges ; rapports des nervures : 0.97, 0.79, 0.36 ; aranéeuse sur nervures **1, 2** en dessous ; gaufrée, bullée, vert franc, brillante ; nervures à peine rosées à la base en dessus ; moyenne.

Feuilles jeunes glabres vert-rougeâtre.

Bourgeonnement vert-rougeâtre, brillant.

Rameaux aranéeux violacés.

Grappes à grains ronds, noirs, moyens, peu serrés ; longue, ailée.

Observations. — Producteur-direct peu fertile et peu vigoureux. A l'École de Montpellier, il s'affaiblit sous l'action du phylloxera.

1202 (Couderc). — **Caractères.** — Feuille adulte : angles des nervures : 110, 45 = 155, 35; 3-lobée, à sinus latéraux: supérieur à peine marqué ; dents anguleuses, larges ; rapports des nervures : 0.94, 0.78, 0.34 ; aranéeuse sur nervures **1, 2** en dessous ; gaufrée, bullée, vert pâle, nervures à peine rosées en dessus ; petite.

Feuilles jeunes aranéeuses vert pâle, cuivrées.

Bourgeonnement duveteux rosé.

Rameaux aranéeux vert-violacé, gros, érigés.

Grappes à grains ronds. noirs, petits, peu serrés, fades ; sous-moyenne.

Observations. — Hybride de Mourvèdre et d'une variété de Rupestris obtenu par M. Couderc. M. Couderc ne dit pas quelle est la variété de Rupestris qui a servi de père. Ce n'est certainement pas le R. Martin : il aurait donné une toute autre allure à cette plante. Si l'on envisage, d'une part, le port de ses sarments, et, d'autre part, sa haute résistance à la chlorose et sa grande vigueur, la facilité avec laquelle elle reprend à la greffe, on ne peut se défendre de la rapprocher du R. du Lot. S'il en est ainsi, le feuillage est beaucoup plus Vinifera que Rupestris. La feuille de 1202 est sensiblement celle du Mourvèdre.

Aptitudes. — Vigne d'une très grande vigueur. donnant des sarments très gros, mais courts, ramifiés, à port érigé. Le tronc est puissant, il grossit au moins autant que le tronc des variétés du V. Vinifera, et, en conséquence, il n'existe jamais de dif-

férence appréciable entre le sujet et le greffon. Le système radiculaire est très puissant; les racines naissent sur la tige à
plusieurs niveaux et en grand nombre ;
mais elles sont charnues, et le phylloxera
les attaque avec intensité. Elles portent
souvent de nombreuses tubérosités, qui
sont assez pénétrantes. Par contre, les
radicelles sont peu atteintes. En présence
de l'importance des lésions que le système
radiculaire présente quelquefois, il est
bien difficile d'attribuer à cette plante
une haute résistance. Par suite de sa
grande vigueur. elle peut, sans doute,
résister à l'insecte plus longtemps que
d'autres à faible développement. Il serait

Fig. 291. — Feuille de N° 1202.

certainement imprudent de la placer dans les terrains superficiels et secs. Mais dans les sols profonds, sablonneux ou riches ou frais, on peut l'utiliser sans crainte de la voir faiblir. 1202 est le porte-greffe des terrains calcaires humides.

Il vient très bien dans tous les sols non calcaires ; il peut rendre des services dans ceux qui sont très maigres ; mais il convient surtout aux terres très chlorosantes. Il résiste plus à la chlorose que R. du Lot, mais moins que les Riparia-Berlandieri. Il supporte sans jaunir 30 o/o de calcaire crayeux, le R. du Lot 25 o/o.

Il reprend très bien à la greffe et il communique aux greffes qu'il porte une très grande vigueur. A la soudure, il n'existe aucune différence de dimension entre le sujet et le greffon. La fertilité des greffes est très satisfaisante.

Les sarments s'aoûtent d'ordinaire bien partout, si le feuillage a été défendu contre le mildiou au moins par deux traitements.

C'est aussi, si on veut, un producteur-direct d'une grande fertilité. Seulement, ses grappes, petites et à petits grains, produisent peu de moût.

4401 (Couderc). — **Caractères.** — Feuille adulte : angles des nervures : 110, 45 = 155 ; 3-lobée, à sinus latéraux : supérieur assez profond ; dents anguleuses, larges ; rapports des nervures : 0.91, 0.67, 0.51 ; glabre en dessous ; unie, vert foncé, brillante, repliée en dessus, nervures vert pâle en dessus ; petite.

Feuilles jeunes glabres vert-rougeâtre, brillantes.

Bourgeonnement glabre vert, à liséré rose.

Rameaux verts, un peu rosés.

Grappe à grains ronds, noirs, sous-moyens, serrés, juteux, très colorés, à goût franc, un peu fades ; longue, 15 à 20 centimètres.

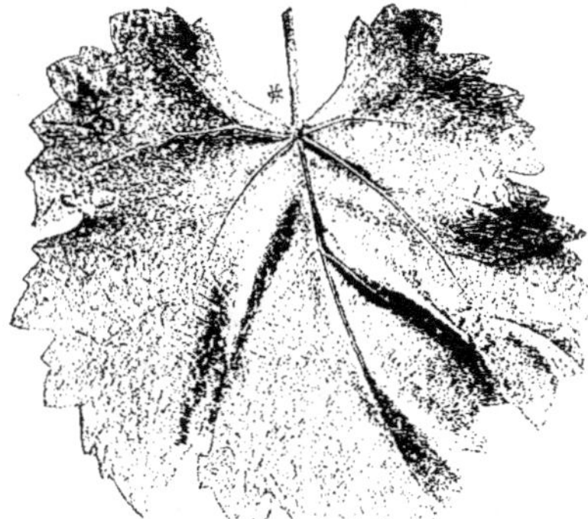

Fig. 292. — Feuille de Nᵒ 4401.

Observations. — Hybride de Chasselas rose × Rupestris obtenu par M. G. Couderc en 1884. Le feuillage est au moins aussi Vinifera que Rupestris.

Aptitudes. — Vigne vigoureuse, à port rampant. Les sarments reprennent très bien de bouture. Le système radiculaire est charnu, ramifié, puissant. Seulement la résistance phylloxérique est insuffisante, même dans les terres de bonne qualité ; elle ne paraît pas supérieure à celle de l'Othello. C'est seulement dans les terres sablonneuses ou très fraîches que cet hybride peut être cultivé avec succès sur ses propres racines. Ailleurs, le phylloxera le détruit, et il ne peut être utilisé que comme greffon. Il est d'une grande fertilité. Non seulement les grappes sont nombreuses (3, 4 par sarment), mais elles sont volumineuses et d'ordinaire assez compactes. Il en résulte qu'il est très productif. Son vin, neutre ou presque neutre, est plutôt agréable ; il est très coloré, mais contient seulement la dose normale d'extrait sec. Cette vigne craint peu le mildiou, de même, d'après M. Couderc, que le black-rot et la pourriture grise. Il est assez sensible à l'oïdium. A l'Ecole de Montpellier, il a été très endommagé par la pourriture grise.

199-88 (Couderc). — **Caractères.** — Feuille adulte : angles des nervures : 111, 38 = 149 ; 3-lobée ; à sinus latéraux : supérieur assez profond ; dents anguleuses, larges ; rapports des nervures : 0.89, 0.70, 0.38 ; glabre en dessous ; glabre, unie, vert terne, nervures vert pâle en dessus ; petite.

Feuilles jeunes glabres vert pâle.

Bourgeonnement aranéeux vert pâle.

Rameaux glabres vert pâle.

Grappe à grains ronds, blancs, gros, assez serrés, croquants, agréables ; grande, ailée.

Observations. — Trois quarts de sang Vinifera obtenu en 1891 par M. Couderc.

Aptitudes. — «Blanc, 2ᵉ époque, grain rond 20 à 22 millimètres, bon pour la table et à la cuve, superbe producteur avec l'âge, résiste suffisamment au phylloxera et se laisse facilement défendre du mildiou ; est très résistant au black-rot ; craint le calcaire». — (Couderc). Ne paraît guère plus résistant au phylloxera que l'Othello. Il craint la pourriture.

La souche est plutôt faible, mais elle est très fertile et donne de très beaux raisins. C'est le plus bel hybride franco-américain à fruits blancs.

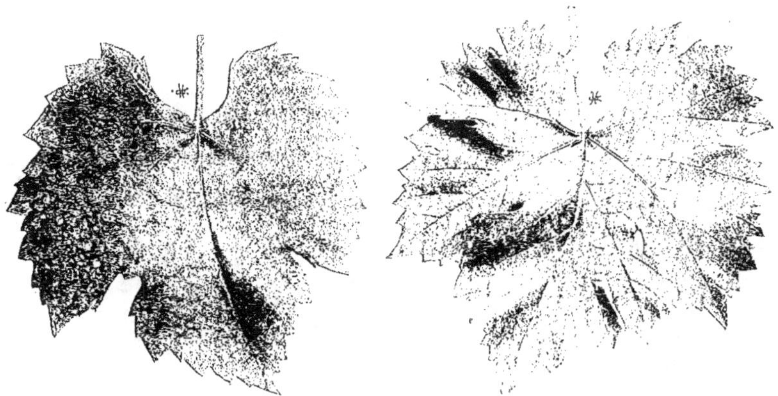

Fig. 293. — Feuille de N° 199-88.   Fig. 294. — Feuille de N° 89-23.

89-23 (Couderc). — **Caractères**. — Feuille adulte : angles des nervures : 113, 33 = 145, 45 ; 5-lobée, à sinus latéraux : supérieur profond, inférieur bien marqué ; dents anguleuses, étroites ; rapports des nervures : 0.86. 0.79, 0.31, glabre en dessous ; un peu ondulée, presque unie, vert pâle, nervures à peine rosées à la base en dessus ; moyenne.

Feuilles jeunes glabres vert pâle, très brillantes.

Bourgeonnement glabre vert-jaunâtre.

Rameaux verts, un peu rosés.

Grappe à grains ronds, blancs, moyens, croquants, peu serrés, à saveur neutre agréable.

Observations. — C'est un trois quarts de sang obtenu en 1889 par M. G. Couderc. Rappelle le V. Vinifera par le feuillage et le fruit.

Aptitudes. — D'après M. Couderc, cette vigne, «à fruit blanc, mûrit à la 2ᵉ époque ; grains 16 millimètres ; genre Chasselas ; bien résistant au phylloxera et suffisamment au mildiou ; résistance au black-rot inconnue». C'est une vigne plutôt faible. Elle donne de jolis raisins. M'a paru très attaquée par le phylloxera et aussi par le mildiou.

G̀AMAY COUDERC. — **Synonyme.** — *3403.*

Caractères. — Feuille adulte : angles des nervures : 112, 40 = 152, 45 ; 3-lobée, à sinus latéraux : supérieur assez profond ; dents anguleuses, larges ; rapports des nervures : 0.93, 0.67, 0.30 ; pubescente sur nervures et aux angles en dessous ; gaufrée au centre, lisse, vert clair, peu brillante ; larges.

Feuilles jeunes vert tendre.

Bourgeonnement aranéeux vert pâle, brillant.

Rameaux verts, rayés de rouge.

Grappe à grains un peu ovoïdes, noirs, moyens, à saveur fade, peu serrés ; longue de 15 à 20 centimètres, graine à raphé marqué.

Observations. — Hybride de *Colombeau* × *Rupestris Martin* obtenu en 1882 par M. G. Couderc. Les caractères du feuillage : la charpente de la feuille, les angles α et β, les rapports des nervures, l'absence de tomentum, sont plutôt ceux du R. Martin que du Colombeau. L'angle γ, les quelques poils laineux des jeunes feuilles ou des extrémités de rameaux est la part qui revient au Colombeau. Le R. Martin n'est pas absolument mâle ; c'est, comme l'a dit M. Couderc, un hermaphrodite-mâle, auquel il manque bien peu de chose pour être hermaphrodite normal. Ce peu de chose est apporté par le Colombeau, et la grappe du Gamay Couderc porte, par suite, des fleurs bien fertiles ; mais elle en porte aussi qui sont identiques à celles du père, ou intermédiaires aux fleurs fertiles et aux fleurs mâles, mais

Fig. 295. — Feuille de Gamay Couderc.

toujours stériles forcément. Il en résulte une grappe peu serrée, qui ne devient compacte que lorsque les circonstances sont très favorables à la fructification, et qui devient très lâche quand elles sont défavorables.

En résumé, dans sa partie aérienne, Gamay Couderc est plus Rupestris que Vinifera. Il s'ensuit que — si l'on excepte quelques variations de bourgeons obtenus par M. Couderc et qui n'ont pas été propagées — il ne peut guère être utilisé comme producteur-direct, — à cause de l'irrégularité et même de l'insuffisance de sa production. Son vin, assez coloré, neutre ou *fade*, ne pourrait être utilisé que pour le coupage avec les vins verts et légers ; seul, à moins d'être vinifié en blanc, ou même quand les raisins sont peu mûrs, il n'est guère buvable.

Il résiste très bien aux maladies cryptogamiques, sauf à l'anthracnose, maladie qui atteint d'ailleurs fréquemment les Rupestris. Il craint peu l'oïdium, peu le mildiou, peu aussi le black-rot.

En tant que porte-greffe, il présente les qualités suivantes : Grande vigueur, très bonne reprise de bouture, reprise satisfaisante à la greffe ; greffes vigoureuses, grossissant autant que le greffon ; facultés d'adaptation très étendues, particulièrement aux sols calcaires, mais inférieur au 1202 et à d'autres porte-greffes.

Comme inconvénients : une résistance phylloxérique douteuse ou insuffisante dans les terrains secs et superficiels ; suffisante peut-être dans les sols profonds et frais, une fructification souvent irrégulière qui doit être amendée par l'incision annulaire ou par la taille longue. Ce porte-greffe a rendu des services dans beaucoup de vignobles établis en terre calcaire. Actuellement, on lui préfère le 1202 C.

RoBUR (Leygues). — **Caractères.** — Feuille adulte : angles des nervures : 114, 38 = 152, 36 ; 5-lobée, à sinus latéraux : supérieur assez profond, inférieur marqué; dents anguleuses, très larges ; rapports des nervures : 0,95, 0.79, 0.28; glabre en dessous; glabre, à peine bullée, vert glauque, nervures rosées à la base en dessus ; moyenne.

Feuilles jeunes glabres vert-jaunâtre.

Bourgeonnement glabre vert pâle, à liséré rose.

Rameaux vert-rosé.

Grappes à grains ronds, noirs, colorés, juteux, moyens, à goût franc ou un peu fade, serrés; moyenne.

Observations. — Variété sélectionnée par M. Leygues. Par le feuillage, elle est aussi Vinifera que Rupestris. Paraît résistante aux maladies cryptogamiques.

<table>
<tr><td>Fig. 296. — Feuille de Robur.</td><td>Fig. 297. — Feuille de Nº 126-21.</td></tr>
</table>

126-21 (Couderc). — **Caractères.** — Feuille adulte: angles des nervures : 115, 45 = 160, 50: 5-lobée, à sinus latéraux: supérieur profond, inférieur marqué ; dents anguleuses, larges; rapports des nervures: 0.96, 0.70, 0.25; aranéeuse en dessous; presque unie, vert foncé, brillante, épaisse; nervures rouge-violet en dessus.

Feuilles jeunes aranéeuses vert-jaunâtre, brillantes, un peu rosées.

Bourgeonnement duveteux vert-blanchâtre.

Rameaux verts, un peu rouges.

Grappe à grains ovoïdes, noirs, moyens, assez serrés, charnus, croquants, sucrés, un peu fades ; moyenne, ailée.

Observations. — Trois quarts de sang Vinifera obtenu par M. Couderc. Le feuillage, le fruit, l'ensemble de la végétation rappellent le V. Vinifera. Le fruit a quelques qualités du Précoce de Malingre, ainsi que les défauts ; c'est peut-être cette dernière variété qui est intervenue comme générateur dans l'une ou l'autre des deux hybridations.

Aptitudes. — 126-21, d'après M. Couderc, «est un semis de 1890, noir, excessivement précoce, résistant suffisamment au mildiou et très résistant au black-rot et au phylloxera. Défaut : fend facilement, doit être soufré au premier printemps, peut servir aussi de porte-greffe».

C'est le producteur-direct le plus hâtif que je connaisse ; il mûrit en même temps que les Gamays précoces. Mais dès qu'ils sont mûrs, les grains se fendent ou tombent. Ils sont charnus, croquants, sucrés, agréables quoique fades ; même bien mûrs, ils donnent un vin peu alcoolique et pauvre en extrait sec : 14 à 15 grammes par litre. 126-21 est assez résistant aux maladies cryptogamiques, et il semble peu atteint jusqu'ici par le phylloxera. Je l'ai étudié en plusieurs endroits, et jusqu'à présent je n'ai pu trouver le phylloxera sur ses racines. Il constitue un hybride très intéressant, surtout pour les régions froides.

201 (Couderc). — **Synonyme.** — *J. 201.*

Caractères. — Feuille adulte : angles des nervures : 116, 40 = 156, 54 ; 5-lobée, à sinus latéraux : supérieur profond, inférieur assez profond ; dents anguleuses, étroites ; rapports des nervures : 0.98, 0.81, 0.48 ; aranéeuse en dessous ; bullée, luisante, vert foncé, nervures un peu rosées à la base en dessous.

Feuilles jeunes aranéeuses.

Bourgeonnement duveteux.

Rameaux aranéeux verts, rayés de violet, étoilés.

Grappe à grains noirs, moyens, assez serrés ; courte, petite.

Fig. 298. — Feuille de N° 201.

Observations. — Hybride de Riparia-Rupestris × Aramon obtenu par M. Couderc. Le V. Vinifera domine dans le feuillage.

Aptitudes. — Vigne de vigueur moyenne, à résistance phylloxérique peu élevée. Produit un grand nombre de grappes, malheureusement courtes et petites ; de sorte que le rendement par hectare est plutôt réduit. Le vin est très coloré, donnant 8 à 10 degrés d'alcool, un peu fade quand il est produit par des raisins très mûrs, neutre ou presque neutre s'il provient de raisins peu riches en extrait sec.

D'après M. Couderc, 201 ne craint ni mildiou, ni black-rot.

ARAMON × RUPESTRIS GANZIN Nº 2. —**Caractères.**— Feuille adulte: angles des nervures: 118, 47 = 165, 40; 3-lobée, à sinus latéraux: supérieur à peine marqué; dents arrondies, anguleuses, très larges; rapports des nervures : 0.96, 0.78, 0.22; aranéeuse pubescente sur nervures **1** en dessous; gaufrée, unie, vert clair, nervures à peine rosées en dessus.

Feuilles jeunes aranéeuses vert pâle.

Bourgeonnement vert pâle.

Rameaux violacés.

Plante mâle.

Observations.— Hybride d'Aramon × Rupestris Ganzin obtenu par M. V. Ganzin en 1879. La feuille est orbiculaire, avec les angles des nervures très ouverts. Il en résulte qu'elle a plus la forme du V. Vinifera que celle du V. Rupestris. La tige, le système radiculaire tiennent également des deux espèces.

Fig. 299. — Feuille d'Aramon × Rup. Ganzin Nº 2.

Aptitudes. — Vigne très vigoureuse, à gros et longs sarments qui reprennent très bien de bouture. Le système radiculaire est très puissant, charnu, jaunâtre, très attaqué par le phylloxera, qui produit sur les racines de nombreuses et assez pénétrantes tubérosités. Les radicelles sont relativement peu atteintes. La résistance de cet hybride, suffisante dans les sols peu «phylloxérants», surtout à cause de sa grande végétation, peut laisser à désirer dans les terres superficielles ou sèches.

Ses facultés d'adaptation au sol sont plutôt peu étendues. Sa résistance à la chlorose est moindre que celle du Nº 1. Aussi s'accorde-t-on à le conseiller pour les terres silico-argileuses, peu ou pas calcaires, compactes, où, grâce à ses puissantes racines, il prend un bon développement.

La reprise à la greffe est médiocre soit sur place, soit sur table. Mais il nourrit très bien les variétés-greffons qu'il porte. Le bois s'aoûte bien partout; il craint cependant l'anthracnose et le mildiou, il est prudent de le traiter au moins une fois contre cette dernière maladie.

84-61 (Couderc). — **Caractères.** — Feuille adulte : angles des nervures: 119, 49 = 168, 46; 5-lobée, à sinus latéraux : supérieur et inférieur très profonds; dents anguleuses, étroites; rapports des nervures: 0.89, 0.74, 0.40; pubescente en dessous sur nervures **1, 2, 3, 4**, bullée, vert franc, nervures rouges en dessus; grande.

Feuilles jeunes glabres vert pâle, rosées.

RAVAZ; *Vignes américaines.* 35

Bourgeonnement bronzé brillant.

Rameaux glabres rouge foncé.

Grappe à grains ronds, moyens, très peu serrés, à jus rouge, neutre, très agréable ; très longue, ramifiée et à long pédoncule.

Observations. — D'après les caractères des feuilles et des fruits, 84-61 est un trois quarts de sang Vinifera. Il a été obtenu par M. Couderc.

Aptitudes. — Vigne de vigueur moyenne, petite, donnant de belles et longues grappes, à saveur neutre. Craint beaucoup le mildiou. Peu résistante au phylloxera. Le vin a pesé 10° avec 21 d'extrait sec ; intensité colorante plutôt faible.

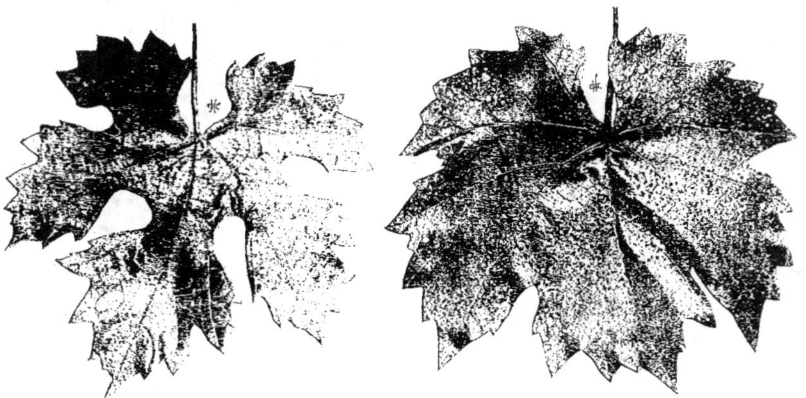

Fig. 300. — Feuille de N° 84-61.   Fig. 301. — Feuille de N° 4306.

4306 (Couderc). — **Caractères.** — Feuille adulte : angles des nervures : 120, 32 = 152, 46 ; 5-lobée, à sinus latéraux : supérieur assez profond, inférieur marqué ; dents anguleuses, étroites ; rapports des nervures : 1.07, 0.72, 0.23 ; glabre en dessous, ondulée, presque lisse, vert foncé, à reflets métalliques, nervures rouges à la base en dessus ; sur-moyenne.

Feuilles jeunes glabres vert pâle, brillantes.

Bourgeonnement aranéeux vert pâle, à liséré rose.

Rameaux glabres vert-rougeâtre.

Grappe à grains ronds, noirs, moyens, assez serrés, souvent millerandés, très colorés, à goût franc ; moyenne.

Observations. — Hybride de Bourrisquou × Rupestris obtenu par M. G. Couderc en 1885. Le V. Rupestris est dominant dans le feuillage.

Aptitudes. — Vigne vigoureuse à sarments longs, rampants et reprenant très bien de bouture. La résistance phylloxérique est très faible.

Ce cépage produit de nombreuses grappes de dimensions moyennes. Il me paraît aussi fertile et aussi productif que 4401 ; seulement il est probablement plus sujet au millerandage ; craint la pourriture.

Le vin dose de 8 à 10° d'alcool, 22 à 24 d'extrait sec ; il est très coloré et franc de goût quand il est produit par des raisins peu mûrs, un peu fade quand il provient de raisins très mûrs.

84-10 (Couderc). — **Caractères.** — Feuille adulte : angles des nervures : 120, 33 = 153, 40 ; 5-lobée, à sinus latéraux : supérieur profond, inférieur marqué ; dents arrondies, étroites ; rapports des nervures : 0.95, 0.73, 0.17 ; glabre en dessous ; unie, vert foncé, brillante, épaisse, nervures un peu rosées en dessus.

Feuilles jeunes glabres vert-jaunâtre.

Bourgeonnement glabre vert pâle.

Rameaux glabres vert-rougeâtre.

Grappe à grains ovoïdes, noirs, moyens, juteux, peu serrés ; goût neutre.

Observations. — Trois quarts de sang Vinifera obtenu par M. G. Couderc en 1889. Vigne très fertile, assez vigoureuse ; paraît assez résistante au phylloxera. Mûrit à la 2ᵉ époque. Vin de 10°, 22 d'extrait sec.

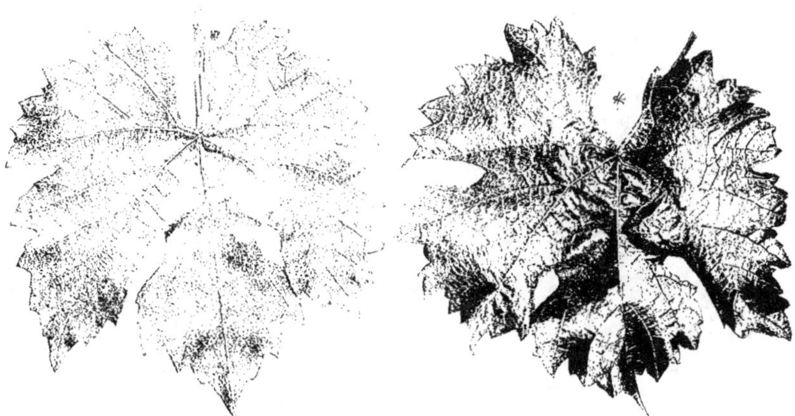

Fig. 302. — Feuille de Nᵒ 84-10.   Fig. 303. — Feuille de Nᵒ 404.

404 (Couderc). — **Caractères.** — Feuille adulte : angles des nervures : 120, 39 = 159, 35 ; 5-lobée, à sinus latéraux : supérieur profond, inférieur bien marqué ; dents anguleuses, larges ; rapports des nervures : 0.88, 0.66, 0.20 ; aranéeuse pubescente aux angles des nervures 1, 2 en dessous ; tourmentée, gaufrée, vert foncé, brillante, nervures un peu rouges en dessus ; grande.

Feuilles jeunes aranéeuses.

Bourgeonnement duveteux vert cuivré, brillant.

Rameaux verts, rayés de violet.

Grappe à grains ovoïdes, rosés, moyens, serrés, juteux ; assez longue, ailée.

Observations. — Hybride de Carignan × Rupestris obtenu en 1883 par M. G. Couderc. Le feuillage est plus Vinifera que Rupestris, et il en est de même de la grappe.

Aptitudes. — 404 est un cépage vigoureux que M. Couderc recommande comme sujet pour les terres très calcaires. Il aurait sensiblement la même résistance à la chlorose que 1202 et une résistance à la sécheresse notable. Il porte, en effet, de très belles greffes dans les terres très calcaires, et si sa résistance au phylloxera est suffisante, il constitue un bon «sujet». Ses racines sont très attaquées.

503 (Couderc). — **Caractères**. — Feuille adulte : angles des nervures : 122, 38 = 160, 43 ; 5-lobée, à sinus latéraux : supérieur assez profond, inférieur marqué ; dents anguleuses étroites ; rapports des nervures : 0.86, 0.79, 0.26 ; pubescente aux angles des nervures **1, 2** ; ondulée, bullée, vert pâle, nervures vert pâle en dessus.

Feuilles jeunes glabres vert pâle.

Bourgeonnement glabre vert pâle, brillant.

Rameaux glabres violacés.

Grappe à grains ronds, noirs, moyens, assez serrés, juteux, bien colorés, francs de goût ; moyenne.

Observations. — Hybride de Rupestris × Petit-Bouschet obtenu en 1883 par M. G. Couderc. Le V. Vinifera domine dans le feuillage.

Aptitudes. — « Même semis que J. 504, dit M. Couderc, et comme lui indemne de

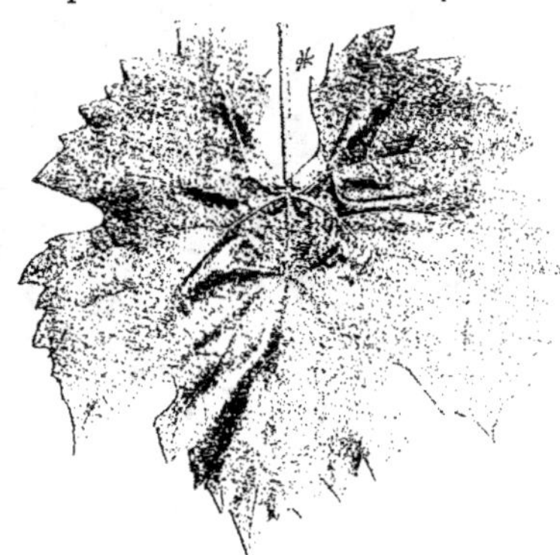

Fig. 304. — Feuille de N° 503.

phylloxera et de mildiou, vigueur plus grande. Port érigé. L'hybride de Rupestris-Vinifera, par le bois et le feuillage, rappelle le plus le Vinifera, tout en conservant le reflet glauque et les caractères distinctifs du R. de Fortworth qui a servi de mère.

» Mise à fruit très prompte. Raisins massés à grains ronds, 15 millimètres, très serrés, d'abord égaux à ceux de Jardin 504 : avec l'âge du cep ils prennent un bien plus gros volume et la production devient alors tout à fait celle d'une vigne française à très bonne production, supérieure à celle du Gamay du Beaujolais et égale à celle du Cot ou du Mourvèdre. Les défauts sont : 1° Une maturité un peu plus tardive que celle de Jardin 504, un goût spécial plus prononcé, une grande sensibilité à la mélanose... Vient bien dans les calcaires... — Maturité 2ᵉ époque, très fertile, indemne de mildiou et bien résistant au black-rot. (Ne pas le soufrer) ».

503 donne, en effet, beaucoup de raisins : 3, 4 par sarments, mais plutôt petits. Néanmoins la production est assez élevée. A l'Ecole de Montpellier, 503 a produit plus de 6 kilos par cep à la 3ᵉ feuille. Le vin a pesé 7°5, avec 23.8 d'extrait sec et une intensité colorante de 16 au vinocolorimètre de Dubosc. C'est donc un beau vin, neutre ou un peu fade.

Ce cépage est peu employé et comme producteur et comme sujet. Craint d'ailleurs le phylloxera.

1305 (Couderc). — **Caractères.** — Feuille adulte : angles des nervures : 122, 50 = 172; 3-lobée, à sinus latéraux : supérieur à peine marqué; dents anguleuses, larges; rapports des nervures : 0.99, 0.80, 0.18; aranéeuse sur nervures en dessous; bullée, vert franc, un peu brillante, nervures légèrement rosées à la base en dessus.

Feuilles jeunes aranéeuses.

Bourgeonnement vert clair.

Rameaux aranéeux vert-violacé.

Grappe à grains ovoïdes, sous-moyens, blancs, peu serrés, à peau peu résistante, et se vidant très facilement; longue.

Fig. 305. — Feuille de N° 1305.

Observations. — Hybride de Pinot × Rupestris obtenu par M. Couderc en 1883. Le V. Rupestris domine dans le feuillage.

Aptitudes. — Plante très vigoureuse, à beaux sarments, qui reprennent très bien de bouture. Le système radiculaire est très développé, charnu. Mais il est très attaqué par le phylloxera. Les tubérosités sont nombreuses et pénétrantes. Aussi la résistance phylloxérique est-elle insuffisante. Et M. Couderc l'a rayé de la liste de ses porte-greffes.

Fig. 306. — Feuille de N° 82-32.

82-32 (Couderc). — **Caractères.** — Feuille adulte : angles des nervures : 122, 52 = 174; 5-lobée, à sinus latéraux : supérieur très profond, inférieur profond; dents anguleuses, étroites; rapports des nervures : 0.85, 0.66, 0,37; aranéeuse pubescente en dessous; presque unie, vert pâle, épaisse, nervures à peine rosées à la base en dessus.

Feuilles jeunes aranéeuses rouge bronzé.

Bourgeonnement duveteux, à liséré rose.

Rameaux duveteux vert-rougeâtre.

Grappe à grains ovoïdes, blancs, gros, peu serrés, croquants, agréables; longue.

Observations. — Trois quarts de sang Vinifera obtenu en 1889 par M. Couderc. L'ensemble de la végétation, les fruits rappellent le V. Vinifera.

Aptitudes. — « Blanc, 2ᵉ et 3ᵉ époque ; grains très gros, 18-22 millimètres ; très résistant au phylloxera ; vient dans les craies les plus pures ; craint beaucoup le mildiou ; résistance au black-rot inconnue ». — (Couderc).

C'est une vigne de vigueur moyenne, à allure de Vinifera, fertile, mais à grappes coulardes. Non seulement elle craint le mildiou, mais encore la pourriture grise. Résistance phylloxérique peut-être égale à celle du Jacquez.

3907 (Couderc). — **Caractéres**. — Feuille adulte : angles des nervures : 123, 44 = 167, 35 ; 5-lobée, à sinus latéraux : supérieur profond, inférieur marqué ; dents anguleuses, étroites ; rapports des nervures : 0.91, 0.72, 0.27 ; glabre en dessous.

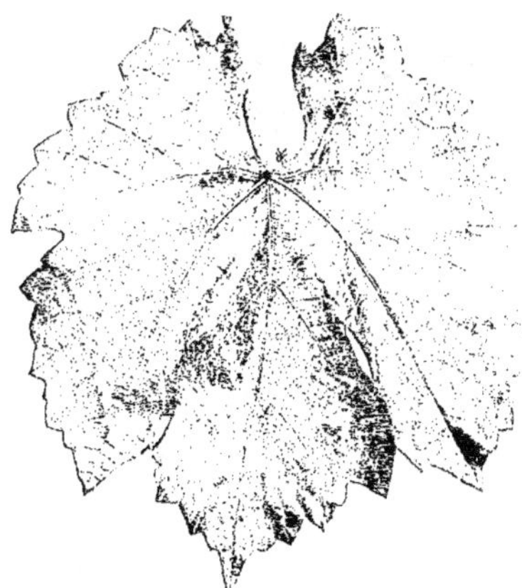

Fig. 307. — Feuille de Nᵒ 3907.

unie ou à peine bullée, vert glauque métallique, peu brillante, nervures à peine rosées en dessus ; sous-moyenne.

Feuilles jeunes aranéeuses vert-rougeâtre, très brillantes.

Bourgeonnement aranéeux, à liséré rose.

Rameaux glabres vert-violacé.

Grappe à grains ronds, noirs, moyens, assez serrés, juteux, très colorés, francs de goût ; longue, ailée.

Observations. — Hybride de Bourrisquou × Rupestris obtenu par M. Couderc en 1884. Est aussi Vinifera que Rupestris par le feuillage.

Aptitudes. — Vigne vigoureuse, à sarments rampants. Le système radiculaire est très développé. La résistance phylloxérique n'est pas encore bien connue ; elle est sans doute suffisante dans les sols frais ou sablonneux. Il supporte une assez haute dose de calcaire.

C'est une vigne très fertile. Elle produit un grand nombre de grappes assez longues, malheureusement sujettes à la coulure ou au millerandage, si bien qu'elles sont souvent peu serrées ou bien entremêlées de nombreux petits grains avortés qui restent verts jusqu'à la vendange. Néanmoins la production peut être satisfaisante. La maturité est de 2ᵉ époque. D'après M. Couderc, le vin est très bon. Il pèse de 9 à 10° ; il est peu riche en extrait sec. Le feuillage est relativement sain, mais le fruit craint le black-rot, d'après M. Couderc. Il est assez résistant à la pourriture grise.

82-12 (Couderc). — **Caractéres**. — Feuille adulte : angles des nervures : 123, 53 = 176, 37 ; 3-lobée, à sinus latéraux : supérieur assez profond ; dents anguleuses, étroites ; rapports des nervures : 0.90, 0.68, 0.35 ; aranéeuse en dessous ; tourmentée, unie, vert foncé, brillante, épaisse, nervures rosées à la base en dessus.

Feuilles jeunes aranéeuses vert-jaunâtre, brillantes.

Bourgeonnement aranéeux vert pâle.

Rameaux aranéeux vert-rougeâtre.

Grappe à grains ovoïdes, blancs rosés à maturité, charnus, sucrés, agréables, peu serrés ; ailée, moyenne, rappelant la Clairette.

Observations. — Cet hybride est un trois quarts de sang Vinifera obtenu en 1880 par M. G. Couderc. Dans la feuille et les fruits, c'est le V. Vinifera qui domine.

Aptitudes. — Vigne vigoureuse et très fertile. Les grappes ressemblent beaucoup à celles de la Clairette, elles en ont même le goût. Les pépins sont aussi très voisins de ceux du V. Vinifera. Voici ce qu'en écrit M. Couderc : « Blanc, 1re époque, se charge de grappes grandes, à grains petits et ovoïdes, 12-13 millimètres ; deviennent plus gros avec l'âge, excellent goût ; résistance au phylloxera indubitable ; résistance au mildiou bonne en été, mais faible au printemps ».

Il produit un vin blanc de bonne qualité, qui a cependant une saveur un peu amère, alcoolique (10° et au delà et 15 d'extrait sec).

Bonne variété blanche si la résistance phylloxérique est toujours suffisante.

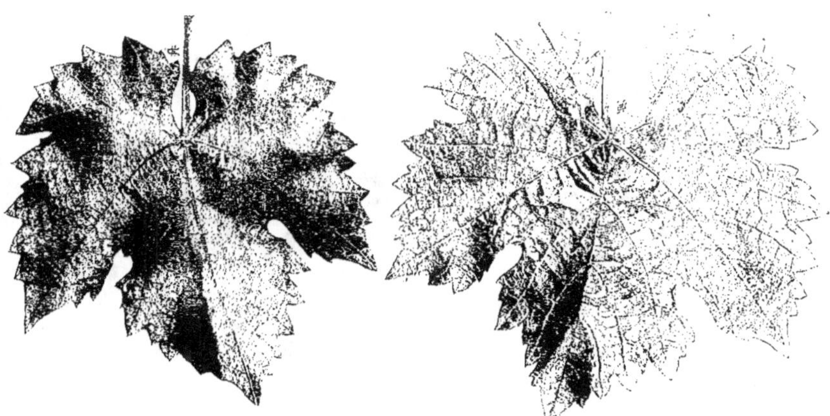

Fig. 308. — Feuille de N° 82-12.   Fig. 309. — Feuille de N° 198-21.

198-21 (Couderc). — **Caractères.** — Feuille adulte : angles des nervures : 124, 38 = 162 ; 5-lobée, à sinus latéraux : supérieur assez profond, inférieur marqué ; dents anguleuses, larges ; rapports des nervures : 0.95, 0.76, 0.31 ; glabre en dessous ; glabre, à peine bullée, vert pâle, nervures à peine rosées en dessus ; petite.

Feuilles jeunes glabres vert pâle, très brillantes.

Bourgeonnement aranéeux vert pâle.

Rameaux glabres vert-rosé.

Grappe à grains ronds, noirs, moyens ou gros, juteux, serrés, à goût franc; forte, conique.

Observations. — Trois quarts de sang Vinifera obtenu en 1891 par M. G. Couderc. Le V. Vinifera domine dans les organes aériens.

Aptitudes. — Vigne peu vigoureuse, mais fertile. Les grappes sont grosses, compactes, et portent de beaux grains. « Noir, très précoce, grain 18 millimètres, le raisin est tout à fait celui du Durif, mais plus volumineux et à grains plus gros; avec l'âge, la production devient superbe; pourrit difficilement et se conserve longtemps sur la souche; très résistant au phylloxera; se laisse défendre facilement du mildiou; un des meilleurs trois quarts de sang ». — (Couderc). Indemne jusqu'ici de phylloxera; est peu résistant à la pourriture grise.

Vin de 8 à 10° et 20 gr. d'extrait sec.

601 (Couderc). — **Caractères.** — Feuille adulte : angles des nervures : 125, 39 = 164 ; 5-lobée, à sinus latéraux : supérieur profond ; dents anguleuses, larges ; rapports des nervures : 0.95, 0.81, 0.30 ; aranéeuse et pubescente en dessous ; glabre, gaufrée, vert glauque, nervures un peu rosées en dessus ; moyenne.

Feuilles jeunes aranéeuses vert pâle.

Bourgeonnement aranéeux vert tendre.

Rameaux verts, rayés de rouge-violet.

Grappe à grains ronds, noirs, moyens, serrés, un peu pulpeux ; courte.

Fig. 310. — Feuille de N° 601.

Aptitudes. — Hybride de Bourrisquou × Rupestris (Martin ou Ganzin) obtenu en 1883 par M. Couderc, qui le proposa d'abord comme producteur-direct. « Grappe de 30 centimètres, grain 12 à 14 millimètres, vin fin à coloration suffisante, maturité assez tardive ; vigueur extraordinaire, peu ou pas atteint par le mildiou ; paraît indemne ; s'il n'est pas employé comme producteur, fera un excellent porte-greffe pour les *bois durs* ». — (Circulaire Couderc 1888-89).

601 est en effet un producteur-direct très fertile, mais il n'est plus utilisé à cette fin. Il est devenu porte-greffe.

Ses sarments gros, plutôt courts, s'enracinent facilement et donnent des souches à tronc puissant. Le système radiculaire est bien développé, ramifié, charnu. Il est attaqué par le phylloxera, sur les racines comme sur les radicelles. Toutefois, il est moins atteint que beaucoup d'autres Vinifera-Rupestris. A mon avis, il est le plus résistant d'entre eux. — Ses facultés d'adaptation au sol sont celles de l'Aramon Ganzin ou de Gamay Couderc. Mais il reprend encore plus mal que ces deux variétés à la greffe. Et c'est sans doute pour cette raison qu'il n'a pas été propagé.

3905 (Couderc). — **Caractères**. — Feuille adulte : angles des nervures : 125, 44 = 169 ; 5-lobée, à sinus latéraux : supérieur profond, inférieur marqué ; dents anguleuses, étroites ; pubescente sur nervures **1**, **2** en dessous ; peu bullée, vert franc, brillante, nervures à peine rosées en dessus.

Feuilles jeunes glabres vert pâle.

Bourgeonnement glabre bronzé, brillant.

Rameaux vert-rosé.

Grappe à grains ronds, noirs, moyens, peu serrés, juteux, neutres ; ailée, moyenne.

Observations. — Hybride de Bourrisquou × Rupestris obtenu en 1884 par M. G. Couderc ; par le feuillage, il est plus Vinifera que Rupestris.

Aptitudes. — Plante de vigueur moyenne, bien fertile. « Noir, 1re et 2me époque, frère de 3907, il est bien plus vigoureux que lui et supporte plus de calcaire. Avec l'âge aussi fertile». Il donne un vin d'assez bonne qualité, titrant 9 à 10° d'alcool, 21 à 22 d'extrait sec. Résistance phylloxérique voisine de celle du Jacquez.

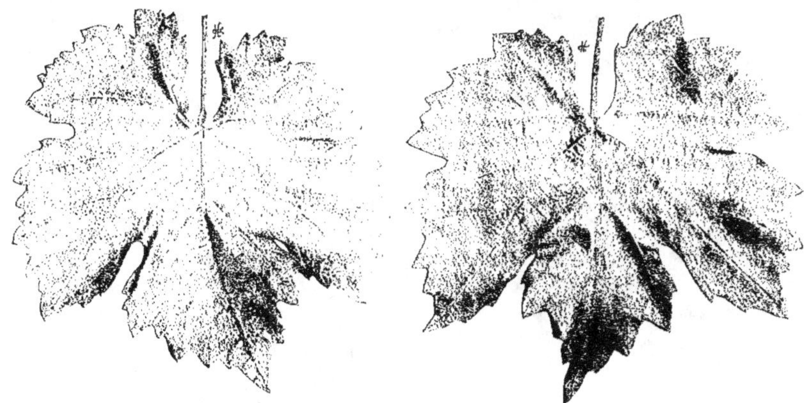

Fig. 311. — Feuille de N° 3905.　　　　Fig. 312. — Feuille de N° 109-4.

109-4 (Couderc). — **Caractères**. — Feuille adulte : angles des nervures : 125, 40 = 165, 40 ; 3-lobée, à sinus latéraux : supérieur profond ; dents anguleuses, étroites ; rapports des nervures : 0.95, 0.68, 0.22 ; glabre en dessous ; tourmentée, unie, vert glauque, luisante, nervures rosées en dessus ; moyenne.

Feuilles jeunes glabres vert-jaunâtre, brillantes, nervures rouges.

Bourgeonnement glabre vert-rougeâtre.

Rameaux glabres vert-violacé.

Grappe à grains ronds, noirs, sous-moyens, peu serrés, juteux, à goût neutre ; allongée.

Observations. — Hybride de Bourrisquou × Rupestris obtenu en 1889 par M. G. Couderc, qui l'apprécie de la manière suivante : «Noir, 1re et 2me époque, très résistant au phylloxera et aux maladies, rappelle 603, mais bien plus fertile». — Je crains bien que sa résistance phylloxérique soit très faible.

299-17 (Couderc). — **Caractères**. — Feuille adulte : angles des nervures : 126, 51 = 177, 40 ; 3-lobée, à sinus latéraux : supérieur profond ; dents arrondies, larges ; rapports des nervures : 0.90, 0.76, 0,23 ; glabre en dessous ; unie, vert franc, brillante, nervures à peine rosées en dessus ; moyenne ou grande.

Feuilles jeunes aranéeuses vert-jaunâtre.

Bourgeonnement duveteux vert pâle.

Rameaux glabres vert-rougeâtre.

Grappe à grains ronds, noirs. moyens, juteux, assez serrés, à goût franc ; ailée, grande.

Observations. — Hybride de Pedro-Ximenès × 603 obtenu en 1894 par M. G. Couderc. Les caractères extérieurs appartiennent presque exclusivement au V. Vinifera.

Fig. 313. — Feuille de N° 299-17.

Aptitudes. — Vigne vigoureuse et remarquablement fertile. Mûrit «à la 2ᵐᵉ ou 3ᵐᵉ époque : raisin rappelant celui du Carignan, mais plus gros, plus volumineux, aussi massé ; grain légèrement ovoïde, 16-18 millimètres, devenant avec l'âge aussi gros que celui du Carignan ; paraît bien résistant au phylloxera». — (Couderc).

Je trouve que, par le fruit, cette vigne ressemble plus à la Mondeuse qu'au Carignan. En tout cas, elle est remarquablement fertile ; et comme sa résistance au phylloxera est insuffisante — elle est presque nulle, — elle peut constituer une bonne variété-greffon. Son vin a titré 8° d'alcool et 25 d'extrait sec ; il est franc de goût. — Craint beaucoup le mildiou.

87-83 (Couderc). — **Caractères**. — Feuille adulte : angles des nervures : 126, 54 = 180, 25 ; 3-lobée, à sinus latéraux : supérieur profond ; dents anguleuses, étroites ;

Fig. 314. — Feuille de N° 87-83.

rapports des nervures : 0.80, 0.82, 0.23 ; glabre en dessous, ondulée, unie, vert métallique, nervures à peine rosées en dessus.

Feuilles jeunes aranéeuses rouge bronzé.

Bourgeonnement duveteux, à liséré rose.

Rameaux glabres vert-rosé.

Grappe à grains ronds, noirs, moyens, juteux, peu serrés, à saveur neutre, agréable ; moyenne, cylindro-conique.

Observations. — Par son feuillage, ressemble beaucoup à un Vinifera. Très peu résistant au phylloxera, peu résistant au mildiou, et peu fertile.

HYBRIDE FRANC. — **Caractères**. — Feuille adulte : angles des nervures : 127, 35 = 162, 20 ; 5-lobée, à sinus latéraux : supérieur et inférieur assez profonds ; dents anguleuses, larges ; rapports des nervures : 0.80, 0.55, 0.22 ; pubescente sur nervures **1, 2, 3** en dessous ; ondulée, bullée, vert glauque, brillante, nervures rouges à la base en dessus ; petite.

Feuilles jeunes glabres vert pâle.

Bourgeonnement glabre vert pâle.

Rameaux vert-violacé.

Grappe à grains ronds, noirs, petits, peu serrés, à jus coloré ; moyenne, allongée, rappelant la grappe du Cabernet-Sauvignon.

Observations. — Hybride de Vinifera et de Rupestris sélectionné par M. Franc, dans un semis de graines de Rupestris. Cette dernière espèce a donc

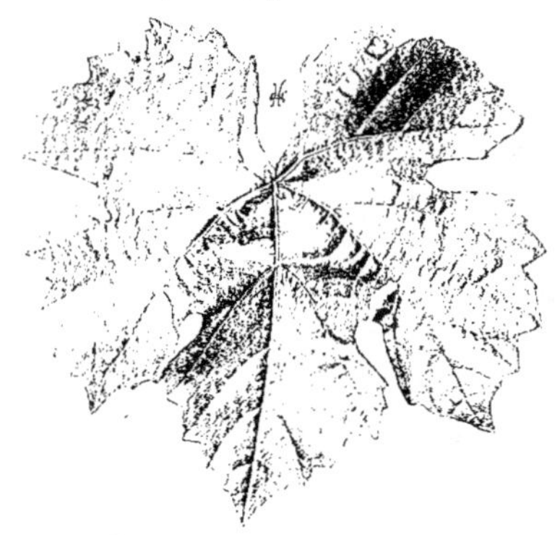
Fig. 315. — Feuille d'hybride Franc.

servi de mère. Le père est un Vinifera quelconque, peut-être le Cabernet-Sauvignon. Quoi qu'il en soit, cette vigne a attiré pendant plusieurs années l'attention des viticulteurs. Elle a, au moins dans le Centre de la France, une belle végétation ; elle porte un grand nombre de grappes qui, vinifiées à la manière des raisins blancs, donnent un vin encore d'une belle couleur et presque agréable. Vinifiés en rouge et bien mûrs, les raisins produisent un vin très coloré, à goût de Rupestris. On ne peut donc demander à cette vigne des vins de consommation courante ; mais elle donne un beau vin de coupage.

L'hybride Franc redoute peu les maladies cryptogamiques ; il craint beaucoup le soufre. Quant à sa résistance phylloxérique, elle est peu élevée et insuffisante ailleurs que dans les sols frais ou sablonneux. Ce cépage est multiplié dans le Cher.

302-60 (Couderc). — **Caractères**. — Feuille adulte : angles des nervures : 128, 45 = 173, 42 ; 3-lobée, à sinus latéraux : supérieur à peine marqué ; dents arrondies, larges ; rapports des nervures : 0.90, 0.82, 0.27 ; glabre en dessous ; un peu tourmentée, unie, verte, brillante, épaisse, nervures rouges à la base en dessus ; moyenne.

Feuilles jeunes glabres vert-jaunâtre, brillantes, bronzées.

Bourgeonnement aranéeux, à liséré rose.

Rameaux aranéeux vert-rougeâtre.

Grappe à grains ronds, noirs, moyens, peu serrés, pulpeux, à bon goût; ailée, longue.

Observations. — D'après M. Couderc, 302-60 est un hybride complexe. Le V. Rupestris y domine de même que le V. Vinifera.

Aptitudes. — Vigne très vigoureuse, fertile, à belles grappes. M. Couderc le dit très résistant au phylloxera et aux maladies cryptogamiques. — N'a pas tenu à Montpellier ses promesses de résistance au phylloxera et à l'oïdium. Paraît peu sensible à la pourriture.

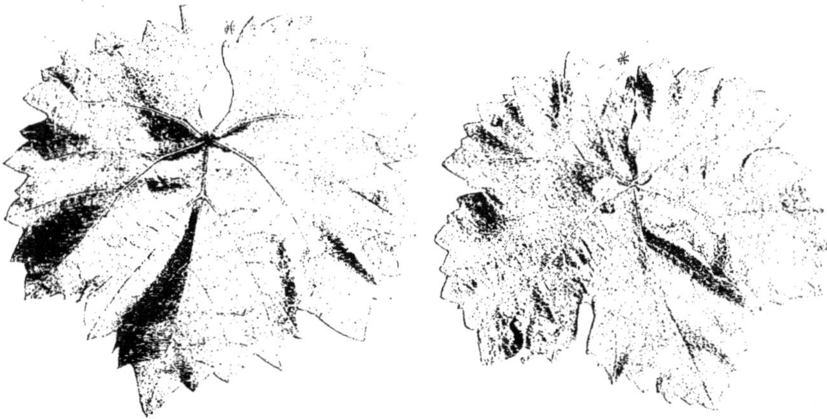

Fig. 316. — Feuille de N° 302-60.   Fig. 317. — Feuille de N° 252-14.

252-14 (Couderc). — **Caractères**. — Feuille adulte : angles des nervures : 137, 42 = 179, 30 ; 5-lobée, à sinus latéraux : supérieur assez profond, inférieur marqué; dents arrondies, larges; rapports des nervures : 0.97, 0.82, 0.20; duveteuse en dessous; presque unie, vert foncé, nervures rosées en dessus; grande.

Feuilles jeunes duveteuses vert-jaunâtre.

Bourgeonnement duveteux vert-blanchâtre.

Rameaux aranéeux vert pâle et un peu rosés.

Grappe à grains ovoïdes, moyens, blanc-verdâtre, francs de goût; longue, conique.

Observations. — Le V. Vinifera domine dans cet hybride.

Aptitudes. — Vigne très vigoureuse, très fertile, et produisant de gros raisins, qui malheureusement coulent un peu. Mûrissent à la 3ᵐᵉ époque. Résistance au phylloxera assez élevée. Craint peu la pourriture, mais redoute le mildiou.

85-113. — **Caractères**. — Feuille adulte : angles des nervures : 138, 36 = 174; 5-lobée, à sinus latéraux : supérieur profond, inférieur bien marqué; dents anguleuses, étroites; rapports des nervures : 0.99, 0.75, 0.17; glabre en dessous; un peu bullée, vert métallique, nervures un peu rouges en dessous; grande.

Feuilles jeunes glabres vert-jaunâtre.

Bourgeonnement aranéeux vert-jaunâtre.

Rameaux vert-rougeâtre.

Grappe à grains ronds, noirs, moyens, serrés, juteux, à saveur neutre.

Observations. — Obtenu par M. Couderc en 1889. C'est un trois quarts de sang Vinifera, et de fait, le feuillage rappelle bien le V. Vinifera. «Vigne à raisin noir, de 2me époque, très fertile, craint peu le mildiou, un des plus anciens et des meilleurs trois quarts de sang Vinifera». — (Couderc).

Elle est, en effet, assez résistante au phylloxera, et bien fertile; mais elle craint le mildiou et surtout l'oïdium.

28-112 (Couderc). — **Synonyme.** — *Bayard I.*

Fig. 318. — Feuille de N° 85-113.

Caractères. — Feuille adulte: 3-lobée, à sinus latéraux : supérieur peu marqué ; dents anguleuses, larges ; glabre en dessous ; ondulée, presque unie, vert pâle, nervures vert pâle en dessus ; petite.

Feuilles jeunes glabres vert pâle.

Bourgeonnement vert pâle.

Rameaux glabres vert-violacé.

Grappe à grains ronds, noirs, moyens, très colorés, peu serrés, pulpeux, à goût franc ; moyenne.

Observations. — Hybride d'Emily (1) × Rupestris obtenu par M. Couderc en 1882. Le Rupestris domine dans le feuillage.

Aptitudes. — Vigne de vigueur moyenne, à sarments un peu rampants, reprenant bien de bouture. M. Couderc décrit cette variété de la manière suivante : « Noir, 1re époque, très fertile, grains de 15 à 16 millimètres, très égaux et très également mûrs, fort bon goût pour un demi-sang de Rupestris ; ne craint ni le mildiou ni l'oïdium, très résistant à la sécheresse, bien suffisamment au phylloxera et indemne de black-rot. Craint beaucoup le soufre qui le fait défeuiller. C'est certainement un des demi-sang les plus fertiles et les meilleurs. Bien résistant à la pourriture ».

Coule malheureusement et même beaucoup. Le vin est franc de goût, à degré alcoolique peu élevé, de 7 à 10°, et contenant de 20 à 24 d'extrait sec ; bien coloré. La résistance phylloxérique paraît égale à celle du Jacquez. Peu ou pas atteint par le mildiou.

---

(1) Emily est un Vinifera obtenu de semis en Amérique.

603 (Couderc). — **Caractères.** — Feuille adulte : angles des nervures : 102, 40 = 142, 40 ; 5-lobée, à sinus latéraux : supérieur assez profond, inférieur marqué ; dents anguleuses, larges ; rapports des nervures : 0.88, 0.71, 0.35 ; aranéeuse sur nervures **1, 2** en dessous ; gaufrée, vert foncé, brillante, nervures un peu rosées à la base en dessus ; large, moyenne.

Feuilles jeunes aranéeuses.

Bourgeonnement aranéeux vert pâle,

Rameaux aranéeux au sommet vert-violacé.

Grappe à grains ronds, noirs, moyens, serrés, pulpeux à goût neutre ou fade ; 20 centimètres de longueur.

Observations. — Hybride de Bourrisquou × Rupestris (Martin ou Ganzin) obtenu en 1883 par M. G. Couderc. Le V. Rupestris est dominant dans le feuillage.

Aptitudes. — Vigne de vigueur moyenne, à système radiculaire charnu et ramifié. La résistance phylloxérique ne paraît pas très grande. L'aire d'adaptation au sol est la même que celle de 601. Producteur-direct, il peut être cultivé dans beaucoup de terrains, même secs. Porte-greffe, il doit être placé seulement dans les terres où le phylloxera se multiplie peu, quoique M. Couderc le considère comme « très résistant à la sécheresse » et que, d'après lui, il supporte « jusqu'à 40 o/o de calcaire et soit le porte-greffe spécial du Muscat de Frontignan ». Il reprend mal à la greffe, mais nourrit bien les variétés de Vinifera qu'on lui fait porter. Peu employé comme sujet.

Fig. 319. — Feuille de N° 603.

Comme producteur-direct, il est très fertile. « Grappes nombreuses, massées, portées très près du sarment, grain 14 à 15 millimètres, vin à coloration intense et à maturité précoce. L'hybride 603 est toujours un de mes favoris, mais il a cependant démérité cette année, parce qu'il a eu des taches confluentes de mildiou sur ses feuilles. Deux forts traitements sont donc nécessaires au printemps pour préserver complètement le fruit et les parties essentielles. Cep à bonne vigueur moyenne, production régulière trompant du bon côté. Paraît indemne ». Mûrit à « la 3ᵉ époque, indemne de black-rot, *résiste bien* à la sécheresse, un des meilleurs porte-greffes pour les coteaux secs peu calcaires ». — (Circulaires 1890 et 1901).

A la 3ᵐᵉ feuille, les souches de 603 cultivées à l'Ecole d'agriculture de Montpellier ont donné 10 kilogrammes de raisins par souche, mais le vin a été très faible : 6° d'alcool, 19 d'extrait sec et une coloration encore assez forte. Peu cultivé maintenant.

ADDENDA

Il existe beaucoup d'autres Rupestris-Vinifera sur lesquels je n'ai pas de données
assez précises pour en parler ici. M. Castel en a créé beaucoup ; les plus remarquables sont dans le commerce depuis
un an seulement : il serait témé-
raire de les juger dès maintenant.
Je citerai seulement ceux que M.
Castel m'a confiés il y a quelques
années.

4515 (Castel). — Hybride de
Rupestris × Carignan obtenu par
M. Castel. Quoique le V. Rupestris
soit la mère, c'est lui qui domine
dans le feuillage ; la figure 320 le
montre nettement. Il domine aussi
malheureusement dans le fruit. Les
grappes sont moyennes, mais très
peu serrées. La plante est en somme
peu fertile. Résistance au phyl-

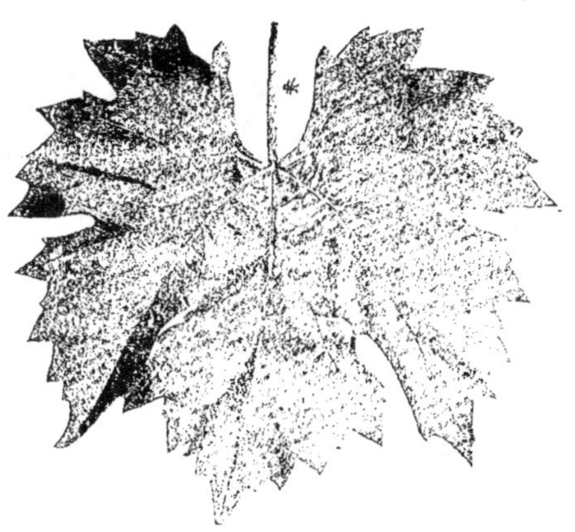

Fig. 320. — Feuille de N° 4515.

loxera très faible, au mildiou bonne, à l'oïdium médiocre.

20415 (Castel). — Hybride de Chasselas-Rupestris × Alicante-Bouschet obtenu

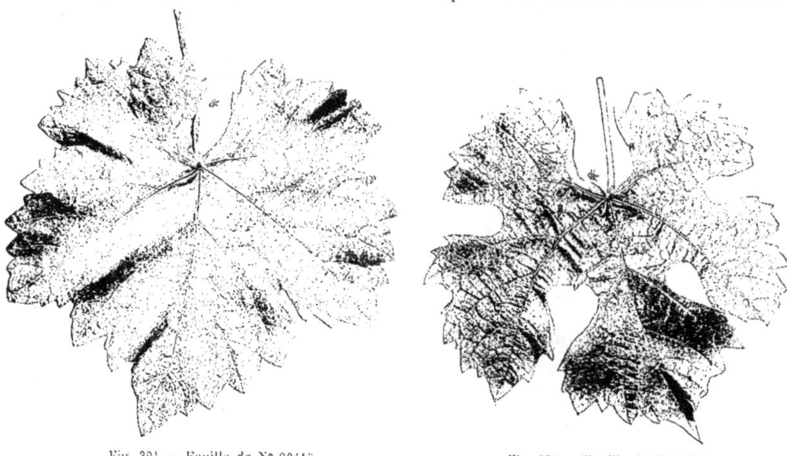

Fig. 321. — Feuille de N° 20415.   Fig. 322. — Feuille de N° 12916.

par M. Castel. C'est un trois quarts de sang Vinifera ; et chose curieuse, la feuille est
presque celle du Chasselas par sa forme ; à l'arrière-saison, elle se colore en rouge

presque comme l'Alicante-Bouschet. Plante très vigoureuse, à grappes lâches, à grains très colorés, agréables. Peu fertile, au moins jusqu'ici. Résistance au phylloxera, bonne semble-t-il. Ce qui est curieux, c'est que les sarments sont beaucoup plus attaqués que les raisins. Résistance au mildiou et à l'oïdium très faible, de même qu'à la pourriture grise.

12916 (Castel). — Hybride d'Aramon-Rupestris × Carignan obtenu par M. Castel. Le feuillage rappelle le Carignan. Produit des grappes longues, mais peu serrées, à grains ronds, noirs, francs de goût et de maturité hâtive. Résistance au phylloxera nulle, au mildiou faible, ainsi qu'à la pourriture grise; passable à l'oïdium.

20418 (Castel). — Hybride de Rupestris-Vinifera × Alicante-Bouschet obtenu par M. Castel. « Souche très vigoureuse, au feuillage sain, très fertile, grosse grappe, gros grain à jus rouge, chair ferme à goût franc, maturité 2me-3me époque, grappe saine à planter dans les sols argilo-calcaires compacts ». — (Castel).

Fig. 323.— Feuille de N° 20418.

Fig. 324.— Feuille de N° 12412.

12412 (Castel). — Hybride d'Aramon-Rupestris × Petit-Bouschet obtenu par M. Couderc. Vigne de vigueur moyenne, assez fertile; grains à chair ferme, croquante, noirs, ronds. Résistance au phylloxera très faible; au mildiou et à l'oïdium faible.

SIMPSONI — CORIACEA-CINEREA

Quelques caractères des rameaux rapprochent bien les plantes de ce groupe du V. Cinerea; le plus grand nombre rappellent le V. Coriacea. Si on veut, ce sont des hybrides de Coriacea-Cinerea, dans lesquels le V. Cinerea est à peine apparent.

Munson les classe dans une espèce nouvelle, qu'il appelle V. *Simpsoni*. On ne voit ce qui peut justifier la création d'un groupe spécifique nouveau.

En réalité, ces vignes diffèrent peu dans leurs caractères essentiels du V. Coriacea type, que nous avons décrit plus haut. Elles en ont le système radiculaire charnu et puissant, le duvet fauve qui couvre les feuilles et les rameaux, les grappes, les pépins même, et jusqu'à la même sensibilité aux froids.

Elles reprennent mal de bouture et poussent d'abord très lentement. Greffées, leur développement aérien est rapide et assez puissant ; mais leurs bois s'aoûtent mal dans le Midi de la France. Les grappes sont assez belles et peu serrées.

MANNATÉE (Munson). — **Caractères.** — Feuille adulte : angles des nervures : 108, 38 = 146, 32 ; 7-lobée, à sinus latéraux : supérieur, inférieur et basilaire marqués ; dents anguleuses, presque nulles ; rapports des nervures : 0.89, 0.83, 0.32 ; cotonneuse, coton fauve en dessous ; duveteuse, bullée, vert terne, nervures pétiolaires unies, rouges en dessous ; moyenne.

Feuilles jeunes cotonneuses, rosées sur les poils.

Bourgeonnement cotonneux carminé, puis fauve ; stipules nuls.

Rameaux striés ou côtelés rouge-violet, longs.

Grappe à grains ronds, noirs, petits, peu serrés, acerbes, de maturité très tardive ; longue, ailée.

Aptitudes. — Variété vigoureuse après 4 ou 5 ans de plantation ; le premier développement est très lent. Ne prend pas de bouture ; reprise à la greffe inconnue. Craint les froids de l'hiver, qui à Montpellier détruisent ses sarments (?).

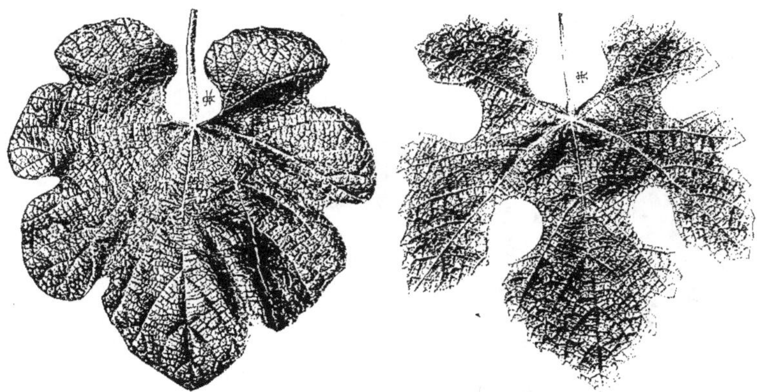

Fig. 325. — Feuille de Mannatée.   Fig. 326. — Feuille d'Alachua.

ALACHUA (Munson). — **Caractères.** — Feuille adulte : angles des nervures : 118, 53 = 171, 43 ; 5-lobée, à sinus latéraux : supérieur et inférieur profonds ; dents anguleuses, très larges ; rapports des nervures : 0.86, 0.72, 0.38 ; à duvet roux en dessous ; duveteuse, duvet roux, bullée, vert foncé, terne, nervures à peine rosées en dessus.

Jeunes feuilles duveteuses, à duvet roux ou rosé.

Bourgeonnement carminé.

Rameaux à duvet roux et formé de longs poils.

RAVAZ ; *Vignes américaines.*   37

Grappe à grains ronds, noirs, moyens, peu serrés, âpres; moyenne, ailée, tardive.

Aptitudes. — Variété vigoureuse dans les terrains non calcaires ou greffée sur Rupestris. Pousse tard, et est encore en végétation à la fin de l'automne. Ses fruits mûrissent à peine à Montpellier. Non utilisée comme porte-greffe et producteur-direct, même en Amérique. Résiste bien aux maladies cryptogamiques.

VINIFERA-CALIFORNICA — V. GIRDIANA

Ce groupe ou plutôt les représentants de ce groupe qui croissent dans le Sud de la Californie ont été élevés au rang d'espèce par Munson. Bailey admet aussi que quelques-uns constituent une espèce déterminée, le même V. Girdiana qu'il décrit comme suit: «Vigne très grimpante, à diaphragmes épais; feuilles moyennes ou grandes, plutôt minces, cordées, ovales, à sinus pétiolaire profond, étroit; entière ou à peine 3-lobée; dents petites, aiguës; grappe grande, ramifiée; grains petits. noirs, pruinés, peau mince, pulpe assez douce à maturité; graine piriforme. Vit en Californie, au sud du 36ᵉ parallèle.

» Quelques-unes des formes que nous avons rapportées au V. Girdiana sont évidemment des hybrides de V. Vinifera... ».

Il n'y a pas de doute à ce sujet. Le V. Girdiana est un groupe d'hybrides de *V. Californica* et de *V. Vinifera*. On en peut donc prévoir les qualités.

Les quelques spécimens de Girdiana qui ont été importés en Europe ont une grande vigueur. Ils se développent aussi puissamment que le V. Vinifera. Les sarments sont gros et longs, et leur reprise de bouture est assez bonne. Malheureusement, la résistance au phylloxera et aux maladies cryptogamiques est à peu près nulle. La résistance à la chlorose est élevée.

L'un de ces hybrides a été introduit par hasard dans le champ d'expériences de La Jarre (Charente-Inférieure), il y a une douzaine d'années. Il s'est tout de suite distingué des hybrides voisins par sa bonne tenue dans la craie et sa parfaite verdeur même greffé; et il a été expérimenté dans la même région, par diverses personnes, sous le nom de *Plant Lajarre*. L'origine de ce plant, qui est restée longtemps inconnue, est donc aujourd'hui éclaircie: c'est un Californica-Vinifera. Sa résistance phylloxérique a été insuffisante, et il n'a pu être propagé en grande culture.

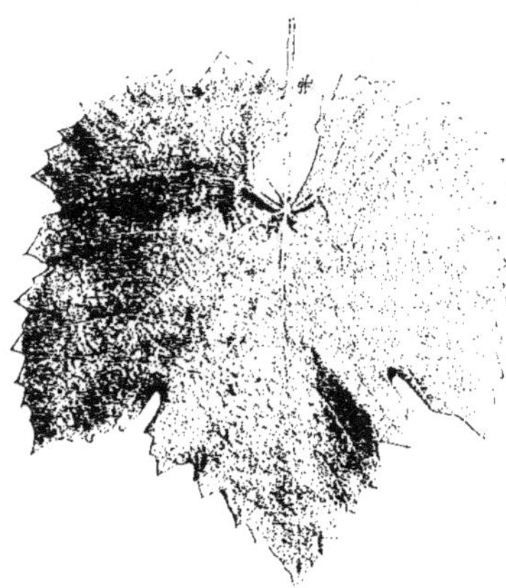

Fig. 327. — Feuille de Girdiana.

GIRDIANA var. A. (Munson). — **Caractères.** — Feuille adulte : angles des nervures : 118, 54 = 162, 37 ; 3-lobée, à sinus latéraux : supérieur marqué ; dents anguleuses, étroites ; rapports des nervures : 0.92, 0.73, 0.27 ; duveteuse en dessous; aranéeuse, bullée, vert terne, nervures à peine rosées à la base en dessus.

Feuilles jeunes cotonneuses.

Bourgeonnement cotonneux.

Rameaux duveteux.

Grappe à grains ronds, noirs, petits, peu serrés ; grande, ramifiée.

MONTICOLA-BERLANDIERI

Hybrides naturels produits soit en France, soit en Amérique. Ils sont vigoureux, à beaux et longs sarments. Malheureusement ils reprennent aussi mal de bouture que leurs générateurs. Il faut faire une exception pour ceux de M. Barry ; mais je doute qu'ils soient bien purs. La grosseur de leurs fruits, la forme des feuilles les rapprochent, à mon sens, du V. Vinifera.

Le Monticola-Berlandieri *Marsville* me paraît seul bien authentique. Je l'ai sélectionné à la Station viticole de Cognac, parmi une foule de variétés de Berlandieri, dont il se distinguait par sa belle teinte verte dans la craie. Je doute cependant qu'on puisse en tirer parti.

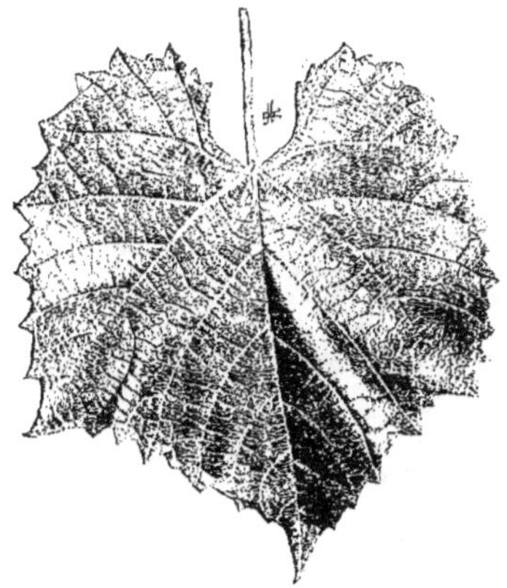

Fig. 328. — Feuille de Marsville.

Fig. 329. — Feuille de Valmy N° 3.

VALMY N° 3 (Barry). — **Caractéres**. — Feuille adulte : angles des nervures : 118, 41 = 159, 36 ; 3-lobée, à sinus latéraux : supérieur profond ; dents anguleuses, étroites ; rapports des nervures : 0.90, 0.69, 0,21 ; aranéeuse en dessous ; tourmentée, épaisse, vert foncé, luisante, nervures vert pâle en dessus.

Feuilles jeunes aranéeuses rosées.

Bourgeonnement duveteux rosé.

Rameaux aranéeux rosés, gros.

Grappe à grains ronds, rouges, moyens, serrés, pulpeux ; à goût fade.

Observations. — Hybride issu d'une graine de V. Monticola et sélectionné par M. Barry. Plante vigoureuse qui mérite d'être étudiée.

VALMY N° 6 (Barry). — **Caractères.** — Feuille adulte : angles des nervures : 141, 55 = 196, 53 ; 3-lobée, à sinus latéraux : supérieur profond ; dents anguleuses, étroites ; rapports des nervures : 0.90, 0.69, 0.21 ; duveteuse en dessous ; tourmentée, bullée, vert foncé, brillante, nervures vert pâle en dessus ; grande.

Feuilles jeunes duveteuses rosées.

Bourgeonnement duveteux rosé.

Rameaux aranéeux vert-rosé.

Grappe à grains ronds, noirs, moyens, peu serrés, pulpeux, sucrés ; petite.

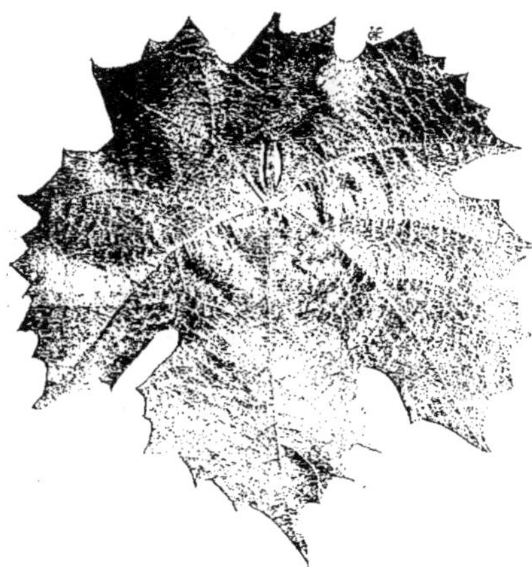

Fig. 330. — Feuille de Valmy N° 6.

Observations. — Hybride naturel sélectionné par M. Barry. C'est un Monticola × Berlandieri. Mais il est aussi très vraisemblablement allié à une autre espèce, qui est probablement le V. Vinifera. Non utilisé jusqu'ici.

CANDICANS-BERLANDIERI

BOUISSET (Munson). — **Caractères.** — Feuille adulte : angles des nervures : 91, 32 = 123 ; entière ; dents anguleuses, très larges ; rapports des nervures : 0.92, 0.80, 0.60 ; aranéeuse en dessous ; unie, lisse, luisante, épaisse, nervures vert pâle ; petite.

Feuilles jeunes vert pâle.

Bourgeonnement blanc, à liséré rose, stipules 5 millimètres.

Rameaux côtelés aranéeux.

Observations. — Hybride naturel sélectionné par M. Munson.

Aptitudes. — Possède tous les défauts du V. Berlandieri sans ses qualités. Ne peut guère être utilisé.

DE GRASSET (Munson). — **Caractères.** — Feuille adulte : angles des nervures : 101, 35 = 136, 35 ; 3-lobée, à sinus latéraux : supérieur à peine marqué ; dents anguleuses, larges ; rapports des nervures : 0.95, 0.69, 0.35 ; duveteuse en dessous ; unie, vert foncé, brillante, épaisse, nervures rouges à la base en dessus ; petite.

Feuilles jeunes vert-jaunâtre, luisantes.

Bourgeonnement duveteux, à liséré rose, stipules 1/2 centimètre, incolores.

Observations. — Variété originaire du comté de Llano (Texas), sélectionnée par M. Munson, qui la classe dans le groupe des *Champin*.

Aptitudes. — Vigne à gros sarments, assez vigoureuse. Système radiculaire puissant, charnu. Dans les terres crayeuses, elle jaunit très vite. Elle ne présente de l'intérêt que pour les terrains silico-argileux compacts, craignant la sécheresse. Encore faudrait-il qu'elle se multipliât facilement par bouture.

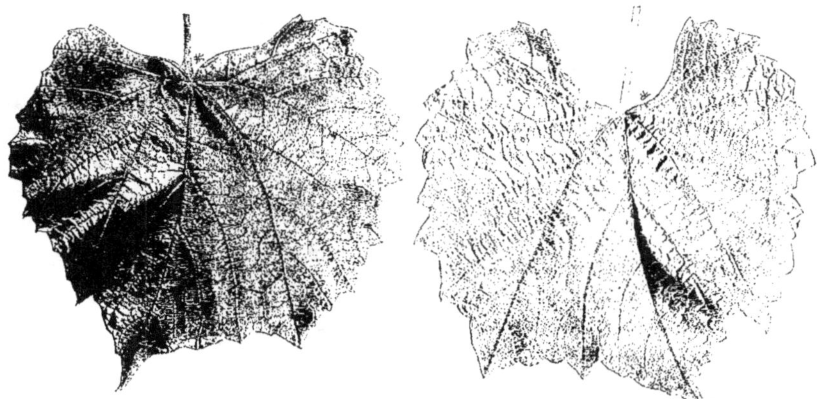

Fig. 331. — Feuille de Bouissel.　　　　Fig. 332. — Feuille de De Grasset.

Vermorel (Munson). — **Caractères**. — Feuille adulte : angles des nervures : 103, 31 = 133 ; 3-lobée, à sinus latéraux : supérieur à peine marqué ; dents anguleuses,

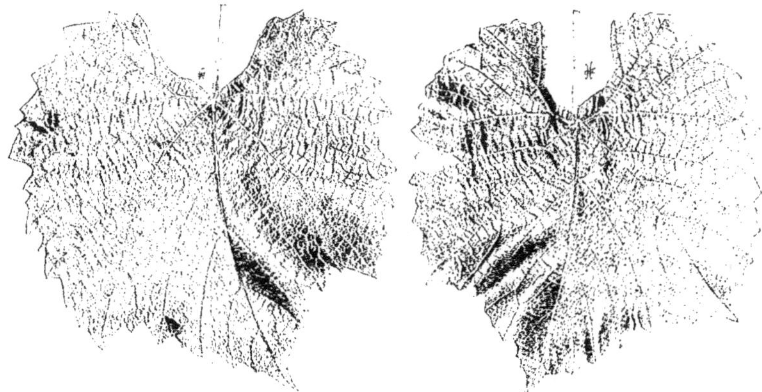

Fig. 333. — Feuille de Vermorel.　　　　Fig. 334. — Feuille de Bovery.

larges ; rapports des nervures : 0.90, 0.89, 0.43 ; duveteuse en dessous ; aranéeuse, gaufrée, bullée, épaisse, vert foncé, brillante, nervures à peine rosées en dessus ; large.

Bourgeonnement duveteux un peu rosé, stipules 5 millimètres.

Feuilles jeunes vert pâle.

Rameaux duveteux côtelés.

Grappe à grains ronds, noirs, moyens, pulpeux, fades; courte, ailée.

Observations. — Variété originaire du comté de San Saba (Texas), et sélectionnée par M. Munson.

Aptitudes. — Craint beaucoup la chlorose. On n'a pu en tirer parti.

Bovery (Munson). — **Caractères.** — Feuille adulte : angles des nervures : 113, 36 = 149, 44; 3-lobée, à sinus latéraux : supérieur à peine marqué; dents anguleuses, très larges; rapports des nervures : 0.91, 0.76, 0.24; aranéeuse en dessous; unie, vert foncé, brillante, épaisse, nervures vert pâle en dessus; large, petite.

Feuilles jeunes vert pâle.

Bourgeonnement duveteux, à liséré rose, stipules 5 millimètres, incolores.

Rameaux aranéeux anguleux.

Grappe à grains ronds, noirs, moyens, charnus, serrés, à goût désagréable; petite, courte.

Observations. — Hybride sélectionné par M. Munson. Il me paraît plus voisin du V. Rupestris que du V. Berlandieri.

Aptitudes. — Insuffisant comme producteur-direct; ne peut être employé comme porte-greffe que dans les sols secs, mais non calcaires.

BERLANDIERI-VINIFERA

Les V. Berlandieri et Vinifera ont l'un et l'autre une résistance à la chlorose élevée. Leur croisement ne peut que donner des plantes très résistantes à cette affection; et c'est ce que leurs hybrides ont d'ailleurs de plus remarquable, c'est en quoi ils sont intéressants.

La plupart d'entre eux sont le produit de l'hybridation artificielle. MM. Foëx, Millardet et de Grasset, Couderc, Davin, Malègue, etc., en ont obtenu beaucoup. Quelques-uns sont dus à des croisements accidentels. J'ai expérimenté les uns et les autres; et tous possèdent, avec de faibles différences, les mêmes propriétés : vigueur moyenne, moindre que celle du V. Vinifera; sarments et tronc plutôt forts; système radiculaire assez puissant, charnu, naissant assez facilement sur les boutures; à résistance phylloxérique très variable : tantôt nulle ou presque nulle, tantôt... peut-être très bonne; adaptation au sol facile : tous les terrains conviennent à ces vignes; mais elles ne dominent les variétés appartenant à d'autres groupes que dans les sols crayeux très chlorosants. Là elles sont incomparables. Greffées ou non, elles s'y développent aussi bien que les variétés du Vinifera franches de pied. Si elles jaunissent quelquefois au printemps, elles reverdissent bientôt. Elles ne souffrent jamais d'une manière appréciable de la chlorose. Et pour les sols crayeux, elles constituent des porte-greffes de premier ordre, — quand elles résistent au phylloxera. D'autant plus qu'elles se soudent très bien et que si elles ne communiquent pas à leurs greffes une grande vigueur, elles leur donnent une fertilité très grande; elles suppriment ou atténuent sensiblement la coulure, les grappes sont bien constituées, la maturité se produit normalement et régulièrement dans tous les terrains, secs ou non, de telle sorte que la qualité du vin est presque toujours assurée.

Le V. Berlandieri est une espèce très fertile, dont les grappes, quoique à petits grains, sont assez volumineuses: elles sont aussi fréquemment compactes ou serrées. Croisé avec le V. Vinifera, il donne des hybrides très fertiles, souvent très tardifs. La plupart de ceux qui ont été obtenus donnent de trop petits grains. Le Dr Davin en a obtenu un certain nombre qui donnent beaucoup de couleur; la production laisse malheureusement à désirer. Leur résistance aux maladies cryptogamiques est assez élevée; ils ne craignent guère que le mildiou de l'automne.

41 (Mill^t-de Gr.) — **Synonyme.** — *41 B. Mill^t-de Gr.*

Caractères. — Feuille adulte: angles des nervures: 93, 45 = 138, 30; 5-lobée, à sinus latéraux: supérieur marqué, inférieur à peine indiqué; dents anguleuses. larges; rapports des nervures: 1, 0.65. 0.32; aranéeuse-pubescente sur nervures **1, 2, 3** en dessous; unie, plane, vert foncé, brillante, nervures vert pâle en dessus; large.

Feuilles jeunes duveteuses cuivrées, brillantes.

Bourgeonnement duveteux rosé.

Rameaux anguleux aranéeux vert-violacé.

Grappe à grains ronds, noirs, petits, peu serrés; sous-moyenne, ailée.

Observations. — Hybride obtenu par M. Millardet en fécondant le Chasselas par du pollen de V. Berlandieri. Dans le feuillage, apparaissent à la fois les caractères du

Fig. 335. — Feuille de N° 41 B.

Chasselas: glabrescence, brillant du parenchyme, et du V. Berlandieri. La forme des angles et les rapports des nervures sont plutôt ceux du V. Berlandieri. Les sarments très gros, peu côtelés, sont nettement intermédiaires, et le système radiculaire est plutôt plus Berlandieri que Vinifera. En somme, cette plante, au moins pour ses caractères extérieurs, semble plus voisine du V. Berlandieri que du V. Vinifera.

Aptitudes. — Plante vigoureuse, mais à premier développement lent. Elle croît à la manière du V. Berlandieri, c'est-à-dire beaucoup sous terre, peu à l'extérieur pendant les premières années. Par la suite, elle constitue de belles souches, mais qui n'égalent point celles du Tisserand.

Le sarments, peu nombreux, sont gros, anguleux. Ils reprennent assez bien de bouture (70 o/o de reprise quand le Riparia en donne 100), surtout en pépinière. En plein champ, dans un sol sec, la proportion de reprises peut être beaucoup plus faible. Ils émettent 4 ou 5 racines sur le nœud inférieur, rarement sur deux étages, qui ont tendance à se diriger profondément dans le sol ; le système radiculaire est donc plutôt profond. Par contre, la reprise à la greffe est très bonne, de même d'ailleurs que sur tous les hybrides de Berlandieri. Les greffes sont très fertiles.

Dans les terrains non calcaires, ce cépage ne peut guère être employé. D'autres variétés doivent lui être préférées. Mais dans les terres très chlorosantes, telles que les craies des Charentes ou de la Champagne, il se développe très bien greffé. Dans mes essais, il est le seul qui n'ait pas eu la moindre atteinte de chlorose. A Juillac-le-Coq (Charente), chez M. Pelletant, où je l'avais placé, dès 1890, à côté d'un grand nombre d'autres hybrides et de quelques variétés de V. Vinifera (Folle Blanche, Mourvèdre), il est resté toujours entièrement vert, alors que ces dernières jaunissaient avec intensité. M. Millardet en a fait, depuis, dans des conditions analogues, des plantations très importantes ; beaucoup d'autres personnes l'emploient comme porte-greffe ; et partout, il reste remarquablement vert dans les sols les plus chlorosants.

Il pourrait donc servir à la reconstitution de tous les terrains difficiles : nul autre cépage n'a des facultés d'adaptation aussi étendues. Seulement, sa résistance phylloxérique n'est pas absolument certaine ; on ne peut même l'évaluer avec précision. Voici ce que l'on peut faire valoir pour et contre :

A Juillac-le-Coq, les deux cents hybrides avec lesquels il avait été planté ont disparu, sauf un ou deux, sous l'action combinée de la chlorose et du phylloxera. Mais c'est ce dernier qui a eu le rôle le plus important. Il a d'abord détruit les Vinifera-Rupestris, Vinifera-Cordifolia, et, pour continuer sa route, a passé sur les racines du 41 B. sans y produire aucune tubérosité ou nodosité. Depuis dix ans, les souches sont toujours en bon état de végétation. J'ai étudié, en beaucoup d'endroits, le système radiculaire de cette plante ; presque toujours je l'ai trouvé absolument sain. L'année dernière seulement, j'ai pu observer des tubérosités peu nombreuses, mais pénétrantes, sur ses racines ; et on m'a signalé, dans la Gironde, un cas d'affaiblissement de nature phylloxérique dans un vignoble greffé sur **41**. Mais était-ce bien le 41 ?

Quoi qu'il en soit, la résistance phylloxérique de cette vigne n'est pas sûrement connue ; et c'est pourquoi on ne devra utiliser le 41 que dans les sols où il peut seul prospérer : c'est-à-dire dans les terres ultra-crayeuses. Ailleurs, il sera prudent de faire usage de porte-greffes mieux connus.

TISSERAND (Foëx). — **Synonyme**. — *333 E. M.*

Caractères. — Feuille adulte : angles des nervures : 126, 50 = 176, 36 ; 5-lobée. à sinus latéraux : supérieur profond, inférieur bien marqué ; dents anguleuses, larges ; rapports des nervures : 0.88, 0.81, 0.23 ; aranéeuse en dessous ; aranéeuse, bullée, vert foncé, brillante, épaisse, nervures rosées à la base en dessus ; large.

Feuilles jeunes duveteuses violacées sur le parenchyme.

Bourgeonnement duveteux carminé.

Rameaux aranéeux vert-rosé.

Plante mâle.

Observations. — Hybride de Cabernet-Sauvignon fécondé par du pollen de V. Berlandieri, obtenu par M. G. Foëx. Cette plante, par son feuillage, est beaucoup plus Vinifera que Berlandieri, ainsi que le montrent les angles et les rapports des nervures, la forme et les caractères de la surface de la feuille. La feuille rappelle le Cabernet-Sauvignon. Quant au système radiculaire, il est aussi Berlandieri que Vinifera.

Aptitudes. — C'est une vigne très vigoureuse, à développement rapide, aussi bien à l'extérieur que sous terre, reprenant très bien de bouture, reprenant aussi très bien à la greffe, portant des greffes vigoureuses et très fertiles. Dans la craie des Charentes, elle a servi à la constitution

Fig. 336. — Feuille de Tisserand.

de vignobles greffés splendides en tant que développement et fructification. M. Fillioux à Angeac. M. L. Dodart à Pons, etc., la cultivent sur des surfaces étendues, et jusqu'ici, avec beaucoup de succès, dans des conditions où nulle autre vigne n'avait pu prospérer. La résistance phylloxérique n'est peut-être pas toujours suffisante. On trouve, en effet, sur ses racines, fréquemment des tubérosités qui font craindre pour sa durée. Et il y aurait peut-être danger à la cultiver dans les sols trop secs ou superficiels. On ne risque pas grand'chose à la placer dans les terres franches ou humides et conséquemment très chlorosantes, et où elle nourrira toujours des greffes bien vertes.

CINEREA-VINIFERA

Fig. 337. — Feuille de Cinerea-Vinifera.

Les hybrides de Cinerea et de Vinifera ont été créés en vue de leur utilisation comme producteur-direct. Le V. Cinerea produit de très belles grappes, à goût nullement désagréable, et croisé avec le V. Vinifera, il ne peut guère donner que des produits de bonne qualité. Toutefois, aucun d'eux ne s'est répandu encore dans les vignobles. Ceux que j'ai pu étudier étaient trop tardifs ou peu fertiles.

Aucun non plus n'a pu être utilisé comme comme porte-greffe, à cause de leur faible résistance au phylloxera.

LABRUSCA-RIPARIA-RUPESTRIS

HUNTINGDON. — **Caractères**. — Feuille adulte : angles des nervures : 103, 39 =
142, 43 ; 3-lobée, à sinus latéraux : supérieur bien marqué ; dents anguleuses, étroites ; rapports des nervures : 0.95, 0.74, 0.55 ; pubescente sur nervures **1**, **2** en dessous ; glabre, unie, vert pâle, nervures vert pâle en dessus ; moyennes.

Fig. 338.— Feuille de Huntingdon.

Feuilles jeunes aranéeuses vert pâle,
brillantes.

Bourgeonnement aranéeux vert pâle.

Rameaux vert pâle.

Grappe à grains ronds, noirs, sous-
moyens, serrés, pulpeux, à goût de fumée
désagréable ; petite, courte, ailée.

Observations. — Hybride de V. Rupestris et de V. Labrusca. D'après M. Millardet il aurait des affinités pour le V. Riparia. C'est possible, mais elles sont peu
apparentes.

Aptitudes. — Plante de vigueur
moyenne qui n'a guère été utilisée que
comme producteur-direct. Elle ne donne que de petites grappes ; leur nombre supplée
au poids. Le vin a un goût de fumée désagréable. Abandonné.

LABRUSCA-RIPARIA-ÆSTIVALIS

HUMBOLDT. — **Caractères**. — Feuille
adulte : angles des nervures : 92, 30 =
122 ; 3-lobée, à sinus latéraux : supérieur
à peine marqué ; dents anguleuses, étroites ; rapports des nervures : 0.78, 0.72,
0.52 ; aranéeuse pubescente en dessous ;
ondulée, bullée, vert foncé, nervures rouges à la base en dessus.

Feuilles jeunes aranéeuses bronzées,
brillantes.

Bourgeonnement aranéeux, à liséré rose.

Rameaux aranéeux rosés, à vrilles sub-
continues.

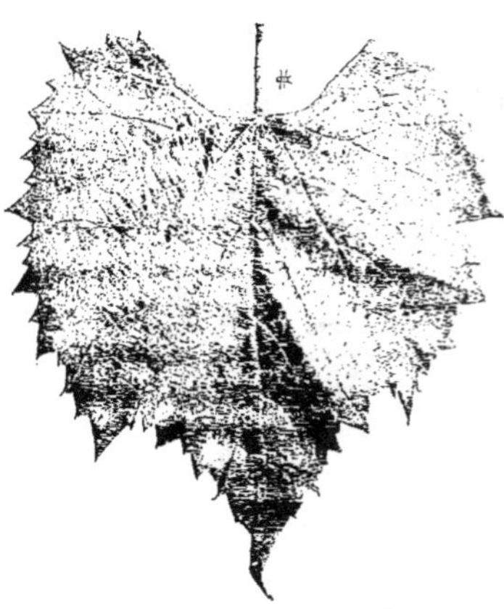

Fig. 339. — Feuille de Humboldt.

Grappe à grains ronds, ambrés ou rosés, moyens, assez serrés, un peu foxés, presque agréables ; sur-moyenne, longue.

Observations. — La subcontinuité des vrilles de même que le goût du fruit indiquent l'intervention du V. Labrusca ; la forme de la feuille est celle du V. Riparia et le V. Æstivalis apparaît dans les caractères de la surface de la feuille.

Aptitudes. — Producteur-direct qui produit peu, mais qui résiste bien aux maladies cryptogamiques. Abandonné en France et en Amérique.

LABRUSCA-RIPARIA-MONTICOLA

Taylor-Narbonne (Despetis). — **Caractères**. — Feuille adulte : angles des nervures : 108, 50 = 158 ; 5-lobée, à sinus latéraux : supérieur et inférieur profonds ; dents anguleuses, étroites ; rapports des nervures : 0.90, 0.52, 0.56 ; quelques poils raides sur nervures **1, 2** en dessous ; vert foncé, brillante, nervures rosées en dessus.
Feuilles jeunes glabres vert pâle.
Bourgeonnement vert pâle.
Rameaux glabres vert-violacé.
Plante mâle.

Observations. — Issu, dit-on, d'une graine de Taylor, semée par M. Narbonne. Il offre beaucoup d'analogie avec son parent supposé. Le feuillage est presque le même ; seulement il n'y a plus trace apparente du V. Labrusca. Comme il a une haute résistance à la chlorose, il faut bien admettre l'intervention d'une 3me espèce, qui peut être le V. Monticola.

Aptitudes. — Quoi qu'il en soit, le Taylor-Narbonne est une plante intéressante. Vigoureuse, à tronc fort, donnant de forts et longs sarments qui s'enracinent très bien. Le système radiculaire est un peu charnu, très ramifié. Le chevelu est très attaqué par le phylloxera : il porte souvent un nombre prodigieux de nodosités. Les tubérosités, assez fréquentes, pénètrent peu profondément dans les tissus. La résistance phylloxérique est donc suffisante dans toutes les bonnes terres.
Les facultés d'adaptation sont très étendues. Non seulement il croît fort bien dans les terres de bonne qualité, mais il prospère encore dans les sols calcaires. Il supporte sensiblement la même dose de carbonate de chaux que 3309.
Il reprend bien à la greffe, s'accroît presque autant que son greffon, dont il maintient la fertilité. Le bois mûrit bien partout. Nullement atteint par les maladies cryptogamiques, il ne craint que le phylloxera gallicole, qui déprime quelquefois la végétation.

LABRUSCA-RIPARIA-CANDICANS

Jusqu'ici, ce groupe n'a qu'un seul représentant connu ; c'est l'Elvicand. Il a été obtenu par M. Munson, en croisant l'Elvira avec le V. Candicans. Il est donc demi-sang Candicans, quart de sang Labrusca et quart de sang Riparia. C'est, en effet, le V. Candicans qui domine dans ses caractères, son allure et sans doute ses propriétés.
Voici, d'après M. Munson, les propriétés de cette vigne. « Croît et prospère mer-

veilleusement dans toutes les terres noires du Texas. Très vigoureuse, débourrant et fleurissant tardivement, à fleurs parfaites. Elle s'est montrée très résistante au froid dans l'Etat de New-York et dans le Missouri, où elle a supporté une température de 27° au-dessous de zéro. Très productive, donne des grappes petites mais compactes, à grains rouge foncé, très beaux, transparents et bien attachés au pédicelle. Mûrit un peu plus tard que le Concord, et au Texas, conserve jusqu'à fin septembre ses grains qui s'améliorent constamment. Peau mince et souple ; pulpe tendre, juteuse, fondante ; saveur particulièrement douce, agréable, rafraîchissante. Dans cette plante, nous avons une combinaison de trois espèces de vignes américaines. Elle peut être comparée par ses qualités et son apparence à quelques-unes des variétés du V. Vinifera ; elle résiste au phylloxera et au rot, et est rarement attaquée par les maladies. Elle présente beaucoup d'intérêt pour les terres noires du Texas, où très peu de vignes réussissent bien ».

LABRUSCA-RIPARIA-VINIFERA

La composition de ces hybrides est nécessairement variable. Mais la plupart d'entre eux, qui sont le produit de l'hybridation artificielle, sont issus du Clinton croisé avec une variété de V. Vinifera. Ce sont donc des demi-sang Vinifera, quart de sang Labrusca, quart de sang Riparia. En conséquence, il est facile d'en prévoir les propriétés.

Ils sont en général vigoureux. Ils reprennent très bien de bouture et à la greffe. Leur système radiculaire est puissant et charnu. Ils prospèrent (en dehors du phylloxera) dans beaucoup de terrains ; ils supportent même des doses élevées de carbonate de chaux. Mais la résistance au phylloxera de leurs racines est très faible et insuffisante dans presque tous les terrains. Ils ne peuvent donc être cultivés avec succès sur leurs propres racines.

Fig. 340. — Feuille de Labrusca-Riparia-Vinifera.

Leur fertilité est très bonne ; et il ne peut guère en être autrement. Les yeux du vieux bois contiennent des grappes qui peuvent encore apparaître après les gelées de printemps. Les fruits sont quelquefois excellents, d'autres fois un peu foxés ; mais le vin qu'ils produisent — parfois en abondance — perd assez vite ce défaut. Ils doivent être traités contre les maladies cryptogamiques, bien qu'ils en souffrent moins que les variétés européennes.

Peu cultivés maintenant comme producteurs-directs, ils sont encore utilisés comme variétés-greffons.

Pizarro (Ricketts). — **Caractères.** — Feuille adulte : angles des nervures : 103, 45 = 148, 34 ; 3-lobée, à sinus latéraux : supérieur à peine marqué ; dents anguleuses, étroites ; rapports des nervures : 0.95, 0.70, 0.10 ; pubescente sur nervures **1, 2** ; ondulée, presque unie, vert pâle, nervures vert pâle en dessus.

Feuilles jeunes pubescentes vert fauve, brillantes.

Bourgeonnement aranéeux jaune, brillant.

Rameaux aranéeux verts, à peine rosés.

Grappe à grains ronds, noirs, peu serrés, pulpeux, goût musqué ; assez grosse.

Fig. 341. — Feuille de Pizarro.

Observations. — Hybride de Clinton et d'une variété musquée de Vinifera. Obtenu par Ricketts. C'est une bonne variété, qui cependant ne s'est pas répandue, à cause d'une fertilité insuffisante ou irrégulière, de même que d'une insuffisante résistance aux maladies cryptogamiques et au phylloxera.

Autuchon. — **Synonyme.** — *Hybride d'Arnold N° 5.*

Fig. 342. — Feuille d'Autuchon.

Caractères. — Feuille adulte : angles des nervures : 107, 36 = 143, 30 ; 5-7-lobée, à sinus latéraux : supérieur et inférieur profonds ; dents anguleuses, très étroites ; rapports des nervures : 0.91, 0.75, 0.43 ; pubescente sur nervures **1, 2, 3, 4** en dessous ; unie, vert foncé, nervures un peu rosées à la base en dessus.

Jeunes feuilles aranéeuses vert pâle, brillantes.

Bourgeonnement duveteux vert pâle, jaunâtre.

Rameaux glabres verts, rayés de violet.

Grappe à grains ellipsoïdes, rosés, sur-moyens, peu serrés, juteux, parfumés, agréables ; moyenne ou sur-moyenne, cylindro-conique.

Observations. — Hybride de Clinton et de Chasselas doré obtenu par Arnold.

C'est un demi-sang Vinifera ; et cela se voit bien au feuillage et au fruit. Le V. Labrusca est peu apparent.

Aptitudes. — Vigne de vigueur moyenne, reprenant très bien de bouture, à système radiculaire charnu, très développé, mais à résistance phylloxérique très faible et insuffisante partout. Résiste à une haute dose de carbonate de chaux. Il vient même dans la craie franc de pied.

Résiste médiocrement aux maladies cryptogamiques : « Son fruit est sujet à la carie noire et au mildew, disent Bush et Meissner ; et malgré ses belles qualités, il ne restera qu'une variété d'amateur et ne peut être recommandé pour une culture en grand ».

Il donne de belles grappes, à gros grains, qui rappellent le Chasselas par la forme et le goût. Le raisin de l'Autuchon est excellent ; il donne un vin blanc de très bonne qualité et riche en alcool. Malheureusement, la grappe est généralement peu serrée, elle coule fréquemment. — En somme, cette variété ne peut être utilisée en grande culture, et elle n'existe plus nulle part.

Secretary (Ricketts). — **Caractères**. — Feuille adulte : angles des nervures : 108, 25 = 133 ; 5-lobée, à sinus latéraux : supérieur marqué, inférieur à peine indiqué ; dents anguleuses, étroites ; rapports des nervures : 0.96, 0.65, 0.46 ; glabre en dessous ; unie, vert pâle, nervures vert pâle en dessus.

Feuilles jeunes aranéeuses un peu bronzées, vert pâle.

Bourgeonnement aranéeux.

Rameaux glabres vert pâle.

Grappe à grains ronds, noirs, gros, pulpeux, assez serrés, musqués ; moyenne.

Observations. — Hybride de Clinton et de Muscat de Hambourg obtenu par Ricketts. Il a beaucoup d'affinités avec le V. Vinifera, soit par le feuillage, soit plus encore par les grappes.

Fig. 343. — Feuille de Secretary.

Aptitudes. — D'après Bush et Meissner « on le considérait comme le raisin nouveau le plus beau à l'Exposition d'horticulture du Massachusetts de 1872. — Mais il a une grande tendance à prendre le mildiou, et ne sera jamais qu'une superbe variété d'amateur ».

Voici maintenant comment il a été apprécié en France, par Champin :

« Comme vigueur, fertilité, précocité et qualité, le Secretary prendra certainement une des meilleures places, peut-être la première, parmi les nouveaux hybrides à grande production. Il prospère même dans les sols les plus argileux ; il est tellement fertile que les faux bourgeons, et même les gourmands qui sortent de terre, se couvrent de raisins. Grâce à son goût très franc, avec un léger et agréable bouquet de muscat, il ne peut donner qu'un vin excellent, et celui que j'ai fait pour la première fois en 1886 a non seulement confirmé mais dépassé mes espérances.

»Le raisin du Secretary, quoique mûrissant de bonne heure, se conserve tout l'hiver et garde son parfum léger, délicat et très finement musqué ».

Certes, le raisin du Secretary est de bonne qualité, il est aussi agréable que celui de nos meilleures variétés européennes. Seulement il n'est pas toujours très dense ; il coule, et la production est alors très réduite. D'autre part, la résistance phylloxérique de cette vigne est très faible ; et bien qu'elle ait des facultés d'adaptation aux sols très étendues, elle ne s'est répandue nulle part. Si elle était réfractaire aux maladies cryptogamiques, on pourrait la cultiver comme variété-greffon ; mais il n'en est pas ainsi.

Canada (Arnold). — **Synonyme.** — *16 Arnold.*

Caractères. — Feuille adulte : angles des nervures : 114, 37 = 151, 37 ; 5-lobée, à sinus latéraux : supérieur et inférieur profonds ; dents anguleuses, très étroites ; rapports des nervures : 1, 0.70, 0.23 ; pubescente sur nervures **1, 2, 3, 4** en dessous ; unie, luisante, tachée de rouge, nervures un peu rosées à la base en dessus.

Feuilles jeunes duveteuses blanches.

Bourgeonnement duveteux blanc.

Rameaux aranéeux verts, rayés de rose.

Grappe à grains ronds, noirs, moyens, juteux, serrés, francs de goût, agréables ; cylindro-conique, sous-moyenne.

Observations. — Issu d'une graine de Clinton fécondée par le Black Saint-Peters. Le V. Vinifera domine dans le feuillage et dans le fruit.

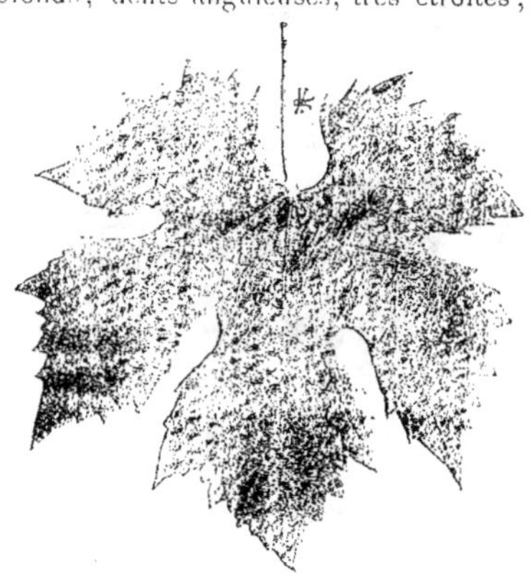

Fig. 311. — Feuille de Canada.

Aptitudes. — Plante de vigueur moyenne. Aux États-Unis, elle n'a pas réussi partout, et elle n'occupe nulle part des surfaces étendues. En France, elle a d'abord été appréciée pour les qualités de ses fruits, qui, quoique petits ou moyens, sont de très bonne qualité et assez nombreux avec la taille longue. Ils ont la saveur des raisins des variétés européennes ; et ils donnent un très bon vin, de jolie couleur et alcoolique. Mais la résistance phylloxérique de cette vigne est peu élevée. Elle ne résiste nulle part suffisamment. Et comme, d'un autre côté, elle résiste peu aux maladies cryptogamiques, il n'y a pas de raison pour lui donner une place dans les vignobles.

6 (Wylie). — **Synonyme.** — *Mary Wylie.*

Caractères. — Feuille adulte : angles des nervures : 115, 45 = 160, 22 ; 5-lobée, à sinus latéraux : supérieur assez profond ; inférieur marqué ; dents anguleuses, très étroites; rapports des nervures : 0.95, 0.69, 0.30; pubescente sur nervures **1, 2** en dessous; presque unie, vert clair, nervures vert pâle en dessus.

Feuilles jeunes aranéeuses vert pâle.

Bourgeonnement aranéeux vert pâle.

Rameaux vert pâle.

Grappe à grains ronds, rosés, sous-moyens, peu serrés.

Observations. — Hybride de Clinton et de Muscat rouge obtenu par le Dr Wylie. La forme de la feuille et la denture rappellent le Muscat. Le raisin est de bonne qualité. — Il ne s'est répandu ni en France, ni en Amérique.

Fig. 345. — Feuille de Wylie N° 6.   Fig. 346. — Feuille de Brandt.

BRANDT (Arnold). — **Synonyme**. — *Hybride d'Arnold N° 8*.

Caractères. — Feuille adulte : angles des nervures : 121, 42 = 163, 50; 5-7-lobée, à sinus latéraux : supérieur profond, inférieur assez profond; dents anguleuses, très étroites; rapports des nervures : 0.93, 0.73, 0.20; pubescente sur nervures **1, 2, 3, 4, 5** en dessous; unie, vert foncé taché de rouge, nervures un peu rosées à la base en dessus.

Feuilles jeunes aranéeuses pubescentes vert pâle.

Bourgeonnement duveteux blanc.

Rameaux glabres verts, rayés de rose.

Grappe à grains ronds, rouges, moyens, assez serrés, sucrés, agréables; petite, courte.

Observations. — Hybride de Clinton et de Black Saint-Peters obtenu par Arnold. C'est un demi-sang Vinifera, quart de sang Labrusca et quart de sang Riparia. Ce sont les caractères du Vinifera qui dominent dans le feuillage et même dans le fruit.

Aptitudes. — Vigne de végétation moyenne, reprenant bien de bouture, à système radiculaire charnu. La résistance phylloxérique, comme la laisse prévoir la composition indiquée plus haut, est très faible, les espèces dominantes ayant une résistance presque nulle. Aussi le Brandt n'a-t-il pu être cultivé avec succès dans le Midi de la France. Il disparaît en 2 ou 3 ans dans les terrains secs. Ses facultés d'adaptation, surtout non greffé, sont assez étendues ; il supporte une haute dose de carbonate de chaux. Son feuillage est assez sensible aux maladies cryptogamiques. Mais il donne des grappes de très bonne qualité, petites, serrées, à grains moyens, mais sucrés et agréables. Le Brandt serait un bon producteur-direct, s'il produisait suffisamment.

Peu ou pas répandu en Amérique ; encore moins cultivé en France.

3917 (Castel). — **Caractères.** — Feuille adulte : angles des nervures : 124, 52, = 176, 45 ; 5-lobée, à sinus latéraux : supérieur profond, inférieur à peine marqué ; dents anguleuses, larges ; rapports des nervures : 0.90, 0.79, 0.19 ; cotonneuse-pubescente en dessous ; très bullée, épaisse, vert foncé, nervures rosées à la base en dessus ; grande.

Grappe à grains ronds, noirs, gros, très pruinés, à peau épaisse, résistante, sucrée, avec une pointe de foxé ; ailée, peu serrée.

Observations. — Hybride de Noah × Carignan. C'est un quart de sang Riparia et Labrusca, et un demi-sang Vinifera, obtenu par M. Castel. La feuille est aussi cotonneuse que celle du V. Labrusca ; elle en a aussi la forme générale et surtout les rugosités du

Fig. 347. — Feuille de N° 3917.

parenchyme. Par contre, le bois est Vinifera ; les nervures sont intermittentes. La grappe est ailée, un peu lâche, très jolie, en un mot un beau raisin de table. Les grains sont gros, 15 à 20 millimètres de diamètre, très pruinés, à peau épaisse, comme les raisins de V. Labrusca ; bien serrés, agréables, avec une pointe à peine perceptible de foxé quand ils sont bien mûrs. En somme, ce cépage est, semble-t-il, une mosaïque de Labrusca et de Vinifera. Le V. Riparia est peu apparent.

Aptitudes. — Vigne vigoureuse, à sarments assez gros, longs, rampants, s'enracinant facilement. Ils donnent un système radiculaire charnu, à résistance phylloxérique, probablement inférieure à celle du Jacquez. Les facultés d'adaptation au sol doivent être sensiblement celles de l'Othello. Le feuillage est peu résistant aux maladies cryptogamiques : mildiou, etc. La grappe paraît bien saine. Mais ce qu'elle a surtout de remarquable, c'est sa haute résistance à la pourriture grise. C'est la seule, cette année, qui n'ait pas pourri. Deux mois après les vendanges, elle était encore très saine. Comme ce cépage est très fertile aussi bien à la taille courte qu'à la taille longue, il constitue une variété très intéressante, même au titre de greffon ; son vin est neutre, sans foxé et très coloré. C'est, si on veut, un Othello bien amélioré.

Othello (Arnold). — **Synonymes**. — *N° 1 Arnold, Challenge.*

Caractères. — Feuille adulte : angles des nervures : 138, 53 = 191, 26 ; 5-lobée,
à sinus latéraux : supérieur profond, inférieur bien marqué ; dents anguleuses, larges ;
rapports des nervures : 0.83, 0.68, 0.22 ; duveteuse-pubescente en dessous ; aranéeuse, bullée, vert foncé, épaisse, nervures vert pâle en dessus.

Feuilles jeunes cotonneuses blanchâtres.

Bourgeonnement cotonneux blanc.

Rameaux aranéeux vert pâle, vrilles subcontinues.

Grappe à grains ellipsoïdes, noirs, gros, assez serrés, pulpeux, foxés ; grande, ailée.

Fig. 348. — Feuille d'Othello.

Observations. — Issu d'une graine de Clinton fécondé par le pollen du Black Hambourg. Ici les caractères du V. Labrusca l'emportent sur ceux du V. Vinifera. La feuille est presque une feuille de Labrusca, autant par sa forme que par les caractères de la surface. Le V. Labrusca est encore manifeste dans la disposition des vrilles, qui sont subcontinues. Les grappes rappellent à la fois V. Labrusca et V. Vinifera, soit dans leur forme, soit dans le goût des baies et dans la forme des pépins. Il en est de même pour le tronc et pour le système radiculaire ; le V. Riparia est masqué partout par les deux autres espèces.

Aptitudes. — Cette vigne a eu beaucoup plus de succès en France qu'en Amérique. Bush et Meissner s'expriment ainsi à son sujet : « Notre expérience ne lui a pas été aussi favorable que nous l'espérions. Les vignes ont montré une bonne végétation, avec un beau feuillage, mais n'ont pas été très productives et le fruit a été souvent détruit par la carie noire ».

En France, elle attira bientôt l'attention ; et nul cépage producteur-direct n'a été certainement autant multiplié. Ses bois se sont vendus fort cher pendant très longtemps : 1 à 2 fr. la bouture. C'est qu'elle est très vigoureuse : elle produit de beaux sarments, longs et gros, qui s'enracinent très facilement, sans aucun soin spécial et forment un système radiculaire charnu et puissant. En raison de ses affinités pour le V. Vinifera, elle a une aire d'adaptation très étendue. Elle prospère où les greffes sur Riparia et sur Jacquez succombent à la chlorose. Pendant plusieurs années, on a utilisé l'Othello pour la reconstitution des parcelles calcaires très chlorosantes.

Et, enfin, elle est d'une fertilité extrême : Chaque rameau porte quelquefois quatre belles grappes, ailées, à gros grains très juteux. L'Othello, taillé court ou long, peut produire de 150 à 200 hectolitres de vin par hectare; vin à peine foxé et très coloré. D'autre part, il est moins sensible au mildiou que beaucoup de variétés du V. Vinifera; il ne craint pas non plus beaucoup l'oïdium; et par dessus tout, il émet encore, après les gelées de printemps, de nouvelles pousses fertiles; et ses feuilles épaisses abritent partiellement les grappes contre la grêle. Aussi l'Othello donne-t-il chaque année une récolte satisfaisante, et, quand les circonstances sont favorables, une abondante récolte. C'est enfin qu'elle fructifie très tôt, et qu'elle résiste au phylloxera plus que les vignes de pays.

Toutes ces qualités justifient la faveur dont ce cépage a joui pendant longtemps et dont il jouit encore. C'est avec lui qu'on débute dans la reconstitution : il donne tout de suite le vin de consommation de la famille. Il cède la place bientôt aux vignes greffées, car il ne dure pas très longtemps, et il reparaît quelquefois quand la reconstitution est achevée.

Dans le Midi de la France, il n'a eu qu'un succès médiocre. C'est que là il avait à lutter contre l'Aramon, qui produit encore plus que lui, et contre le phylloxera. Aussi n'a-t-il jamais occupé de grandes étendues, et, dans les endroits où il a été placé, il n'a pas duré longtemps. Mais dans le Centre, l'Est et l'Ouest de la France, il a trouvé un milieu plus favorable, et il a séduit tout de suite les petits vignerons, surtout dans les régions où la vigne est une culture accessoire. Là, l'Othello a pris souvent la place des variétés locales; et s'il ne l'a pas gardée toujours, c'est à cause de son insuffisante résistance phylloxérique. Mais ses qualités ont paru telles aux vignerons qu'ils le propagent maintenant, en beaucoup d'endroits, greffé sur racines résistantes. L'Othello est maintenant une variété-greffon. Et il ne gagne pas seulement du terrain dans les localités où la vigne est une culture accessoire, mais encore dans des vignobles qui jouissent d'une certaine réputation. C'est qu'indépendamment de la régularité et de l'abondance de sa production, il donne un vin très coloré, qualité que ne possèdent pas toutes les variétés européennes.

En résumé, ce cépage est remarquable par sa fertilité. Le vin qu'il donne est très coloré et à peine foxé; il peut donc être utilisé pour le coupage. Comme il résiste insuffisamment au phylloxera, il doit être greffé sur racines résistantes. Il doit aussi être défendu contre les maladies cryptogamiques : mildiou, black-rot, oïdium; seulement il craint encore plus le soufre, qui grille ses feuilles, que l'oïdium; il redoute peu au fond cette maladie. C'est seulement dans les sols sablonneux ou humides qu'il peut être cultivé sur ses propres racines.

ADVANCE (Ricketts). — Hybride de Clinton et de Black Hambourg obtenu par Ricketts. «Variété excellente», dit F.-R. Elliot; «plante saine, vigoureuse et productive, craignant la pourriture», d'après S. Miller.

ALMA (Ricketts). — Grappe petite, compacte, à grains moyens, ronds, noirs et sucrés, à goût spécial; maturité précoce.

Variété obtenue par Ricketts, du croisement du Clinton avec un hybride de Vinifera. Les grappes sont de bonne qualité, mais trop petites; son vin pèse de 9 à 10°, et en Amérique elle paraît indemne de maladies. Résistance phylloxérique insuffisante.

Ariadne (Ricketts). — Grappe moyenne, longue, peu serrée, à grains moyens, ronds, juteux, sucrés, agréables ; maturité précoce.

C'est un hybride de Ricketts, obtenu par le croisement du Clinton avec le V. Vinifera. De bonne qualité, mais produit très peu. Il fait un vin très noir et très alcoolique (12 à 13°), et bouqueté, mais non foxé. Il ressemble au Clinton dont il est issu.

August Giant (Stone). — Grappes très grandes, à pédoncule long ; à grains très gros, un peu ovoïdes, rappelant le Black Hambourg.

Issu du croisement du Black Hambourg avec le Marion. Il est remarquable par la grosseur et la qualité de ses bois, qui mûrissent de bonne heure. Plante rustique, vigoureuse.

Cornucopia (Arnold). — **Synonyme**. — *Hybride d'Arnold N° 2.*

Hybride de Clinton et de Black Saint-Peters obtenu par Arnold. C'est un demi-sang Vinifera, un quart de sang Riparia et un quart de sang Labrusca. Champin l'apprécie de la manière suivante :

« Quand il est arrivé en France, il a suffi qu'on dise de lui : c'est un semis de Clinton, pour qu'il fût, *à priori*, déclaré non résistant et condamné comme tel, sans être entendu. Il en a bien rappelé depuis lors : après avoir été relégué au bas de l'échelle, il a grimpé chaque année quelques échelons, et le voilà arrivé à tenir une bonne place, grâce à sa vigueur exubérante, à son magnifique feuillage d'un vert foncé et brillant, à sa précocité, à sa fertilité et aux excellentes qualités de son vin franc de goût. Je l'ai employé souvent comme porte-greffe et je puis le recommander, d'abord parce qu'il est très vigoureux, et ensuite parce qu'il est un porte-greffe fertile ».

Certes, c'est une belle vigne. Elle prend un développement considérable, et, en plus, elle possède des facultés d'adaptation très étendues. Elle produit peu à la taille courte. A la taille longue, sa production est presque satisfaisante. Les fruits sont un peu foxés, le vin l'est beaucoup moins, et M. Pulliat a presque conseillé la culture de ce cépage dans une région à bons vins. Tout cela explique l'engouement de Champin pour le Cornucopia. Toutefois, ce cépage craint la coulure ; et enfin, sa résistance phylloxérique est nettement insuffisante. — Abandonné partout, soit comme producteur-direct, soit comme porte-greffe.

Garnet (Wylie). — Hybride de Clinton et Muscat rouge de Frontignan, obtenu par Wylie. D'après Bush et Meissner, il produit des «grappes assez volumineuses, à grains plus gros que ceux du Clinton ; d'une belle couleur grenat foncé ; bouquet de Vinifera, feuillage américain».

Mrs Mac-Lure (Wylie). — Hybride de Clinton et de Peters Wylie. N'a pas été propagé.

Newark. — Hybride de Clinton et de V. Vinifera. Vigoureux, rustique, très fertile, à grappes longues, mais lâches, à grains moyens, rouge foncé et agréables. Trop voisin du Vinifera, meurt rapidement du phylloxera.

Peabody (Ricketts). — Ne s'est pas répandu en Amérique.

Professeur Planchon. — Hybride qui a des affinités surtout avec le V. Riparia et le V. Labrusca. Le V. Vinifera y est peu apparent. Ce cépage ne s'est pas répandu.

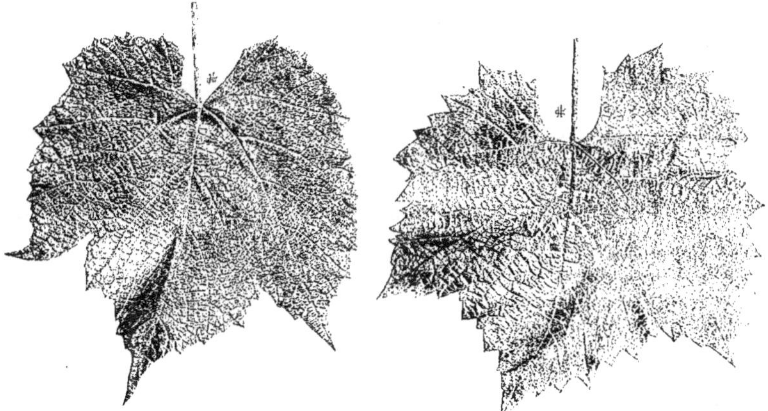

Fig. 349. — Feuille de Professeur Planchon.   Fig. 350. — Feuille de Waverley.

Quassaick (Ricketts). — Hybride de Clinton et de Muscat de Hambourg. « L'une des plus jolies vignes que nous ayons jamais vues, garnie de grandes grappes », dit Husmann. N'a néanmoins séduit nulle part les viticulteurs.

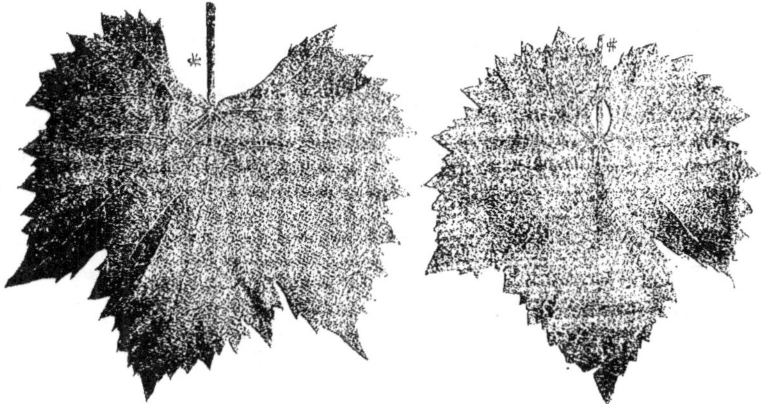

Fig. 351. — Feuille de Wylie.   Fig. 352. — Feuille de Peters Wylie.

Rommel (Munson). — Issu du croisement du Triumph et de l'Elvira. C'est par suite un demi-sang Labrusca, quart de sang Vinifera et quart de sang Riparia. « Vigne très vigoureuse et réfractaire aux maladies cryptogamiques. Grappes moyennes, simples ou ailées, compactes. Grains moyens ou gros, blanc-jaunâtre, transparents, à peau mince, pulpe fondante, à pépins peu nombreux et petits, de bonne qualité, mûrit en même temps que le Delaware. Cette vigne supporte bien le froid et la sécheresse, et est très productive. Nous recommandons cette variété pour le Nord et le Sud. La récolte moyenne, de 300 souches âgées de 5 ans, a dépassé 15 pounts (environ 7 kilos) par souche. Elle donne un joli vin blanc ». — (Munson).

WAVERLEY (Ricketts). — Hybride de Clinton et d'une variété musquée de Vinifera. Ne s'est pas répandu en Amérique non plus qu'en France. A Montpellier, il est vigoureux et fertile ; il ne résiste pas au phylloxera.

WYLIE (Hybrides de). — La plupart de ces hybrides sont issus du croisement du Clinton avec diverses variétés de V. Vinifera. Quelques-uns font retour au Riparia. Signalons :

JANE WYLIE. — Vigne à dominante de Vinifera, et produisant un raisin de bonne qualité ; non propagée ;

WYLIE N° 4 ;

PETERS WYLIE. — Vigne de vigueur moyenne, à rameaux lisses, à feuilles petites. Produit des grappes presque grosses, à grains moyens, vert-blanchâtre, et à saveur douce et agréable. Champin la trouve inférieure aux autres hybrides de Wylie.

LABRUSCA-RUPESTRIS-ÆSTIVALIS

212-7 (Mill-de Gr.). — **Caractères**. — Feuille adulte : angles des nervures : 106, 31 = 137, 36 ; 3-lobée, à sinus latéraux : supérieur à peine marqué ; dents arrondies, larges ; rapports des nervures : 0.89, 0.71, 0.29 ; glabre, vert clair en dessous ; unie, vert foncé, brillante, nervures rosées à la base en dessus ; moyenne.

Feuilles jeunes aranéeuses vert clair.

Bourgeonnement aranéeux vert clair.

Rameaux avec quelques poils laineux, rouge vineux.

Observations. — Hybride de York-Madeira fécondé par Rupestris Ganzin, obtenu par MM. Millardet et de Grasset. Dans le York-Madeira, le V. Æstivalis est peu apparent. Il ne l'est pas davantage dans le 212-7, qui, par suite, est surtout Labrusca-Rupestris.

Aptitudes. — Vigne de vigueur moyenne, reprenant bien de bouture ; résistance phylloxérique inconnue et à facultés d'adaptation peu étendues. Craint les terrains calcaires, où elle jaunit très vite et beaucoup plus que le Riparia. Me paraît, pour l'instant, sans intérêt.

LABRUSCA-RUPESTRIS-VINIFERA

117-4 (Couderc). — Caractères. — Feuille adulte : angles des nervures : 119, 40 = 159, 33 ; 5-lobée, à sinus latéraux : supérieur assez profond, inférieur à peine marqué ; dents anguleuses, larges ; rapports des nervures : 1, 0.70, 0.78 ; glabre ou avec quelques poils raides en dessous ; gaufrée, presque unie, vert foncé, brillante, épaisse, nervures vert pâle en dessus.

Feuilles jeunes glabres, un peu bronzées.

Bourgeonnement aranéeux vert pâle.

Grappe à grains ronds, noirs, moyens, juteux, colorés, assez agréables, peu serrés ; ailée, longue.

Observations. — Hybride de Senasqua × Rupestris obtenu par M. G. Couderc en 1890. C'est un demi-sang Rupestris, quart de sang Labrusca et quart de sang Vinifera.
Le V. Rupestris domine dans le feuillage.

Fig. 333. — Feuille de N° 117-4.

Aptitudes. — D'après M. Couderc : « Noir, 1re et 2me époque, bien fertile, surtout avec l'âge ; très résistant au phylloxera, au mildiou et au black-rot ». C'est, en effet, une vigne très fertile, et, en même temps, très résistante au mildiou. A l'Ecole de Montpellier, elle a été une des dernières à perdre ses feuilles sous l'action de cette maladie. Elle résiste également à l'oïdium et à la pourriture grise. Par contre, elle ne résiste nullement au phylloxera ou plutôt n'a guère que la résistance de l'Othello. Elle produit un vin épais, grossier, très coloré, qui ne peut être utilisé que pour le coupage.

117-3 (Couderc). — D'après M. G. Couderc : « Blanc doré, 1re époque, grain 15 à 16 millimètres, dur, pulpeux, ne pourrissant pas, très sucré, à goût particulier mais non désagréable, très résistant aux maladies cryptogamiques, mais pas résistant au phylloxera ; est d'ailleurs peu fertile franc de pied, bien fertile greffé ».
Tout cela est très juste ; et le « goût particulier » est un goût de foxé qui n'apparaît que lorsque le raisin est très mûr. Donne un vin très alcoolique.

LABRUSCA-ÆSTIVALIS-VINIFERA

La composition des hybrides de ce groupe est variable. Les uns se rapprochent du V. Labrusca, et en ont surtout les qualités et les défauts, quelques-uns du V. Vinifera; et les autres du V. Æstivalis. Leurs propriétés varient aussi suivant l'espèce dominante.

Tous sont peu ou pas résistants au phylloxera, et aucun d'eux ne peut être cultivé sur ses propres racines, sauf dans les milieux peu « phylloxérants ». Leur résistance à la chlorose est également relativement peu élevée. Ils ne présentent de l'intérêt qu'en tant que variétés-greffons.

Delaware (Provost). — **Caractères.** — Feuille adulte : angles des nervures : 105, 44 = 149; 5-lobée, à sinus latéraux : supérieur profond, inférieur marqué; dents anguleuses, très larges; rapports des nervures : 0.91, 0.60, 0.46; aranéeuse (poils roux), glauque en dessous; un peu bullée, vert foncé, brillante, épaisse, nervures vert pâle en dessus; moyenne.

Feuilles jeunes vert-jaunâtre, brillantes.

Bourgeonnement duveteux vert pâle.

Rameaux glabres verts, à peine rosés.

Grappe à grains ronds, rosés, moyens, serrés, pulpeux, agréablement parfumés; moyenne, cylindro-conique.

Observations. — Variété trouvée dans le jardin de P.-H. Provost, viticulteur américain d'origine suisse, qui cultivait depuis longtemps des variétés européennes. On en conclut que le Delaware est un hybride de V. Labrusca et de V. Vinifera. Il est certain que ces deux espèces sont intervenues dans la composition de cet hybride; mais, d'après M. Millardet, le V. Æstivalis y entre aussi pour une part.

Fig. 354. — Feuille de Delaware.

Le V. Æstivalis se retrouve, en effet, dans la forme, les rugosités de la surface des feuilles; et il explique les qualités du fruit; le V. Labrusca est apparent dans le très léger goût foxé de la grappe, le tomentum de la feuille; le V. Vinifera dans la forme des pépins et les qualités du fruit, et dans les facultés d'adaptation au sol.

Aptitudes. — Ce cépage est une des meilleures vignes d'origine américaine. Ses fruits, un peu charnus ou pulpeux, sont agréablement parfumés et très sucrés. D'après Bush et Meissner, « dans quelques localités du Missouri et de l'Arkansas, il donne des récoltes certaines et abondantes, et est entièrement sans rival pour la production d'un beau vin blanc. Dans le Michigan, il produit autant que le Concord. Dans la

Maine, il est considéré comme le meilleur raisin qu'on ait». Dans l'État de New-York, il occupe des étendues importantes.

En France, il donne aussi des produits d'excellente qualité : vins très fins, riches en alcool et agréablement parfumés. Seulement il produit peu, au moins à la taille courte. A la taille longue, système double Guyot, il produit beaucoup plus, jusqu'à 80 et 100 hectolitres à l'hectare. Les grappes sont moyennes et souvent sujettes à la coulure. D'autre part, la résistance phylloxérique de cette vigne est très faible. Elle disparaît en quelques années sous l'action du phylloxera; elle ne peut donc être cultivée franche de pied; et malgré les qualités de ses grappes, on n'a eu jusqu'ici guère intérêt à la propager par la greffe. — La résistance aux maladies cryptogamiques est plutôt faible.

BIG EXTRA (Munson). — **Caractères.** — Feuille adulte : angles des nervures : 111, 45 = 156, 31 ; 5-lobée, à sinus latéraux : supérieur et inférieur assez profonds; dents anguleuses, larges; rapports des nervures : 1, 0.81, 0.27; bullée, vert foncé, brillante en dessus.

Observations. — Variété obtenue par M. Munson en fécondant le V. Lincecumii par du pollen de Triumph. « Vigoureuse, à feuilles grandes, bien découpées; grappes oblongues, lâches, à grains noirs avec pruine bleuâtre. de saveur agréable; supportant bien le transport et mûrissant de bonne heure ». J'ajoute : vigne fertile, peu sensible au mildiou, à l'oïdium et à la pourriture grise. Ses grappes compactes se conservent longtemps sur la souche. Peut donner un bon vin. car le fruit est peu foxé.

Fig. 355. — Feuille de Big extra.   Fig. 356. — Feuille de Croton.

CROTON (Underhill). — **Caractères.** — Feuille adulte: angles des nervures : 118, 36 = 154, 26 ; 5-lobée, à sinus latéraux : supérieur très profond, inférieur marqué; dents arrondies, larges ; duveteuse en dessous; bullée, vert foncé terne, nervures rosées en dessus.

Feuilles jeunes cuivrées, brillantes.

Bourgeonnement duveteux rosé.

Rameaux glabres violacés.

Grappe à grains ronds, un peu rosés, moyens, peu serrés ; sur-moyenne, ailée.

Observations. — Hybride de Delaware et de Chasselas de Fontainebleau obtenu par Underhill. Sa composition est, par suite, sensiblement la suivante : 4/6 Vinifera, 1/6 Labrusca et 1/6 Æstivalis. Le V. Labrusca est peu apparent dans les caractères du feuillage, il l'est encore moins dans le fruit. Le V. Vinifera domine avec le V. Æstivalis. Ce dernier est surtout manifeste dans la forme et l'état de la surface de la feuille.

Aptitudes. — La vigueur de cette vigne est grande quand elle est placée dans un milieu favorable. Elle donne de beaux sarments qui s'enracinent facilement et donnent un système radiculaire puissant et charnu. Malheureusement, la résistance phylloxérique est à peu près nulle. Il n'entre en effet dans la composition de cet hybride, comme espèce suffisamment résistante, que le V. Æstivalis, et encore seulement pour un sixième ; les deux autres ne résistent pas. Il doit donc offrir une résistance phylloxérique très faible. En fait, il succombe très vite à l'insecte, presque aussi vite que les variétés du V. Vinifera. On ne peut donc songer à le cultiver sur ses propres racines que dans les terres sablonneuses.

Sa composition nous fait connaître ses autres propriétés. Il redoute peu la chlorose, et il supporte, sans jaunir, des doses élevées de carbonate de chaux. Il est assez sensible aux maladies cryptogamiques. « Notre propre expérience, disent Bush et Meissner, lui a été très défavorable, cette vigne étant très délicate, végétant faiblement et *ayant une tendance au mildiou et à la carie noire* ». Par contre, les bourgeons du vieux bois sont fertiles. Cette plante donne donc encore quelques produits après les fortes gelées de printemps. Les fruits rappellent beaucoup ceux du Chasselas par la forme, la grosseur et la saveur du grain. Ils sont moins jolis, fréquemment millerandés, mais sucrés et en somme très agréables. Ils ont la saveur des meilleurs fruits du V. Vinifera ; à peine une légère âpreté de la peau rappelle-t-elle le V. Æstivalis. La production est assez élevée.

Si l'on voulait tirer parti de la résistance aux gelées de cette vigne, il conviendrait de la cultiver sur racines américaines résistantes, c'est-à-dire de la mettre au rang de variété-greffon. Elle ne peut être un producteur-direct proprement dit.

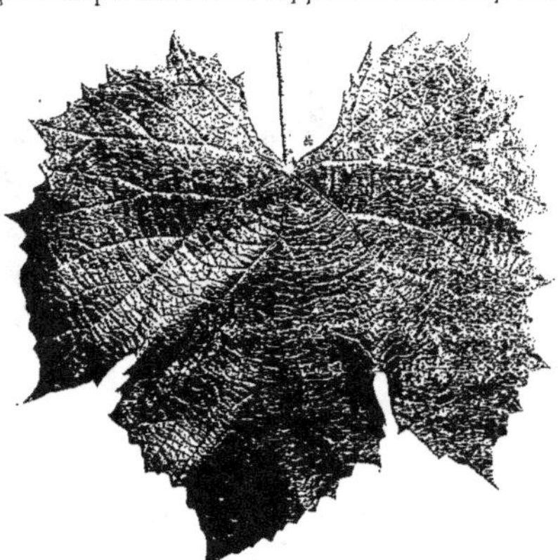

Fig. 357. — Feuille de R.-W. Munson.

R.-W. Munson (Munson). — **Caractères.** — Feuille adulte : angles des nervures : 118, 30 = 148, 44, 24 ; 3-lobée, à sinus latéraux : supérieur profond ; dents anguleuses, étroites ; rapports des nervures :

0.96, 0.67, 0.28 ; aranéeuse, glauque en dessous ; aranéeuse. bullée, vert foncé, luisante, nervures rosées en dessus ; grande.

Feuilles jeunes duveteuses carminées.

Bourgeonnement carminé.

Rameaux aranéeux, rayés de rouge.

Grappe à grains ronds, sous-moyens, noirs, juteux, un peu acides.

Observations. — Hybride obtenu par Munson en fécondant le V. Lincecumii par le Triumph. Plante très vigoureuse, produisant des grappes de grosseur moyenne, à grains noirs. Paraît craindre la sécheresse.

CARMAN (Munson). — **Caractères.** — Feuille adulte : angles des nervures : 120, 51 = 171, 31 ; 5-lobée, à sinus latéraux : supérieur très profond, inférieur profond ; dents anguleuses. larges : rapports des nervures : 0.83, 0.70. 0.40 ; bullée. vert clair, brillante en dessus ; grande.

Grappe à grains ronds. noirs, moyens, serrés, pulpeux, grosse, ailée.

Observations. — Hybride de V. Lincecumii fécondé par Triumph et obtenu par M. Munson. C'est un demi-sang Æstivalis. un quart de sang Vinifera et un quart de sang Labrusca.

Aptitudes. — En conséquence, ses facultés d'adaptation sont peu étendues ; il redoute les terres calcaires. Sa résistance

Fig. 358. — Feuille de Carman.

phylloxérique est peu élevée ; il résiste mieux aux maladies cryptogamiques. Produit de grosses grappes coniques, un peu ailées, compactes ordinairement, à grains moyens, fades ou peu agréables. Non cultivé en France, il ne paraît pas se répandre en Amérique.

BRIGHTON (Moore). — **Caractères.** — Feuille adulte : angles des nervures : 122, 31 = 153 ; 3-lobée, à sinus latéraux : supérieur marqué ; dents anguleuses, étroites ; rapports des nervures : 0.82, 0.67, 0.51 ; cotonneuse en dessous ; gaufrée. bullée, vert foncé, nervures vert pâle en dessus ; grande.

Feuilles jeunes cotonneuses vert-blanchâtre.

Bourgeonnement cotonneux, à liséré rose.

Rameaux aranéeux vert pâle, rayés de rouge.

Grappe à grains ronds, rouges, pulpeux, foncés, peu serrés ; moyenne, ailée.

Observations. — Hybride obtenu par J. Moore en croisant Diana-Hambourg avec Concord. C'est par suite un quart de sang Vinifera seulement. «De croissance moyenne au Texas, où il meurt de très bonne heure ». — «Une des meilleures variétés rouges

essayées dans le Colorado, où elle donne généralement satisfaction ». — « Belle croissance, beau feuillage, bonne récolte de très bonne qualité, est recommandée pour le
vermout ». — « Un des plus délicieux hybrides précoces ». — « C'est probablement
la meilleure variété pour la table et le marché ». — Telles sont les opinions des viticulteurs américains sur cette vigne. Elle donne satisfaction dans les États froids ou
pluvieux, et elle y occupe une grande surface. N'a pas donné de bons résultats en
France, on sait pourquoi.

Fig. 359. — Feuille de Brighton.   Fig. 360. — Feuille d'Eumelan.

Eumelan (Thorne). — **Synonyme.** — *Good black grape.*

Caractères. — Feuille adulte : angles des nervures : 122, 50 = 172 ; 5-lobée, à
sinus latéraux : supérieur marqué, inférieur à peine indiqué ; dents arrondies, larges ;
rapports des nervures : 0.90, 0.67, 0.30 ; aranéeuse-pubescente sur nervures **1, 2, 3** ;
bullée, vert foncé, brillante, épaisse, nervures vert pâle en dessus.

Feuilles jeunes duveteuses vert pâle.

Bourgeonnement duveteux vert pâle, à liséré rose.

Grappe à grains ronds, noirs, moyens, assez serrés, pulpeux, sucrés, très agréables,
peu ou pas foxés ; moyenne.

Observations. — Variété due au hasard et cultivée d'abord par MM. Thorne,
chez qui elle «donna d'abondantes récoltes de raisins, remarquables à la fois par
leur qualité et leur précocité ».

D'après M. Millardet, l'Eumelan est un hybride de V. Æstivalis, V. Vinifera et
V. Labrusca. Ce sont les deux premières qui dominent. Le V. Labrusca est à peine
apparent.

Aptitudes. — C'est une vigne vigoureuse, à puissant système radiculaire, reprenant
assez bien de bouture. Sa résistance phylloxérique est peu élevée ; elle disparaît en
quelques années sous l'action de l'insecte. Elle donne des fruits d'excellente qualité,
volumineux et serrés, paraît-il, en Amérique. En France, elle s'est montrée extrê-

mement coularde. Ses grappes sont réduites à quelques grains, bien développés, entourés de grains verts avortés. D'ailleurs, même en Amérique, elle n'a pas donné partout de bons résultats, elle a souffert beaucoup du mildiou. En tout cas, le vin qu'elle produit est très alcoolique et de bonne qualité ; seulement elle en produit trop peu pour qu'on puisse la cultiver.

DUCHESS (Caywood). — **Caractères.** — Feuille adulte : angles des nervures : 124, 48 = 182, 34 ; 3-lobée, à sinus latéraux : supérieur marqué ; dents anguleuses, étroites ; rapports des nervures : 0.91, 0.67, 0.26 ; duveteuse en dessous ; unie, vert foncé, infléchie en dessous, nervures vert pâle en dessus ; large.

Feuilles jeunes aranéeuses bronzées.

Bourgeonnement duveteux vert pâle.

Rameaux aranéeux vert pâle.

Grappe à grains ronds, blanc doré, moyens, peu serrés, pulpeux, agréables, non foxés ; longue.

Observations. — Cette vigne serait, d'après les observations de MM. Caywood et fils, un hybride d'un Concord blanc fécondé par Delaware

Fig. 361. — Feuille de Duchess.

ou par Walter. L'espèce dominante est par suite le V. Labrusca ; les autres sont peu apparentes. En fait, le feuillage, par son ampleur, le coton qui le couvre en dessous, rappelle le V. Labrusca. La teinte glauque ou vert pâle de la feuille est un peu celle du V. Æstivalis. Mais les fruits n'ont aucun goût foxé ; ils sont presque entièrement Vinifera.

Aptitudes. — Vigne très vigoureuse, à beau feuillage d'un vert clair ; reprenant bien de bouture ; système radiculaire très développé, malheureusement très sensible au phylloxera. La Duchess ne résiste guère plus que nos variétés européennes. On ne peut donc songer à l'utiliser comme producteur-direct. Les yeux du vieux bois sont fertiles, et ils donnent encore quelques grappes après les gelées de printemps. Elle est, en France comme en Amérique, peu sujette au mildiou ; en tout cas, deux traitements suffisent pour la préserver de cette maladie. Ses fruits volumineux, allongés, sont de bonne qualité. Ils se conservent longtemps sur souche. Ils donnent un vin blanc de bonne qualité, riche en alcool.

Sur souche basse, la Duchess produit très peu ; mais en treillage et à la taille longue, elle donne des rendements élevés. On peut la cultiver dans les régions sujettes aux gelées de printemps, mais greffée sur racines résistantes au phylloxera.

Excelsior (Ricketts). — **Caractères**. — Feuille adulte : angles des nervures : 128, 54 = 182 ; 3-lobée, à sinus latéraux : supérieur peu profond ; dents anguleuses, très larges ; rapports des nervures : 0.85, 0.66, 0.22 ; cotonneuse en dessous ; aranéeuse, bullée, vert terne, nervures un peu rosées en dessus ; grande.

Feuilles jeunes cotonneuses blanches.

Bourgeonnement cotonneux blanc.

Rameaux duveteux verts, à peine rosés, vrilles subcontinues.

Grappe à grains ronds, noirs, gros, serrés, pulpeux, foxés ; cylindro-coniques.

Observations. — Hybride d'Iona fécondé par du pollen de V. Vinifera, et obtenu par Ricketts. C'est un demi-sang Vinifera, presque demi-sang Labrusca, « et peut-être avec des traces de V. Æstivalis ». Le V. Labrusca est nettement

Fig. 302. — Feuille d'Excelsior.

apparent, dans le feuillage comme dans le fruit.

Aptitudes. — Vigne assez vigoureuse, à gros sarments ; très fertile, à grosses et belles grappes légèrement foxées. Non résistante au phylloxera.

Bailey (Munson). — **Caractères**. — Feuille adulte : angles des nervures : 133, 50 = 183, 40 ; 3-5-lobée, à sinus latéraux : supérieur marqué ; dents anguleuses, très larges ; rapports des nervures : 0.89, 0.76, 0.21 ; duveteuse en dessous ; gaufrée, bullée, vert sombre, nervures rosées en dessus ; grande.

Feuilles jeunes rosées, vert pâle en dessous.

Bourgeonnement cotonneux carminé.

Rameaux duveteux vert-violacé.

Grappe à grains ronds, noirs, gros, serrés, pulpeux, foxés ; grosse, ailée ou cylindrique.

Aptitudes. — Hybride de V. Lincecumii fécondé par Triumph. Belle variété, à goût un peu foxé ; sensible au mildiou et au black-rot.

W.-B. Munson (Munson). — « Vigne vigoureuse, à rameaux glabres ; feuilles grandes, 3-lobées, à dents larges, unies ; grappes moyennes, oblongues, assez compactes ; grains moyens, noirs, à saveur sucrée, agréable ; pépins gros. Variété peu fertile, précoce, et pouvant donner un bon raisin de table ».

Newmann (Munson). — Hybride de V. Lincecumii fécondé par Triumph. « Plante vigoureuse, à rameaux un peu duveteux, rayés de pourpre ; feuilles grandes ou très grandes, largement 3-lobées, à dents larges ; grappes moyennes, lâches, à grains

noirs, un peu acides, pulpeux et à saveur agréable. Variété tardive ; craint un peu la
sécheresse ». — (Munson).

Ragan (Munson). — Hybride obtenu par M. Munson en croisant le V. Lincecumii
avec le Triumph. Voici la description qu'il en donne : « Plante vigoureuse, à rameaux
lisses, rougeâtres, à feuilles grandes, 3-lobées, unies. Grappes moyennes ou petites, oblongues ; grains petits, noirs, à saveur un peu acide et à peau mince et souple.
Pépins très gros ; craint la sécheresse ».

RIPARIA-RUPESTRIS-ÆSTIVALIS

Les hybrides de ce groupe ont des aptitudes différentes suivant l'espèce qui domine.
Lorsque le V. Æstivalis est peu apparent (fig. 363), les aptitudes de la plante sont sensiblement celles des Riparia-Rupestris ; elle a toutefois une moins haute résistance à la
chlorose. Lorsque le V. Æstivalis domine, elle ne peut être cultivée dans les sols calcaires.

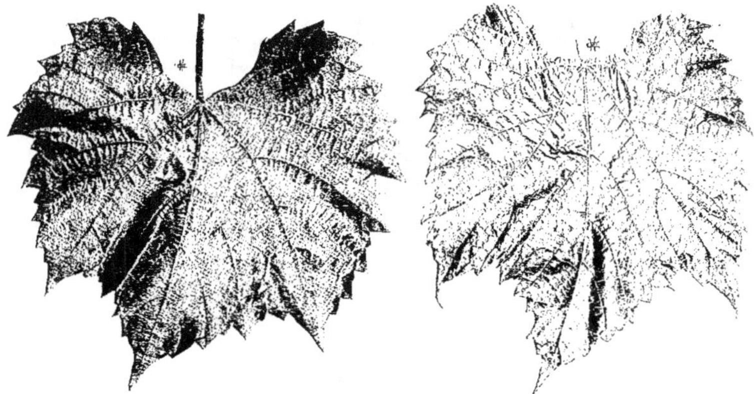

Fig. 363. — Feuille de R.-Rup.-Æstivalis.   Fig. 364. — Feuille de Nᵒ 227-11-29.

227-11-29 (Mill⁻-de Gr.). — **Caractères.** — Feuille adulte : angles des nervures :
90, 26 = 116, 40 ; 3-lobée, à sinus latéraux : supérieur marqué ; dents anguleuses,
étroites ; rapports des nervures : 0.87, 0.63, 0.51 ; pubescente sur nervures **1, 2, 3**
en dessous ; ondulée, peu bullée, vert foncé, brillante, nervures rosées en dessus.
Feuilles jeunes duveteuses, cuivrées, vert pâle.
Bourgeonnement vert pâle.
Rameaux rosés, glabres.
Grappe à grains ronds, petits, noirs, très peu serrés ; très petite, mais allongée.

Observations. — Produit de la fécondation d'un Rupestris-Æstivalis par Riparia.
C'est un quart de sang Rupestris, un quart de sang Æstivalis et un demi-sang

Riparia. Les caractères du feuillage montrent que cette dernière espèce est dominante ; le Rupestris se révèle surtout dans les rapports des nervures et le V. Æstivalis dans les rugosités de la surface de la feuille.

Aptitudes. — J'ai cultivé un grand nombre de plantes du même groupe que 227-11 dans la craie des Charentes ; toutes ont jauni et disparu plus vite que les Riparia. A l'Ecole de Montpellier, 227-11 est vigoureux, mais il est aussi très sensible à la chlorose. Cette variété ne présente de l'intérêt que pour les sols compacts et secs. C'est là seulement qu'il y aurait lieu de l'essayer.

215-2 (Mill^t-de Gr.). — **Caractères.** — Feuille adulte : angles des nervures : 92, 36 = 128 ; 3-lobée, à sinus latéraux : supérieur à peine marqué ; dents anguleuses,

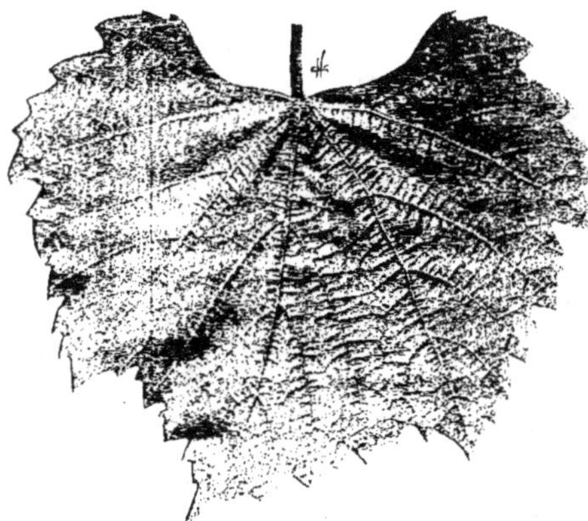

Fig. 365. — Feuille de N° 215-2.

larges ; rapports des nervures : 0.91, 0.81, 0.78 ; pubescente sur nervures **1, 2, 3** ; ondulée, bullée, brillante, nervures violacées en dessus.

Feuilles jeunes brillantes, cuivrées.

Bourgeonnement bronzé, brillant.

Rameaux glabres violacés.

Grappe à grains ronds, noirs, petits, peu serrés ; petite.

Observations. — Obtenu par MM. Millardet et de Grasset en fécondant une variété fertile de Rupestris par l'hybride Azemar.

C'est un quart de sang Æstivalis, quart de sang Riparia et demi-sang Rupestris. Cette dernière espèce domine dans le feuillage.

Aptitudes. — Plante vigoureuse, convenant aux terres franches de bonne qualité. Craint le calcaire. Ce porte-greffe ne répond à aucune exigence spéciale.

RIPARIA-RUPESTRIS-CORDIFOLIA

La composition de ces hybrides est nécessairement variable. La figure 366 représente la feuille de l'un d'eux, dans lequel le V. Cordifolia domine. Ce sont les plus intéressants par leurs aptitudes. Les autres, quoique intéressants, répondent à des exigences plus restreintes.

106-8 (Mill^t-de Gr.). — **Caractères.** — Feuille adulte : angles des nervures : 93, 47 = 140, 40 ; 3-lobée, à sinus latéraux : supérieur marqué ; dents anguleuses, étroites ; rapports des nervures : 0.88, 0.76, 0.76 ; pubescente sur nervures **1, 2, 3, 4** en dessous ; ondulée, bullée, vert foncé, nervures pubescentes et violettes en dessus.

Feuilles jeunes pubescentes vert pâle.

Bourgeonnement vert pâle.

Rameaux glabres violacés.

Grappe à grains ronds, noirs, petits, peu serrés ; petite, courte.

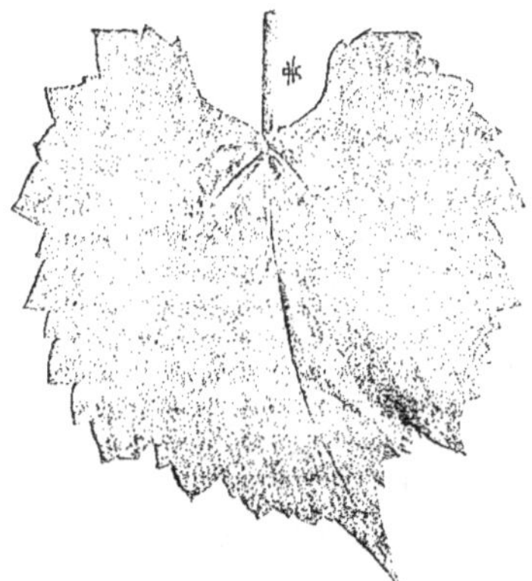

Fig. 366. — Feuille de V. Cordifolia.

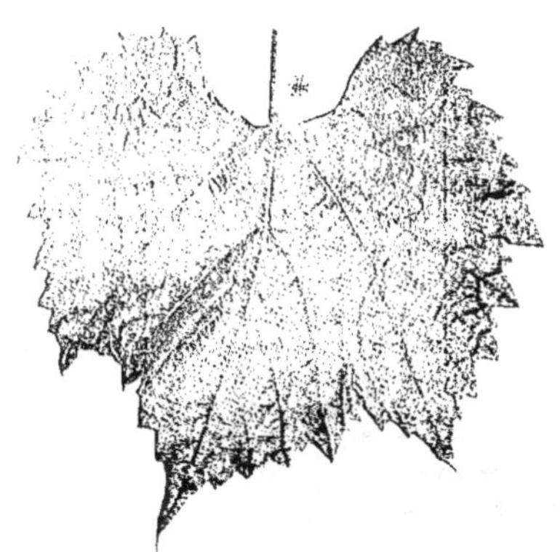

Fig. 367. — Feuille de N° 106-8.

Observations. — Hybride de Riparia × Cordifolia-Rupestris de Grasset obtenu par MM. Millardet et de Grasset en 1882. C'est donc un demi-sang Riparia, quart de sang Cordifolia et quart de sang Rupestris. En fait, c'est le Riparia qui domine dans toute la plante.

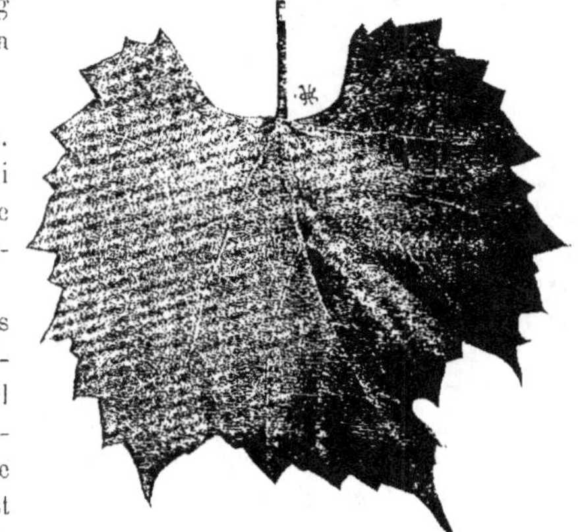

Fig. 368. — Feuille de Riparia-Monticola.

Aptitudes. — Vigne vigoureuse. à sarments longs, plutôt grêles, qui reprennent bien de bouture ; système radiculaire ramifié, grêle et dur, rappelant le Riparia ou le Rupestris.

La résistance phylloxérique est très élevée, et cette vigne peut être cultivée partout. Seulement, comme il fallait s'y attendre, son aire d'adaptation est peu étendue. Elle ne résiste pas à la chlorose et sa place n'est pas dans les terrains calcaires. M. P. Gervais, qui l'a beaucoup étudiée, en conseille l'emploi dans les terres silico-argileuses qui deviennent dures après les pluies, qui sèchent vite, de même que dans les terres cailllouteuses non calcaires. C'est là, en effet, sa vraie place.

RAVAZ; *Vignes américaines.*   41

RIPARIA-RUPESTRIS-MONTICOLA

Les hybrides de ce groupe que j'ai pu étudier sont tous des demi-sang Monticola ; et, jusqu'ici, leurs propriétés, leurs aptitudes, sont sensiblement celles des Riparia-Monticola dont ils ont la plupart des caractères apparents.

RIPARIA-RUPESTRIS-CANDICANS

SOLONIS. — **Synonyme**. — *V. Solonis*, Jard. Bot. Berlin.

Caractères. — Feuille adulte : angles des nervures : 76, 18 = 94, 51 ; 3-lobée, à sinus latéraux : supérieur à peine marqué ; dents anguleuses, très étroites ; rapports des nervures : 0.87, 0.79, 0.92 ; aranéeuse-pubescente en dessous ; aranéeuse-pubes-

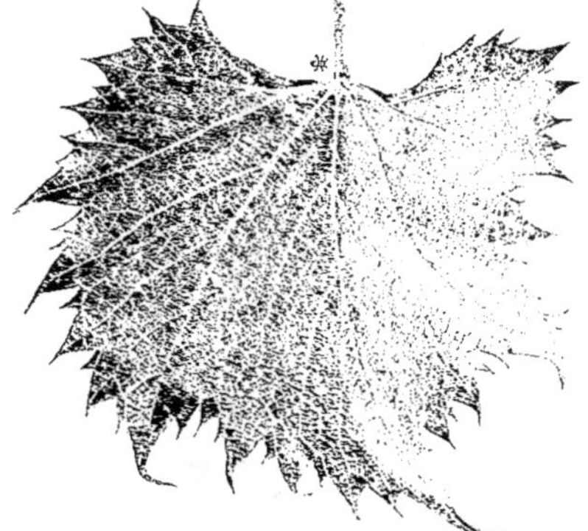

Fig. 369. — Feuille de Solonis.

cente, unie, vert-blanchâtre, nervures rosées en dessus.

Feuilles jeunes duveteuses-pubescentes.

Bourgeonnement duveteux blanc.

Rameaux duveteux vert pâle.

Grappe à grains ronds, noirs, petits, serrés, pulpeux, fades ; petite.

Observations. — Le nom de Solonis n'a aucune signification. Engelmann pense qu'il est une corruption de *V. Longii*, nom donné par Prince aux représentants de cette plante.

La variété Solonis a été trouvée en 1868, par Engelmann, au Jardin botanique de Berlin, sous le nom de *V. Solonis*. Elle existait déjà, à cette époque, dans quelques autres collections européennes. L'attention des viticulteurs a été attirée sur elle quand il s'est agi de reconstituer le vignoble détruit par le phylloxera ; et elle s'est répandue sous le nom de *Solonis*. «Ce nom, dit Engelmann (Catal. Bush et Meissner), est, à n'en pas douter, une corruption de Long's, et la plante vient de la vallée supérieure de l'Arkansas, où le major Long rapporte qu'en revenant de son expédition aux Montagnes Rocheuses il trouva ces excellentes vignes. On a pu en rapporter des graines et la plante être cultivée sous le nom de Long's. Un manuscrit du viticulteur Bronner parle d'une certaine vigne comme étant le *Long's de l'Arkansas....*».

Bailey écrit à ce sujet : «Il est probable que cette plante a été envoyée à un Jardin européen sous le nom de V. Longii — et peut-être des pépinières de Prince, — et le nom aurait été mal écrit sur l'étiquette. Le nom primordial qui a été publié par Prince accompagné d'une description doit être maintenu », — et il décrit le Solonis sous le nom de V. Longii.

Prince, Munson, Bailey, élèvent le Solonis et les plantes qui lui ressemblent au rang d'espèce, le *V. Longii*. « Le V. Longii diffère, dit Bailey, des formes vigoureuses de V. Vulpina par ses jeunes pousses floconneuses ou pubescentes, par ses feuilles plus arrondies, avec dents plus aiguës ; de couleur plus terne, souvent un peu pubescente en dessous. Considéré par les auteurs français comme un hybride des espèces : V. Rupestris, Vulpina, Candicans et Cordifolia... Mais il croît si loin de ses parents supposés et se présente en telle abondance dans certains endroits qu'on peut le considérer comme une espèce distincte ».

Planchon en fait une variété du V. Riparia. Mais M. Millardet (1) le considère comme un hybride complexe de Riparia et de Rupestris d'abord, puis de ces deux espèces, et des V. Candicans et V. Cordifolia :

« Les caractères les plus importants, dit-il, qui permettent d'affirmer sa parenté avec le V. Rupestris sont les suivants : — brièveté des entre-nœuds et étroitesse de la moelle ; — port des feuilles sur les jeunes rameaux ; — nervure médiane des feuilles recourbées en faux de haut en bas ; — largeur considérable du limbe et amplitude du sinus pétiolaire ; — largeur transversale des coupes du pétiole et des nervures secondaires ; — petitesse de la grappe ; — forme trapue et couleur claire des graines ; — oblitération plus ou moins complète de la chalaze.

»Mais pour qui connaît bien les *V. Rupestris* et *Riparia*, il y a dans le *Solonis* des caractères qui ne se retrouvent ni dans l'une ni dans l'autre de ces deux espèces, et qui m'ont faire dire qu'un troisième type avait pu intervenir encore dans la formation de notre hybride. Ces caractères sont : la grande quantité de poils laineux blancs sur les jeunes pousses et sur l'axe principal de la grappe, poils qui se retrouvent sur les mêmes organes adultes, mais moins serrés ; — l'effacement des stries du pétiole ; — le volume considérable de la graine et de la forme sub-bilobée de son extrémité supérieure ; — la facilité moins grande de reprise au bouturage que celle des V. Riparia et Rupestris ; enfin la sensibilité des radicelles aux piqûres du phylloxera.

»Tous ces caractères sont complètement ou presque complètement étrangers aux V. Riparia et Rupestris. Ils se retrouvent, ainsi que je l'ai indiqué plus haut pour quelques-uns, dans la description, chez le V. Candicans. Il me semble donc tout à fait certain que cette dernière espèce a concouru, avec le *Riparia* et le *Rupestris*, à la formation du *Solonis*. On sait, du reste, qu'elle habite l'Arkansas ainsi que les deux précédentes, c'est-à-dire la région dont le *Solonis* semble être originaire, et qu'elle fleurit en même temps que le V. Rupestris.

»Ainsi se trouvent éclaircis deux faits jusqu'ici inexplicables dans cette variété, à savoir : sa sensibilité au phylloxera plus grande que celle des *V. Riparia* et Rupestris vrais, et sa reprise de bouture plus difficile que chez ces deux mêmes types.

»Il est incontestable que le *Solonis* est beaucoup plus rapproché du *V. Riparia* que des *V. Rupestris* et *Candicans*. Cela peut tenir à la manière dont les croisements entre ces espèces ont eu lieu. Un hybride de *Rupestris* et Candicans, fécondé par *V. Riparia*,

---

(1) *Histoire des vignes américaines.*

produirait vraisemblablement déjà quelque chose de très analogue au *Solonis*. Mais il pourrait y avoir eu deux fécondations successives par le *Riparia* ; de telle façon que l'hybride produit ne contiendrait plus qu'un huitième de sang du *Rupestris* et autant du Candicans, pour six huitièmes de sang du Riparia».

Qu'il y ait du Riparia dans le Solonis, cela est certain. L'allure générale, le port, le tronc, le système radiculaire, qu'il est presque impossible de distinguer de celui d'une variété quelconque de Riparia, le feuillage et même la grappe, tout rappelle cette dernière espèce. Il communique à ses greffes la même fertilité que le V. Riparia et la même allure. Mais il est évident qu'au moins une autre espèce entre dans sa composition. Quelle est-elle ? Pour M. Millardet, c'est le V. Candicans, qui lui communique le duvet, l'aspect glauque ou blanchâtre du feuillage. Peut-être. Mais le V. Candicans aurait donné au système radiculaire une carnosité qui lui manque tout à fait ; au lieu d'augmenter la résistance à la chlorose du Riparia et de rendre ainsi le Solonis peu sensible à cette affection, il en aurait fait une vigne très chlorosante. Quant à l'intervention du Rupestris, elle est peu apparente.

L'hypothèse de M. Millardet n'explique donc qu'insuffisamment les propriétés du Solonis. Je serais porté à croire qu'au lieu du V. Candicans et du V. Rupestris, c'est le V. Arizonica qui s'est allié au V. Riparia, pour produire le Solonis et les variétés voisines.

Ainsi s'expliqueraient la résistance à la chlorose, la gracilité des racines, du tronc et des sarments, l'enracinement difficultueux de ces derniers, la teinte glauque ou blanchâtre du feuillage, la pubescence des rameaux et de la face supérieure des feuilles. J'avoue toutefois que cette composition n'explique pas le resserrement des nervures, mais l'intervention du Candicans et du Rupestris ne l'explique pas davantage.

Les hybrides du groupe Solonis occupent, d'après Munson, les ravins ou les bords des rivières dans le Texas Pan-Handle à l'ouest du Nouveau-Mexique et de l'Oklahoma au nord du Kansas et au sud-est du Colorado.

Aptitudes. — Le Solonis a sensiblement la vigueur d'une bonne variété de Riparia. Il émet des rameaux longs, blanchâtres, qui s'enracinent plutôt difficilement ou lentement. Il reprend beaucoup moins bien de bouture que le Riparia Le système radiculaire est grêle et jaunâtre, dur, mais peut-être un peu plus charnu que celui du V. Riparia, avec lequel il présente la plus grande analogie dans la contexture de même

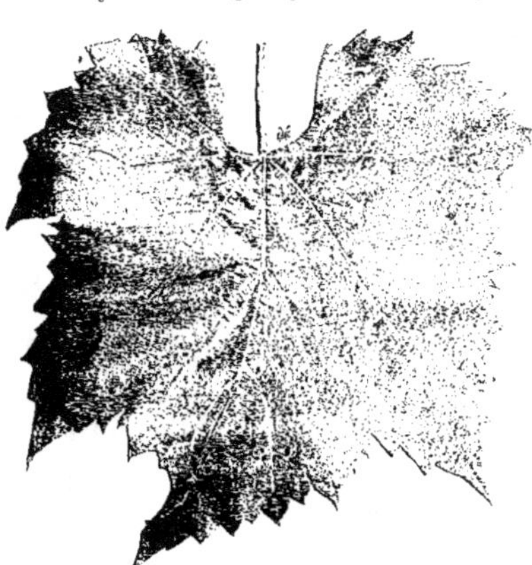

Fig. 370. — Feuille de Solonis lobé.

que dans les aptitudes. La résistance phylloxérique, qu'on a supposée d'abord très bonne, laisse à désirer. Les radicelles portent un grand nombre de nodosités ; mais les racines, surtout les plus grêles, portent aussi très souvent beaucoup de tubérosités. Aussi le Solonis résiste-t-il insuffisamment dans les terres trop sèches ou trop superficielles. Mais dans les terres un peu sablonneuses ou fraîches, il se maintient assez vigoureux. C'est pourquoi, après avoir été très employé pour la reconstitution, il est aujourd'hui abandonné partout. Ce qui l'a fait rechercher tout d'abord, c'est qu'il a une aire d'adaptation très étendue. Il croît dans toutes les terres à Riparia et fort bien, mais il prospère aussi dans des terres calcaires où ce dernier jaunit et dépérit ; et il redoute peu le salant. C'est aussi (bien qu'il reprenne plutôt mal à la greffe) qu'il nourrit très bien les variétés-greffons qu'on lui fait porter. Comme le V. Riparia, il supprime ou atténue la coulure.

Il donne de petites grappes, à gros pépins. Son feuillage est résistant aux maladies cryptogamiques, sauf peut-être à l'anthracnose. En résumé, porte-greffe insuffisant dans toutes les régions chaudes ; à peine suffisant dans les régions pluvieuses et froides.

Le Solonis a donné naissance, par semis, à de nombreuses sous-variétés. Je cite seulement *Solonis Feytel*, *Solonis à feuilles lobées*, qui ne présentent plus aucun intérêt.

215-1 (Castel). — **Caractères.** — Feuille adulte : angles des nervures : 79, 24 = 103, 50 ; 3-lobée, à sinus latéraux : supérieur peu marqué ; dents anguleuses, étroites ; rapports des nervures : 0.93, 0.76, 0.68 ; glabre en dessous ; glabre, unie, vert glauque, nervures rosées en dessus.

Feuilles jeunes aranéeuses, vert cuivré, brillantes.

Bourgeonnement duveteux vert pâle.

Rameaux aranéeux vert-rosé.

Plante mâle.

Observations. — Hybride de Solonis fécondé par du pollen de Rupestris du Lot et obtenu par M. Castel. C'est au moins un demi-sang Rupestris. Le Solonis se révèle dans la villosité du feuillage, de même que dans le port de toute la plante.

Fig. 371. — Feuille de N° 215-1.

Aptitudes. — Plante d'une très grande vigueur. Reprend très bien de bouture et à la greffe. Peu étudiée jusqu'ici, mais peut constituer un excellent porte-greffe dans les sols un peu calcaires.

Novo-Mexicana A. — **Caractères.** — Feuille adulte : angles des nervures : 89, 53 = 142, 48 ; 3-lobée, à sinus latéraux : supérieur à peine marqué ; dents anguleuses, très étroites ; rapports des nervures : 0.84, 0.73, 0.30 ; aranéeuse sur nervures **1, 2, 3** en dessous : aranéeuse, ondulée, unie, vert franc, nervures à peine rosées en dessus.

Feuilles jeunes duveteuses vert-blanchâtre.

Bourgeonnement blanc.

Rameaux duveteux vert pâle.

Grappes à grains ronds, noirs, petits, âpres, peu serrés ; petite.

Aptitudes. — Variété sélectionnée par M. Munson. Très voisine du V. Riparia. N'a pas été propagée.

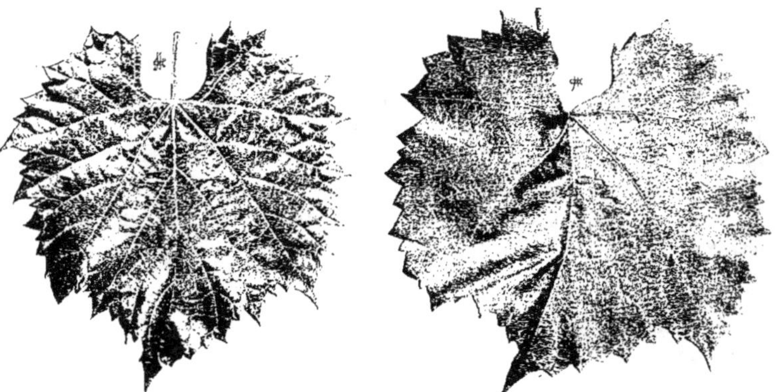

Fig. 372. — Feuille de Novo-Mexicana A.   Fig. 373. — Feuille de N° 202-4.

202-4 (Mill^e-de Gr.). — **Caractères**. — Feuille adulte : angles des nervures : 92, 36 = 128, 50 ; 3-lobée, à sinus latéraux : supérieur à peine marqué ; dents anguleuses, étroites ; rapports des nervures : 1.03, 0.71, 0.39 ; pubescente sur nervures **1, 2, 3, 4** en dessous ; glabre, ondulée, unie, vert-jaunâtre, nervures à peine rosées en dessus.

Feuilles jeunes pubescentes vert-jaunâtre.

Bourgeonnement aranéeux vert pâle.

Rameaux aranéeux violacés.

Plante mâle.

Observations. — Issu du croisement du Solonis et du Cordifolia-Rupestris de Grasset. Ses caractères dominants sont ceux du V. Rupestris.

Aptitudes. — Plante assez vigoureuse, reprenant bien de bouture. Système radiculaire assez puissant, charnu. M. Millardet a recommandé cette plante pour les terrains secs, dans lesquels elle se développe en effet fort bien. L'aire d'adaptation au sol est faible : comme on pouvait le prévoir, elle est moindre que celle du Solonis.

MICROSPERMA (Munson). — **Caractères**. — Feuille adulte : angles des nervures : 94, 65 = 159, 53 ; 3-lobée, à sinus latéraux : supérieur marqué ; dents anguleuses, étroites ; rapports des nervures : 0.87, 0.69, 0.32 ; aranéeuse sur nervures **1, 2** en dessous ; aranéeuse, ondulée, unie, vert foncé, brillante, nervures vert pâle en dessus.

Feuilles jeunes duveteuses, un peu cuivrées.

Bourgeonnement duveteux rosé.

Rameaux duveteux vert pâle.

Grappe à grains ronds, noirs, petits, peu serrés, pulpeux, très colorés; petite, ailée.

Observations. — Belle variété au feuillage ample, rappelant le V. Riparia. Résistance à la chlorose assez élevée; résistance phylloxérique inconnue, mais peut-être assez bonne.

Fig. 374. — Feuille de Microsperma.

MOBEETIE B. — **Caractères.** — Feuille adulte : angles des nervures : 96, 45 = 141, 48; 3-lobée, à sinus latéraux : supérieur à peine marqué; dents arrondies, larges; rapports des nervures : 0.85, 0.83. 0.38; pubescente sur nervures **1**, **2**, **3** en dessous; aranéeuse, unie, vert pâle, brillante, nervures pubescentes et rosées en dessus ; large.

Feuilles jeunes duveteuses bronzées.

Bourgeonnement duveteux blanc.

Rameaux duveteux, unis, verts, rayés de rouge.

Grappe à grains ronds, noirs, moyens, serrés, pulpeux, très colorés, âpres ; petite.

Observations. — Comme M. A., paraît alliée au V. Rupestris. Ses aptitudes sont inconnues; mais doit être assez résistante au phylloxera.

MOBEETIE A. — **Caractères.** — Feuille adulte : angles des nervures : 97, 50 = 147,

52; entière; dents arrondies, larges; rapports des nervures : 0.87, 0.78, 0.51 ; pubescente en dessous; aranéeuse, ondulée, unie, vert pâle, luisante, épaisse, nervures rouges en dessus.

Feuilles jeunes aranéeuses vert pâle, pliées en gouttière.

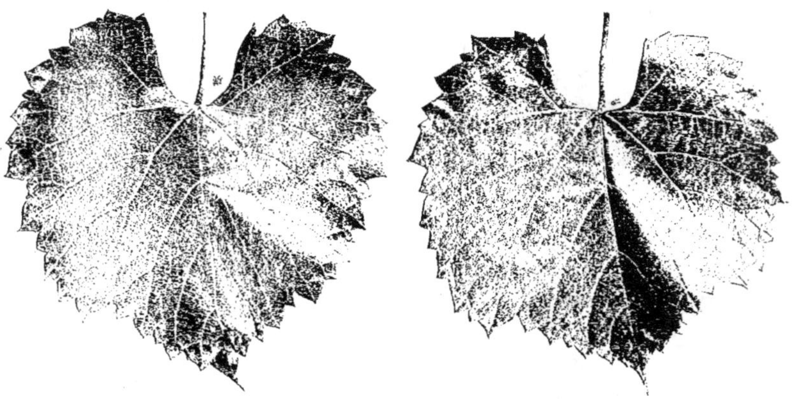

Fig. 375. — Feuille de Mobeetie B.   Fig. 376. — Feuille de Mobeetie A.

Bourgeonnement duveteux vert pâle.

Rameaux unis, aranéeux, vert pâle, à peine rosés.

Grappe à grains ronds, noirs, petits, serrés, acerbes; petite

Observations. — Variété sélectionnée par Munson. Est sûrement un hybride de V. Rupestris. Très belle plante. N'a pas été propagée.

1616 (Couderc). — **Caractères.** — Feuille adulte: angles des nervures : 101, 18 = 119, 35 ; 3-lobée, à sinus latéraux : supérieur à peine marqué ; dents anguleuses, très étroites; rapports des nervures: 0.80, 0.60, 0.34 ; pubescente sur nervures **1, 2, 3** en dessous ; ondulée, unie, vert foncé, luisante, nervures pubescentes et un peu rosées à la base en dessus.

Feuilles jeunes aranéeuses-pubescentes, vert pâle.

Bourgeonnement duveteux blanc.

Rameaux aranéeux vert-rosé.

Grappe à grains ronds, noirs, petits, très colorés, âpres, serrés ; petite, courte.

Observations. — Hybride de Solonis et de Riparia obtenu par M. Couderc. C'est d'ailleurs cette dernière espèce qui domine dans tous les caractères de la plante.

Aptitudes. — Très vigoureux. Reprend bien de bouture et à la greffe. Nourrit ses greffes comme le Riparia ou le Solonis. Résistant au phylloxera, et à résistance à la chlorose qui égale presque celle du Solonis. Bon porte-greffe pour les sols un peu calcaires.

Hutchinson (Munson). — **Caractères**. — Feuille adulte : angles des nervures : 113, 36 = 149, 64 ; 3-lobée, à sinus latéraux : supérieur marqué ; dents anguleuses, étroites ; rapports des nervures : 0.94, 0.73, 0.30 ; duveteuse-pubescente en dessous ; duveteuse, ondulée, unie, épaisse, vert pâle, nervures rosées en dessus.

Feuilles jeunes duveteuses vert pâle.

Bourgeonnement cotonneux blanc.

Rameaux duveteux vert pâle, peu rosés.

Grappe à grains ronds, noirs, petits, assez serrés, acerbes ; pétite.

Observations. — Variété trouvée par M. Munson dans le « Pan-Handle » du Texas. De vigueur moyenne à Montpellier. Possède la résistance à la chlorose du Solonis. S'est montré insuffisant dans la craie des Charentes. Il n'a pas d'ailleurs été propagé nulle part.

Fig. 377. — Feuille de Hutchinson.

227-1 (Castel). — Hybride de Solonis et de Rupestris du Lot obtenu par M. Castel. Très vigoureux. Mérite d'être étudié.

216-3 (Castel). — Hybride de Solonis et de Rupestris du Lot. Très vigoureux ; très voisin de *215-1* et *227-1*. Mérite d'être expérimenté.

1615 (Couderc). — Hybride de Solonis et de Riparia, voisin de 1616 ; vigoureux et résistant. N'a pas été propagé.

Fig. 378. — Feuille de N° 239-6-20.

Bourgeonnement aranéeux vert clair.
Rameaux pubescents rouge vineux.

RIPARIA-RUPESTRIS-CINEREA

239-6-20 (Mill^t-de Gr.). — **Caractères**. — Feuille adulte : angles des nervures : 98, 31 = 129, 44 ; 3-lobée, à sinus latéraux : supérieur marqué ; dents anguleuses, étroites ; rapports des nervures : 0.95, 0.68, 0.84 ; pubescente sur nervures **1, 2, 3, 4** en dessous ; vert sombre, brillante, nervures pubescentes et rosées en dessus ; épaisse.

Feuilles jeunes vert clair.

Grappe à grains discoïdes, noirs, petits, pulpeux, très peu serrés.

Observations. — Hybride de Rupestris-Cinerea de Grasset × Riparia obtenu par MM. Millardet et de Grasset. C'est donc un quart de sang Rupestris, un quart de sang Cinerea et un demi-sang Riparia. Aussi bien est-ce le Riparia qui domine dans toute la plante.

Aptitudes. — Vigne de vigueur moyenne. La dose de Cinerea qu'elle contient est bien faible pour influer d'une manière marquée sur ses aptitudes; et, en fait, elle paraît se comporter comme une variété médiocre de Riparia.

Fig. 379. — Feuille de Rip.-Rup.-Vinifera.

RIPARIA-RUPESTRIS-VINIFERA

Les hybrides de ce groupe ont une composition et des propriétés variables. Quand le V. Rupestris domine, comme dans la variété représentée par la figure 379, les qualités fructifères, les aptitudes sont sensiblement celles du V. Rupestris. Dans la figure 380, le V. Riparia est peu apparent : le V. Vinifera et le V. Rupestris dominent, et les propriétés de la plante sont sensiblement celles des demi-sang Rupestris-Vinifera. Dans la figure 381, le Riparia est très apparent.

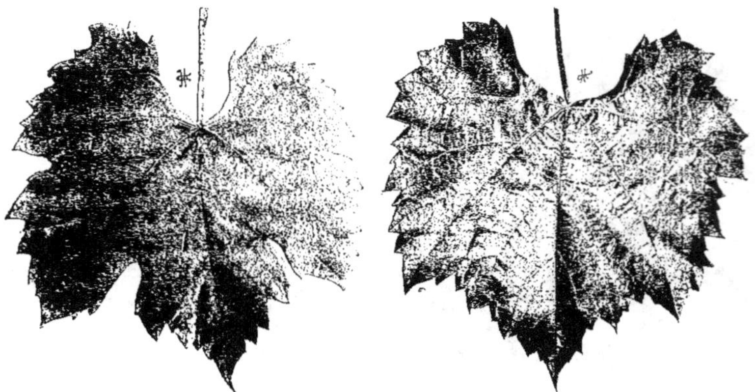

Fig. 380. — Feuille de Rip.-Rup.-Vinifera.   Fig. 381. — Feuille de N° 4010.

4010 (Castel). — **Caractères**. — Feuille adulte : angles des nervures : 94, 46 = 140 ; 3-lobée, à sinus latéraux : supérieur à peine marqué ; dents anguleuses, étroites ; rapports des nervures : 0.89, 0.74, 0.47 ; pubescente sur nervures **1, 2** en dessous ; gaufrée, lisse, vert foncé, nervures rouges à la base en dessus.

Aptitudes. — Vigne obtenue par fécondation du Riparia grand glabre par Aramon-Rupestris. « Souche très vigoureuse, reprise très facile au bouturage et au greffage ; greffes très fertiles, à planter dans les sols argilo-calcaires compacts ». — (Castel).

RUPESTRIS-ÆSTIVALIS-CORDIFOLIA

Riparia indien. — **Synonyme**. — *Riparia du Territoire Indien*.

Caractères. — Feuille adulte : angles des nervures : 90, 35 = 125 ; 3-lobée, à sinus latéraux : supérieur à peine indiqué ; dents anguleuses, longues ; rapports des nervures : 0.89, 0.72, 0.28 ; pubescente sur nervures **1, 2** en dessous ; bullée, vert pâle, brillante ; nervures vert pâle en dessus ; large.

Feuilles jeunes vert pâle.

Bourgeonnement vert pâle, liséré rose.

Rameaux verts, rayés de violet, anguleux.

Plante mâle.

Observations. — Cette plante a été donnée à l'École d'agriculture de Montpellier, sous le nom de Riparia du Territoire Indien. Elle présente quelques affinités avec le V. Rupestris, qui sont bien indiquées par la forme de la feuille. Mais elle est aussi alliée au V. Cordi-

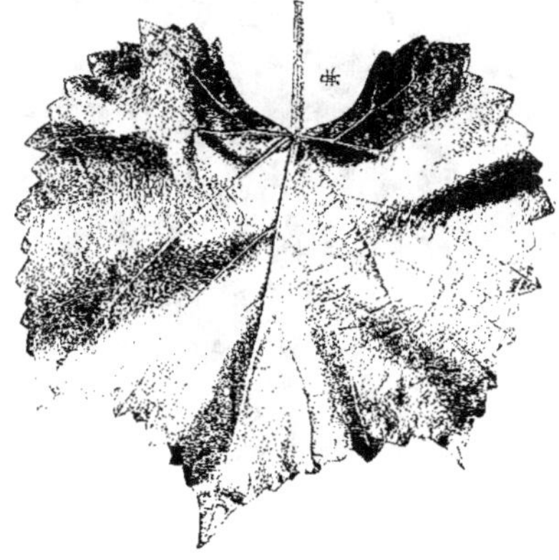

Fig. 382. — Feuille de Riparia indien.

folia ; ses racines, ses sarments sont ceux de cette espèce ; enfin les gaufrures de la feuille, la couleur du débourrement rappellent un peu le V. Æstivalis.

Aptitudes. — Vigne très vigoureuse, a sarments forts, mais courts, s'aoûtant plutôt mal (V. Cordifolia), mais reprenant bien de bouture. Le système radiculaire est très puissant et peu atteint par le phylloxera. La reprise à la greffe est bonne, et les greffes sont vigoureuses et fertiles, pourvu, bien entendu, que le sujet soit placé dans un terrain qui lui convienne. Comme on peut le prévoir, d'après sa composition, elle redoute les terrains calcaires ; à l'École de Montpellier, elle jaunit autant que les Cordifolia-Rupestris. Sa place est dans les sols argilo-siliceux compacts ou maigres.

RUPESTRIS-LINCECUMII-VINIFERA

Les Rupestris-Lincecumii-Vinifera constituent actuellement un groupe très important. Ils dérivent du Rupestris-Lincecumii N° 70 de Jæger fécondé par du pollen d'une variété inconnue de V. Vinifera. Leur constitution est donc théoriquement la suivante: un quart de V. Rupestris, un quart de V. Lincecumii et une moitié de V. Vinifera qui, quelquefois, est très apparent (fig. 383). On peut maintenant facilement en prévoir les propriétés générales :

Végétation plutôt forte ; sarments gros, quelquefois longs, reprenant facilement de bouture. Système radiculaire puissant et charnu, mais très atteint, en général, par le phylloxera. Facultés d'adaptation assez étendues, mais moindres que celles des Rupestris-Vinifera. Fructification bonne, et même très bonne : grappes grosses, bien constituées, à saveur rappelant à *maturité complète* un peu le V. Lincecumii, neutre avant maturité complète. Couleur généralement très intense ; ces vignes produisent surtout des vins de coupage. Résistance aux maladies cryptogamiques marquée, mais insuffisante pour dispenser de tout traitement.

Les hybrides de ce groupe ne peuvent nullement être employés comme porte-greffes ; ils ne peuvent rendre des services que comme producteurs-directs. Mais encore ne peuvent-ils être cultivés partout. L'insuffisance de leur résistanse phylloxérique les exclue de tous les terrains superficiels, secs ou maigres ; ils n'ont des chances de durée que dans les sols sablonneux, ou frais, ou riches. Il est vrai qu'on peut les utiliser comme greffons ; la greffe leur donnant les qualités qui leur manquent:

Fig. 383. — Feuille de Rup.-Lincecumii-Vinifera.

résistance phylloxérique, adaptation aux sols calcaires, etc., c'est-à-dire la durée, ils peuvent être cultivés partout. Seulement faudra-t-il encore leur donner un sujet qui leur convienne, au moins dans les régions sèches. A Montpellier, la plupart d'entre eux dépérissent vite sur Rupestris du Lot, et d'une singulière façon. Ils se développent fort bien jusqu'en août et septembre : la végétation est puissante, la récolte fort belle ; les greffes paraissent en très bonne santé, mais, après les pluies, elles se dessèchent brusquement et successivement, avant et après la vendange. Elles meurent souvent comme *folletées*.

Quelques variétés ont ainsi entièrement disparu dans l'espace d'un mois. Ce dessèchement est dû à la formation des thylles dans les vaisseaux du greffon, au voisinage de la soudure. D'après quelques expériences qui demandent à être contrôlées, ces productions apparaissent dans les vaisseaux qui sont restés longtemps remplis d'air ou dépourvus d'eau. Or, on le sait, les variétés de Rupestris, et le R. du Lot surtout, exposent à la sécheresse les greffons qu'ils portent, dont les vaisseaux se remplissent d'air. Après une pluie, ils vont de nouveau se remplir d'eau et alors les thylles pourront s'y former en quantité suffisante pour les boucher complètement. S'il en est ainsi, cet accident ou cette maladie, qu'on peut appeler la *thyllose*, se produira moins fréquemment sur les porte-greffes, tels que le Riparia, etc., et moins souvent aussi dans les régions pluvieuses.

1 (Seibel). — **Caractères**. — Feuille adulte : angles des nervures : 91, 17 = 108, 53 ; 3-lobée, à sinus latéraux : supérieur peu marqué ; dents arrondies, larges ; rapports des nervures : 0.97, 0.70, 0.33 ; quelques poils raides sur nervures **1**, **2** en dessous ; ondulée, à peine bullée, vert pâle, nervures vert pâle en dessus ; petite.

Feuilles jeunes glabres, vert-jaunâtre, brillantes.

Bourgeonnement aranéeux, à liséré rose.

Rameaux glabres, vert glauque et à peine violacés.

Grappe à grains ellipsoïdes, noirs, moyens, juteux, très colorés, sucrés, assez serrés ; moyenne, ailée.

Observations. — Issu d'une graine de Rupestris-Lincecumii fécondée par une variété de V. Vinifera (le Cinsaut dit-on), semée par M. Seibel.

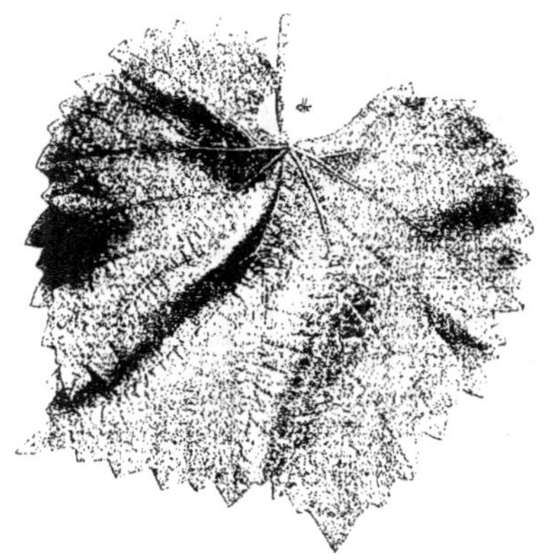

Fig. 351. — Feuille de Seibel N° 1.

Le N° 1 est le premier représentant de ce groupe. Il rappelle à la fois le V. Lincecumii et le V. Vinifera, ce dernier étant dominant dans le feuillage.

Aptitudes. — Vigne de vigueur moyenne, à tronc fort, à sarments gros, reprenant très bien de bouture. Système radiculaire puissant, charnu. La résistance phylloxérique a été égalée à celle du Jacquez ; elle est peut-être plus faible. La réceptivité des racines paraît bien égaler celle de ce cépage ; mais la plante est plus fertile d'une part et plus faible d'autre part, de telle sorte que sa durée doit être moindre. Aussi, cette vigne ne peut-elle être cultivée franche de pied que dans les sols profonds ou frais ou sablonneux ; ailleurs, elle dépérit sous l'action du phylloxera.

Malgré qu'elle soit un demi-sang Vinifera, elle a des facultés d'adaptation au sol peu étendues. Elle craint le calcaire presque autant que les variétés de Riparia. C'est que le Rupestris et surtout le V. Lincecumii sont des espèces très chlorosantes.

Cépage très fertile, donnant un grand nombre de raisins bien constitués et assez serrés; même les pousses du vieux bois portant des grappes. La production est élevée : on a obtenu près de 150 hectolitres par hectare, et une production de 60 à 80 hectolitres peut être considérée comme une moyenne. Elle craint peu le mildiou ; est à peine envahie par l'oïdium, mais redoute l'anthracnose et n'est pas entièrement à l'abri du black-rot.

Le vin est très coloré, plutôt peu alcoolique (1). Produit avec des raisins peu mûrs, il est d'assez bonne qualité pour être consommé pur ; il est solide, mais il constitue surtout un beau vin de coupage. Le goût particulier qu'il possède est peu marqué et ne déprécie pas les vins auxquels on le mélange.

____

(1) Au moins celui des greffes sur Rupestris.

71-20 (Couderc). — **Caractères.** — Feuille adulte : angles des nervures : 96, 46 = 142, 47 ; 3-lobée, à sinus latéraux : supérieur peu profond ; dents arrondies, étroites ; rapports des nervures : 0.92, 0.77, 0.28 ; glabre en dessous ; nettement bullée, vert glauque, brillante, épaisse ; nervures vert pâle en dessus ; plus large que longue, moyenne.

Feuilles jeunes glabres vert pâle.

Bourgeonnement duveteux un peu rosé sur toute la surface.

Rameaux glabres vert très pâle.

Grappe à grains ovoïdes 16/17, noirs, juteux, très colorés, francs de goût, sucrés ; compacte, cylindro-conique, 20 centimètres.

Observations. — Semis de Rupestris-Lincecumii fécondé par le Vinifera, sélectionné par M. Couderc. « Extrêmement fertile, résiste remarquablement au mildiou, même à celui d'automne ; très résistant à la pourriture ». — (Couderc).

Son vin est très alcoolique, 11°, où l'Aramon pèse 7° et 24 d'extrait sec. Vin de coupage.

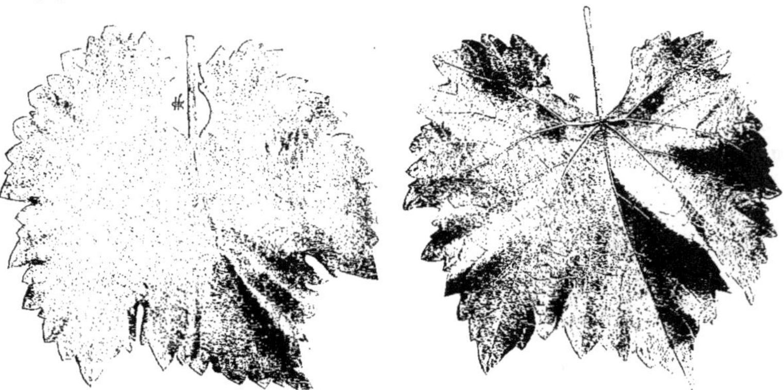

Fig. 385. — Feuille de N° 71-20 (Couderc).   Fig. 386. — Feuille de N° 181 (Seibel).

181 (Seibel). — **Caractères.** — Feuille adulte : angles des nervures : 98, 45 = 143, 40 ; 3-lobée, à sinus latéraux : supérieur marqué ; dents arrondies, étroites ; rapports des nervures : 0.96, 0.64, 0.31 ; glabre en dessous ; glabre, presque unie, vert pâle, nervures à peine rosées à la base en dessus.

Feuilles jeunes glabres vert pâle.

Bourgeonnement glabre vert pâle.

Rameaux vert pâle.

Grappe à grains ronds, noirs, moyens, peu serrés, à jus coloré, francs de goût.

Aptitudes. — Vigueur moyenne ; produit de jolies grappes, à saveur agréable et renfermant des pépins de Vinifera. Vin de 9 à 10°, 22 d'extrait sec, assez coloré. Résistance au phylloxera sensiblement égale à celle de l'Othello, au mildiou assez marquée, ainsi qu'à la pourriture grise ; sensible à l'oïdium.

14 (Seibel). — **Caractères.** — Feuille adulte : angles des nervures : 100, 38 = 138, 36 ; 5-lobée, à sinus latéraux : supérieur très profond, inférieur profond ; dents anguleuses, larges ; rapports des nervures : 0.90. 0.71, 0.31 ; aranéeuse-pubescente sur nervures **1**, **2**, **3** ; unie, vert foncé, très brillante, vert pâle en dessus ; grande.

Feuilles jeunes aranéeuses vert pâle.

Bourgeonnement duveteux.

Rameaux aranéeux vert-violacé.

Grappe à grains ronds. noirs, moyens, serrés, juteux. peu colorés, à goût franc ; sur-moyenne.

Observations. — Le feuillage du 14 paraît être entièrement Vinifera ; par l'épaisseur de la feuille, il rappelle le V. Rupestris. Mais le rôle du Rupestris est très peu marqué. Dans le fruit, c'est encore le V. Vinifera qui domine. On dirait un raisin d'une de nos variétés européennes.

Fig. 387. — Feuille de N° 14 (Seibel).

Aptitudes. — Variété très vigoureuse, à sarments longs, gros ; à souche puissante. Système radiculaire charnu, ramifié. On dit le 14 très résistant au phylloxera, c'est plus que douteux. A Montpellier, il est aussi phylloxéré que l'Othello. Il paraît cependant relativement résistant aux maladies cryptogamiques : mildiou et oïdium, mais il craint beaucoup la pourriture grise. Il est fertile comme une variété européenne, c'est-à-dire qu'il ne porte pas un grand nombre de grappes, mais il en porte de très belles, longues, volumineuses, serrées. 14 peut donner de hauts rendements, surtout conduit à la taille longue. Son vin est léger, très peu coloré : un vin de Vinifera.

128 (Seibel). — **Caractères.** — Feuille adulte : angles des nervures : 104, 35 = 139, 26 ; 3-lobée, à sinus latéraux : supérieur marqué ; dents anguleuses, étroites ; rapports des nervures : 0.91, 0.67, 0.20 ; un peu pubescente sur nervures **1**, **2** ; bullée, vert glauque, nervures un peu rosées en dessus ; moyenne.

Feuilles jeunes glabres vert pâle.

Bourgeonnement duveteux rosé.

Rameaux vert pâle.

Grappe à grains ronds, noirs, moyens, assez serrés, juteux, très colorés, à goût franc. — 1ʳᵉ époque.

Observations. — Les feuilles paraissent être aussi Lincecumii que Vinifera.

Aptitudes. — Vigne de vigueur moyenne, bien fertile : « Très fertile, très résistante aux maladies cryptogamiques, vin de coupage remarquable » (Seibel). Seulement la résistance phylloxérique est sensiblement nulle.

Son vin titre 8-9° d'alcool et plus, 24 d'extrait sec ; est très coloré, comme 156 et 29.

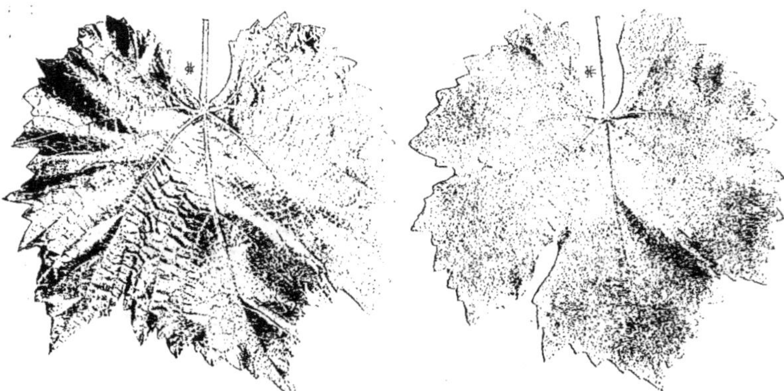

Fig. 388. — Feuille de N° 128 (Seibel).   Fig. 389. — Feuille de N° 1014 (Seibel).

1014 (Seibel). — **Caractères**. — Feuille adulte : angles des nervures : 104, 43 = 147, 42 ; 5-lobée, à sinus latéraux : supérieur profond, inférieur marqué ; dents arrondies, étroites ; rapports des nervures : 0.88, 0.80, 0.18 ; glabre en dessous ; unie, vert pâle, brillante, nervures rosées à la base en dessus ; grande.

Feuilles jeunes aranéeuses, rouge-violet, très brillantes.

Bourgeonnement rouge-violet.

Fig. 390. — Feuille de N° 78 (Seibel).

Grappe à grains ronds, noirs, moyens, peu serrés, juteux, peu colorés, goût franc ; très grande, ailée.

Aptitudes. — Un des meilleurs hybrides Seibel comme vigueur et fertilité. Les fruits m'ont paru plutôt fades. Mais la résistance phylloxérique n'est que celle de l'Othello ; par contre, la résistance aux maladies : mildiou, oïdium, pourriture grise, est notable.

78 (Seibel). — **Caractères**. — Feuille adulte : angles des nervures : 108, 46 = 154, 45 ; 5-lobée, à sinus latéraux : supérieur assez profond, inférieur marqué ; dents anguleuses, larges ; rapports des nervures : 0.96, 0.64, 0.31 ; glabre en dessous ; un peu bullée, vert pâle, nervures à peine rosées à la base en dessus ; moyenne.

Feuilles jeunes glabres vert-jaunâtre.

Rameaux vert pâle, un peu violacés.

Grappe à grains ronds, noirs, moyens, assez serrés, juteux, colorés, goût fade; grande, ailée.

Observations. — Je l'ai noté : « Feuillage de Vinifera lobé », à grappes grandes, mais à goût fade, peu agréable. M. Seibel le dit très résistant aux maladies cryptogamiques. Il est en effet peu sensible au mildiou, mais il craint l'oidium. Le vin titre de 7 à 9° d'alcool, 22 d'extrait sec, et possède une intensité colorante moyenne.

29 (Seibel). — **Caractères**. — Feuille adulte : angles des nervures : 110, 50 = 160, 32 ; 5-lobée, à sinus latéraux : supérieur assez profond, inférieur à peine marqué; dents anguleuses, larges'; rapports des nervures : 1.0, 0.72, 0.28; glabre en dessous; bullée, vert foncé, épaisse, nervures rosées à la base en dessus; moyenne.

Feuilles jeunes glabres vert pâle, brillantes.

Bourgeonnement aranéeux vert pâle, à liséré rose.

Rameaux glabres vert pâle, à peine violacés, pruineux.

Grappe à grains ronds, noirs, moyens, serrés, pulpeux, goût accentué de Lincecumii; ailée, longue, sur-moyenne. — 2ᵐᵉ époque.

Observations. — Cet hybride par son feuillage, ses rameaux, ses fruits, est un des plus voisins du V. Lincecumii. La graine rappelle celle de cette dernière espèce.

Aptitudes. — « Productif, raisins grands, ailés, feuillage sain », d'après

Fig. 391. — Feuille de Nº 29 (Seibel).

M. Seibel. C'est une vigne très vigoureuse, à beaux sarments rappelant le V. Æstivalis. Elle est très fertile; chaque rameau porte 2 à 3 grappes, longues, ailées et serrées, ce qui indique une bonne constitution florale, et par conséquent une grande résistance à la coulure.

La résistance phylloxérique est sensiblement égale à celle du Jacquez ; la résistance aux maladies cryptogamiques est notable. Le vin est alcoolique, 12 à 14°, très coloré, un des producteurs-directs les plus colorés, 23 d'extrait sec, mais à parfum très marqué. Vin de coupage. Ce cépage mérite d'être expérimenté.

182 (Seibel). — **Caractères**. — Feuille adulte : angles des nervures : 108, 53 = 161, 22 ; 3-lobée, à sinus latéraux : supérieur bien marqué ; dents arrondies, longues ; rapports des nervures : 0.82, 0,70, 0.27 ; glabre en dessous; bullée, vert foncé, brillante, repliée en dessus, nervures rouges à la base.

Feuilles jeunes glabres vert pâle.

Bourgeonnement aranéeux, à liséré rose.

Rameaux glabres vert-rosé.

Grappe à grains ronds, noirs, sous-moyens, serrés, juteux, très colorés ; petite.
— 1re époque.

Aptitudes. — Plante de vigueur moyenne, très fertile, mais donnant de petites grappes compactes et de maturité hâtive. Vin de 8 à 9° d'alcool, 25 d'extrait sec, très coloré. Résistance phylloxérique nulle ; résistance au mildiou marquée ; plus faible à l'oïdium.

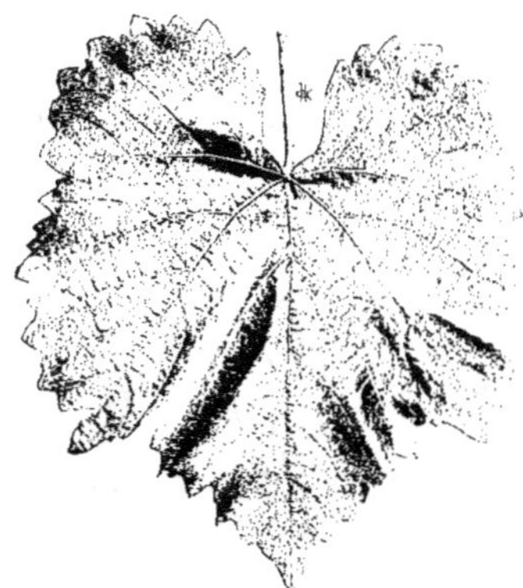

Fig. 392. — Feuille de N° 182 Seibel).

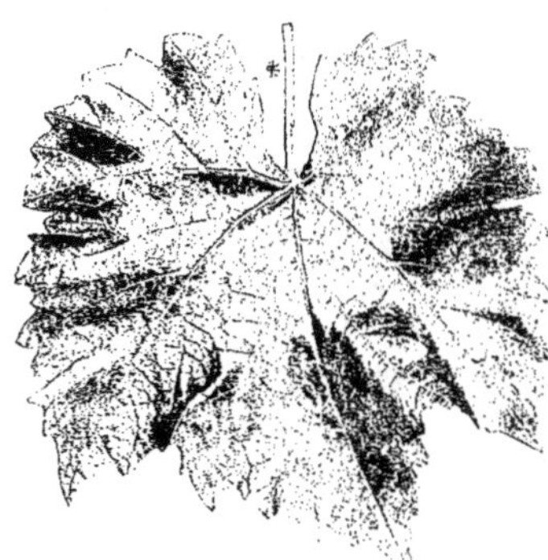

Fig. 393. — Feuille de N° 8 (Seibel).

8 (Seibel). — **Caractères.** — Feuille adulte : angles des nervures : 112, 25 = 157. 42 ; 3-lobée. à sinus latéraux : supérieur assez profond ; dents arrondies, larges ; rapports des nervures : 0.96, 0.75, 0.22 ; pubescente sur nervures 1. 2 en dessous ; un peu bullée. vert glauque, nervures à peine rosées à la base en dessus ; petite.

Feuilles jeunes vert pâle.

Bourgeonnement aranéeux, à liséré rose.

Rameaux glabres vert pâle.

Grappe à grains ronds, noirs, moyens, assez serrés, juteux, peu colorés, à goût franc ; moyenne.

Observations. — Variété assez vigoureuse, à feuillage rappelant le N° 1, assez résistante au mildiou et à l'oïdium ; fertile jusqu'ici, mais perd ses feuilles en automne.

70 (Seibel). — **Caractères.** — Feuille adulte : angles des nervures : 115, 52 = 167, 32 ; 5-lobée, à sinus latéraux : supérieur assez profond, inférieur marqué ; dents anguleuses, larges ; rapports des nervures : 0.91, 0.79, 0.22 ; pubescente sur nervures 1, 2 en dessous; unie, vert foncé, brillante, nervures un peu rosées à la base en dessus ; grande.

Feuilles jeunes aranéeuses vert pâle.

Bourgeonnement aranéeux, à liséré rose.

Rameaux glabres vert pâle.

Grappe à grains ronds, noirs, sous-moyens, assez serrés, très colorés, bon goût ; grande.

Observations. — Plante très vigoureuse et très voisine du V. Vinifera. Fertile, donne de belles grappes. Résistance : au phylloxera un peu supérieure à celle de l'Othello ; au mildiou, à l'oïdium, marquée ; plus faible à la pourriture grise.

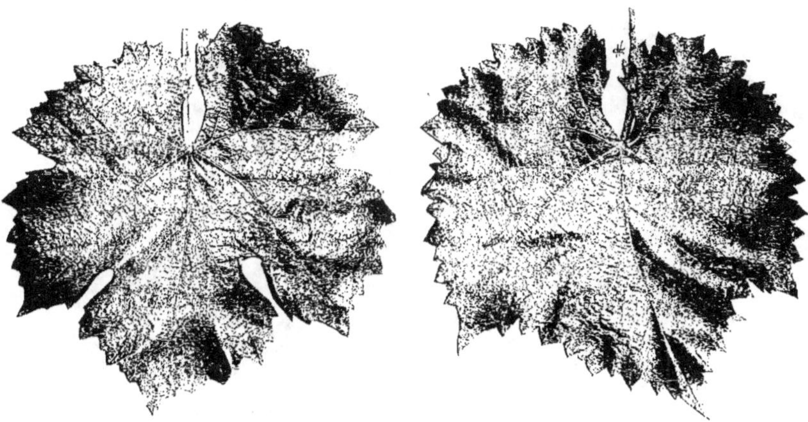

Fig. 394. — Feuille de N° 70 Seibel.   Fig. 395. — Feuille de N° 41 Seibel).

41 (Seibel). — **Caractères**. — Feuille adulte : angles des nervures : 106,45 = 151, 39 ; 3-lobée, à sinus latéraux : supérieur à peine marqué ; dents anguleuses, larges ; rapports des nervures : 0.92, 0.75, 0.25 ; pubescente sur nervures **1, 2** en dessous ; bullée, vert foncé métallique, épaisse. nervures à peine rosées en dessus.

Feuilles jeunes glabres vert pâle.

Bourgeonnement vert pâle.

Rameaux glabres vert pâle.

Grappe à grains ronds, noirs, moyens, assez serrés, juteux. colorés, goût neutre ; grande.

· **Aptitudes**. — Peu vigoureux, mais fertile. A des affinités surtout pour le V. Lincecumii. M. Seibel le dit sensible aux maladies cryptogamiques. Il craint en effet particulièrement la pourriture grise. Son vin est peu alcoolique, 7-8°, 24 d'extrait sec, mais très coloré.

1020 (Seibel). — **Caractères**. — Feuille adulte : angles des nervures : 120, 41 = 161 ; 3-lobée, à sinus latéraux : supérieur marqué ; dents anguleuses, larges ; rapports des nervures : 0.94, 0.80, 0.6 ; aranéeuse en dessous ; unie, vert foncé terne, nervures à peine rosées à la base en dessus ; petite.

Feuilles jeunes aranéeuses vert pâle.

Bourgeonnement duveteux rouge.

Rameaux vert pâle.

Grappe à grains ronds, noirs, assez serrés, à jus très coloré, goût marqué ; moyenne. — 2ᵉ époque.

Observations. — Vigne de vigueur moyenne, mais très fertile. Craint la sécheresse et perd ses feuilles à l'automne. Vin de 8-9°, 23 d'extrait sec, assez coloré. Résiste au phylloxera comme l'Othello ; craint peu le mildiou et un peu plus l'oïdium.

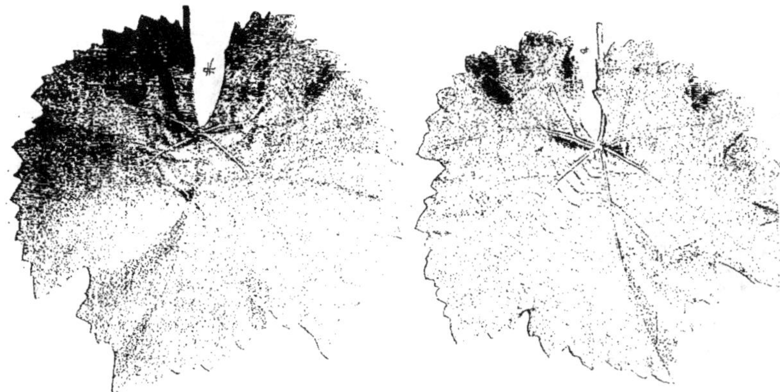

Fig. 396. — Feuille de Nᵒ 1020 (Seibel).   Fig. 397. — Feuille de Nᵒ 2 (Seibel).

2 (Seibel). — **Caractères.** — Feuille adulte : angles des nervures : 116, 50 = 166, 39 ; 3-lobée, à sinus latéraux : supérieur marqué ; dents arrondies, larges ; rapports des nervures : 0.96, 0.75, 0.22 ; aranéeuse, glauque en dessous ; unie, vert pâle, terne, nervures rosées à la base.

Feuilles jeunes glabres vert-jaunâtre.

Bourgeonnement duveteux rosé.

Rameaux glabres vert pâle.

Grappe à grains ronds, noirs, moyens, assez serrés, très colorés, sucrés, saveur agréable ; assez forte, ailée. — 2ᵐᵉ époque.

Observations. — Rappelle plus par la feuille le V. Vinifera que le V. Lincecumii.

Aptitudes. — Vigne vigoureuse, reprenant bien de bouture. Système radiculaire puissant, charnu, ramifié. Résistance phylloxérique faible égalant à peine celle de l'Othello ; en conséquence, cet hybride ne peut être cultivé sur ses propres racines que dans les milieux où le phylloxera se multiplie peu. Aire d'adaptation plus étendue que celle du Nᵒ 1. Très fertile, porte de plus belles grappes que le Nᵒ 1 ; est peut-être moins régulièrement fertile. Il donne un vin «franc de goût», très alcoolique, 10 à 12°, très riche en extrait sec, jusqu'à 30 gr. par litre. Beau vin de coupage. Ce cépage doit être cultivé surtout comme greffon.

1015 (Seibel). — **Caractères.** — Feuille adulte : angles des nervures : 118, 60 =
178, 40 ; 3-lobée, à sinus latéraux : supérieur peu marqué ; dents arrondies, larges ;
pubescente sur nervures **1, 2** en dessous ; bullée, vert glauque, nervures rosées à la
base en dessus ; moyenne.

Feuilles jeunes vert pâle.

Bourgeonnement aranéeux rosé.

Rameaux vert pâle.

Grappe à grains ronds, noirs, moyens, assez serrés, juteux, goût franc ; grande. —
2me époque.

Aptitudes. — Vigne de vigueur moyenne, à grappe lâche, ailée, à goût neutre.
Très résistante aux maladies cryptogamiques d'après M. Seibel. Résistante au phylloxera sensiblement comme l'Othello. Meurt rapidement greffée sur Rupestris.

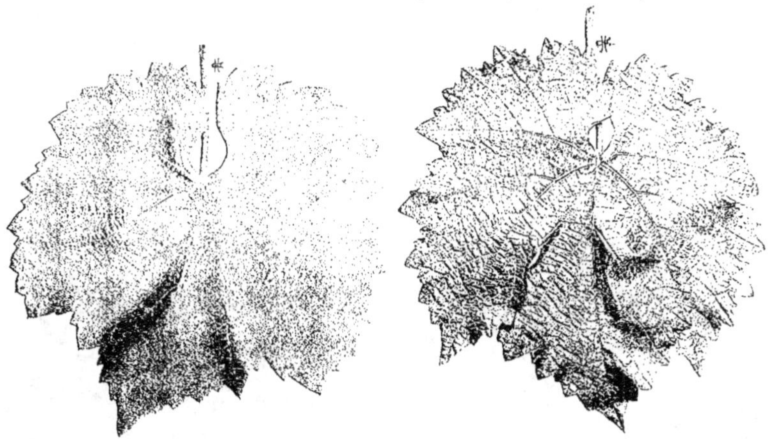

Fig. 398. — Feuille de N° 1015 (Seibel).   Fig. 399. — Feuille de N° 209 (Seibel).

209 (Seibel). — **Caractères.** — Feuille adulte : angles des nervures : 120, 54 =
174, 45 ; 5-lobée à sinus latéraux : supérieur profond, inférieur à peine indiqué ;
dents arrondies, larges ; rapports des nervures : 0.92, 0.72, 0.26 ; bullée, vert pâle,
glauque, épaisse, nervures rosées à la base en dessus ; grande.

Feuilles jeunes à duvet rosé.

Bourgeonnement aranéeux rosé.

Rameaux glabres vert pâle.

Grappe à grains ronds, noirs, moyens, serrés, juteux ; grande, ailée.

Observations. — La feuille est exactement celle d'un Vinifera. La grappe est très
belle, à goût fade. M. Seibel le dit très résistant aux maladies cryptogamiques. Je
l'ai vu assez atteint par le mildiou. Résistance phylloxérique faible.

71-06 (Couderc). — **Synonyme**. — *Contassot N° 1.*

Caractères. — Feuille adulte : angles des nervures : 121, 57 = 168, 36 ; 5-lobée,
à sinus latéraux : supérieur peu marqué, inférieur à peine indiqué ; dents anguleuses, larges ; rapports des nervures : 1, 0.79, 0.18 ; aranéeuse en dessous ; glabre,
un peu bullée, vert franc, luisante, nervures un peu rosées à la base ; large, sous-
moyenne.

Feuilles jeunes glabres vert-jaune.

Bourgeonnement aranéeux vert pâle.

Rameaux glabres vert-jaune, violacés dans la suite.

Grappe à grains presque ronds, 16/17 millimètres, noirs, juteux, assez colorés,
sucrés, saveur neutre ; serrée, 18 centimètres.

Aptitudes. — «Noir, 1re époque, gros grains et gros raisins, un peu moins fertile
que le 71-04 ; est un des très rares hybrides de Lincecumii-Rupestris qui résistent suffisamment au phylloxera pour pouvoir être planté directement au moins dans les terres riches et profondes ; très résistant à la pourriture, ne craint pas le mildiou et
peut être facilement défendu contre le black-rot. Le tailler long » (Couderc). En
effet, la résistance phylloxérique se rapproche de celle du Jacquez. Son vin est un peu
moins alcoolique que celui du 71-20 : 8 à 10°.

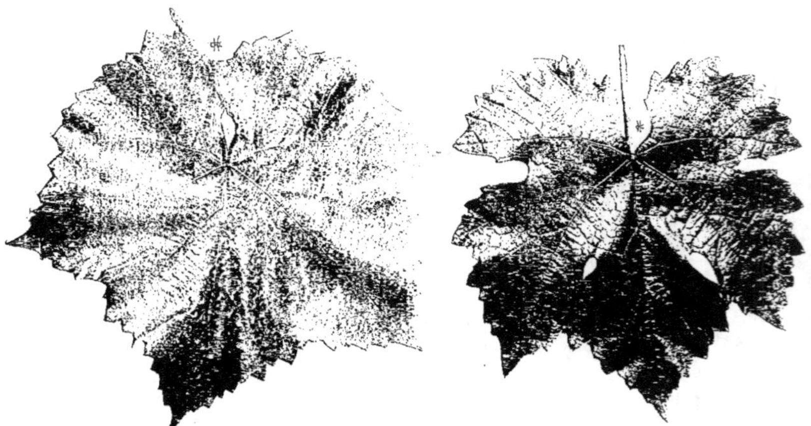

Fig. 400. — Feuille de N° 71-06 Seibel .   Fig. 401. — Feuille de N° 71-61 Seibel .

71-61 (Couderc). — **Synonyme**. — *Contassot N° 2.*

Caractères. — Feuille adulte : angles des nervures : 122, 49 = 171, 18 ; 5-lobée,
à sinus latéraux : supérieur et inférieur profonds ; dents anguleuses, larges ; rapports
des nervures : 0.94, 0.71, 0.25 ; aranéeuse-pubescente en dessous ; un peu bullée,
blanc-vert foncé et un peu brillante, nervures rosées à la base en dessus ; aussi large
que longue, sur-moyenne.

Feuilles jeunes aranéeuses vert-jaunâtre, un peu bronzées.

Bourgeonnement duveteux rosé.

Rameaux aranéeux vert-jaunâtre.

Grappe à grains ronds, 15 millimètres, noirs, juteux, à jus coloré, saveur agréable, courte ; assez compacte.

Aptitudes. — « Très analogue comme fruit et résistance au phylloxera à 71-06 » (Couderc). A Montpellier, est inférieur à 71-06 comme résistance phylloxérique.

200 (Seibel). — **Caractères.** — Feuille adulte : angles des nervures : 116, 51 = 167, 30 ; 3-lobée, à sinus latéraux : supérieur assez profond ; dents arrondies, larges ; rapports des nervures : 0.88, 0.70, 0.30 ; glabre en dessous ; unie, épaisse, vert foncé, très brillante, nervures vert pâle en dessus.

Feuilles jeunes vert pâle, très brillantes.

Bourgeonnement vert pâle.

Rameaux glabres vert pâle.

Grappe à grains ronds, noirs, petits, peu serrés, pulpeux, colorés, francs de goût ; moyenne, ailée. — 2me époque.

Aptitudes. — « Moyennement productif, très résistant aux maladies cryptogamiques » d'après M. Seibel. Est peu vigoureux. Ses grappes ont des grains petits, mais de bonne qualité. Résistance phylloxérique très faible ; résistance marquée au mildiou et à l'oïdium, plus faible à la pourriture.

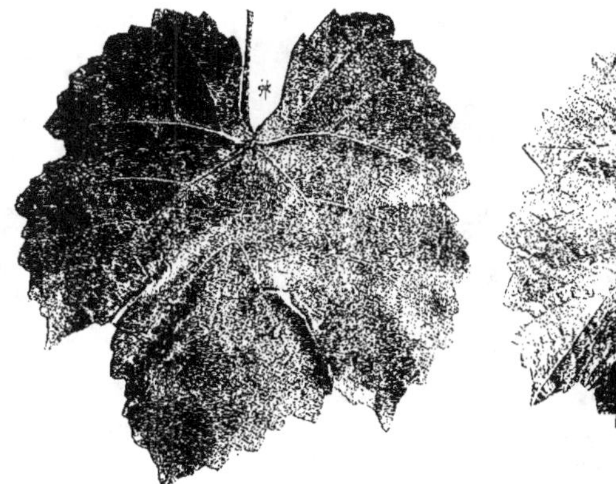

Fig. 102. — Feuille de N° 200 (Seibel).

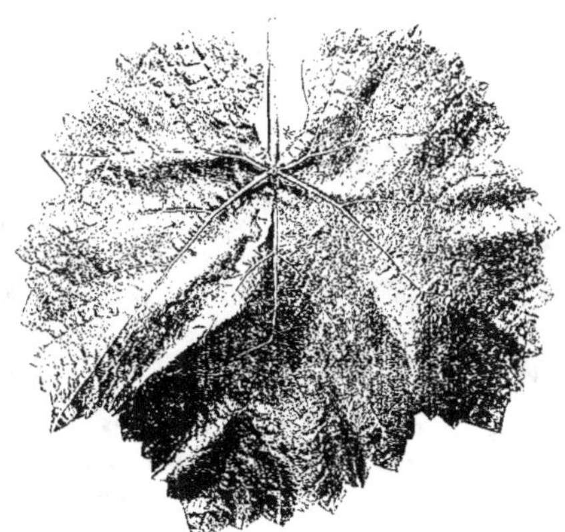

Fig. 103. — Feuille de N° 156 (Seibel).

156 (Seibel). — **Caractères.** — Feuille adulte : angles des nervures : 117, 46 = 163, 38 ; 3-lobée, à sinus latéraux : supérieur marqué ; dents anguleuses, larges ; rapports des nervures : 0.82, 0.70, 0.27 ; aranéeuse-pubescente en dessous, bullée, vert glauque, brillante, nervures vert pâle en dessus ; moyenne.

Feuilles jeunes aranéeuses vert-jaunâtre, bullées.

Bourgeonnement duveteux, à liséré rose.

Rameaux glabres vert-rosé.

Grappe à grains ronds, noirs, sous-moyens, peu serrés, jus coloré, goût franc; grande. — 1ʳᵉ époque.

Observations. — Paraît plus voisin du V. Vinifera que du Lincecumii par son feuillage. « D'après Seibel, il produit beaucoup et résiste bien aux maladies cryptogamiques ». Je l'ai vu partout très fertile, très productif. Son vin titre 8-9°, 23 d'extrait sec et d'une grande intensité colorante. C'est un bon vin, surtout pour le coupage. Résistance phylloxérique supérieure à celle de l'Othello.

25 (Seibel). — **Caractères.** — Feuille adulte: angles des nervures: 118, 50 = 178, 30; 5-lobée, à sinus latéraux: supérieur très profond, inférieur profond; dents arrondies, très larges; rapports des nervures: 0.96, 0.76, 0.29; aranéeuse-pubescente sur nervures 1, 2 en dessous; glabre, peu bullée, vert glauque, nervures rosées en dessus; grande.

Feuilles jeunes aranéeuses vert pâle.

Bourgeonnement duveteux, rosé sur les bords.

Rameaux glabres vert pâle, rayés de rouge.

Grappe à grains ronds, noirs, sous-moyens, assez serrés, pulpeux, un peu fades: moyenne. — 2ᵐᵉ époque.

Observations. — Obtenu par M. Seibel d'une grappe de Rupestris-Lincecumii × Aramon-Rupestris Ganzin N° 1. C'est donc un demi-sang Rupestris, un quart de

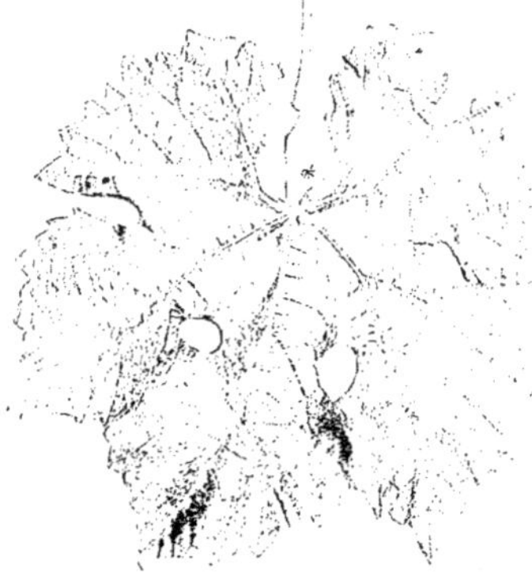

Fig. 404. — Feuille de N° 25 (Seibel).

sang Lincecumii, un quart de sang Vinifera. Les croisements de demi-sang aboutissent souvent, à en juger par les résultats obtenus, à des dislocations, à des retours de l'hybride nouveau vers un des composants. Ainsi en est-il probablement du 25 Seibel, qui ressemble plus au V. Vinifera qu'à aucune autre espèce.

Aptitudes. — Vigne très vigoureuse, «très résistante au phylloxera et aux maladies cryptogamiques » d'après M. Seibel. Paraît, en effet, avoir la résistance phylloxérique du Jacquez. Elle produit des grappes longues rappelant celles du Jacquez.

4 (Seibel). — **Caractères.** — Feuille adulte: angles des nervures: 122, 61 = 183, 35; 3-lobée, à sinus latéraux: supérieur peu marqué; dents anguleuses, larges; rapports des nervures: 0.91, 0.71, 0.20; aranéeuse-pubescente en dessus, bullée, vert foncé, unie, nervures rosées à la base en dessus; moyenne.

Feuilles jeunes duveteuses vert pâle, bordées de rose.

Bourgeonnement duveteux rouge.

Rameaux glabres vert pâle et un peu colorés en rouge.

Grappe à grains un peu ellipsoïdes, noirs, moyens, juteux, bien colorés, peu serrés, agréables ; moyenne. — 2me époque.

Observations. — Très voisin par le feuillage du V. Vinifera. Est fertile et paraît résister un peu au mildiou et à l'oïdium ; par contre, ne résiste pas au phylloxera.

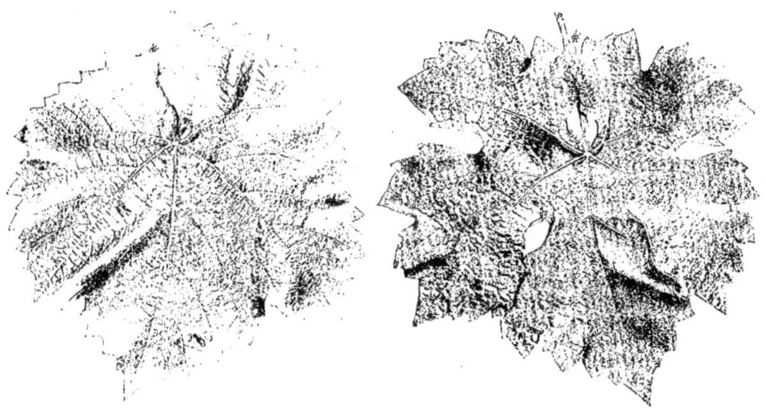

Fig. 105. — Feuille de N° 1 Seibel .   Fig. 106. — Feuille de N° 150 (Seibel) .

150 (Seibel). — **Caractéres**. — Feuille adulte : angles des nervures : 123, 52=175, 48 ; 5-lobée, à sinus latéraux : supérieur très profond, inférieur profond ; dents anguleuses, très larges ; rapports des nervures : 0.95. 0.82, 0.29 ; aranéeuse-pubescente en dessous ; bullée, vert pâle, nervures à peine rosées à la base en dessus ; grande.

Feuilles jeunes aranéeuses vert pâle.

Bourgeonnement duveteux blanc.

Rameaux aranéeux, pruineux, verts, un peu violacés.

Grappe à grains ronds, noirs, moyens, peu serrés, à goût franc ; moyenne. — 1re époque.

Aptitudes. — Très vigoureux, mais peu fertile. Ses feuilles sont presque entièrement Vinifera, de même que les pépins. M. Seibel le dit résistant aux maladies cryptogamiques. Résiste fort peu au mildiou, un peu plus à l'oïdium et à la pourriture grise, et ne résiste pas au phylloxera.

RUPESTRIS - MONTICOLA - VINIFERA

Groupe d'hybrides créé par M. Couderc en croisant quelques Rupestris-Vinifera avec le V. Monticola. Ce sont, pour la plupart, des demi-sang Monticola, quart de sang Rupestris et quart de sang Vinifera. Ils sont constitués, pour les trois quarts, d'espèces très résistantes à la chlorose, et c'est évidemment en vue de leur utilisation dans les sols très calcaires qu'ils ont été créés. La résistance phylloxérique peut être variable ; elle n'est pas très élevée, le V. Monticola n'ayant lui-même qu'une résistance moyenne. Comme on pouvait s'y attendre, ces vignes sont vigoureuses ; elles donnent de gros sarments, plutôt courts, qui s'enracinent assez bien et donnent, par la suite, des souches à tronc fort, puissant. Le système radiculaire est très développé et charnu.

En somme, ces vignes, dans les conditions où leur résistance phylloxérique est suffisante, feraient de bons et vigoureux sujets. Mais — défaut qu'elles tiennent de leurs deux générateurs américains — elles prennent mal à la greffe. Aussi n'ont-elles pas été propagées jusqu'ici. La résistance aux maladies cryptogamiques est élevée. Ses fruits, quand ils mûrissent, sont de bonne qualité.

13205 (Couderc). — **Caractères.** — Feuille adulte : angles des nervures : 110, 37=147, 35 ; 3-lobée, à sinus latéraux : supérieur peu marqué ; dents anguleuses, étroites ; rapports des nervures : 0.97, 0.74, 0,20 ; glabre en dessous ; unie, lisse, vert brillant, épaisse, nervures un peu rosées à la base en dessus : petite.

Feuilles jeunes duveteuses jaunâtres, brillantes.

Bourgeonnement duveteux rosé.

Rameaux duveteux, anguleux, vert-rougeâtre.

Plante mâle.

Observations. — Hybride de Bourrisquou-Rupestris **601** × V. Monticola obtenu par M. Couderc. Ce sont les caractères du V. Monticola qui dominent dans l'appareil aérien : rameaux et feuillage. Les rapports des nervures indiquent cependant l'influence du V. Rupestris ; les caractères du V. Vinifera sont très atténués.

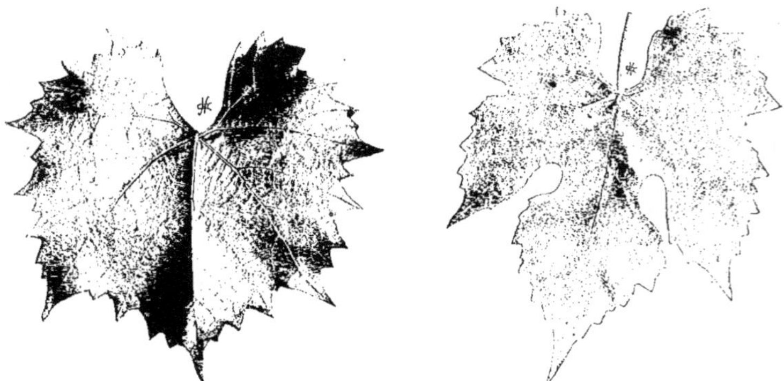

Fig 407. — Feuille de N° 13205.   Fig. 408. — Feuille de N° 203-113.

Aptitudes. — Vigne vigoureuse, buissonnante, à sarments gros, courts, ramifiés, reprenant assez bien de bouture. Le système radiculaire est puissant, charnu, de couleur gris clair. Possède une résistance à la chlorose élevée, moindre cependant que ne l'indique sa composition. La résistance phylloxérique est peut-être suffisante dans les terrains sablonneux, frais ; douteuse dans les sols secs. Cette vigne reprend mal à la greffe, mais elle nourrit assez bien les variétés-greffons qu'on lui fait porter.

En somme, porte-greffe inférieur à beaucoup d'autres qui conviennent aux mêmes terrains, et abandonné maintenant.

13209 (Couderc). — Cépage de même composition que le précédent ; n'a pas été propagé.

203-143 (Couderc). — Hybride producteur direct obtenu par M. Couderc. Remarquable par la beauté de son feuillage, mais peu fertile, coulard, sensible aux maladies cryptogamiques.

ÆSTIVALIS-CINEREA-VINIFERA

Ce groupe comprend ce qu'on a appelé les *Æstivalis du Sud ;* il comprend auss le V. Bourquinia de Munson.

L'espèce qui domine dans ces plantes est le V. Æstivalis. Cette espèce est très apparente chez l'Herbemont, le Dunn's, etc., le Cunningham, le Black July, etc. ; elle l'est moins chez le Jacquez. Le V. Vinifera se révèle souvent très nettement. Quant au V. Cinerea, il est partout peu visible. Les figures 409, 410, 411 en témoignent.

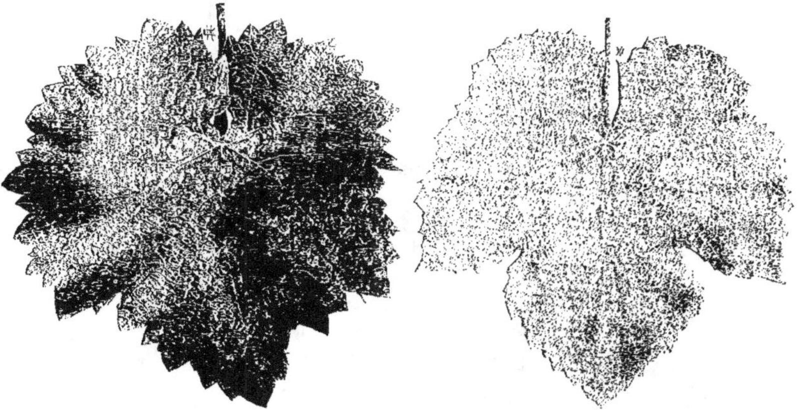

Fig. 409. — Feuille d'un Æst.-Cin.-Vinifera.   Fig. 410. — Feuille d'un Æst.-Cin.-Vinifera.

Les propriétés de ces vignes doivent donc être par suite très différentes. En fait, celles qui se rapprochent davantage du V. Vinifera ont une aire d'adaptation étendue, reprennent bien de bouture, résistent très peu au phylloxera ; les autres craignent la chlorose, reprennent plus mal de bouture, résistent mieux au phylloxera. Toutes donnent des fruits de bonne qualité.

Herbemont blanc (Malègue). — **Caractères.** — Feuille adulte : angles des nervures : 100, 31 = 131. 40 ; 5-lobée, à sinus latéraux : supérieur et inférieur assez profonds ; dents anguleuses, étroites ; rapports des nervures : 0.84, 0.75, 0.33.

Feuilles jeunes duveteuses, un peu bronzées, brillantes.

Bourgeonnement duveteux, rouge sur les bords.

Rameaux glabres vert-rosé.

Grappe à grains ronds, blanc doré, petits ou sous-moyens, juteux, à saveur agréable, serrés; ailée, grande, rappelant celle de l'Herbemont.

Observations. — Hybride obtenu par M. Malègue ; c'est un semis d'Herbemont, mais chez lequel le Vinifera domine.

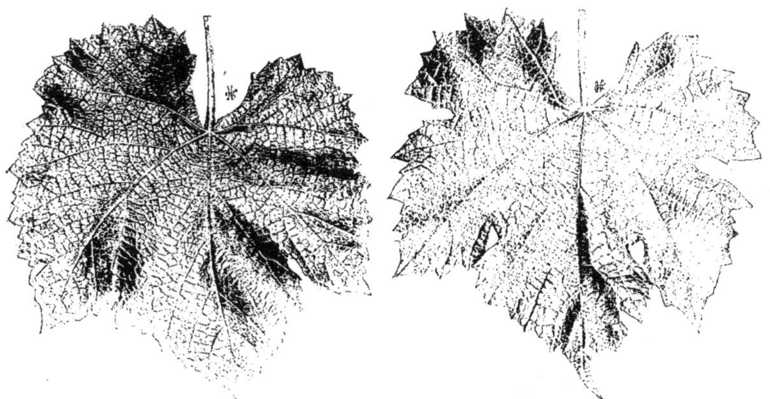

Fig. 411. — Feuille d'un Æst.-Cin.-Vinifera.   Fig. 412. — Feuille d'Herbemont blanc.

Aptitudes. — Produit des grappes blanches qui ont la forme de celles de l'Herbemont; les grains sont petits. Donne un vin blanc corsé agréable. Résistance phylloxérique imparfaitement connue.

HARWOOD. — **Caractères**. — Feuille adulte : angles des nervures : 112, 40 = 152; 5-lobée, à sinus latéraux : supérieur assez profond, inférieur à peine marqué; dents anguleuses, larges; rapports des nervures : 0.90, 0.59, 0.23; duveteuse, duvet roux en dessous; bullée, vert foncé. brillante en dessus; moyenne.

Feuilles jeunes duveteuses, à duvet rosé.

Bourgeonnement duveteux rouge.

Rameaux glabres vert-violacé, pruineux.

Grappe à grains ronds, noirs, sous-moyens, serrés, agréables; moyenne, ailée.

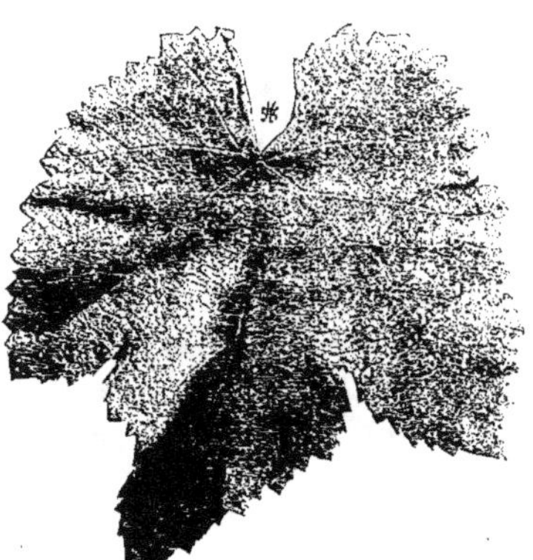

Fig. 413. — Feuille d'Harwood.

Observations. — Très voisin de l'Herbemont, dont il est d'ailleurs issu par semis. Donne des grappes de bonne qualité, à grains plus gros que ceux de l'Herbemont.

Dunn's grape. — **Synonyme.** — *Dunn.*

Caractères.— Feuille adulte: angles des nervures: 114, 35 = 149; 5-lobée, à sinus latéraux : profonds ; dents arrondies, presque nulles ; glauque, aranéeuse en dessous; pubescente aux angles des nervures **1, 2**; bullée, vert franc, nervures un peu rosées à la base en dessus.

Feuilles jeunes à duvet roux.

Bourgeonnement carminé et rouilleux.

Rameaux glabres vert glauque.

Grappe à grains ronds ou discoïdes, gros, noirs, peu serrés, agréables ou un peu âpres.

Observations. — Est presque un Æstivalis pur. Ses grappes petites, mais à gros grains, sont excellentes. Il est regrettable que cette vigne ne soit pas plus productive.

Cunningham. — **Caractères.** — Feuille adulte : angles des nervures : 119, 32 = 151. 40; 3-lobée, à sinus latéraux : supérieur à peine marqué ; dents arrondies, très larges; rapports des nervures : 0.86, 0.83, 0.27; duveteuse en dessous, aranéeuse, bullée, vert foncé, terne, nervures vert pâle en dessus.

Feuilles jeunes duveteuses vert-blanchâtre.

Bourgeonnement duveteux carminé.

Rameaux verts, rayés de rouge. pruineux.

Grappe à grains ronds, petits. rose clair, serrés, juteux, agréables ; moyenne, simple.

Observations. — Le Cunningham est né dans le jardin de Jacob Cunningham, Prince Edward County. «Le Dr D.-N. Norton, éminent agronome, le même

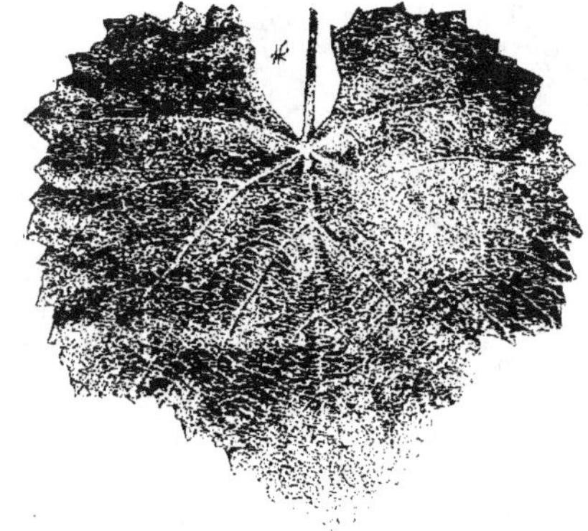

Fig. 114. — Feuille de Cunningham.

qui a cultivé le premier et fait connaître notre précieux Norton's Virginia, fit du vin avec le Cunningham, en 1855, et remit à M. Prince aîné, de Flushing, le pied au moyen duquel cette variété a été répandue ». — (Bush et Meissner).

M. Millardet considère le Cunningham comme un hybride de V. Æstivalis, V. Cinerea et V. Vinifera. Le V. Æstivalis y apparaît nettement, mais il n'en est pas de même du V. Cinerea. Le V. Vinifera se manifeste par la densité du tomentum et l'état de la surface de la feuille.

Aptitudes. — Vigne vigoureuse, à tronc fort, sarments longs, rampants, gros ; reprenant difficilement de bouture. Système radiculaire puissant, charnu, plutôt traçant. Résistance phylloxérique sensiblement égale à celle du Jacquez. Comme le

Jacquez, il supporte une dose assez élevée de carbonate de chaux. Il reprend bien à la greffe et développe vigoureusement les variétés de Vinifera qu'on lui donne comme greffons, en les rendant toutefois sujettes à la coulure.

Producteur-direct fertile, mais à faible rendement, son vin blanc ou gris est très alcoolique, 12 à 15° à Montpellier, franc de goût et même agréable. Abandonné partout. Pourrait être utilisé dans les régions chaudes.

HERBEMONT. — **Synonymes**. — *Herbemont's Madeira, Neil grape, Warenton, Warren.*

Caractères. — Feuille adulte : angles des nervures : 120, 48 = 168, 47 ; 5-lobée, à sinus latéraux : supérieur profond, inférieur marqué ; dents arrondies, larges ; rapports des nervures : 0.85, 0.65, 0.21 ; pubescente en dessous sur nervures 1, 2, 3, 4 en dessous ; bullée, vert pâle, brillante, nervures vert pâle en dessus ; grande.

Fig. 415. — Feuille d'Herbemont.

Feuilles jeunes pubescentes duveteuses, duvet roux en dessous.

Bourgeonnement duveteux rouge.

Rameaux glabres vert-violacé, pruineux.

Grappe à grains ronds, rouges, petits, juteux, sucrés, agréables, assez serrés ; moyenne, ailée.

Observations. — « L'origine de l'Herbemont est inconnue. Dès l'année 1878, il fut propagé de sarments cueillis sur une vieille souche croissant dans les plantations du juge Huger, à Colombia (Caroline du Sud). Nicolas Herbemont, un amateur de vignes entreprenant et plein de zèle, le trouva dans ce lieu et jugea, d'après sa grande vigueur et sa belle tenue, que ce devait être une variété indigène. Plus tard, en 1834, on l'informa qu'il avait été reçu de France. Il le crut. Mais la même variété fut rencontrée, à l'état sauvage, dans le Comté de Warren, en Géorgie, où elle est connue sous le nom de *Waren grape*. C'est un des cépages les plus recherchés et les meilleurs, tant pour la table que pour la cuve. Par sa constitution, il est plus particulièrement propre à être cultivé sur nos coteaux en sol calcaire. Il sera bon de ne pas le planter plus au nord que le Missouri ; et encore à Saint-Louis même, a-t-il besoin d'être protégé en hiver. Ceux qui n'ont pas reculé devant ce même surcroît de travail en ont presque toujours été largement payés par des récoltes d'une abondance extraordinaire ». — (Bush et Meissner).

D'après Munson et Bailey, l'Herbemont serait originaire de l'île de Madère, qui aurait reçu des vignes américaines à une époque très reculée. Une telle origine donne l'explication de la composition de ce cépage. D'après M. Millardet, il est un hybride de V. Æstivalis, de V. Cinerea et de V. Vinifera. S'il en est ainsi, il faut convenir que le V. Vinifera intervient pour une très faible part, car les fruits, les grains, le feuillage, l'allure de la plante rappellent seulement le V. Æstivalis. Quant au Cinerea, il est aussi très peu marqué.

Aptitudes. — Vigne vigoureuse à sarments longs, très gros, se multipliant très mal par bouture (V. Æstivalis). Le tronc est puissant et se développe en diamètre comme la tige de nos variétés de Vinifera. Le système radiculaire est puissant et charnu, plutôt rampant. Le phylloxera l'attaque avec intensité. Ses radicelles portent de nombreuses nodosités et ses racines des tubérosités souvent pénétrantes. Aussi, dans tous les sols secs, l'Herbemont succombe au phylloxera ; il ne résiste que dans les terres profondes et fertiles ou dans celles qui s'opposent à la multiplication de l'insecte.

Les terrains qui lui conviennent sont ceux qui conviennent au V. Æstivalis, c'est-à-dire les terrains non calcaires. Il a donc une aire d'adaptation peu étendue.

Il a d'abord été cultivé en France comme producteur-direct, mais dans le Midi de la France, conduit à la taille courte, il s'est montré peu productif ; il n'y a pas mérité sa réputation de *sac à vin*, et enfin il a disparu sous l'action du phylloxera.

Sous les climats plus frais, dans les sols moins meurtriers, il a eu une durée plus longue et il y a donné des produits abondants.

L'Herbemont est réellement fertile, mais il est de toute nécessité de le soumettre à la taille longue. Quand ses fruits arrivent à maturité — car il est tardif, — il donne un vin rosé, alcoolique (12, 13 degrés) et plutôt agréable. — Son feuillage craint peu le mildiou ; le fruit est sujet au black-rot.

Il a néanmoins disparu, en tant que producteur-direct, des vignobles de la Gironde, de la Dordogne, etc., qui l'avaient adopté. Il est devenu «sujet». Il reprend d'ailleurs très bien à la greffe ; il donne une grande vigueur aux variétés qu'il nourrit, mais il les rend aussi sensibles à la coulure. D'ailleurs, dans un terrain favorable à l'insecte, ces greffes s'affaiblissent vite sous l'action du phylloxera, et l'Herbemont «sujet» doit être abandonné.

Fig. 116. — Feuille de Warren.

Le *Warren* de l'Ecole d'agriculture de Montpellier est un peu différent de l'Herbemont.

Botrsi. — Je transcris dans Bush et Meissner le passage suivant : «C'est le nom local d'un raisin très remarquable, venu dans la cour d'un monsieur de ce nom, à Natchez (Mississipi). On dit qu'il éclipse complètement tous les autres raisins qu'on y récolte (y compris le Jacquez), et l'on prétend que c'est le véritable Herbemont, apporté il y a quelque cinquante ans de la Caroline du Sud. Il diffère de notre Herbemont par la couleur, étant d'un léger rose à l'ombre et d'un rose foncé en plein soleil.

Le témoignage impartial et digne de foi de M. H.-Y. Child, amateur d'horticulture, sur son excellente qualité, sa croissance rapide, son énorme fructification et son immunité contre la carie noire, nous décidèrent à nous procurer et à planter quelques pieds de cette variété. Après plusieurs années d'épreuve, nous l'avons trouvé impropre à notre contrée, trop délicat et trop sujet au mildiou. Dans le Texas, on le trouve «une admirable chose», mais, nous assure M. Onderdonk, «juste autant que l'Herbemont».

Il n'est pas sans analogie avec l'Herbemont, ainsi que le montre la figure 417.

Fig. 417. — Feuille de Bottsi.

JACQUEZ. — **Synonymes**. — *Lenoir, Black Spanish, El. Paso, Jack, Segar-Box.*

Caractères. — Feuille adulte : angles des nervures : 120, 52=172, 30 ; 5-lobée, à sinus latéraux : supérieur profond, inférieur assez profond ; dents arrondies, larges ; rapports des nervures : 0.91, 0.66, 0.23 ; duveteuse en dessous ; presque unie, vert foncé, brillante en dessus ; grande.

Feuilles jeunes duveteuses rosées.

Bourgeonnement duveteux rouge.

Rameaux glabres verts, pruineux, dressés.

Grappe à grains ronds, noirs, petits, peu serrés, juteux, très coloré ; grande, ailée.

Observations. — «Le Segar-Box. de Longworth's (Ohio), est regardé comme identique au Jacquez ou Jack, introduit et cultivé auprès de Natchez (Mississipi) par un ancien Espagnol du nom de Jacques. Ce cépage fut cultivé primitivement dans l'Ohio. Il tire son origine de quelque bouture qu'un in-

Fig. 418 — Feuille de Jacquez.

connu laissa au domicile de Longworth, de Cincinnati (Ohio), dans une boîte à cigares ». — (Bush et Meissner).

D'après Munson, le Jacquez serait, comme l'Herbemont, originaire de l'île de Madère.

Quoi qu'il en soit, cette vigne est sûrement alliée au V. Vinifera. La forme, l'état de la surface de la feuille, sa sensibilité au mildiou, à l'anthracnose, etc., la haute résistance à la chlorose de la plante, l'indiquent nettement. Le V. Æstivalis est très apparent dans les rameaux, le fruit, les pépins, etc.

Aptitudes. — Vigne assez vigoureuse, à tronc fort, à sarments gros, courts; reprenant médiocrement au bouturage. Les boutures n'émettent qu'un petit nombre de racines, grosses, charnues et peu ramifiées.

La résistance phylloxérique a paru d'abord très élevée, et l'on a fait, en France, surtout dans la région méridionale, des plantations très étendues de Jacquez. Il occupe seul plusieurs milliers d'hectares. Mais il n'a pas tardé à donner des déboires : les cas d'affaiblissement dus au phylloxera sont devenus de plus en plus nombreux.

Si l'on a pu se tromper ainsi sur la résistance de cette vigne, c'est qu'elle présente cette particularité d'être peu attaquée sur les radicelles, tandis que les racines sont fortement envahies. Ce n'est que dans les terres fraîches, profondes, riches ou sablonneuses que le Jacquez franc de pied, cultivé comme producteur-direct, a bien résisté à l'action du phylloxera. Partout ailleurs, il a disparu. Il a été cultivé à cause de ses hautes qualités vinifères. Il est assez fertile. Dans les terres riches, il produit jusqu'à 100 et 120 hectolitres à l'hectare, 50 à 60 dans les terres médiocres, d'un vin très alcoolique — 12 à 14° — et remarquablement coloré, parfumé et à bon goût. C'est un bon vin de coupage, quand il est vinifié avec soin, c'est-à-dire quand il a été additionné de 100 à 150 gr. et même 300 gr. d'acide tartrique par hectolitre, qui l'empêche de prendre la *casse bleue*. Aussi se vend-il fort cher.

Cependant les *hybrides Bouschet* n'ont pas tardé à lui enlever une partie de son importance au point de vue de la coloration. Alors les «plantiers» de Jacquez ont été transformés en vigne-sujet pour des variétés de Vinifera. Et dans ce nouveau rôle, il a rendu quelques services. C'est qu'il résiste à une haute dose de carbonate de chaux ; il jaunit beaucoup moins que le Riparia, et, dans le Midi de la France, beaucoup de terres calcaires ont été replantées avec des Jacquez greffés. Sa durée n'a pas été partout suffisante ; actuellement, il n'existe plus guère de vignes greffées sur Jacquez.

Où il est peu attaqué par le phylloxera, il présente, à l'état de sujet, les propriétés suivantes : reprise facile à la greffe, production de bonnes soudures, grossissement égal à celui du sujet, mais rendant les greffes coulardes.

Ne présente plus aucun intérêt à ce point de vue ; il doit être aussi abandonné comme producteur-direct, mais il peut être utilisé comme variété-greffon.

Fig. 119.— Feuille de Jacquez à gros grains.

JACQUEZ A GROS GRAINS (Las Sorres). — Variation du précédent, sélectionnée au Mas de Las Sorres par M. Durand.

Comme on voit, la feuille est la même, ainsi que la grappe ; le grain est un peu plus gros, mais ce caractère n'est pas constant. Enfin cette variété se multiplie, semble-t-il, plus difficilement de bouture que le Jacquez type. N'a été que très peu propagée.

JACQUEZ D'AURELLES (d'Aurelles). — La variété que représente la figure 420 est issue d'une graine de Jacquez. Elle n'en a guère les caractères : c'est presque un Vinifera. Fertile et donnant des fruits de bonne qualité, elle a une résistance au phylloxera très faible, et c'est pourquoi elle ne s'est pas répandue.

Fig. 420. — Feuille de Jacquez d'Aurelles   Fig. 421. — Feuille de semis de Jacquez à gros grains.

JACQUEZ DE SEMIS A GROS GRAINS. — Cette variété, ainsi que le montre la figure 421, n'est pas un descendant direct du Jacquez, c'est sûrement un hybride chez lequel le V. Vinifera domine. On la trouve dans quelques collections, elle ne s'est pas répandue dans les vignobles. On la doit à M. Gaston Bazille.

BLACK-JULY. — **Synonymes.** — *Devereux, Lenoir, Blue grape,* etc.

Caractères. — Feuille adulte : angles des nervures : 123, 28 = 151, 35 ; 3-lobée, à sinus latéraux : supérieur marqué ; dents anguleuses, larges ; rapports des nervures : 0.82, 0.80, 0.28 ; duveteuse-pubescente, glauque en dessous ; aranéeuse, bullée, vert foncé, un peu brillante, tachée de rouge, nervures rosées à la base en dessus ; large.

Fig. 422. — Feuille de Black-July.

Feuilles jeunes duveteuses, rosées sur les bords.

Bourgeonnement cotonneux carminé.

Rameaux vert-violacé.

Grappe à grains ronds, noirs, petits, très serrés, juteux, agréables, très colorés ; sous-moyenne, ailée.

Observations. — D'après Bush et Meissner : « Cépage du Sud ; appartient à la classe de l'Herbemont et du Cunningham. Là où il réussit, il donne un de nos meilleurs raisins pour la cuve, car il produit un vin blanc d'un bouquet excellent. Est un peu sujet au mildiou ; très délicat ; demande un abri l'hiver. Au nord du Missouri, il ne faut pas l'essayer ; mais il réussit admirablement sur les pentes au Midi, quand la saison est favorable ; jamais dans les sols froids et humides. Nos viticulteurs du Sud, spécialement, devraient en planter un peu. Grappe longue, lâche, légèrement ailée ; grain noir, au-dessous de la moyenne, rond ; peau fine, tendre ; chair nourrissante, juteuse, sans pulpe et vineuse ; qualité excellente. Plante à forte végétation, et, quand elle n'a pas le mildiou, modérément fertile ; bois à mérithalles longs, brun pourpre d'abord, d'un rouge pourpre plus foncé quand il est mûr ; vrilles à deux embranchements, intermittentes — celles-ci, ainsi que le pédoncule de la feuille, sont teintées à la base de pourpre brun, aussi bien que les jeunes sarments ; les bourgeons sont couverts d'un duvet roussâtre et, en se déroulant, ont cette teinte rosée particulière aux jeunes feuilles duveteuses d'un grand nombre d'Æstivalis. Les feuilles, une fois développées, sont de dimension moyenne, entières (non lobées), très rugueuses, nourries, et avec des touffes de poils assez abondantes sur les nervures inférieures ».

En France, le Black-July, qui est une variété tardive, s'est montré un des meilleurs descendants du V. Æstivalis. Sa production à la taille courte est faible ; elle est plus grande à la taille longue. Mais son vin est remarquable par la coloration et le goût. J'en ai dégusté chez M. Bouffard, conservé depuis 20 ans en bouteille, qui était fort bon. N'a pas été propagé à cause de sa faible résistance au phylloxera et de son insuffisante production.

Blue Favorite. — **Caractères.** — Feuille adulte : angle des nervures : 128, 38 = 166, 30 : 3-lobée, à sinus latéraux : supérieur profond ; dents arrondies, très larges ; rapports des nervures : 0.94, 0.76, 0.25 ; aranéeuse-pubescente, glauque en dessous ; unie, vert foncé, brillante, nervures à peine rosées en dessus.

Feuilles jeunes aranéeuses, vert-jaunâtre, brillantes.

Fig. 123. — Feuille de Blue Favorite.

Bourgeonnement duveteux, carminé sur les bords.

Rameaux glauques et violacés.

Grappe à grains ronds, noirs, petits, peu serrés, agréables ; courte, lâche.

Observations. — On lit dans Bush : «Raisin du Sud. Plante vigoureuse, fertile ; grappe au-dessus de la moyenne ; grains moyens, ronds, bleu-noir, doux, vineux ; beaucoup de matière colorante...».

C'est un hybride de V. Æstivalis, de V. Vinifera et, d'après M. Millardet, de V. Cinerea. Le Vinifera y est bien apparent.

Aptitudes. — Vigne vigoureuse, résistant à la chlorose comme le Jacquez, peu résistante au phylloxera. En France, elle ne produit que des grappes lâches et à petits grains. Ne peut-être cultivé pour la cuve. Sujet médiocre.

LOUISIANA (Theard). — **Synonymes**. — *Rulander, Sainte-Geneviève.*

Caractères. — Feuille adulte : angles des nervures : 132, 48 = 180, 50 ; 3-lobée, à sinus latéraux : supérieur marqué ; dents arrondies, larges ; rapports des nervures : 0.94, 0.69, 0.16 ; duveteuse en dessous ; légèrement bullée, vert clair en dessus.

Feuilles jeunes duveteuses, bordées de rose.

Bourgeonnement duveteux, roux et carminé sur les bords.

Rameaux glabres, pruineux.

Grappe à grains ronds, rouges, petits, assez serrés, juteux, agréables ; moyenne, tardive.

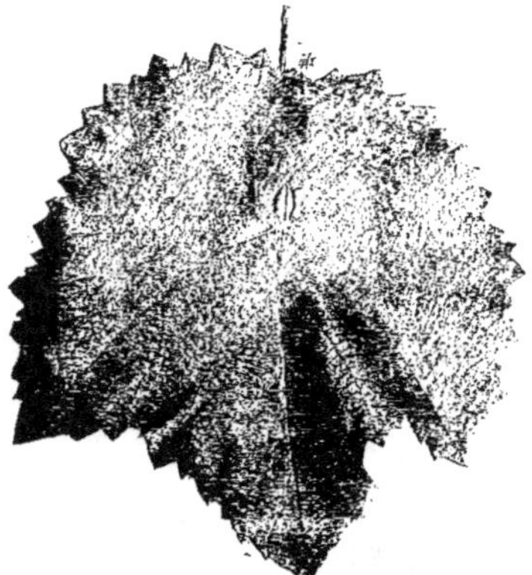

Fig. 424. — Feuille de Louisiana.

Observations. — « Introduit dans le Missouri par l'éminent pionnier de la viticulture de l'Ouest, F. Münch (du Missouri). Il le reçut de M. Theard, de la Nouvelle-Orléans, qui affirma qu'il a été importé de France par son père et qu'il a été planté sur les bords du lac Pontchartrin, près de la Nouvelle-Orléans, où il a donné depuis trente ans des fruits abondants et délicieux...». — (Bush et Meissner).

« Il n'y a guère de doute, en effet, écrit M. Millardet, si l'on compare la planche que MM. Hermann et Rudolph Gœthe consacrent au *Rulander* allemand (synonyme : Pineau gris de Bourgogne) dans leur magnifique atlas, que cette variété ne soit, en réalité, la mère de Louisiana. La seconde version de Bush se trouverait ainsi démontrée : on pourrait regarder le Louisiana comme le produit d'un semis de graines de *Pineau gris*, cépage apporté et cultivé en Louisiane par les colons français. Les viticulteurs allemands auront reconnu la ressemblance du Louisiana avec leur Rulander et l'auront désigné sous ce dernier nom. Quant au père.... on pourrait supposer que c'est le Cunningham...» (1).

Cela est bien possible.

____

(1) *Histoire des principales espèces*, etc....

Aptitudes. — Le Louisiana est une vigne de vigueur moyenne, à sarments courts, gros, reprenant bien de bouture, ce qui indique la prédominance du V. Vinifera. Aussi la résistance phylloxérique de ses racines est-elle très faible. Le Louisiana a disparu très vite des vignobles méridionaux où la culture en a été tentée. Il produit peu, mais ses fruits et son vin sont de très bonne qualité. Abandonné.

SCHILLER. — Serait un semis de Louisiana. Ne ressemble guère à son générateur.

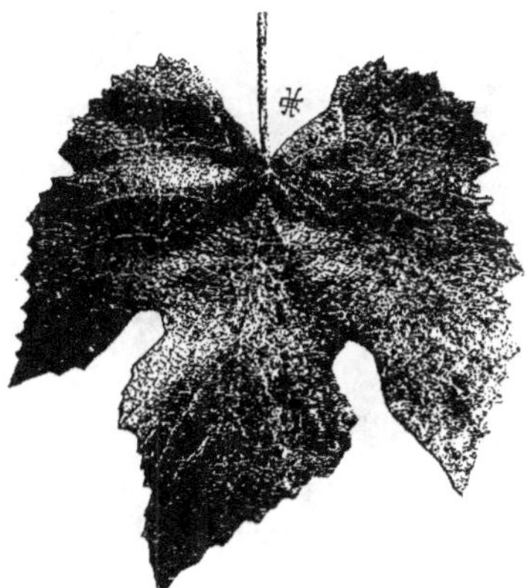

Fig. 125. — Feuille de Schiller.

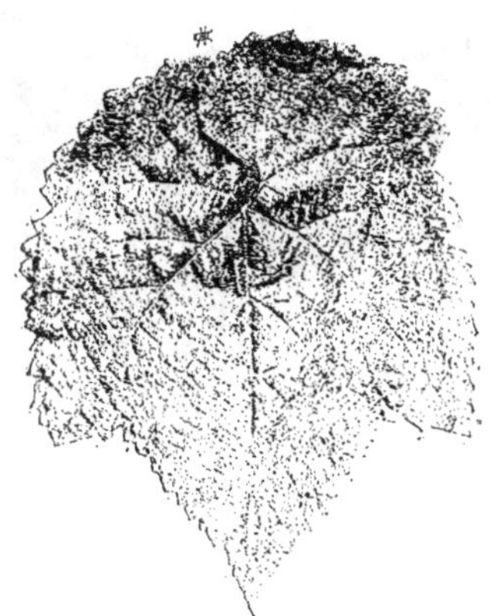

Fig. 126. — Feuille de Pauline.

PAULINE. — **Synonymes.** — *Red Lenoir, Robson Seedling, Burgundy de Géorgie.*

Caractères. — Feuille adulte : angles des nervures : 148, 42 = 190, 52 ; 3-lobée, à sinus latéraux : supérieur marqué ; dents arrondies, très larges ; rapports des nervures : 0.79, 0.68, 0.17 ; duveteuse en dessous, aranéeuse, gaufrée, bullée, vert foncé, nervures vert clair en dessus ; grande.

Feuilles jeunes duveteuses, vert-blanchâtre, à liséré rouge.

Bourgeonnement rouge.

Rameaux verts, pruineux, rayés de rouge.

Grappe à grains ronds, rouges, moyens, assez serrés, juteux, à saveur agréable ; moyenne, ailée.

Observations. — « Vigne du Sud, de la même famille que le Lenoir. On la dit supérieure à la fois pour la cuve et pour la table. De peu de valeur dans le Nord, où elle ne mûrit ni ne pousse bien. Le plus délicieux raisin que nous ayons ». — (Bush et Meissner).

La Pauline donne, en effet, un raisin de très bonne qualité et très joli. Seulement elle produit peu et ne tarde pas à devenir infertile sous l'action d'une maladie qu'on a appelée *anthracnose déformante.* Abandonnée.

BUENOS-AYRES N° 2. — Cette variété est bien voisine du Black-July, si elle ne lui est pas identique.

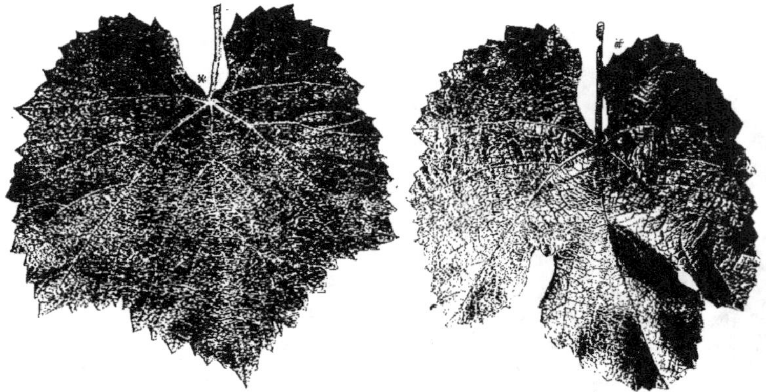

Fig. 427. — Feuille de Buenos-Ayres N° 2.   Fig. 428. — Feuille de Purple Favorite.

PURPLE FAVORITE. — Variété très voisine de Blue Favorite ; ni plus mauvaise, ni meilleure. Doit être un des nombreux Lenoir introduits en France comme Jacquez.

LABRUSCA-RIPARIA-RUPESTRIS-VINIFERA

Groupe peu important encore et d'ailleurs fort variable Ses représentants, tantôt

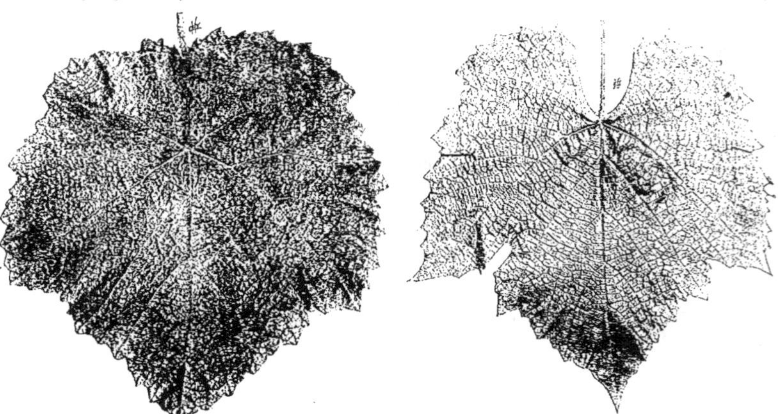

Fig. 429. — Feuille de Lab.-Rip.-Rup.-Vinifera.   Fig. 430. — Feuille de Lab.-Rip.-Rup.-Vinifera.

se rapprochent du V. Labrusca (fig. 429), tantôt du V. Vinifera ou du V. Riparia (fig. 430). Je mentionnerai seulement :

7229 (Castel). — Hybride de Othello-Rupestris par Carignan. Le V. Vinifera est dominant. Peu résistant au phylloxera et de fertilité médiocre.

RIPARIA-RUPESTRIS-ÆSTIVALIS-MONTICOLA

554-5 (Couderc). — **Caractères**. — Feuille adulte : angles des nervures : 90, 19 = 109, 40; 3-lobée, à sinus latéraux : supérieur marqué ; dents anguleuses, étroites; rapports des nervures : 0.96, 0.80, 0.95 ; pubescente sur nervures 1, 2 en dessous; unie, vert foncé, brillante, épaisse, nervures à peine rosées en dessus; petite.

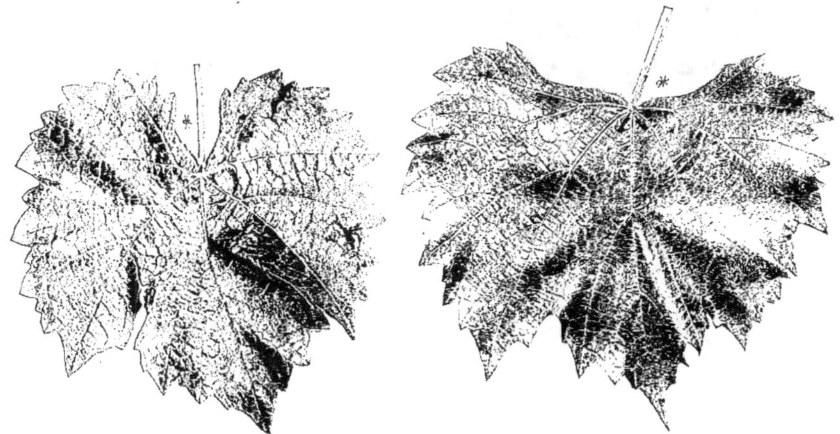

Fig. 431. — Feuille de N° 7229.   Fig. 432. — Feuille de N° 554-5.

Feuilles jeunes un peu pubescentes, cuivrées, très brillantes.
Bourgeonnement glabre cuivré, stipules 0.007 millimètres.
Rameaux glabres rosés.
Grappe à grains ronds, sous-moyens, noirs, assez serrés, pulpeux, goût fade; petite, courte, ailée.

Observations. — D'après M. Couderc, qui l'a obtenu, 554-5 serait un hybride d'Æstivalis, Monticola, Riparia, Rupestris. Le V. Rupestris est très apparent dans la feuille ; le V. Æstivalis peut être dans la grappe, dont les grains sont en effet plus gros que ceux des trois autres espèces ; le V. Riparia dans l'allure, le port de la végétation ; le V. Monticola dans la glaçure de la feuille et dans les aptitudes de la plante.

Aptitudes. — Quoi qu'il en soit, cette plante a quelque intérêt. Elle est de vigueur moyenne, les sarments sont plutôt courts ; mais ils grossissent vite et donnent des tiges assez puissantes. Ils reprennent bien de bouture. Le système radiculaire est peu charnu. Il semble peu atteint par le phylloxera ; les quelques tubérosités que les racines d'un an portent sont sans gravité. Par contre, il reprend très mal à la greffe, comme toutes les vignes issues du V. Monticola. C'est là un défaut très grave, qui s'est opposé à l'utilisation de cette vigne sur de grandes surfaces.

Fig. 133. — Feuille de N° 1639.

554-5 a une aire d'adaptation étendue. Il supporte de hautes doses de calcaire ; où les Riparia-Rupestris 3306 et 3309 jaunissent, il reste bien vert greffé ; il a sensiblement la résistance à la chlorose du R. du Lot ; mais les greffes sont moins vigoureuses que celles de cette dernière variété : elles sont fertiles.

RIPARIA-RUPESTRIS-ÆSTIVALIS-CINEREA-VINIFERA

4639 (Castel). — Vigne vigoureuse, fertile, rappelant le V. Æstivalis ou l'Herbemont d'Aurelles dont elle est issue. De résistance nulle au phylloxera, faible au mildiou, plus marquée à l'oïdium. Ne peut être utilisé que comme greffon.

BIBLIOGRAPHIE

BAILEY. — Article l'*ilacées*, in *Synoptical Flora of North America*, vol. 1, fasc. II.

Bulletins des Stations expérimentales d'agriculture du Missouri, du Vermont, du Michigan, du Colorado, de la Virginie, de la Caroline, du Texas, etc.

BUSH et MEISSNER. — Catalogue illustré et descriptif des vignes américaines: 2ᵉ édition française. Montpellier, Coulet, éditeur, 1885.

CHAMPIN. — Plantations du château de Salettes.

COUDERC (G.). — Circulaires annuelles et publications diverses.

FOEX (G.). — Cours complet de viticulture : 4ᵉ édition. Montpellier, Coulet, éditeur, 1889.

MILLARDET (A.). — Histoire des principales variétés et espèces de vignes d'origine américaine qui résistent au phylloxera. Bordeaux, Falret et fils, éditeurs, 1885, et publications diverses.

MUNSON (T.-V.). — Investigation and improvement of american grapes. Austin, Texas, 1900.

PLANCHON (J.-E.). — Les Vignes américaines, leur culture, leur résistance au phylloxera et leur avenir en Europe. Montpellier, Coulet, éditeur, 1875.

Idem. — Monographie des Ampélidées. Paris, 1883.

RAVAZ (L.). — La Reconstitution du vignoble. Paris, Gauthier-Villars, 1895, et publications diverses.

VIALA (P.) et **RAVAZ** (L.). — Adaptation ; 2ᵉ édition. Paris, Firmin-Didot et Cie, 1896.

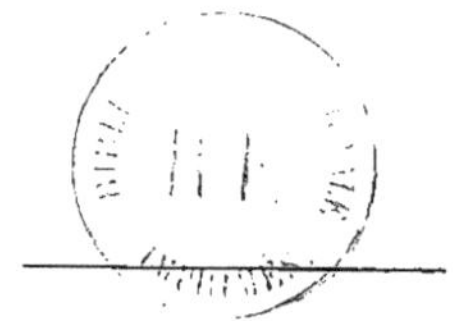

TABLE MÉTHODIQUE DES MATIÈRES

TABLE ALPHABÉTIQUE DES CÉPAGES

TABLE NUMÉRIQUE DES CÉPAGES